国家“十二五”规划重点图书

中国地质调查局

青藏高原1:25万区域地质调查成果系列

中华人民共和国

区域地质调查报告

比例尺 1:250 000

热布喀幅

(H45C002003)

项目名称:1:25万尼玛区幅、热布喀(董木葱)幅区域地质调查

项目编号:20001300009151

项目负责:卢书炜 张 良

图幅负责:卢书炜

报告编写:卢书炜 任建德 张彦启 马瑞申 杜凤军

刘品德 贾共祥 裴中朝 谢朝永 李香资

编写单位:河南省地质调查院

单位负责:王建平(院长)

燕长海(院总工程师)

中国地质大学出版社

ZHONGGUO DIZHI DAXUE CHUBANSHE

内容简介

报告运用造山带多重地层单位划分理论和方法，全面调研了测区的地层单位，根据新发现的地层接触关系和古生物化石，重新厘定并合理划分建立了全区的岩石地层及构造地层（岩石）单位。按照时间-空间关系合理划分了侵入岩填图单位。项目成果由文字报告和地质图及说明书组成。成果可供青藏高原地质、矿产研究及教学生产人员参考使用。

图书在版编目(CIP)数据

中华人民共和国区域地质调查报告．热布喀幅（H45C002003）：比例尺1：250 000/卢书炜，任建德，张彦启等著．—武汉：中国地质大学出版社，2013.6

ISBN 978-7-5625-3112-8

Ⅰ．①中…
Ⅱ．①卢…②任…③张…
Ⅲ．①区域地质调查-调查报告-中国 ②区域地质调查-调查报告-西藏
Ⅳ．①P562

中国版本图书馆CIP数据核字(2013)第096984号

中华人民共和国区域地质调查报告
热布喀幅(H45C002003)　比例尺1：250 000　　**卢书炜　任建德　张彦启　等著**

责任编辑：李菊凤　刘桂涛　　责任校对：戴　莹

出版发行：中国地质大学出版社（武汉市洪山区鲁磨路388号）　　邮政编码：430074
电　话：(027)67883511　　传真：67883580　　E-mail：cbb @ cug.edu.cn
经　销：全国新华书店　　http://www.cugp.cug.edu.cn

开本：880毫米×1 230毫米 1/16　　字数：462千字　印张：13.75　图版：5　附图：1
版次：2013年6月第1版　　印次：2013年6月第1次印刷
印刷：武汉中远印务有限公司　　印数：1—1 500册

ISBN 978-7-5625-3112-8　　定价：460.00元

前　言

青藏高原包括西藏自治区、青海省及新疆维吾尔自治区南部、甘肃省南部、四川省西部和云南省西北部，面积达 260 万 km^2，是我国藏民族聚居地区，平均海拔 4 500m 以上，被誉为“地球第三极”。青藏高原是全球最年轻的高原，记录着地球演化最新的历史，是研究岩石圈形成演化过程和动力学的理想区域，是“打开地球动力学大门的金钥匙”。

青藏高原蕴藏着丰富的矿产资源，是我国重要的战略资源后备基地。青藏高原是地球表面的一道天然屏障，影响着中国乃至全球的气候变化。青藏高原也是我国主要大江大河和一些重要国际河流的发源地。开展青藏高原地质调查与研究，对于推动地球科学研究、保障我国资源战略储备、促进边疆经济发展、维护民族团结、巩固国防建设具有非常重要的现实意义和深远的历史意义。

1999 年国家启动了“新一轮国土资源大调查”专项，按照温家宝总理“新一轮国土资源大调查要围绕填补和更新一批基础地质图件”的指示精神，中国地质调查局组织开展了青藏高原空白区1：25 万区域地质调查攻坚战，历时 6 年多，投入 3 亿多，调集 25 个来自全国省（自治区）地质调查院、研究所、大专院校等单位组成了精干区域地质调查队伍。每年近千名地质工作者，奋战在“世界屋脊”，脚步遍及雪域高原，完成了全部空白区 158 万 km^2、112 个图幅的区域地质调查工作，实现了我国陆域中比例尺区域地质调查的全面覆盖，在中国地质工作历史上树立了新的丰碑。

西藏 1：25 万 H45C002003（热布喀幅）区域地质调查项目，由河南省地质调查院承担，工作区位于藏北羌塘高原南部。目的是通过对调查区进行全面的区域地质调查，合理划分测区构造单元，恢复测区不同时期的沉积环境，重塑测区的构造面貌及构造演化史，为矿产普查、环境地质、科学研究、地学教学和推动国际地学前沿学科的发展提供基础地质资料，为国土资源规划、管理、保护及合理利用提供基础性地质资料和依据，同时为社会提供公益性、综合性地质信息。

H45C002003（热布喀幅）地质调查工作时间为 2000—2002 年，累计完成地质填图面积为 16 024km^2，实测剖面 166.8km。地质路线 3 314.4km，采集样品 3 146 件，全面完成了设计工作量。主要成果有：①在下拉灰岩之上发现一套深灰色细碎屑岩夹灰岩及硅质岩组合，划为上二叠统敌布错组，自下而上均含有丰富的孢子花粉，含有植物化石，具华夏植物群特征；②在阿央、昂孜错北岸等地发现一套海拔高度超过 5 000 m 的高位湖积层，表明该时期藏北地区可能存在一个范围更大的古大湖；③在松木果、央雄勒一带发现一条强过铝白云母花岗岩带，同位素年龄 132～163 Ma，为晚侏罗世，属后碰撞花岗岩；④识别出各级火山机构 40 余个。

2003 年 4 月，中国地质调查局组织专家对项目进行了最终成果验收，评审认为，成果报告资料齐全，工作量达到（或超过）设计规定，技术手段、方法、测试样品质量符合有关规范、规定。报告章节齐备，论述有据，在地层、古生物、岩石和构造等方面取得了较突出的进展和重要成果，反映了测区地质构造特征和现有研究程度，经评审委员会认真评议，一致建议项目报告通过评审，热布喀幅成果报告被评为优秀级。

参加报告编写的技术人员主要有卢书炜、任建德、马瑞申、张彦启、杜凤军、刘品德、贾共祥、裴中朝、谢朝永、李香资，最后由卢书炜统编定稿。先后参加野外工作的还有张良、刘伟、杨俊峰、李秋生、白国典、吕际根、柴建玉、李春艳、杨常青、张学军、白朝军、杨长秀、张元国、付昌武、丁见广、石晓然、朱厚广、孔繁明、左爱萍、宋克金。地质图编图：白国典、谢朝永。计算机制图由刘献华、许国丽、王凌云、巴丽、王旭辉等同志完成。地质报告文字录入及排版工作由郭晓燕完成。

在整个项目实施和报告编写过程中，得到了中国地质调查局西南项目办公室和河南省地质调查院领导的关心和支持，在此对他们表示诚挚的谢意。同时感谢成都地质矿产研究所潘桂棠研究员和雍永源研究员、西藏自治区地质矿产局夏代祥教授级高工、中国地质大学（北京）莫宣学院士、吉林大学李才教授等一大批老专家对项目工作的技术指导和无私帮助。

为了充分发挥青藏高原 1∶25 万区域地质调查成果的作用，全面向社会提供使用，中国地质调查局组织开展了青藏高原 1∶25 万地质图的公开出版工作，由中国地质调查局成都地质调查中心及组织承担图幅调查工作的相关单位共同完成。出版编辑工作得到了国家测绘局孔金辉、翟义青及陈克强、王保良等一批专家的指导和帮助，在此表示诚挚的谢意。

鉴于本次区域地质调查成果出版工作时间紧、参加单位较多、项目组织协调任务重以及工作经验和水平所限，成果出版中可能存在不足与疏漏之处，敬请读者批评指正。

“青藏高原 1∶25 万区域地质调查成果总结”项目组

2010 年 9 月

目　　录

第一章 绪 论

第一节 任务的下达与要求

中国地质调查局根据国土资源部国土发(1999)509号文下达的2000年国土资源大调查计划,以中地调函[2000]27号文下达了《地质调查项目任务书》,决定由河南省地质调查院承担1∶25万尼玛区幅(H45C001003)、热布喀(董木荵)幅(H45C002003)区域地质调查工作。任务书编号0100141084,项目编号200013000140,工作期限2000年1月—2002年12月。其中的热布喀幅工作区范围为东径87°00′—88°30′,北纬30°00′—31°00′,面积16 024.14km²。工作性质为基础地质调查,工作方法为实测。

任务书总体要求是:依据《1∶25万区域地质调查技术要求(暂行)》及其他有关行业规范、指南,参照造山带填图的新方法,应用遥感与计算机技术等新技术手段,以区域构造调查与研究为先导,合理划分测区构造单元。对测区不同地质单元、不同构造地层单位采用不同的填图方法进行全面的区域地质调查。以综合地层学理论、板块构造理论及活动论为指导,恢复测区不同时期的沉积环境,重塑测区的构造面貌及构造演化史,为矿产普查、环境地质、科学研究、地学教学和推动国际地学前沿学科的发展提供基础地质资料;为国土资源规划、管理、保护及合理利用提供基础性地质资料和依据,同时为社会提供公益性、综合性地质信息。

第二节 自然地理和经济概况

一、位置与交通

测区位于西藏自治区中南部,行政区划属那曲地区的尼玛县、申扎县和日喀则地区的昂仁县、谢通门县。区内交通不便,各乡均有通往县城的简易路,到雨季往往无法通行,特别是念青唐古拉山以南地区,大部分地段不通车(图1-1)。

二、自然地理

测区横跨念青唐古拉山脉南北,主体属高原湖盆区,南部属高原中高山区,平均海拔5 000m左右。测区最高峰位于东南部念青唐古拉山,海拔6 170m,最低处位于南部洛足藏布向南出境处,海拔4 274m。念青唐古拉山脉南麓地形切割较强,相对高差500~1 000m,河流纵横,流向向南,主要有洛足藏布、大洛藏布、昂玛藏布,甲物麦曲等,均属雅鲁藏布江水系。其北侧地形切割较弱,以高原中低山与丘陵区为主,内有宽阔的谷地及湖盆,主要的湖泊有昂孜错、马尔下错等;河流多系以湖泊为中心呈放射状分布的内流水系,其中大部分为短小的时令河,主要河流有达热藏布、巴汝藏布、江子藏布、雅贝藏布、下拉藏布等。

测区气候中、北部属高原亚寒带半干旱季风型气候区,空气稀薄,气压低(0.5~0.6大气压),严重缺氧,日照充足,降雨量少,气温低,多风雪。全年8级以上大风日数平均104天,年降水量不足400mm,多集中在6—9月,年日照时数达2 900多个小时。南部属高原温带半干旱季风型气候区,冬春干燥,多大风,夏秋季多(夜)雨,年日照时间2 980~3 120小时,年平均降水量不足400mm,7—9月为雨季,其余时间为冰雪期,无绝对无霜期。整个测区植被不发育,主要为稀疏的草本植物,南部有少量低矮灌木。自然灾害主要有干旱、大风、沙暴、冰雹、霜冻、雪灾、鼠害等。

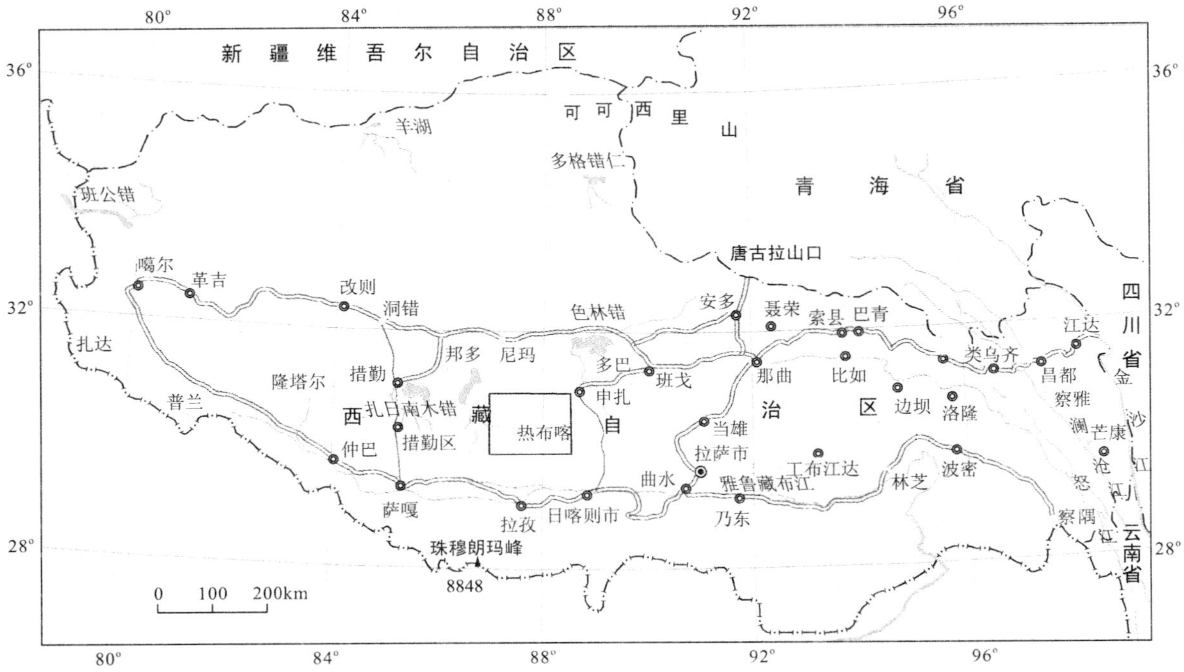

图 1-1　热布喀幅交通位置图

1. 自治区人民政府驻地；2. 地区行署县政府驻地；3. 乡政府驻地；4. 公路；5. 测区范围；6. 省界

三、经济地理概况

测区基本属牧业区，人口稀少，主要饲养牦牛、山羊、绵羊。南部零星种植青稞、油菜、元根。工业很少，仅有少量皮毛粗加工和部分卡垫及金银首饰品加工。商业主要为牛羊及其制品的交易。矿产资源有砂金、硼砂、水晶、琥珀、铅、锌、铁等。野生资源主要有野驴、藏羚羊、黄羊、盘羊、熊、黑颈鹤、野鸽子等。旅游主要是高原湖泊、雪山、草原及野生动物的观光，能领略藏北高原天地苍穹的意境。测区土特产比较少，主要有贵重药材雪莲。

第三节　地质矿产调查简史

测区内前人地质工作程度很低，20 世纪 50 年代以前完全处于空白阶段。50 年代初，以李璞教授为首的中国科学院西藏工作队地质组对藏东、藏中的路线地质调查是最早的间接涉及测区的地质研究工作（李璞，1959）。

1956—1957 年，青海石油普查大队在测区作过 1∶100 万石油地质普查①。

1969 年起，地质部航空物探大队在东经 88°—94°，北纬 29°—33°范围内进行了 1∶20 万航空磁测工作，覆盖测区东部 1/3 地区②。

1973—1976 年，中国科学院青藏高原综合考查队在藏北进行了更广泛的地质、地球物理调查研究工作，并出版了系列专著。

1977—1979 年，西藏自治区地质矿产局（以下简称西藏地矿局）区域地质调查队进行了 1∶100 万日喀则幅区域地质调查工作，是第一项对测区全覆盖的系统地质工作③。

1980 年，原地质矿产部（以下简称原地矿部）青藏高原地质调查大队编制出版了《1∶150 万青藏高原地质图》、《青藏高原地质文集》和《青藏高原区域地层简表》。

---

① 青海石油普查大队. 青藏高原东部石油地质普查报告（内部出版），1957.

② 原地质矿产部航空物探大队. 1∶20 万航空磁测. 1969.

③ 西藏自治区地质矿产局区域地质调查大队. 1∶100 万日喀则幅、亚东幅区域地质调查报告（地质部分）. 1983.

1980年起，原地质矿产部和中国科学院与法国科研中心合作进行了“喜马拉雅岩石圈构造演化”研究，对测区东邻申扎一带的古生代地层系统进行了完善，发现了申扎一带的巨大推覆构造带。对包括测区在内的冈底斯地块通过人工地震等手段证实其地壳厚度为60km左右。

1988年，成都地质矿产研究所(以下简称成都地矿所)编制了《1：150万青藏高原及邻区地质图》。

1986—1989年，西藏自治区地矿局编写了《西藏自治区区域地质志》。

1991—1992年，原石油工业部西藏石油地质考察队进行了藏北石油地质路线普查，利用卫星影像进行计算机解译，对藏北地区的断裂、构造带划分和沉积盆地圈定提出了新认识。

1990—1993年，西藏自治区物探大队进行了“1：50万申扎幅地球化学测量”工作①，覆盖全区，图内共圈出各类异常36个。

1992—1994年，西藏地矿局编写出版了《西藏自治区岩石地层》，对包括测区在内的各级岩石地层单位进行了清理。

1995年，中国石油天然气总公司青藏项目经理部完成了措勤盆地来多强玛—扎日南木错路线地质调查，对相关地层和构造进行了研究。1996年完成了措勤盆地遥感区域地质解译，完成了该盆地洞错—仲巴路线调查，建立了川巴组、多巴组、郎山组划分标准。1997年，进行了青藏地区措勤盆地区域石油地质调查②。我院有十几位地质技术人员参加了后两项工作，为本次区调填图打下了基础。

1995年，成都地矿所与西藏地矿局合作进行了“藏北洞措—申扎地区金矿成矿条件及靶区研究”，提出区内中上石炭统黑色岩系、木嘎岗日群黑色岩系和早白垩世早期陆相火山-沉积岩是3套含金建造和银(金)铜含矿岩系，对崩纳藏布大型砂金矿床的地质背景、成矿条件、分布规律、成因机制、物质来源等重要地质问题作了系统深入研究③。

1998—2000年，国土资源部航空物探遥感中心开展了“青藏高原中西部1：100万航磁概查”项目，覆盖全区。

除此之外，西藏自治区地质五队还进行了大量的砂金找矿工作，上述研究成果和资料对本次区调工作扩大视野、了解测区地质情况起到了重要作用。地质调查历史及成果见表1-1。

表1-1 测区地质调查历史简表

序号	调查时间(年)	成果名称	作者	出版时间(年)	出版单位
1	1955	西藏东部地质矿产调查资料	李璞	1959	科学出版社
2	1955—1957	青藏高原东部石油地质普查报告	青海石油普查大队	1957	内部出版
3	1969	1：20万航空磁测	原地矿部航空物探大队		
4	1977—1979	1：100万日喀则幅、亚东幅区域地质调查报告	西藏自治区区调队	1983	西藏地矿局
5	1980	1：150万青藏高原地质图、青藏高原地质文集	原地矿部青藏高原地质大队	1980	地质出版社
6	1980	喜马拉雅岩石圈构造演化总论	中国地质科学院肖序常等	1988	地质出版社
7	1988	1：150万青藏高原及邻区地质图	成都地矿所	1988	
8	1986—1989	西藏自治区区域地质志	西藏地质矿产局	1993	地质出版社
9	1990—1993	1：50万申扎幅地球化学测量	西藏自治区物探大队	1993	内部印刷
10	1992—1994	西藏自治区岩石地层	西藏地质矿产局	1997	中国地质大学出版社
11	1991—1994	藏北洞错—申扎地区金矿成矿条件及靶区研究	成都地矿所、西藏地矿局	1995	内部出版
12	1996	措勤盆地遥感地质调查报告	石油天然气总公司青藏项目经理部	1997	内部印刷
13	1998—2000	青藏高原中西部1：100万航磁概查	国土资源部航空物探遥感中心	2002	地质出版社

① 西藏自治区物探大队. 1：50万申扎幅地球化学测量. 1993.

② 石油天然气总公司青藏项目经理部. 措勤盆地遥感地质调查报告(内部出版). 1997.

③ 成都地矿所，西藏地矿局. 藏北洞错—申扎地区金矿成矿条件及靶区研究(内部出版). 1995.

第四节　任务完成情况及质量评述

一、工作概况

任务书下达后，河南省地质调查院以豫地调字(2000)16号文确定该项目由基础中心组织实施，基础中心随即组成了项目组，着手收集资料，购买地形图和卫星影像资料；对卫星影像进行初步解译，对前人的资料进行分析研究，确定工作方案。2000年4月中旬出队，5—8月进行野外踏勘、部分剖面测制和试填图，建立遥感解译标志。9—10月为设计书编写阶段，11月中旬在成都通过设计审查。

2001年4—9月为野外填图、剖面测制和专题研究，2001年10月—2002年7月对两年来取得的各类资料进行了综合分析整理。2002年4月和5月对测区重要地质问题进行了补充观察研究。

2002年7月下旬在郑州通过中国地质调查局成都地质调查中心组织的野外资料验收，得分91.8分，被评为优秀级。

参加报告编写的技术人员有卢书炜(第一章、第六章)，马瑞申、张彦启(第二章第一、二、三节，第四章)，杜凤军(第二章第四节)，贾共祥(第二章第五、六、七节)，任建德(第三章第一节)，刘品德(第三章第二节)，马瑞申、裴中朝(第五章)，最后由卢书炜统编定稿。参加本项目工作的其他技术人员还有张良、刘伟、杨俊峰、李秋生、白国典、吕际根、谢朝永、李香资、柴建玉、李春艳、杨常青、张学军、白朝军、杨长秀、张元国、付昌武、丁见广、石晓然、朱厚广、孔繁明、左爱萍、宋克金等。地质图编图人员有白国典、谢朝永。计算机制图由刘献华、许国丽、王凌云完成，出版前报告插图的修改、整饰由巴丽完成，地质图的修改整饰由王旭辉完成，报告文字录入及排版由郭晓燕完成。

项目实施过程中自始至终得到了中国地质调查局成都地质调查中心和河南省地质调查院领导的关心和支持。中国地质调查局成都地质调查中心专家组于2001年7月亲临野外现场检查指导工作。正是为了这次检查，在专家组尚未到达项目组驻地前遭遇了陷车事件，致使雍永源研究员自晚上9点多摸黑跋山涉水8个多小时于次日早上7点多方才到达项目组驻地，夏代祥教授等检查组其他人员被困河中长达一夜之久。河南省地调院王建平院长、张良副院长多次过问项目工作情况，并赴野外现场指导工作。张良副院长在2000年10月以前还兼任项目负责人，为本项目的立项论证、资料收集、工作组织做了大量工作。

二、工作底图和卫片的选择

野外工作底图和地质总图及实际材料图选用了中国人民解放军总参谋部测绘局1970—1971年航摄、1974—1976年出版的1∶10万彩色地形图。野外工作期间参考使用了1∶25万彩色地形图和中国地质调查局提供的1∶25万TM卫星照片。项目组还购买卫星数据制作了全区1∶10万分幅影像供野外使用。上述地形图和卫片资料满足设计精度和规范要求。

三、工作方法和精度

填图工作采用实测方法。根据地理因素和交通状况分区域、分阶段进行，根据地质内容的不同，采用不同的工作方法和控制精度。

贡久布—卡乡以南冈底斯山区约8 000km^2区域地形切割强烈、汽车不能通行、设站困难的地区以骑马跑路线为主。由于这些地区基岩裸露多，卫片解译效果好，适当放稀了路线间距，达6～10km。测区中北部广大地区采用流动设站、平行穿越的方法进行。基岩区路线间距一般为4～6km，第四系区为6～8km。全区路线总长度6 564.7km(两幅联测总数字，下同)，平均路线间距为5.2km，最大路线间距约10km，最小约2km。各类路线长度分别为剖面310.8km(其中146.1km为路线剖面，164.7km为实测)，系统观测路线5 392km(其中图内5 267km，图外125km)，踏勘路线289km，检查路线249km，专项生态调查路线470km。路线点距未作统一要求，以能有效控制地质界线为目的。地质点总数2 992个，其中地质界线点和构造点等有效点为2 197个，占73.7%，平均0.94点/10km^2，点线间距符合设计要求。

野外地质点定位主要使用GPS标定，辅以交会法校准，经检验误差小于100m。

填图过程中对直径大于500m、宽度大于100m的地质体、长度大于500m的断层在图上表示。对有特殊意义的标志层、矿化层、岩脉、片理化带有夸大表示。半数填图路线有信手剖面，全部路线有小结。

剖面对地质体的控制程度已经满足设计要求，即每个地层单元都有1～2条剖面控制，南北向多次出现的地层单元如石炭系有3条剖面控制。地层剖面比例尺一般为1∶2 000～1∶5 000，少数露头好的地层用钢尺现场直接测厚，选用比例尺1∶500。岩体剖面全部为1∶5 000。

遥感技术应用贯穿于区调工作的始终，在立项论证阶段即收集TM卫星影像并进行了初步解译，参考1∶100万地质资料编制了1∶25万遥感解译草图。2000年野外工作之前，专门制作了1∶10万分幅影像图，供野外调查中使用，指导野外路线布置、室内连图等。路线调查过程中不断收集各类地质体的影像标志修改补充解译内容，编制了部分1∶10万解译草图，填制了部分遥感解译卡片。室内整理过程中还根据野外调查结果和遥感影像资料编制了1∶25万草原生态及生物多样性分布图、1∶25万灾害现状分布图、1∶25万活动构造与第四系分布图、1∶25万旅游资源分布图、1∶25万矿产资源分布图、1∶25万构造纲要图、1∶25万岩石谱系单位分布图等系列图件。

专题研究主要集中于2001年下半年进行。中国地质调查局专家组于2001年7月中旬野外检查后建议项目组将原设计的两个专题进行调整，取消《班戈早白垩世弧后盆地沉积层序、古地理环境及生物群落研究》专题，将《申扎弧背断隆区推覆构造研究》改为《格仁错构造带研究》。项目组遵照专家组的意见，对专题研究工作进行了调整，向中国地质调查局成都地质调查中心正式报送了变更专题的请示并得到批复。

四、完成的实物工作量

设计的主要工作量绝大部分已完成或超额完成，各主要岩体、各火山地层单元都有同位素年龄和稀土、微量、硅酸盐等配套样品。每条剖面上都有足够的薄片样品，对沉积地层都尽量采集了化石样以确定时代，样品数量和样品控制程度满足设计要求。实物工作量详情见表1-2。

五、资料整理情况

资料整理分野外现场整理、年度整理及野外验收前综合整理。

野外现场整理基本上以填图路线为单元，一条路线结束就整理一次，内容包括记录本着墨、路线小结、手图转绘、样品整理等，并对下一步工作进行布置。一个基站工作结束还要进行阶段整理，包括连图、工作总结、质量检查、月季报等。

年度资料整理包括填写样品登记本、分类送样、分析结果批注登记、编制和完善1∶10万实际材料图，编制各类剖面图、柱状图、成果图等，编制阶段性工作总结、年报。

野外验收前综合整理主要进行了各类资料汇总编目，填制岩体卡片、地层卡片、火山岩卡片、构造卡片等，编制了1∶25万区域地质草图等系列图件。根据分析鉴定结果补充完善了剖面图、柱状图、野外地质总图、实际材料图等各类原始资料，编写了野外地质简报。

六、质量评述

项目工作严格按照中国地质调查局《地质调查项目质量管理监督办法(试行)》和河南省地质调查院质量体系文件要求进行，按照设计书和有关规范开展工作；建立了地质调查院、基础中心、项目组三级质量管理体系。开展了经常性自检、互检工作。自检、互检率达100%，项目组复检率为30%。基础中心和地质调查院每年都组织专门的质量检查工作，并于每年元月对上年度原始资料和成果进行全院展评活动。全部质量活动均有记录。

表 1－2　实物工作量表

项目名称		单位	总体设计	累计完成	完成率(%)	备注
1∶25 万填图		km^2	31 896	31 896	100	两幅联测
填图路线		km	6 000	6 564.7	109.4	两幅联测
1∶5 000 地层剖面		km	204.6	204.3	100	两幅联测
1∶5 000 岩体剖面		km	105.2	106.5	101.2	两幅联测
1∶5 000 构造剖面		km	10～20	26	100	包括地层构造剖面
薄片		块	2 000～2 500	2 271	100	两幅联测
标本		块	200～500	500	100	两幅联测
光谱半定量		个	1 000	1 037	103.7	两幅联测
大化石		块	1 000	1 010	101.0	两幅联测
微体化石		块	100	173	173	两幅联测
微量分析		块	100	117	117	两幅联测
稀土分析		块	100	117	117	两幅联测
硅酸盐分析		块	100	117	117	两幅联测
碳酸盐分析		块	40～60	47	100	两幅联测
化学样		件	100～150	112	100	两幅联测
同位素	U－Pb	件	2	2	100	原设计为 Pb－Pb
	K－Ar	件	10～15	25	200	两幅联测
	Ar－Ar	件	10～15	2	100	两幅联测
	$\delta^{18}O$	件	50	53	106	两幅联测
长石有序度		件	50	44	88	两幅联测
包体测温		件	50	45	90	两幅联测
电子探针		件	50	50	100	两幅联测
粒度分析		块	150～200	150	100	两幅联测

第二章 地 层

测区地层分布广泛，出露面积约14 360km²，占测区总面积的90%；以新生界分布最广，上古生界、中生界也有大面积出露，前震旦系仅少量分布。各时代地层东西向延伸较为稳定，南北向变化明显。根据地层总体发育特征、岩性组合、岩相与古生物面貌、大地构造位置的差异，将测区划归冈底斯—腾冲地层区；以昂孜错—色热巴断裂为界，以南划为隆格尔—南木林地层分区，以北划为班戈—八宿地层分区申亚地层小区（图2-1）。

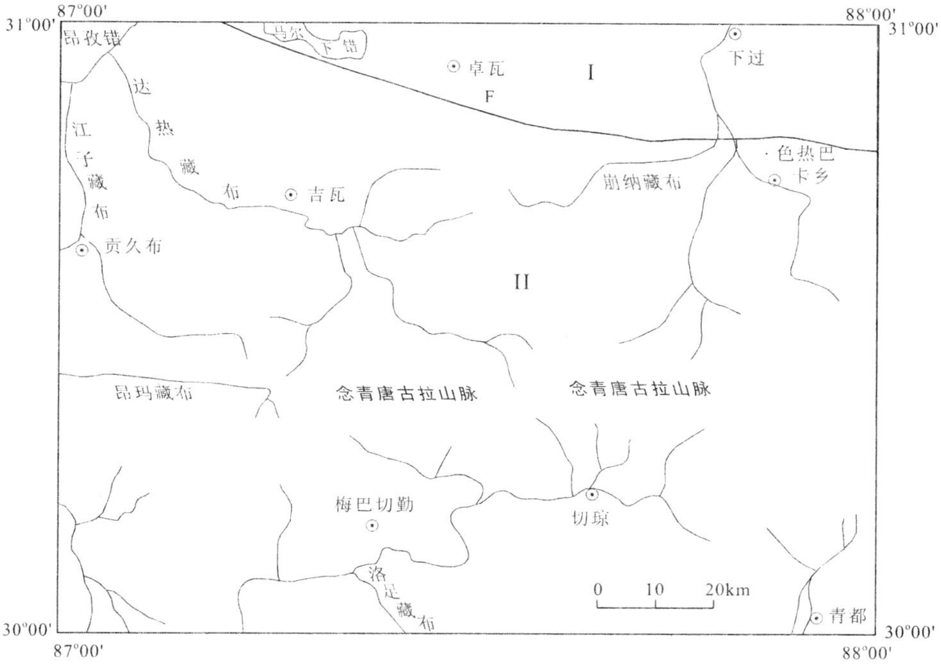

图2-1 地层区划图

Ⅰ.班戈—八宿地层分区申亚地层小区；Ⅱ.隆格尔—南木林地层分区

隆格尔—南木林地层分区为测区的主体，发育有原岩为碎屑岩-基性火山岩建造的前震旦系变质结晶基底、石炭系—下二叠统、上二叠统的碎屑岩建造、中二叠统的碳酸盐岩建造、广泛分布的古近系岛弧火山岩建造、古近系陆相红层及新近系陆相碎屑岩-火山岩建造；班戈—八宿地层分区申亚地层小区内发育有石炭系—下二叠统陆源碎屑岩建造、中二叠统碳酸盐建造、下白垩统岛弧火山岩建造及古近系陆相红层。

本次区调以先进理论为指导，以实际资料为基础，对沉积地层进行了岩石地层、层序地层为主的多重地层划分；对变质地层进行了构造-地层划分；对火山地层进行了岩石地层划分；重新厘定了测区地层系统（表2-1），划分出（岩）群级地层单位4个，组级正式岩石地层单位9个，其中新划分出地层单位1个。

本报告多采用《西藏自治区岩石地层》（西藏地矿局，1997）建立的岩石地层单位名称，时代归属参考中国地层典（中国地层典编委会，1998，2000a，2000b，2000c，2000d）及1∶25万区调新成果进行了调整。

表 2-1 测区地层序列表

年代地层			岩石地层（地层区划）：冈底斯—腾冲地层区	
			隆格尔—南木林地层分区	班戈—八宿地层分区申亚小区
新生界	第四系	全新统	松散堆积物	松散堆积物
		更新统		
	新近系	上新统	乌郁群(N_2wy)	
		中新统		
	古近系	渐新统	日贡拉组(E_3r)	日贡拉组(E_3r)
		始新统	帕那组(E_2p)	
			年波组(E_2n)	
		古新统	典中组(E_1d)	
中生界	白垩系	上统		
		下统		则弄群(K_1zl)
	侏罗系			
	三叠系			
古生界	二叠系	上统	敌布错组(P_3d)	
		中统	下拉组(P_2x)	下拉组(P_2x)
		下统	昂杰组(P_1a)	昂杰组(P_1a)
	石炭系	上统	拉嘎组(C_2P_1l)	拉嘎组(C_2P_1l)
		下统	永珠组($C_{1-2}y$)	永珠组($C_{1-2}y$)
	泥盆系			
	志留系			
	奥陶系			
	寒武系			
元古宙	震旦系			
	前震旦系		念青唐古拉岩群($AnZnq$)	念青唐古拉岩群($AnZnq$)

第一节 前震旦系

前震旦系念青唐古拉岩群分布在昂仁县马杰力一带，在测区属首次发现，地层区划属隆格尔—南木林地层分区，为一套高绿片岩相变质岩系，其南、北均以断层与上古生代地层接触。呈不规则面状展布，出露面积约 38km^2。

念青唐古拉岩群由念青唐古拉片麻岩演变而来。李璞等(1959)在《西藏东部地质及矿产调查资料》一书中首次提出“念唐古拉片麻岩”；西藏自治区综合队(1979)①将其称为念青唐古拉群；中国地质调查局成都地质调查中心编写的《青藏高原及邻区地层划分与对比》(2002，讨论稿)②将其改称为念青唐古拉岩群，本书从之。

① 西藏自治区综合队. 1∶100 万拉萨幅(H—46)区域地质调查报告. 1979.

② 中国地质调查局成都地质调查中心. 青藏高原及邻区地层划分与对比(讨论稿). 2002.

一、剖面描述

昂仁县马杰力前震旦系念青唐古拉岩群剖面见图 2-2。

剖面位于昂仁县马杰力南，起点坐标为：N30°22′00″，E87°09′37″；终点坐标为：N30°18′52″，E87°07′58″。全长 7.7km，由北向南测制。

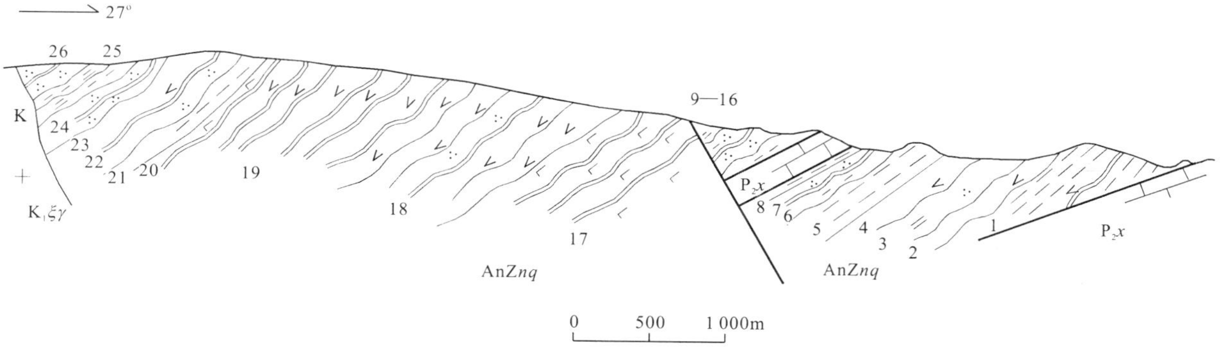

图 2-2 昂仁县马杰力前震旦系念青唐古拉岩群实测剖面图

前震旦系念青唐古拉岩群（AnZnq）	厚度＞3 320m
上部被早白垩世花岗岩体吞噬，未见顶	
26. 灰白色石英岩，上部绿帘石化	200m
25. 深灰色二云母片岩	140m
24. 浅灰白色石英岩	100m
23. 灰黑色斜长角闪岩	180m
22. 灰白色石英岩	90m
21. 灰白色长英质糜棱岩	200m
20. 黑色变玄武岩	20m
19. 灰黑色斜长角闪岩	360m
18. 灰黑色角闪片岩夹石英岩	270m
17. 灰绿色变玄武岩，岩石受热液影响而蚀变，有大量透闪石生成	110m
═══ 断层 ═══	
16. 银灰色二云石英片岩	140m
15. 黑色黑云母片岩	40m
14. 白色大理岩，受热液影响局部有滑石生成	30m
13. 白色石英岩	50m
12. 深灰色黑云斜长片岩	60m
11. 白色石英岩	50m
10. 深灰色黑云斜长片岩	70m
9. 白色石英岩，糜棱岩化	30m
═══ 断层 ═══	
8. 浅肉红色长英质糜棱岩	60m
7. 白色石英岩	100m
6. 灰黑色黑云斜长片岩	60m
5. 浅肉红色长英质糜棱岩夹黑云斜长片岩	220m
4. 墨绿色斜长角闪片岩	120m
3. 灰色白云石英片岩	120m
2. 灰黑色斜长角闪岩	100m
1. 灰白色长英质糜棱岩夹灰黑色斜长角闪岩	400m
═══ 断层 ═══	

下伏地层:中二叠统下拉组灰岩

二、岩石地层特征

测区念青唐古拉岩群下部以长英质糜棱岩为主,夹有斜长角闪(片)岩、黑云斜长片岩、白云石英片岩等;中部为石英岩、黑云斜长片岩、二云石英片岩、大理岩等;上部以斜长角闪岩为主,夹石英岩、二云母片岩等。北侧以断层与上古生代地层接触;东、南、西三面均被早白垩世花岗岩体吞噬。

该套岩石受区域动热变质作用影响,变质程度已达高绿片岩相,又受后期韧性动力变质作用叠加,部分岩石已糜棱岩化,出现长英质糜棱岩,并形成了一系列南倾为主的糜棱面理。由于该套岩石变质变形较强,原生组构已消失殆尽,其原始层序无法重建,属层状无序构造岩层单位,称为岩群,其面理测量累积假厚度大于 3 320m。

经原岩恢复,石英岩原岩为石英砂岩;大理岩原岩为灰岩;长英质糜棱岩(浅粒岩)原岩为长石砂岩;片岩类原岩为粘土岩或粉砂质粘土岩;角闪质岩石原岩为基性火山岩。由此可知,区内念青唐古拉岩群为陆源碎屑-基性火山岩建造。

三、区域地层对比

区域上,念青唐古拉岩群主要分布于念青唐古拉主脊及其以北地区,其上、下均以断层与古生代或中生代地层接触。岩石类型以片麻岩、混合岩、石英岩、大理岩为主,总厚度大于 5 000m,变质程度达角闪岩相。与区内念青唐古拉岩群相比,原岩建造基本相当,变质程度较浅。在尼玛县帮勒一带的念青唐古拉岩群,以长英质粒岩为主夹有角闪质岩石及片岩类,出露不全,变质程度为高绿片岩相,与测区念青唐古拉岩群基本相当。

四、时代归属探讨

区内念青唐古拉岩群与有古生物依据的上古生代地层为断层接触,两者变质程度及变质作用类型差别很大。前者为高绿片岩相 ,区域动热变质;后者为低绿片岩相,区域低温动力变质;岩石组合类型也迥然不同。念青唐古拉岩群的时代应早于上古生代。区域上,许荣华(1981)在羊八井冷青拉附近用 U - Pb 法测得念青唐古拉岩群片麻岩的残余锆石年龄值为 1 250Ma(西藏地矿局,1997),为中元古代。因此,念青唐古拉岩群应是一套以中元古代为主体的地层,按传统划法,暂归前震旦系。

第二节 石炭系

石炭系是测区广泛分布的地层之一,主体为两个近东西向延伸的不规则条带,北带位于纳波拉—拉弄一带,南带位于冈底斯山南坡,与区域构造线方向一致。出露面积约 2 000km^2。其上、下统均有出露,为一套以碎屑岩为主的陆源碎屑建造,下未见底,上与下二叠统连续沉积。依据岩石组合、接触关系等特征,将其划分为下—上石炭统永珠组、上石炭统—下二叠统拉嘎组,两组间为整合接触。

永珠组由永珠群降级而来,拉嘎组由林宝玉(1983)创名。1979 年夏代祥等(1983)将申扎永珠一带的中、下石炭统命名为永珠群,并进一步划分为下组和上组;杨式溥、范影年(1982)将该套地层划分为下石炭统大塘阶永珠段、中石炭统斯所组、上石炭统昂杰组、石炭—二叠系过渡层朗玛日阿组;林宝玉(1983)将永珠群下组更名为永珠公社组,上组命名为拉嘎组;西藏自治区区域地质调查大队(1983)①将该套地层划分为下石炭统永珠群、上石炭统朗玛日群斯所组、昂杰组;西藏自治区地质矿产局(1997)将该套地层划分为下石炭统永珠组、上中石炭统拉嘎组;中国地质调查局成都地质调查中心(2002)②将拉嘎组划归上石炭统—下二叠统,其下为下—上石炭统永珠组。本书采用后一种划分方案(表 2 - 2)。

---

① 西藏自治区地质局区域地质调查大队. 1∶100 万日喀则幅、亚东幅区域地质调查报告(地质部分). 1983.

② 中国地质调查局成都地质调查中心. 青藏高原及邻区地层划分与对比(讨论稿). 2002.

表 2-2 测区石炭系划分沿革表

<table>
<tr><th colspan="3">夏代祥
(1979)</th><th colspan="3">杨式溥等
(1982)</th><th colspan="2">林宝玉
(1983)</th><th colspan="3">1:100 万日喀则幅
区调报告(1983)</th><th colspan="2">西藏自治区区域
地质志(1993)</th><th colspan="2">西藏自治区
岩石地层(1997)</th><th colspan="2">本书(2010)</th></tr>
<tr><td rowspan="4">中下石炭统</td><td rowspan="4">永珠群</td><td rowspan="2">上组</td><td>下二叠统</td><td colspan="2">朗玛日阿组</td><td rowspan="2">中上石炭统</td><td rowspan="2">拉嘎组</td><td rowspan="3">上石炭统</td><td rowspan="3">朗玛日群</td><td rowspan="2">昂杰组</td><td rowspan="3">上石炭统</td><td rowspan="2">昂杰组</td><td rowspan="2">上石炭统</td><td rowspan="2">拉嘎组</td><td>下二叠统</td><td rowspan="2">拉嘎组</td></tr>
<tr><td>上石炭统</td><td colspan="2">昂杰组</td><td>上石炭统</td></tr>
<tr><td rowspan="2">下组</td><td>中石炭统</td><td colspan="2">斯所组</td><td rowspan="2">下石炭统</td><td rowspan="2">永珠公社组</td><td>斯所组</td><td>斯所组</td><td rowspan="2">下石炭统</td><td rowspan="2">永珠组</td><td rowspan="2">下石炭统</td><td rowspan="2">永珠组</td></tr>
<tr><td>下石炭统</td><td>大塘阶</td><td>永珠段</td><td>上石炭统</td><td>永珠群</td><td>上段</td><td>下石炭统</td><td>汤菜组</td></tr>
</table>

一、剖面描述

(一)尼玛县吉勒石炭系实测剖面(图 2-3)

剖面位于尼玛县吉勒北,起点坐标为:N30°48′25″,E87°51′20″;终点坐标为:N30°49′27″,E87°51′22″。长约 2.5km。地层倒转,由南向北测制。

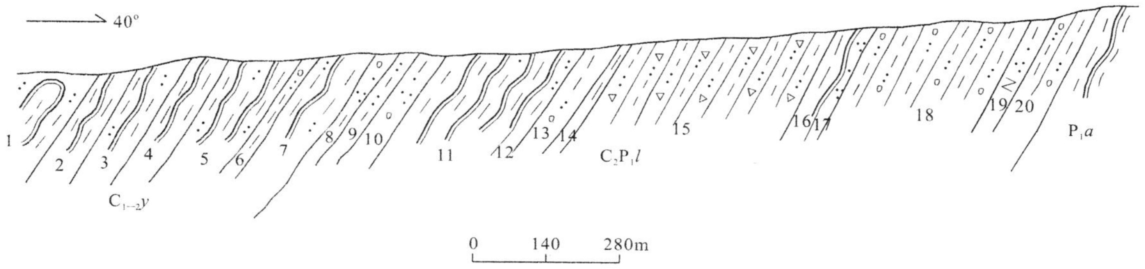

图 2-3 尼玛县吉勒下石炭统—下二叠统实测剖面图

上覆地层:下二叠统昂杰组黑色泥板岩

—————— 整合 ——————

上石炭统—下二叠统拉嘎组(C_2P_1l) 厚 937.5m

20. 青灰色含砾砂质粉砂质泥岩,砾石成分以石英砂岩为主,少量脉石英,呈次棱角、次圆状,砾径约 5m,含量 7%,成熟度极低。单层厚 40~60cm 91.1m
19. 肉红色细粒长石石英杂砂岩 1.8m
18. 青灰色含砾砂质粉砂质泥岩,砾石成分为石英砂岩、脉石英,次棱角、次圆状,砾径约 5mm,含量 7%,成熟度极低。单层厚 40~60cm 122.4m
17. 灰白色细粒石英砂岩,偶含砾 10.6m
16. 黑色泥板岩,具变余水平层理 35.6m
15. 青灰色含角砾砂质粉砂质泥岩,角砾成分为脉石英、花岗岩、石英砂岩等,呈棱角状,一般 0.5~1cm,个别达 3cm,含量约 7%,层理不清。中部夹有一层厚 1m 的砾岩透镜体,延伸不稳定。砾石成分与含角砾粉砂质泥岩中的砾石成分相当,砾径 1~5cm,含量 80% 250.6m
14. 灰白色含砂质硅质泥岩 2.7m
13. 青灰色含砾砂质泥质粉砂岩,砾石成分以石英砂岩为主,少量脉石英,多为次棱角状,砾径约 5mm,含量 5% 55.4m
12. 黑色泥质石英粉砂岩 18.6m
11. 黑色泥板岩 200.4m
10. 青灰色含砾石英杂砂岩,砾石成分以脉石英为主,少量粉砂岩及花岗岩,砾径一般为 1cm,含量约 5% 56.0m

9. 黑色泥质粉砂岩 44.2m

8. 青灰色含砾石英杂砂岩，砾石成分以脉石英为主，少量粉砂岩及花岗岩，砾径一般为1cm，含量约5% 48.1m

——————— 整合 ———————

下—上石炭统永珠组($C_{1-2}y$) >651.5m

7. 黑色含粉砂泥板岩，具变余水平层理 116.2m

6. 灰黑色含砾粉砂质泥板岩，砾石成分为脉石英，次棱角、次圆状，砾径一般约5mm，含量3%～5% 30.5m

5. 青灰色粉砂质泥岩 145.3m

4. 黑色泥板岩，变余水平纹层发育，近顶部夹一层30cm厚的细粒石英砂岩 80.8m

3. 黑色粉砂质泥板岩 106.9m

2. 黑色泥板岩，具变余水平层理 79.2m

1. 青灰色粉砂质泥板岩，变余水平层理发育，组成背斜核部 92.6m

未见底

（二）昂仁县厄容石炭系实测剖面（图2－4）

剖面位于昂仁县厄容南，起点坐标为：N30°26′08″，E87°15′45″；终点坐标为：N30°24′44″，E87°15′48″。长约2.8km，由北向南测制。

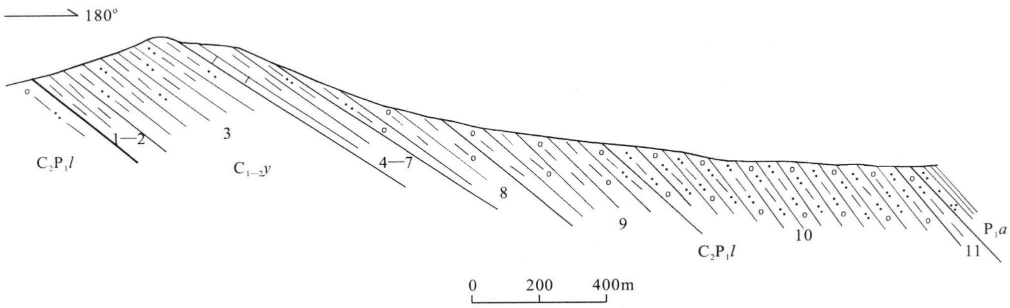

图2－4 昂仁县厄容下石炭统—下二叠统实测剖面图

上覆地层：下二叠统昂杰组细粒石英砂岩

——————— 整合 ———————

上石炭统—下二叠统拉嘎组(C_2P_1l) 厚893.9m

11. 灰色含砾粉砂质泥岩，砾石成分为石英砂岩、粉砂岩、花岗岩等，次棱角状，大小2～24mm不等，含量3%～5% 7.0m

10. 灰色含砾泥质粉砂岩，砾石成分为硅质岩、花岗岩等，次棱角状，大小2～29mm，含量5%～7% 498.3m

9. 褐灰色含砾粉砂质泥岩，砾石成分为花岗岩、砂岩，次棱角状，大小2～26mm，个别53mm，含量5%～7%。向上砾石含量递增，局部砾石定向，见水平层理 231.4m

8. 浅灰色含砾粉砂质泥岩，砾石成分为花岗岩、粉砂岩等，呈次棱角状，大小2～50mm，含量3%～5%。局部砾石定向，见落石构造、水平纹层 157.2m

——————— 整合 ———————

下—上石炭统永珠组($C_{1-2}y$) 厚>403.7m

7. 灰黑色含粉砂泥岩，发育水平纹层 24.7m

6. 褐黄色含生物碎屑微晶灰岩 0.9m

5. 灰黑色泥岩，发育水平纹层，下部夹一层0.68m厚的含砾粉砂岩 70.4m

4. 深灰色含生物碎屑灰岩，发育泥质条带 1.5m

3. 灰黑色粉砂质泥岩，发育水平纹层 237.0m

2. 灰色含砾粉砂质泥岩，砾石成分为脉石英，次圆状，大小2～5mm，含量5% 4.7m

1. 灰黑色泥岩，发育水平纹层 64.5m

═══════ 断层 ═══════

下伏地层：上石炭统—下二叠统拉嘎组含砾粉砂质泥岩

二、岩石地层特征

(一)永珠组($C_{1-2}y$)

区内永珠组以黑色细碎屑岩发育为特征，其岩石组合以黑色泥(板)岩、粉砂质泥(板)岩为主，夹中薄层状(变)细粒石英砂岩及少量含生物碎屑灰岩或透镜体，局部地段还夹有含砾粉砂岩薄层。泥岩和粉砂岩中常发育水平层理和虫穴；砂岩中发育平行层理。永珠组在区内未见底，上与拉嘎组整合接触，区内岩石组合较稳定，厚度>403～650m。

永珠组受区域低温动力变质作用影响，岩石已轻微变质，且变形较强，岩层褶皱及板劈理十分发育(图版Ⅴ-4)，大部分原生组构已遭破坏，给该组的基本层序调查带来了一定困难。该组有两种基本层序类型(图2-5A,B)：一种由平行层理发育的细粒(长石)石英砂岩→泥岩组成，向上变细。泥岩具水平层理，单层向上变厚，为向上变深的组合类型，属滨岸—浅海环境；一种由泥岩→粉砂质泥岩→(含砾杂)砂岩组成，向上泥岩逐渐减少，为向上变粗变浅的组合类型。该组总体为滨岸—浅海沉积。

本次工作在永珠组中采获有双壳类 *Eochoristites* sp.，珊瑚 *Amplexus* sp.，苔藓虫 *Rhombopora communis* Moore，棘皮类 *Cyclocyclicus* sp. 等。前人在邻区尼玛县吉瓦采获有珊瑚 *Amplexus* sp.，*Caninia* sp.，*Ganganophyllum* sp.，*Multithecopora* sp.，*Arachnolasma* sp.，*Lophophyllum* sp. 等(西藏自治区地质局区域地质调查大队，1983)①。

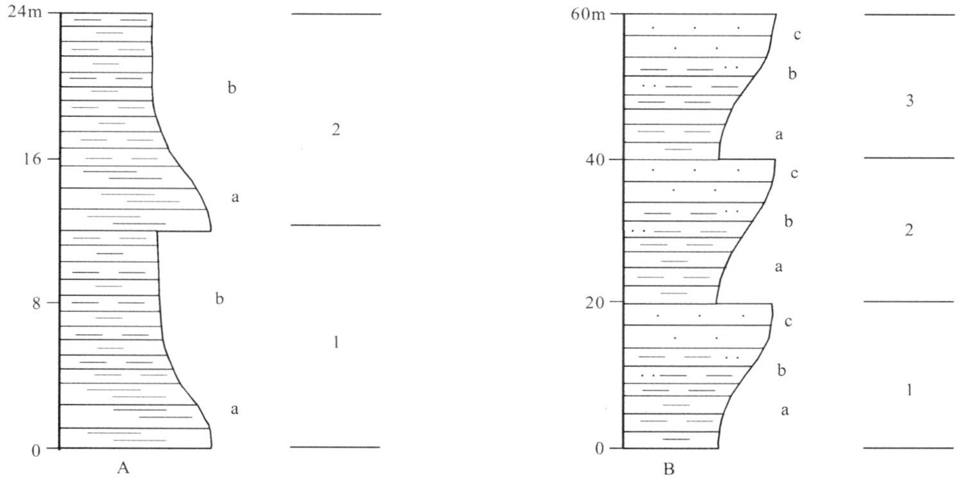

图2-5 永珠组基本层序

A. 向上变细的基本层序：a. 具平行层理砂岩；b. 具水平层理泥岩；B. 向上变粗的基本层序：a. 具水平层理泥岩；b. 粉砂质泥岩；c. 厚层砂岩

(二)拉嘎组(C_2P_1l)

区内岩性变化不大，主体为一套青灰色块状含砾碎屑岩系。岩性为含砾泥质粉砂岩、含砾砂质粉砂泥岩夹含砾石英杂砂岩、细粒石英砂岩等。北部拉嘎组中常见黑色泥(板)岩夹层，向南砂岩、泥岩夹层减少。该组横向上延伸稳定，厚894～937m。

拉嘎组以含砾碎屑岩夹砂岩沉积为主，岩石的成熟度极低，且以块状层为主，局部可见落石构造，区域上前人在该组中采获有冷、暖水相珊瑚及腕足类，表明该组为滨浅海冰水相沉积。常见的基本层序有泥岩→粉砂岩→(含砾)杂砂岩组成的向上变粗的组合类型及含砾砂质泥岩组成的非旋回性基本层序类型。该组生物化石稀少，仅采获有珊瑚 *Amplexus* sp.。

① 西藏自治区地质局区域地质调查大队. 1∶100万日喀则幅、亚东幅区域地质调查报告(地质部分). 1983.

三、层序地层分析

层序地层划分以实测剖面为基础，结合区内面上追索，以层序地层学基本原理为手段进行。由于石炭系永珠组在区内出露不全，缺失中下部层位，仅能划分出 1 个Ⅲ级层序（图 2－6），相当于尼玛区幅所划 C－P 超序Ⅲ$_4$ 层序。现以昂仁县厄容石炭系剖面为主，结合其他剖面及路线资料叙述如下。

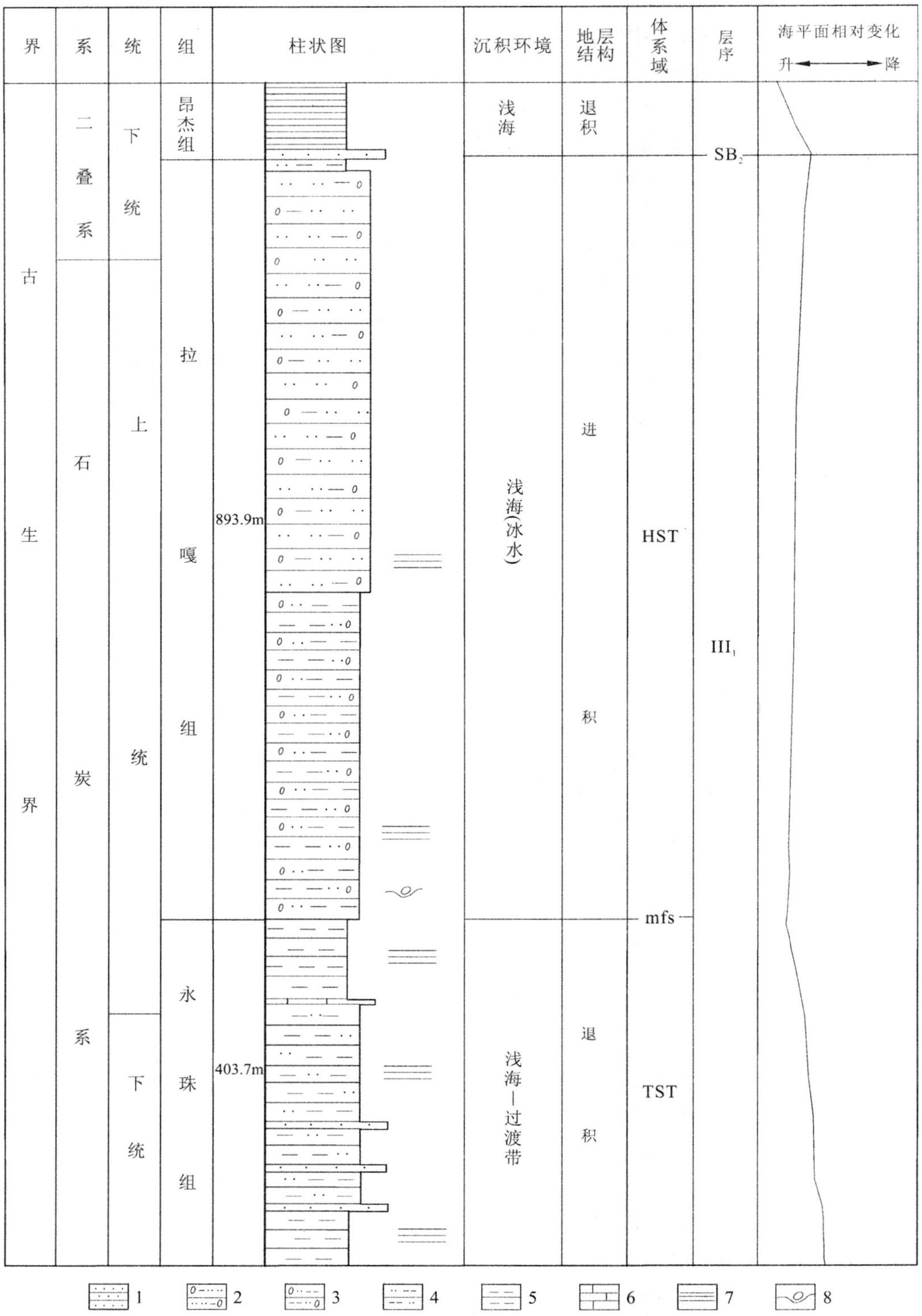

图 2－6　石炭系层序地层特征（昂仁县厄容）

1. 砂岩；2. 含砾泥质粉砂岩；3. 含砾粉砂质泥岩；4. 粉砂质泥岩；5. 泥岩；6. 灰岩；7. 水平层理；8. 落石构造

该层序由永珠组与拉嘎组构成。层序发育不完整，仅由不完整的海侵体系域与高水位体系域组成。未见层序界面，层序类型不清。

海侵体系域(TST)：相当于永珠组(剖面第1—7层)。由一套黑色泥质岩石组成，泥岩中发育水平层理，下部发育细粒石英砂岩夹层或条带，向上砂岩层逐渐减少至无，反映了海水逐渐变深的特征，为过渡带—浅海环境。地层结构具退积特征。

高水位体系域(HST)：相当于拉嘎组(剖面第8—11层)。最大海泛面位于永珠组厚层泥岩的顶部。界面之上主体为一套含砾碎屑岩。该套岩石，碎屑物成分复杂、成熟度极低，下部可见水平纹层及落石构造；向上常为块状层，粗碎屑物含量逐渐增加。表明其为浅海冰水沉积，且为向上变粗变浅的沉积序列。除此之外，在测区北部还见其间有泥岩→粉砂岩→(含砾)杂砂岩组成的基本层序组合类型，也为向上变粗变浅的沉积序列。虽然区内该体系域内沉积微相有所变化，但总体上都反映了由下而上逐渐变浅的弱进积特征。该体系域厚度巨大，表明此时物源供给充足，海平面下降相对缓慢。

四、沉积盆地分析

测区石炭系发育不完整，给沉积盆地分析造成了一定困难。区内永珠组主要为一套陆缘碎屑沉积，生物化石较少，泥岩中水平层理、水平虫穴发育，横向上岩性变化不大，反映此时水体较深，为较稳定的滨浅海环境。拉嘎组为一套含砾碎屑岩系，见有落石构造，生物化石极少，主要为滨浅海冰水沉积。横向上该组中的砂岩夹层由北向南逐渐减少，说明此时期北部近岸、南侧靠近盆地中心。

区内石炭系主要沉积组合有泥质陆棚沉积组合与陆源碎屑海岸沉积组合。在陆源碎屑海岸沉积组合中，砂岩成分成熟度较低，可能与物源区近有关，结构成熟度较高，均为细砂岩，磨圆好、分选好。粒度概度累积曲线(图2-7A、B)主要为跳跃总体，斜率高，曲线特征与海滩沙类似。

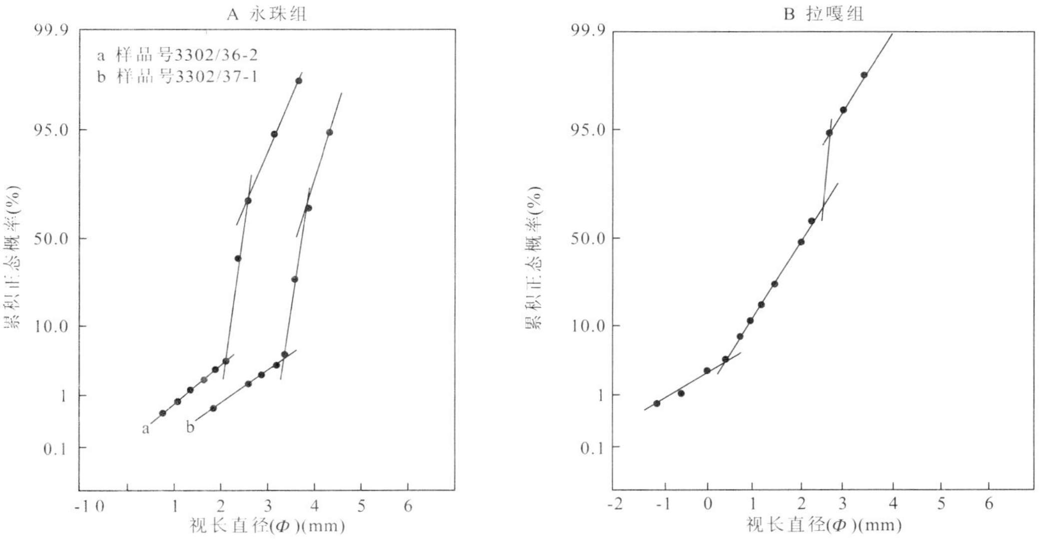

图2-7　石炭系砂岩粒度概率曲线图

石炭系砂岩类型主要为石英砂岩、长石石英砂岩。碎屑成分主要是单晶石英(Qm=80%～95%)，长石(F=0～7%)，岩屑少见，基本组合为Q型。投影在库克(1974)QFR图中的点落入陆壳稳定区及次稳定区(图2-8)；投影在维罗尼和梅纳德(1981)的QFL图中的点落入稳定克拉通浅海盆地区(CR)和裂谷、断陷盆地区(RF)，说明盆地属于稳定类型，而且存在从稳定到次稳定的演化趋势。

在判断物源区方面，投影在Dickinson(1979)QFL(图2-9)中的点落入陆块物源区及再旋回造山带物源区，似乎指示了盆地物源区为前震旦系变质基底隆起带。

综上所述，石炭纪盆地为克拉通陆表海盆地，早期海水较深，海域较广；晚期海水变浅，海域缩小，且存在由稳定到次稳定演化的趋势。

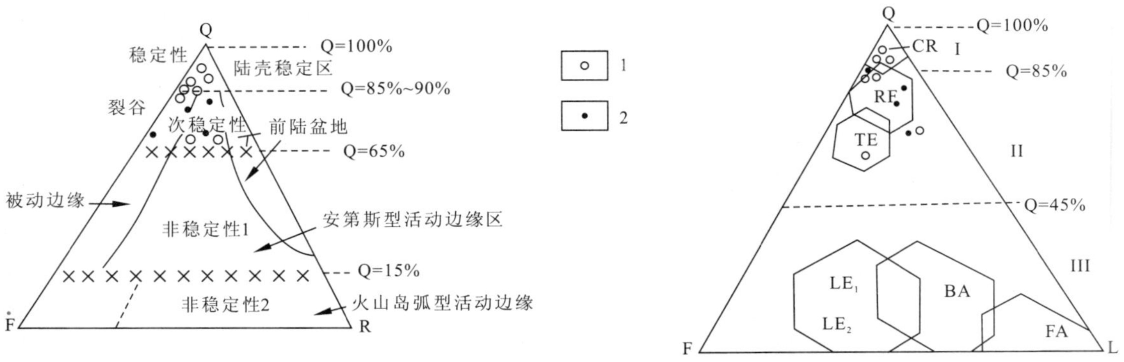

图 2-8 石炭系砂岩骨架颗粒图

1. 永珠组；2. 拉嘎组；LE1. 活动边缘消减带；LE2. 活动边缘转换断层；BA. 弧后盆地；FA. 弧前盆地；CR. 稳定克拉通浅海盆地区；EF. 裂谷及断陷盆地；TE. 被动边缘

五、区域地层对比及年代地层讨论

（一）区域地层对比

区内永珠组主要为一套黑色细碎屑岩，局部夹石英砂岩及生物屑灰岩透镜体，含珊瑚、苔藓虫等化石，出露不全，缺失中下部层位，厚度为 400～650m；尼玛县莫师当马一带，以泥（板）岩夹石英砂岩或与之互层为主，中上部夹生物灰岩，含珊瑚、腕足类、苔藓虫及棘皮类化石，厚约 2 022m；在申扎永珠一带，永珠组以灰白、灰绿色中—粗粒石英砂岩为主，与细粒石英砂岩、页岩不等厚互层，夹多层生物碎屑灰岩、粉砂岩、生物灰岩与薄层细粒石英砂岩，富含腕足类、珊瑚，次为双壳类、苔藓虫及棘皮类等（西藏地矿局，1997），厚度大于 460m；在措勤—南木林一带，为一套深灰色细碎屑岩，间夹少量生物碎屑灰岩，局部夹凝灰岩，古生物以腕足类为主，少量珊瑚及棘皮，厚度大于2 000m①（图 2-10）。

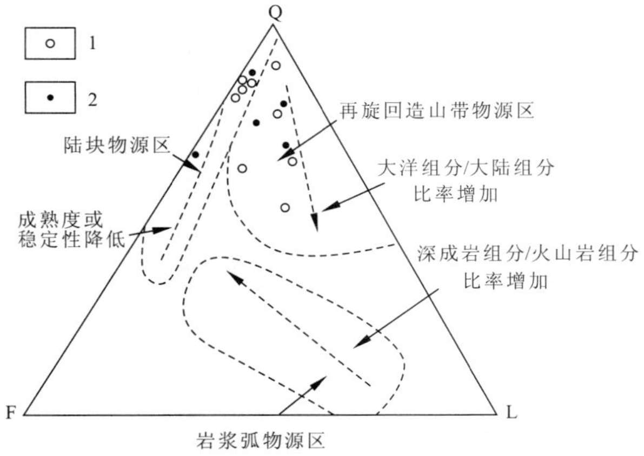

图 2-9 石炭系砂岩在 QFL 图解中碎屑沉积模型

1. 永珠组；2. 拉嘎组

区内拉嘎组主要为含砾碎屑岩，厚约 900m；在永珠一带为石英砂岩、含砾砂岩，局部夹灰岩薄层或透镜体，厚 860～1 380m；在狮泉河羊尾山一带为石英砂岩、钙质砂岩、板岩、含砾板岩，厚 570m（西藏地矿局，1997）。

（二）时代确定

（1）区内永珠组整合于中上泥盆统查果罗玛组之上，拉嘎组整合于永珠组之上，被昂杰组整合覆盖，时代应晚于泥盆纪，早于二叠纪。

（2）区内永珠组含丰富的化石，珊瑚 *Amplexus* sp.，*Caninia* sp.，*Arachnolasma* sp.，*Lophophyllum* sp.，*Ganganophyllum* sp. 均为石炭纪分子，其中 *Arachnolasma* 见于早石炭世，苔藓虫 *Rhombopora communis* 见于晚石炭世。拉嘎组含腕足类 *Stepanoviella* sp.，*Phricodothyris* sp.，*Cancrinella undata* 和珊瑚 *Amplexocarinia* sp. 等（西藏地矿局，1993），为晚石炭世常见分子，部分跨早二叠世。

综上所述，永珠组的时代为早石炭世，跨晚石炭世一部分；拉嘎组为晚石炭世，跨早二叠世一部分。

（三）年代地层讨论

永珠组在永珠一带含珊瑚 *Rhopalasma zaphrentites*，*Barrendenophyllum*，*Homalophyllum*，

① 石油天然气总公司青藏项目经理部. 措勤盆地遥感地质调查报告（内部出版）. 1997.

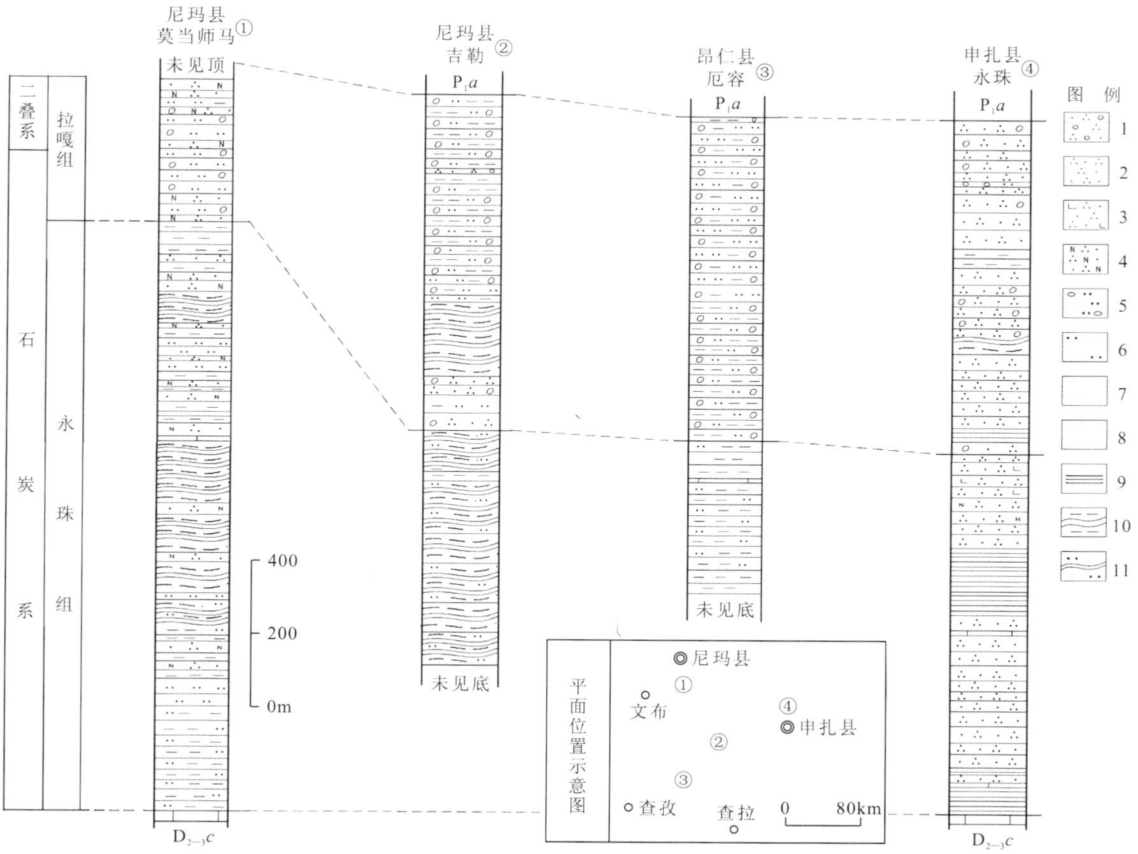

图 2-10　石炭系柱状对比图

1. 含砾石英砂岩；2 石英砂岩；3. 钙质石英砂岩；4. 长石石英砂岩；5. 含砾粉砂质泥岩；6. 粉砂质泥岩；7. 泥岩；8. 灰岩；9. 页岩；10. 泥板岩；11. 粉砂泥板岩

Menisoophyllum、*Amplexus*、*Mirusophyllum*，腕足类 *Chonetipustuls*、*Balakhonia*、*Productus*、*Fluctuaria*、Dictyolostus。其中 *Rhopalasma*、*Chonetipustuls* 是维宪阶代表分子，因此，可对比为下石炭统维宪阶。拉嘎组在永珠一带含腕足类 *Eomarginifer* cf. *viseniana*、*Phricodothyris asiatica*、*Choristites* sp.、*Martinothyris lineata*，均为上石炭统常见属种，部分已跨入下二叠统，可对比为上石炭统卡西莫夫阶—下二叠统阿瑟尔阶。

第三节　二叠系

区内二叠系常与石炭系相伴分布，出露面积约 700km^2。其下、中、上统出露齐全，下统为陆源碎屑岩建造；中统为碳酸盐岩建造；上统为复陆屑建造。其中，中统与下统为整合产出，上统与中统间为角度不整合接触。依据岩石组合、接触关系等，将其划分为下二叠统昂杰组、中二叠统下拉组、上二叠统敌布错组。

昂杰组由夏代祥（1979）创名于申扎县永珠昂杰山，归上石炭统；杨式溥、范影年（1982）将其上部细碎屑岩划归下拉组，将灰岩及其以下的石英砂岩、含砾砂岩称朗玛日阿组，而将其下相当于拉嘎组的粉砂岩、页岩夹含砾砂岩、含砾粉砂岩称昂杰组；西藏自治区地质矿产局区域地质调查队（1983）据生物化石将昂杰组中上部归下拉组，将灰岩及以下层位称昂杰组；林宝玉（1983）将该组归早二叠世；夏代祥、刘世坤（1997）将昂杰组定义为下拉组灰岩之下、拉嘎组含砾砂岩之上的一套细碎屑岩和灰岩，并被后人沿用。下拉组1979 年由夏代祥、徐仲勋（1983）创名于申扎县永珠下拉山；林宝玉（1981）将该组解体为下部的日阿组和上部的下拉组；夏代祥、刘世坤（1997）仍称下拉组，与创名定义相同，指昂杰组之上的一套碳酸盐岩，被后人沿用（表 2-3）。上二叠统敌布错组由四川省地质调查院（2001）创名，创名地在措勤县江让乡敌布错。

该组最早由西藏地质四队(1971)命名为尖扎辽旺组,时代归三叠纪—侏罗纪;蒋中惕、徐正余(1983)将其改为晚二叠世;李星学、吴一民(1985)将其命名为坚扎弄组,仍置晚二叠世。敌布错组与坚扎弄组实指同一套地层,仅敌布错地区出露更好,据地层命名原则应考虑优先性,鉴于中国地质调查局成都地质调查中心已推荐使用敌布错组,本书从之。

表 2-3　测区中下二叠统划分沿革表

<table>
<tr><th colspan="2">夏代祥(1979)</th><th colspan="2">杨式溥等(1981)</th><th colspan="2">林宝玉(1983)</th><th colspan="3">1∶100万日喀则幅区调报告(1983)</th><th colspan="2">西藏自治区区域地质志(1993)</th><th colspan="2">西藏自治区岩石地层(1997)</th><th colspan="2">本书(2010)</th></tr>
<tr><td rowspan="2">下二叠统</td><td rowspan="2">下拉组</td><td rowspan="2">下二叠统</td><td rowspan="2">下拉组</td><td rowspan="3">下二叠统</td><td>下拉组</td><td rowspan="2">下二叠统</td><td colspan="2" rowspan="2">下拉组</td><td rowspan="2">下二叠统</td><td>下拉组</td><td rowspan="2">下二叠统</td><td rowspan="2">下拉组</td><td rowspan="2">中二叠统</td><td rowspan="2">下拉组</td></tr>
<tr><td>日阿组</td><td>日阿组</td></tr>
<tr><td>上石炭统</td><td>昂杰组</td><td>上石炭统</td><td>朗玛日阿组</td><td>昂杰组</td><td>上石炭统</td><td>朗玛日群</td><td>昂杰组</td><td>上石炭统</td><td>昂杰组</td><td>上石炭统</td><td>昂杰组</td><td>下二叠统</td><td>昂杰组</td></tr>
</table>

一、剖面描述

(一)尼玛县吉勒下—中二叠统实测剖面图(图 2-11)

剖面位于尼玛县吉勒北,起点坐标为:N30°49′40″,E87°51′41″;终点坐标为:N30°50′08″,E87°51′32″。长约 900m,由南向北与石炭系连续测制。

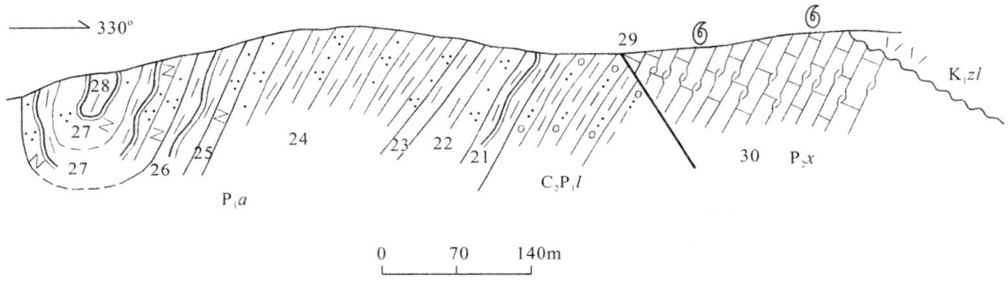

图 2-11　尼玛县吉勒二叠系实测剖面图

上覆:下白垩统则弄群流纹岩

～～～～～～～～ 角度不整合 ～～～～～～～～

中二叠统下拉组(P_2x)　　厚>161.2m

30. 灰色含燧石团块微晶灰岩,向上燧石团块变化为燧条带或薄层,含苔藓虫 *Strenopora* cf. *parallera* Crockford、*Fistulipora megastoma* Sakaganu、*Fenstella* sp.、*Stenopora yunzhugensis* Xia、*Polypora voluminosa*(图版Ⅱ-3、Ⅱ-4)、*Pamirella irregularis* Xia;腕足? *Hemileurus* sp.(图版Ⅲ-14)、*Waagenites* cf. *fasciata* Fang、*Allorhynchus* cf. *ponduensis* Jin et Sun　　143.3m
29. 灰色生物碎屑泥晶灰岩,含珊瑚 *Paracaninia* cf. *indermedia*、*Paracaninia* sp.　　17.9m

════════ 断层 ════════

下二叠统昂杰组(P_1a)　　324.3m

28. 青灰色泥板岩,组成向斜核部　　10.5m
27. 灰白色细粒长石石英砂岩夹黑色泥板岩　　66.2m
26. 青灰色泥板岩　　33.5m
25. 灰白色细粒长石石英砂岩,单层厚 20cm　　12.2m
24. 黑色含粉砂质泥岩夹细粒长石石英砂岩(4∶1),砂岩单层厚 50cm　　15.2m
23. 黑色泥板岩,发育白色细粒石英砂岩条带　　10.0m
22. 黑色泥板岩与白色细粒石英砂岩互层,砂岩单层厚 10～30cm　　21.5m
21. 黑色泥板岩　　18.4m

——————— 整合 ———————

下伏:上石炭统—下二叠统拉嘎组(C_2P_1l)含砾砂质粉砂质泥岩

(二)昂仁县吐克普下—中二叠统实测剖面图(图 2-12)

剖面位于昂仁县吐克普北,起点坐标为:N30°23′45″,E87°18′15″;终点坐标为:N30°22′45″,E87°17′24″。由北向南测制。根据基岩裸露情况,昂杰组沿半山坡测制完后,向西短距离平移至沟中测制下拉组剖面,全长 2 200m。

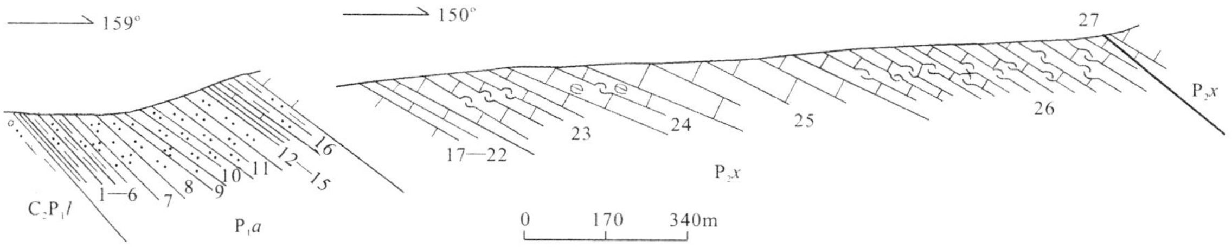

图 2-12 昂仁县吐克普二叠系实测剖面图

中二叠统下拉组微晶灰岩

═══════ 断层 ═══════

中二叠统下拉组(P_2x)	厚>502.2m
27. 灰白色巨厚层状微晶灰岩	9.8m
26. 灰色薄—中层状燧石条带泥晶灰岩,单层由下(7cm)向上(30cm)增厚,每隔 1m 呈有规律重复。燧石条带宽 3～16cm 不等	165m
25. 灰白色巨厚层状泥晶灰岩,顶部含少量燧石团块	126.2m
24. 灰红色条带状含生物碎屑泥晶灰岩,燧石条带发育,条带宽 3～8cm,每隔 30～40cm 出现一次,含腕足 *Permophricodothyris bullata*, *Haydenella* cf. *wenganensis*	46.7m
23. 青灰色燧石条带泥晶灰岩,单层厚 30～50cm,燧石条带宽 2～6cm,沿层面分布,含珊瑚 *Lophophyllidium* aff. *zhongbeiensis*	75.6m
22. 浅灰色含生物碎屑泥晶灰岩	12.6m
21. 灰黄色含砂屑泥晶灰岩,单层厚 25cm	6.4m
20. 灰黑色中层状燧石条带泥晶灰岩,燧石条带宽 3～7cm	35.3m
19. 灰白色泥晶生物屑灰岩,含珊瑚 *Ufimia* sp.,䗴 *Pseudoshwagerina* sp. ind, *Schwagerina* sp. ind	3.2m
18. 青灰色含生物碎屑泥晶灰岩	5.9m
17. 灰红色泥晶生物屑灰岩,含珊瑚 *Lophophyllidium* cf. *pendulum*	15.6m

——————— 整合 ———————

下二叠统昂杰组(P_1a)	353.6m
16. 灰黑色页片状粉砂质泥岩,发育细粒石英砂岩条带(或薄层),向上密度增加,直至形成砂、泥韵律层,砂岩条带宽 2～5cm。下部有灰岩透镜体	78.9m
15. 灰色含生物屑泥晶灰岩	0.8m
14. 灰黑色粉灰质页岩	2.3m
13. 灰色中层状细粒长石石英砂岩夹灰黑色泥岩	9.3m
12. 深灰色石英粉砂岩夹细粒石英砂岩(10∶1),砂岩单层厚 4cm,泥岩单层厚 30～50cm。发育砂质灰岩透镜体	25.5m
11. 灰黑色石英粉砂岩,发育大量细粒石英砂岩条带及砂质灰岩透镜体,向上砂岩条带增多	36.7m
10. 灰黑色页片状石英粉砂岩	38.1m
9. 灰色细粒石英砂岩	11.9m
8. 灰白色细粒石英砂岩与深灰色石英粉砂岩互层(1∶3)	21.1m
7. 深灰色细粒石英杂砂岩,发育平行纹层	34.1m
6. 灰绿色细粒长石石英砂岩	16.4m

5. 灰色含砾石英杂砂岩 2.0m
4. 灰色粉砂质泥岩 17.7m
3. 灰绿色硅化泥岩 13.0m
2. 灰色粉砂质泥岩，上部发育泥晶灰岩透镜体 42.3m
1. 浅灰色页岩 3.5m

—————— 整合 ——————

上石炭统—下二叠统拉嘎组(C_2P_1l)含粒泥质粉砂岩

（三）昂仁县弄穷上二叠统敌布错组实测剖面（图2-13）

剖面位于昂仁县弄穷，起点坐标为：N30°34′28″，E87°04′24″；终点坐标为：N30°33′55″，E87°03′54″，由北东向南西测制，全长约1 500m。

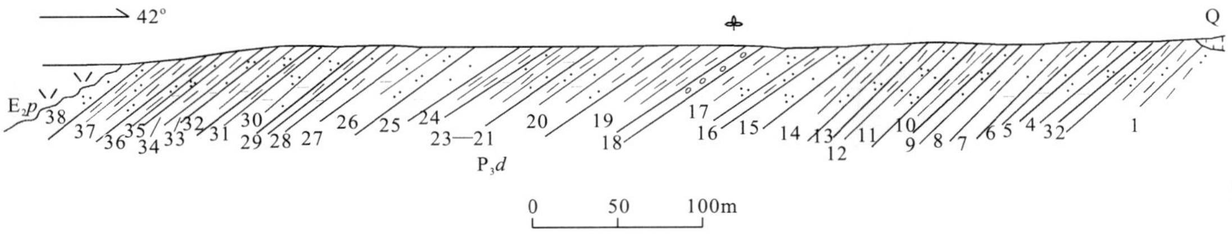

图2-13 昂仁县弄穷上二叠统敌布错组实测剖面

上覆：古近系林子宗群帕那组(E_2p)灰白色凝灰岩

~~~~~~ 角度不整合 ~~~~~~

上二叠统敌布错组(P_3d) 厚669.8m
38. 灰白色薄层中粒石英砂岩，发育平行层理 9.2m
37. 灰白色薄层—薄板状含粉砂质泥岩，水平纹层发育 36.8m
36. 深灰色薄层粉砂质泥岩，水平纹理发育 12.3m
35. 灰白色中厚层细粒长石砂岩，底部1.5m为含砾中粗粒岩屑砂岩，发育平行层理 9.8m
34. 灰绿色中厚层泥岩，底部60cm为含砾中粗粒岩屑砂岩和细粒岩屑砂岩，顶部1.5m为深灰色薄层泥岩 12.3m
33. 底部为浅灰色中层砾岩，下部为浅灰色中厚层中粗粒长石砂岩，中部为中层细粒长石砂岩，上部为灰色中层豆状砂质硅质岩。其中，砾岩中砾石成分为石英岩、硅质岩，次棱角—次圆状，大小为4～6mm，含量为40%～50%，向上砾石含量递减，厚约1.5m 9.8m
32. 灰白色中层细粒长石砂岩夹深灰色薄层粉砂岩 26.0m
31. 深灰色薄层硅质泥岩，水平纹层发育 8.0m
30. 灰白色中层中粗粒长石砂岩（底部含砾），平行层理发育 28.4m
29. 深灰色薄层泥岩，水平纹理发育 11.8m
28. 灰白色中厚层中粗粒长石砂岩，平行层理发育 7.1m
27. 灰白色厚层含砾粗粒长石砂岩与灰绿色薄层泥岩互层，砂岩中发育板状交错层理，泥岩中含丰富的孢粉 *Lycospora microgranulata* Bharadwaj，*Limitisporites oblongus* Gao，*Granulatisporites* sp.，*Dictyotriletes* sp.，*Cordiatina spongiosa* (Luler) Samoilovich，*Leiotriletes* sp.，*Cyclogranisporites sinensis* (Imgrund) Bharadwaj，*C.* sp.，*Calamospora berviradiata* Kosanke，*Punctatosporites* pune tatus (Kosanke) Potonie and Kremp，*Vestigisporites* sp.，*Protohaploxypinus parviextensisaccus* (Samoliocich) Gao，*P. emigantus* (Maheshwei) Jardine，*Limitisporites rectus* Leschik，*Sulcatisporites vatus* (Balme and Hennelly) Balme，*Labiisporites smanos* Gao，*Primuspolleniteslevicus* Tiwari，*Vitreisporites signatus* Leschik 等 18.9m
26. 浅灰色中层粗粒长石砂岩夹深灰色薄层粉砂岩，砂岩中发育平行层理，底部为35cm厚的砾岩，砾石成分为硅质岩，次圆状，大小为3～6mm，含量为40%～50%，向上砾石含量递减 27.8m
25. 浅灰色中层细粒长石砂岩夹深灰色薄层粉砂质泥岩，底部(1m)为含砾中粒长石砂岩，顶部为
~~~~~~

深灰色薄层泥岩(10～15cm) 27.8m

24. 深灰色薄层泥岩，水平纹理发育，含丰富的孢粉 *Punctatosporites punctatus*(Kosanke)Potonie and Kremp，*Protohaploxypinus parviextensisaccus*(Samoilovich)Gao，*Vestigisporites* sp.，*Lycospora microgranulata* Bharadwaj，*Limitisporites oblongus* Gao，*Granulatisporites* sp.，*Dictyotriletes* sp.，*Cordiatina spongiosa*(Luler) Samoilovich，*Sulcatisporites vatus*(Balme and hennelly)，*Calamospora breviradiata* Kosanke 等 22.2m

23. 灰白色中层细粒长石砂岩，具平行层理，底部(1m)为含砾中粒长石砂岩，顶部为深灰色薄层泥岩 12.2m

22. 深灰色薄层泥质粉砂岩，水平纹理发育 4.4m

21. 灰色中层中细粒长石砂岩，发育小型楔状交错层理，底部为浅灰色中层砾岩(40cm)，砾石成分为石英岩、硅质岩，次圆状，大小一般为 5～8mm，个别达 15mm，含量为 60%，定向分布 14.9m

20. 灰色薄层含粉砂质泥岩，水平纹理发育，夹薄层细粒长石砂岩，含植物化石碎片，含鱼鳞化石(图版Ⅱ-5) 43.6m

19. 浅灰色薄层泥岩，水平纹理发育，含较丰富的植物化石 *Lepidophylloides* sp.，? *Lepidostrobophyllum* sp.，*Paracalamites* sp.，*Pecopteris* sp.，? *Schizoneura* sp.；含丰富的孢粉 *Leiotriletes* sp.，*Cyclogranisporites sinensis*(Imgrund)Bharadwaj，*C.* sp.，*Granulatisporites* sp.，*Calamospora berviradiata* Kosanke，*Lycospora microgranulata* Bharadwaj，*Dictyotrileses* sp.，*Punctatosporites punctatus*(Kosanke)Potonie and Kremp，*Vestigisporites* sp.，*Protohaploxyploxypinus parviextensisaccus*(Samoilocich)Gao，*P. emigantus*(Maheshwei)Jardine，*Limitisporites oblongus* Gao，*L. rectus* Leschik，*Cordiatina spongiosa*(Luber)Samoilovich，*Sulcatisporites vatus* (Balme and Hennelly)Balme，*Labiisporites smanos* Gao，*Primuspollenites levicus* Tiwari，*Vitreisporites signatus* Leschik 39.1m

18. 灰色薄层安山岩质细砾岩，砾石成分为安山岩，为次棱角状，大小为 2～5mm，个别达 1cm，含量为 70% 9.2m

17. 灰白色中薄层中粒石英砂岩，具小型楔状交错层理，夹少量薄层粉砂质泥岩和泥岩 33.8m

16. 灰黑色薄层含粉砂质泥岩，顶部为泥岩(15～20cm)，水平纹理发育 10.7m

15. 灰白色中薄层粗粒石英砂岩，发育小型楔状交错层理和平行层理，夹少量薄层粉砂质泥岩和泥岩 27.4m

14. 灰色薄层粉砂质泥岩 25.6m

13. 灰白色中薄层粗粒石英砂岩，发育小型楔状交错层理，夹少量薄层粉砂质泥岩和泥岩 15.1m

12. 灰色薄层硅质泥岩，水平纹理发育，夹少量浅灰色薄层细粒岩屑砂岩，含丰富的孢粉 *Leiotriletes* sp.，*Cyclogranisporites sinensis*(Imgrund)Bharadwaj，*C.* sp.，*Granulatisporites* sp.，*Calamospora berviradiata* Kosanke，*Lycospora microgranulata* Bharadwaj，*Dictyotriletes* sp.，*Punctatosporites punctatus*(Kosanke)Potonie and Kremp，*Vestigisporites* sp.，*Protohaploxypinus parviextensisaccsu*(Samoilocich)Gao，*P. emigantus*(Maheshwei)Jardine，*Limitisporites oblongus* Gao，*L. rectus* Leschik，*L.* sp. *Cordiatina spongiosa* (Luber) Samoilovich，*Sulcatisporites vatus* (balme and Hennelly) Balme，*Labiisporites smanos* Gao，*Primuspollenites levicus* Tiwari，*Vitreisporites signatus* Leschik 11.6m

11. 灰白色中薄层粗粒岩屑石英砂岩(底部含砾)，发育小型楔状交错层理，夹少量泥岩 25.6m

10. 灰色薄层粉砂质泥岩，水平纹理发育，夹少量浅灰色薄导线细粒岩屑长石砂岩，含丰富的孢粉 *Leiotriletes* sp.，*Cyclogranisporites sinensis*(Imgrund)Bharadwaj，*C.* sp.，*Granulatisporites* sp.，*Calamospora berviradiata* Kosanke，*Lycospora microgranulata* Bharadwaj，*Dictyotriletes* sp.，*Punctatosporites punctatus*(Kosanke)Potonie and Kremp，*Vestigisporites* sp.，*Protohaploxypinus parviextensisaccsu*(Samoilocich)Gao，*P. emigantus*(Maheshwei)Jardine，*Limitisporites oblongus* Gao，*L. rectus* Leschik，*Cordiatina spongiosa* (Luber)Samoilovich，*Sulcatisporites vatus*(balme and Hennelly)Balme，*Labiisporites smanos* Gao，*Primuspollenites levicus* Tiwari，*Vitreisporites signatus* Leschik 21.0m

9. 灰白色中薄层粗中粒石英砂岩，发育小型楔状交错层理 11.6m

8. 灰色薄层泥岩，水平纹理发育，夹少量浅灰色薄层细粒岩屑长石砂岩透镜体 18.2m

7. 灰白色中薄层中细粒长石砂岩(底部含砾)，发育小型楔状交错层理，夹少量粉砂质泥岩，水平纹理发育 19.4m

6. 灰色薄层泥岩，水平纹理发育，夹少量浅灰色薄层细粒长石砂岩 12.4m

5. 灰白色中薄层中粗粒长石砂岩(底部含砾),发育小型楔状交错层理,夹少量粉砂质泥岩　　15.5m

4. 灰色薄层含粉砂质泥岩,水平层理发育,夹少量浅灰色薄层细粒长石砂岩　　20.4m

3. 灰白中薄层中细粒长石石英砂岩夹少量灰色薄层泥岩　　14.8m

2. 灰色薄层泥岩,具水平纹理,夹少量浅灰色薄层细粒长石石英砂岩,泥岩中含丰富的孢粉 *Leiotriletes* sp., *Cyclogranisporites sinensis*(Imgrund)Bharadwaj, *C.* sp., *Granulatisporites* sp., *Calamospora berviradiata* Kosanke, *Lycospora microgranulata* Bharadwaj, *Dictyotriletes* sp., *Punctatosporites punctatus*(Kosanke) Potonie and Kremp, *Vestigisporites* sp., *Protohaploxypinus parviextensisaccsu* (Samoilocich)Gao, *P. emigantus*(Maheshwei)Jardine, *Limitisporites oblongus* Gao, *L. rectus* Leschik, *Cordiatina spongiosa* (Luber)Samoilovich, *Sulcatisporites vatus*(balme and Hennelly)Balme, *Labiisporites smanos* Gao, *Primuspollenites levicus* Tiwari, *Vitreisporites signatus* Leschik　　12.4m

1. 浅灰色薄层粉砂质硅质岩,向上渐变为粉砂质泥岩,泥岩中含腹足类化石　　>6.3m

未见底

二、岩石地层特征

(一)昂杰组(P_1a)

整合于拉嘎组含砾碎屑岩之上,为一套黑色细碎屑岩系。主体岩性为黑色页岩、泥(板)岩、石英粉砂岩夹细粒(长石)石英砂岩或泥、砂互层体,局部夹生物屑灰岩、砂质灰岩透镜体。向南灰岩透镜体增多。区内该组岩石组合较稳定,厚324～354m。该组基本层序较为典型。下部为页岩或泥岩组成的非旋回性基本层序类型,代表了较稳定的深水环境沉积;中下部代表性基本层序由砂岩→泥岩组成(图2-14),向上砂岩单层变薄,为向上变深的组合类型,属滨岸—浅海环境;上部由发育细砂岩条带的泥岩→细粒石英砂岩组成(图2-15),向上泥岩中砂岩条带增多,为向上变浅的组合类型,属过渡带—临滨环境。

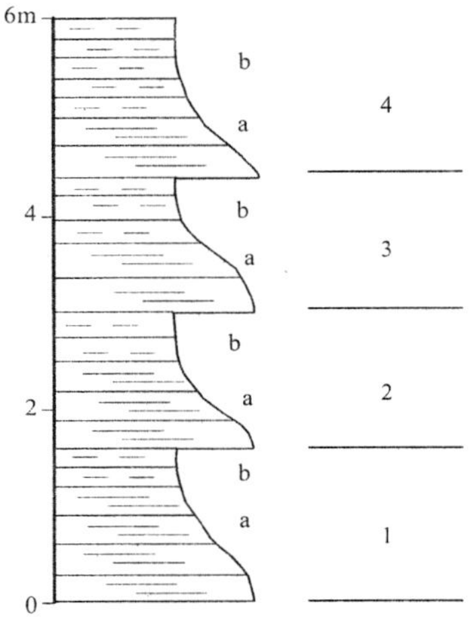

图2-14　昂杰组中下部基本层序

a. 具平行层理的砂岩;b. 泥岩

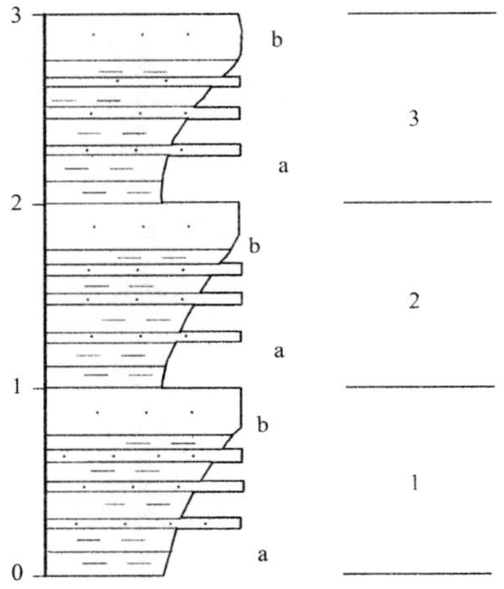

图2-15　昂杰组上部基本层序

a. 泥岩;b. 砂岩

由于该组岩石已轻微变质,化石重结晶严重,已无法鉴定。本次区调在北邻尼玛区幅内我们采获了较多的化石,其中在加亚补泥北采获有珊瑚 *Lytvolasma elliptium* Wu, *Clavilasma* sp., *Amplexus* sp.,苔藓虫 *Fenestella* sp.(图版Ⅱ-1,Ⅱ-2),腕足类 *Linoproductus* sp., *Plicochonetes weiningensis* Yang, *Echinoconchus subelegans*(Thomas)(图版Ⅲ-15,Ⅲ-16), *Schuchertelle* sp., *Ptychomaletoechia* cf. *kinlingensis*(Grant), *P.* sp., *Phricodothyris* sp.,? *Martinia* sp., *Ambocoelia* sp.,三叶虫 *Weania* sp.,在打拿采获三叶虫 *Paraphillipsia* sp.,在加让采获珊瑚 *Ufimia* sp.,在阿若采获苔藓虫 *Stenopora* sp.等。

(二)下拉组(P_2x)

下拉组为一套厚度较大的碳酸盐岩沉积,区内岩性稳定,横向上变化不大。岩石组合以薄—中层燧石条带、燧石团块灰岩为主,夹巨厚层泥晶灰岩、(含)生物碎屑灰岩等,以生物化石丰富、燧石条带发育为特征。厚度>161～502m。与下伏昂杰组为整合接触。

该组岩石的沉积构造不太发育，加之岩石重结晶严重，基本层序调查困难。该组中较为典型的基本层序由薄层含燧石团块泥晶灰岩→中层燧石条带泥晶灰岩组成（图2-16），基本层序厚约1m。向上燧石条带增多增宽，为向上变浅的组合类型。

该组中生物化石非常丰富，但由于岩石重结晶严重，大部分已无鉴定意义。本次区调在昂仁县吐克普采获有腕足 *Permophricodothyris bullata*（图版Ⅲ-5～图版Ⅲ-13），*Haydenella* cf. *Wenganensis*（图版Ⅲ-4）等，珊瑚 *Lophophyllidium* aff. *zhongbeiensis*（图版Ⅰ-1），*Lophophyllidium* cf. *pendulum*（图版Ⅰ-3，图版Ⅰ-4），*Ufimia* sp.等；䗴 *Pseudoschwagerina* sp. ind，*Schwagerina* sp. Ind，牙形石 *Clarina* cf. *postbitteri*（图版Ⅲ-19），*Clarina* sp.（图版Ⅲ-20）；在昂仁县雪古舍南采获有腕足 *Neospirifer kuebuiensis* Ting（图版Ⅲ-18），在尼玛县穷达采获有腕足 *Chaoiella* sp.（图版Ⅲ-17），在尼玛县吉勒采获有苔藓虫 *Stenopora* cf. *parallera* Crockford，*S.* sp.（图版Ⅲ-1～图版Ⅲ-3），*Fistulipora megastoma* Sakaganu，*Pamirella irregularis* Xia 等；腕足 *Waagenites* cf. *fasciata* Fang；*Allorhynchus* cf. *ponduensis* Jin et Sun 等；在尼玛县热布卓巴（吉勒剖面）采获有珊瑚 *Paracaninia* sp.（图版Ⅰ-5，图版Ⅰ-6），*Paracaninia* cf. *indermedia*（图版Ⅰ-7，图版Ⅰ-8）等。

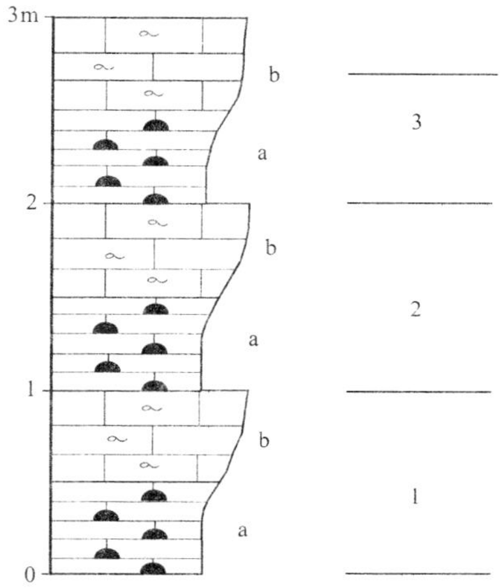

图2-16 下拉组基本层序
a. 薄层燧石团块泥晶灰岩；
b. 中层燧石条带泥晶灰岩

（三）敌布错组（P_3d）

区内仅在昂仁县卡冈勒、尼玛弄庆、谢通门县里窝等地见有零星分布，出露总面积约60km。在里窝一带见其不整合于下拉组之上，区域上被林子宗群不整合覆盖。该组以灰白色中薄层长石砂岩与深灰色、灰黑色薄层粉砂岩或粉砂质泥岩、泥岩互层为特征，互层间隔几米至十几米，局部夹细砾岩和硅质岩。砂岩中发育平行层理、小型楔状层理，含植物化石；粉砂岩、泥岩中发育水平层理，含丰富的孢子花粉。在昂仁县弄穷出露厚度为670m。该组典型的基本层序为砂岩→粉砂岩或泥岩，局部为细砾岩→含砾砂岩→砂岩→泥岩，为向上变细型（图2-17）。该组主体为滨浅湖沉积。

该组自下而上均含有丰富的孢子花粉，可建立 *Protohaploxypinus-Limitisporites* 组合。主要有 *Leiotriletes* sp.，*Cyclogranisporites sinensis*（Imgrund）Bharadwaj（图版Ⅳ-1），*C.* sp.，*Granulatisporites* sp. *Calamospora berviradiata* Kosanke，*Lycospora microgranulata* Bharadwaj（图版Ⅳ-6），*Dictyotriletes* sp.，*Punctatosporites punctatus*（Kosanke）Potonie and Kremp（图版Ⅳ-2），*Vestigisporites* sp.（图版Ⅳ-3，图版Ⅳ-7，图版Ⅳ-17），*Protohaploxypinus parviextensisaccus*（Samoilocich）Gao（图版Ⅳ-9），*P. emigantus*（Maheshwei）Jardine（图版Ⅳ-8），*Limitisporites oblongus* Gao（图版Ⅳ-5），*L. rectus* Leschik（图版Ⅳ-16），*L.* sp.（图版Ⅳ-11），*Cordiatina spongiosa*（Luber）Samoilovich（图版Ⅳ-4），*Sulcatisporites vatus*（Balme and Hennelly）Balme（图版Ⅳ-12），*Labiisporites manos* Gao（图版Ⅳ-10），*Primuspollenites le-*

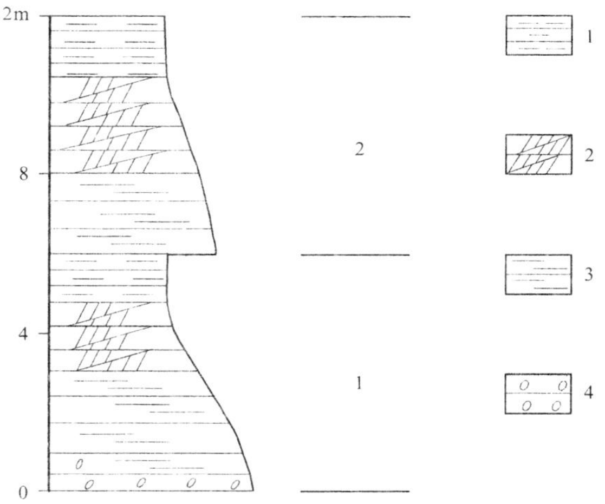

图2-17 敌布错组基本层序
1. 具水平层理泥岩；2. 具楔状交错层理砂岩；
3. 具平行层理砂岩；4. 砾岩

vicus Tiwari(图版Ⅳ-14), *Vitreisporites signatus* Leschik(图版Ⅳ-15)。该组合共有孢子7属8种,花粉8属10种,以无环三缝孢类为主,主要有光面三缝孢、网面三缝孢、圆形粒面三缝孢、三角粒面三缝孢等,少量蕨类孢子;花粉以有囊类为主,主要有单束多肋粉、二囊粉、侧囊粉、原始粉、开通粉、柯达粉等。本组合以华夏植物群孢子花粉为特征。另外,本次还采获有植物化石,? *Lepidostrobophyllum* sp.(图版Ⅱ-6), *Lepidophylloides* sp.(图版Ⅱ-7), *Paracalamites* sp., *Pecopteris* sp., ? *Schizoneura* sp.(图版Ⅱ-8)等,具华夏植物群特征。

三、层序地层分析

经剖面研究,结合面上追索,依据不同沉积单元间的界面性质、基本层序的组合特征,将区内二叠系划分为6个层序,图2-18(中下二叠3个层序分别相当于尼玛区幅所划C-P超序的$Ⅲ_{5-7}$层序,上二叠统由

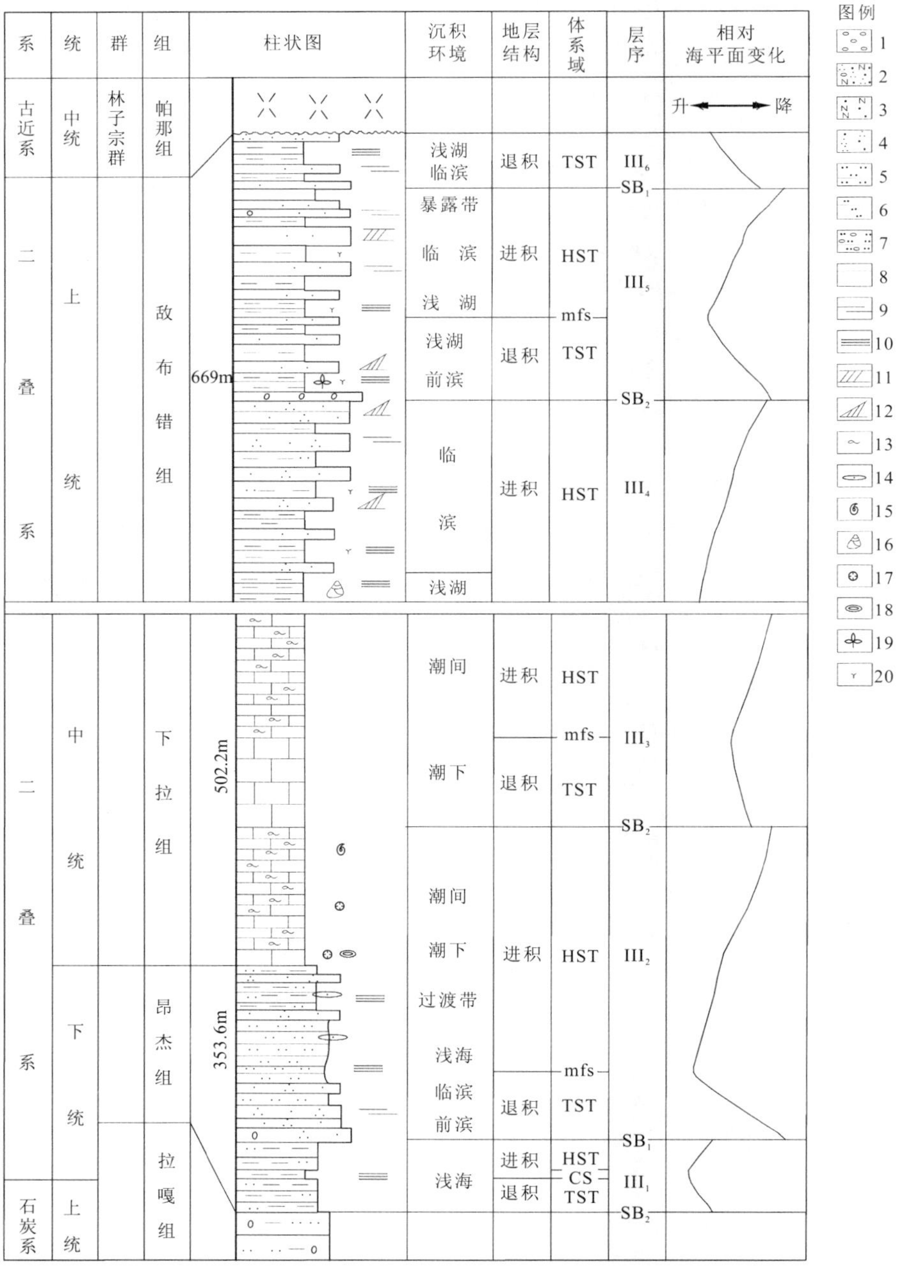

图2-18　二叠系层序地层特征

1.砾岩;2.含砾长石石英砂岩3.长石砂岩;4.石英砂岩;5.粉砂岩;6.粉砂质泥岩;7.含砾泥质粉砂岩;8.灰岩;9.平行层理;10.水平层理;11.板状层理;12.楔状交错层理;13.燧石条带;14.砂岩透镜体;15.腕足;16.腹足;17.珊瑚;18.䗴;19.植物化石;20.孢粉

3 个层序组成，分别为Ⅲ$_{8-10}$）。下面以昂仁县吐克普剖面及弄穷剖面为主，结合区内其他剖面及路线资料，将各层序特征叙述如下。

（一）层序Ⅲ$_1$

由昂杰组下部地层构成。层序底界面为昂杰组与拉嘎组的分界面。界面之上有海水明显加深的证据，表现为地层结构转换面，未见明显的地表暴露、剥蚀现象，故属 SB_2面。该层序属Ⅱ型层序。

海侵体系域（TST）：相当于昂杰组底部（剖面第 1—2 层）。海侵面与层序界面重合，缺失陆棚边缘体系域。

区内该体系域为一快速海侵形成的沉积序列，常表现为浅海相含粉砂泥岩或页岩直接覆于上一个层序的高水位体系域之上。局部地段可见其底部夹有稀疏的细粒石英砂岩条带或薄层，砂/泥比向上减小，构成明显的退积型沉积序列。由于冰川消融，导致了海平面快速上升，物源供给不足，故该体系域厚度相对较小，具快速退积特征。

高水位体系域（HST）：相当于昂杰组下部地层（剖面第 3—4 层）。代表最大海泛期沉积的是一层灰绿色硅质泥岩，其底部水平纹层极其发育。其上为一套含粉砂泥岩，区域上该泥岩顶部可见泥晶灰岩透镜体与细砂岩条带，向上砂/泥比增大，具加积—进积特征。

（二）层序Ⅲ$_2$

由昂杰组中上部地层及下拉组下部地层构成。层序底界面虽然暴露标志不很明显，但界面上下岩相变化截然不同，前滨砂岩直接覆盖在浅海陆棚泥岩之上，其间没有过渡相存在，为明显的沉积相向盆地方向迁移的结果。故该界面属 SB_1面。该层序属Ⅰ型层序。

海侵体系域（TST）：相当于昂杰组中部层位（剖面第 5—10 层）。底 TS 面与层序界面重合，缺失低水位体系域沉积。该体系域下部为细粒长石石英砂岩、发育平行层理的细粒石英砂岩组成的典型滨岸砂坝，其底部有一分布不连续的含砾砂岩，代表了海侵滞留沉积；中部为临滨砂岩→泥岩（粉砂岩）组成的向上变细变深的基本层序组合；上部为浅海泥岩（粉砂岩）。反映了该体系域沉积环境由滨岸向浅海变化、海水向上逐渐加深的特征，为典型的退积结构。

高水位体系域（HST）：相当于昂杰组上部及下拉组下部层位（剖面第 10—24 层）。最大海泛面位于黑色粉砂岩（区域上为泥岩、页岩）的中部（剖面第 10 层）。体系域下部为浅海粉砂岩（或泥岩）、发育细砂岩条带的过渡带泥岩、临滨砂泥岩互层体组成。向上砂/泥比增大，显示了向上变浅的特征；上部为潮下泥晶生物屑灰岩、潮间燧石条带灰岩组成。向上由燧石团块、燧石条带向燧石间层变化，为明显向上变浅的进积型沉积序列。总之，该体系域进积特征明显，厚度巨大，说明其海平面下降速率相对缓慢。

（三）层序Ⅲ$_3$

由下拉组上部层位组成。层序底界面为一地层结构转换面，故为 SB_2面。该层序属Ⅱ型层序。

海侵体系域（TST）：底 TS 面与层序界面重合，缺失陆棚边缘体系域沉积。由潮下带灰白色厚—巨厚层泥晶灰岩组成，灰岩单层厚度有规律地向上变厚，代表了较缓慢的海侵，地层结构为缓慢的退积型。

高水位体系域（HST）：由潮间带薄—中层燧石条带组成。向上燧石条带增加，为向上变浅的沉积序列。地层结构具弱进积特征。

（四）层序Ⅲ$_4$

由敌不错组下部构成。由于敌布错组在区内出露不完整，在弄穷一带该层序仅保留了高水位体系域。体系域下部以水平层理发育的灰色薄层泥岩为主，夹薄层细粒长石石英砂岩，主要为浅湖相沉积；中上部为中粒长石砂岩、石英砂岩与泥岩互层，向上砂岩粒度变粗、砂/泥比增大，为向上变浅的近滨沉积，地层结构为进积。

（五）层序Ⅲ$_5$

由敌布错组上部地层构成。层序底界面为一地层结构转换面，为 SB_2 面。该层序属Ⅱ型层序。

海侵体系域(TST):底 TS 面与层序界面重合,缺失陆棚边缘体系域。底部为外围砾质边滩(细砾岩)沉积,具单层向上变薄的特征;中上部为近滨细粒长石石英砂岩、泥岩(或粉砂岩)沉积,砂岩中发育平行纹层,泥岩中发育水平纹层。向上砂/泥比变小,为向上变深的沉积序列,具退积特征。

高水位体系域(HST):最大湖泛面位于深灰色薄层泥岩(剖面第 24 层)底部。界面之上为厚度相对较大的浅湖相薄层泥岩,具加积特征;中上部为近滨长石砂岩、泥岩,向上砂岩粒度增粗,砂/泥比增大,为向上变粗变浅的沉积序列;顶部为 3.5m 厚的豆状硅质岩,为一硅质风化壳。地层结构为加积—进积。

(六)层序Ⅲ$_6$

由敌布错组顶部地层构成。层序底界面为一侵蚀面,界面下为硅质风化壳暴露剥蚀较强。故为 SB_1 面。该层序属Ⅰ型层序。

该层序 TS 面与层序界面重合,故缺失低水位体系域,海侵体系域直接发育在上一个层序之上。由于区内敌布错组出露不完整,仅保留了该层序内的海侵体系域。海侵体系域底部为 60 cm 厚的滞留砾岩,其上为滨岸长石砂岩,上部为浅湖相粉砂质泥岩,发育水平层理。地层结构为退积型。

(七)相对海平面变化特征分析

从海平面升降幅度来看,层序Ⅲ$_1$、Ⅲ$_3$、Ⅲ$_5$ 对应的海(湖)平面变化幅度不大,同一层序内其沉积相变化从过渡带到浅海或潮下到潮间,为低幅海平面升降。层序Ⅲ$_2$ 对应的海平面变化幅度较大,同一层序内沉积相变化从前滨到浅海,为中高幅海平面升降。根据海(湖)平面升降及与其对应的海进和海退速率分析,层序Ⅲ$_1$、Ⅲ$_3$ 对应的海平面表现为快速的海平面上升和海进与快速的海平面下降和海退,属速升速降的对称式。层序Ⅲ$_2$、Ⅲ$_5$ 对应的海(湖)平面变化表现为快速的海(湖)平面上升和海进、缓慢的海(湖)平面下降和海退。属速升缓降式。

由于层序Ⅲ$_4$、Ⅲ$_6$ 发育不全,故未对其湖平面变化特征进行分析。

四、沉积盆地分析

区内下二叠统昂杰组为滨浅海碎屑岩沉积,中二叠统下拉组为碳酸盐岩台地沉积。主要沉积组合为泥质陆棚沉积组合、陆源碎屑海岸沉积组合及碳酸盐岩台地沉积组合。在陆源碎屑海岸沉积组合中,砂岩成熟度较高,以细砂岩为主,分选、磨圆好。粒度概率累积曲线(图 2-19)主要为跳跃总体,斜率高,曲线特征与海滩沙类似。

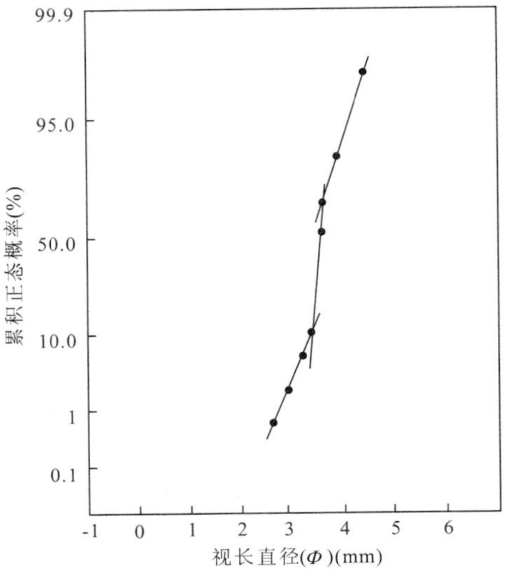

图 2-19　昂杰组砂岩粒度概率曲线图

下二叠统砂岩类型以石英砂岩为主,少量长石石英砂岩。碎屑成分主要是单晶石英(Qm=80%~98%)与长石(F=1%~5%),岩屑少见,基本组合为 Q 型。投影在库克(1974)QFR 图解上落入陆壳稳定区(图 2-20);投影在维罗尼和梅纳德(1981)QFL 图中的点落入稳定克拉通浅海盆地区(CR),说明此时期为稳定的陆表海盆地。

在判断物源区方面,投影在 Dickinson(1979)QFL 图中的点均落入陆块物源区(图 2-21)。

上二叠统敌布错组为一套湖相复陆屑沉积,其与下伏中二叠统之间为一区域性不整合面,说明晚二叠世已是单独的一个盆地。从其沉积组合判断,应为古特提斯闭合后的前陆盆地沉积。

综上所述,早二叠世海盆继承了石炭系海盆的特征,为一稳定的克拉通陆表海盆地,中二叠世盆地逐渐缩小,至中二叠世晚期盆地基本消亡。晚二叠世为一前陆盆地。

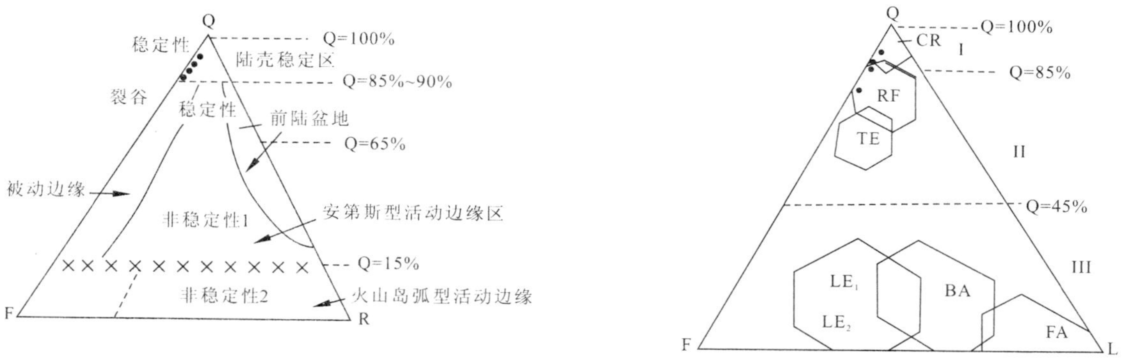

图 2－20　昂杰组砂岩骨架颗粒图

CR. 稳定克拉通陆海盆地；RF. 裂谷及断陷盆地；TE. 被动边缘；LE_1. 活动边缘消减带；

LE_2. 活动边缘转换断层；BA. 弧后盆地；FA. 弧前盆地

五、区域地层对比及时代归属

（一）区域地层对比

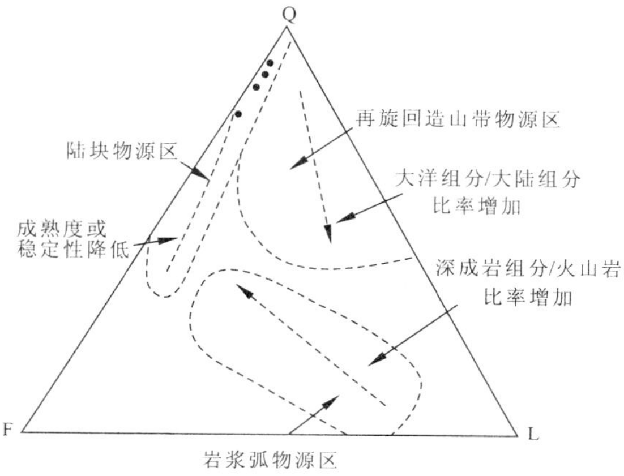

图 2－21　昂杰组砂岩在 QFL 图解中碎屑沉积模型

区域上昂杰组岩性变化不大。区内昂杰组主要为黑色泥（板）岩、页岩，夹中薄层细粒石英砂岩，局部夹生物屑灰岩透镜体，厚约350m。临区尼玛县加让一带主要为灰黑色含粉砂质泥（页）岩，夹青灰色中厚层中粒石英杂砂岩及少量中细粒长石石英砂岩和泥质长石石英粉砂岩，局部夹生物碎屑灰岩，含少量珊瑚、腕足类、苔藓虫等，厚约 340m。申扎县永珠一带的昂杰组主要为灰黑色页岩、粉砂岩夹砂岩及灰岩，厚约 120m。在纳木错一带，下部为灰绿色泥质粉砂岩、粉砂质泥岩夹凝灰质粉砂岩、灰岩。在林周一带为黑色板岩夹凝灰质砂岩，上部为灰岩夹钙质砂岩，厚约 170m。在噶尔县羊尾山为黑色板岩夹灰岩，厚约 66m（夏代祥，刘世坤，1997）（图 2－22）。

区域上下拉组均为一套碳酸盐岩。在区内含较丰富的珊瑚、腕足类、䗴、有孔虫、苔藓虫等，厚度大于500m。在噶尔县羊尾山含䗴类 *Pseudodoliolina*，*Verbeekina*，珊瑚 *Tachtlasma*，*Lytvolasma*，*Meteriophyllum*，*Cyathaxonia*，*Rotiphyllum*，腕足类 *Taeniothaerus* 等，厚 1 300m（夏代祥，刘世坤，1997）；在昂仁县措迈—贡久布一带含䗴类 *Schwagerina*，*Pseudoschwagerian*，*Verbeekina*，珊瑚 *Verbeekialla*，*Iranophyllum*，*Syringopora*，*Lopophyllidium*，腕足类 *Echinoconchus*，*Permophricodothyris*，厚约 500m；在申扎县下拉含䗴类 *Chusenella*，*Nankinella*，*Verbeekina Asserculina*，*Cyathocarinia*，*Iranophyllum*，*Axpinnophyllum*，*Praewentxelella*，*Ipciphyllum*，*Wentxelellit*，腕足类 *Purdonella*，*Tschernyschewia*，*Dictyoclostus*，*Pugnax*，*Costiferina*，*Chonetinella*，有孔虫 *Pachyphloia*，*Hemigordiopsis* 等，厚 502m；在班戈县纳木错西岸至木纠错一带含珊瑚 *Verbeekiella*，*Wannerophyllum*，*Tachyllasma*，*Pseudofavosites*，*Neothecopora*，腕足类 *Spiriferella*，*Calliomarginatia* 等，厚度约 200～600m。

区内敌布错组主要为长石砂岩（其底部常见细砾岩）、粉砂岩与泥岩互层，夹少量硅质岩，砂岩中发育小型楔状交错层理和平行层理，含植物化石，粉砂岩中发育水平层理，泥岩中水平纹理发育，含较丰富的孢子花粉，出露厚度约 670m。尼雄一带的敌布错组主要为含砾长石砂岩、长石石英砂岩、含炭质岩屑砂岩与含炭质泥质粉砂岩、含炭质泥岩互层，发育粒序层理、交错层理、平行层理和水平层理，下部夹硅质岩，上部夹灰岩，总厚度大于 3 470m。敌布错一带的敌布错组主要由岩屑石英砂岩、粉砂岩和绢云母粘板岩组成，中间夹砾岩，局部夹硅质岩及泥灰岩，下部以泥岩为主，上部以碎屑岩为主，含丰富的植物化石及双壳、鱼牙化石，总厚度大于 830m。夏岗江一带的敌布错组下部以碎屑岩为主，中部为粉砂岩夹砂岩，局部见薄煤

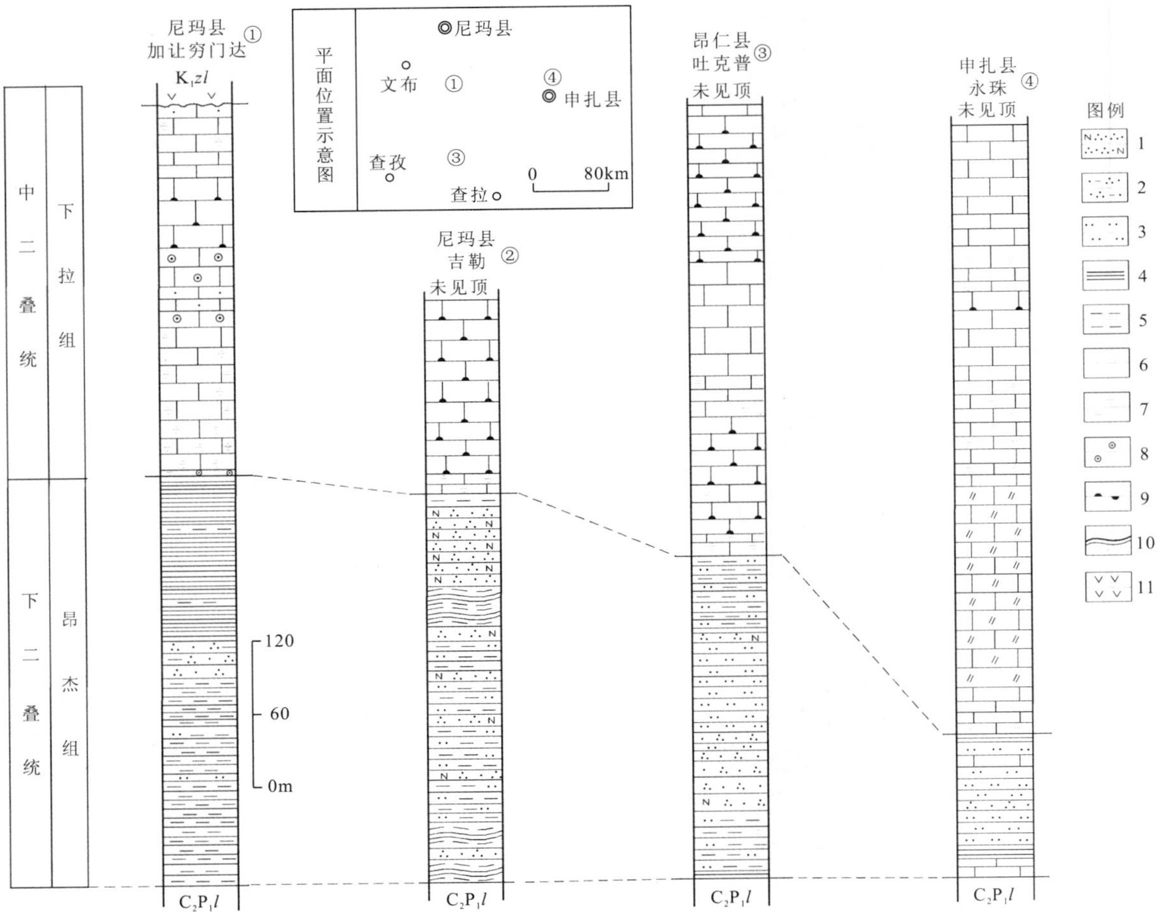

图 2-22　二叠系柱状对比图

1. 长石石英砂岩；2. 石英杂砂岩；3. 粉砂岩；4. 页岩；5. 泥岩；6. 灰岩；7. 生物屑灰岩；8. 鲕粒灰岩；9. 燧石条带灰岩；10. 泥质板岩；11. 安山岩

层，上部以粉砂岩、砂岩为主，夹页岩，总厚度大于 734m。

（二）时代确定

（1）昂杰组与下拉组为整合接触，同时整合于上石炭—下二叠统拉嘎组之上，其上被敌布错组不整合覆盖（周幼云等，2002），表明昂杰组、下拉组的时代应晚于拉嘎组而早于敌布错组；敌布错组被古近系林子宗群不整合覆盖，其时代应早于古近系。

（2）区域上昂杰组含腕足类 *Linoproductus* sp.，*Plicochonetes weiningensis*，*Echinoconchus subelegans*，*Schuchertelle* sp.，*Ptychomaletoechia* cf. *kinlingensis*，*P.* sp.，*Phricodothyris* sp.，*Martinia* sp.，*Ambocoelia* sp.，均为早二叠世分子；下拉组化石丰富，其中本次工作在尼玛县穷门达剖面建立珊瑚 *Lytvolasma* 组合带和 *Iranophyllum* 组合带及腕足类 *Stenoscisma* cf. *purdoni*，*Uncinunellina* sp.，*Marginifera* sp.，*Orthotetes* sp.，*Squamularia* aff. *elegantula*，*Composita* sp.，*Cancrinella* sp.，䗴 *Nankinella* cf. *inftata*，*N. oribicularia*，*N.* sp.，有孔虫 *Glomospira regularis* Lipina，*Braoyininae* sp.，均为中二叠世分子；敌布错组含植物化石 *Lepidophylloides* sp.，*Paracalamites* sp.，*Pecopteris* sp. 等及丰富的孢子花粉，*Protohaploxypinus*－*Limitisporites* 组合中 *Protohaploxypinus parviextensisaccus*（Samoilocich）Gao. *P. emigantus*（Maheshwei）Jardine，*Cordiatina spongiosa*（Luber）Samoilovich，*Labiisporites smanos* Gao，*Primuspollenites levicus* Tiwari，*Limitisporites rectus* Leschilk，*Vitreisporites signatus* Leschik 等在中国和世界许多地区主要出现在晚二叠世。该组合在华北区见于河南、山西的上二叠统孙家沟组，在西北区与木萨尔县一带的上二叠统泉子街组 *Alisporites*－*Sculcatisporites*－*Protohaploxypinus* 组合、皮山县杜瓦一带的中上二叠统普格司组的上组合 *Lueckispteris*－*Protohaploxypinus* —

致，时代为晚二叠世吴家坪期。

综上所述，昂杰组时代应为早二叠世；下拉组时代应为中二叠世；敌布错时代应为晚二叠世早期。

第四节 白垩系

白垩系出露于冈底斯—腾冲地层区班戈—八宿地层分区申亚地层小区，分布于昂孜错—色热巴断裂以北。区内出露于尼玛县卓尼—申扎县下过一带，呈东西向带状展布，出露面积约 1 100km²。出露地层为下白垩统则弄群，为一套火山岩建造，出露厚度约 1 290m。

则弄群由西藏区调队(1983)创名于申扎县东则弄附近的不尔嘎。地质部青海石油普查大队王文彬(1957)把该套地层称堡尔嘎岩系，归下白垩统，西藏区调队(1983)将不尔嘎岩系分为上、下两部分，下部称则弄群，归下白垩统，上部称不尔嘎组，归下白垩统上部—上白垩统，本书沿用之。

一、剖面描述

申扎县昌翁下白垩统则弄群实测剖面(图 2-23)。

剖面位于申扎县下过乡的昌翁—俄央一带，起点坐标为：N30°49′38.7″，E87°55′50″；终点坐标为：N30°51′14.5″，E87°55′54.7″，剖面长约 3km。与下伏中二叠统下拉组为不整合接触。

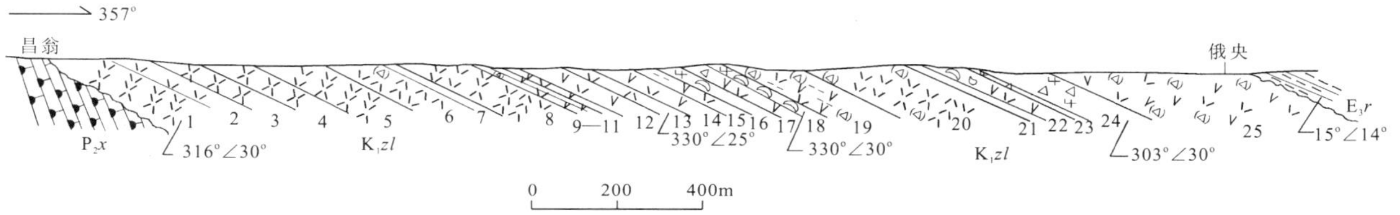

图 2-23 申扎县昌翁—俄央下白垩统则弄群(K_1zl)实测剖面图

上覆地层：古近系渐新统日贡拉组(E_3r)紫红色泥岩夹薄板状钙质石英粉砂岩

~~~~~~~~~~~~~~ 角度不整合 ~~~~~~~~~~~~~~

下白垩统

则弄群(K_1zl) 厚 1 288.2m

25. 灰红色含角砾英安岩，角砾成分为英安岩，大小为 3～6mm，含量约 3%，斑晶含量为 25%，主要成分为斜长石，玻璃质含量为 72% 233.9m

24. 紫红色英安质角砾熔岩，角砾成分为英安岩和凝灰岩，大小为 2～5mm，含量为 15%，岩屑含量为 5%，斑晶含量为 5%，主要成分为斜长石，玻璃质含量为 75% 84.3m

23. 灰色英安质角砾熔岩，角砾成分为英安岩，大小为 2～20mm，含量为 10%，斑晶含量为 2%，主要成分为斜长石，玻璃质含量为 88% 12.1m

22. 浅灰绿色角砾杏仁状英安岩，角砾成分为灰岩、流纹岩，大小为 1～5mm，含量约为 18%，斑晶含量为 25%，主要成分为斜长石、石英和黑云母，杏仁体含量为 5%，大小为 5～6.5mm，玻璃质含量为 52% 36.2m

21. 暗灰色含角砾黑云母流纹岩，角砾成分为流纹岩，大小为 2～15mm，含量为 1%，斑晶含量为 37%，主要成分为斜长石、钾长石、石英和黑云母，玻璃质含量为 62% 13.1m

20. 暗灰色含角砾流纹岩，角砾成分为流纹岩，大小为 3～20mm，含量约为 5%，斑晶含量为 20%，主要成分为斜长石、钾长石、石英和角闪石，玻璃质含量为 75% 106.5m

19. 灰色含角砾黑云母英安岩，角砾成分为英安岩，大小为 2～6mm，含量为 5%，斑晶含量为 40%，主要成分为斜长石、石英和黑云母，玻璃质含量为 55% 94.1m

18. 灰色角闪英安质集块岩，集块成分为角闪英安岩，大小一般为 10～80mm，含量约为 40%，熔岩成分为英安岩，含量为 60% 16.2m
~~~~~~~~~~~~~~

17. 灰色角砾英安岩，角砾成分为英安岩和硅质岩，大小为4～6mm，含量约为20%，熔岩成分为英安岩，含量为80%　　25.4m
16. 灰色英安质集块熔岩，集块成分为英安岩，大小为6～20mm，含量约为50%，熔岩成分为英安岩，含量为50%　　17.3m
15. 灰色黑云母英安岩岩石具斑状结构，斑晶含量为15%，主要为斜长石和黑云母，玻璃质为85%　　42.0m
14. 浅灰黑色英安岩岩石具斑状结构，斑晶含量为9%，主要为斜长石、石英和黑云母，玻璃质为95%　　20.0m
13. 浅灰白色流纹岩，岩石具斑状结构，斑晶含量为20%，主要为斜长石、钾长石和石英，玻璃质为80%　　29.1m
12. 浅土黄色英安岩，岩石具斑状结构，斑晶含量为9%，主要为斜长石、石英和黑云母，玻璃质为81%　　34.0m
11. 灰色英安岩，含少量角砾(2%)，岩石具斑状结构，斑晶含量为14%，主要为斜长石、石英和黑云母，玻璃质为84%　　28.3m
10. 浅灰黄色英安岩，岩石具斑状结构，斑晶含量为9%，主要为斜长石、石英和黑云母，玻璃质为81%　　4.2m
9. 灰绿色含角砾英安岩，角砾成分为英安岩，大小为5～15mm，含量为2%，斑晶含量为8%，主要为斜长石和石英，玻璃质为90%　　5.9m
8. 灰白色流纹岩，岩石具斑状结构，流纹构造，斑晶含量为25%，主要为斜长石和石英，玻璃质为75%　　95.7m
7. 灰黑色流纹岩，岩石具斑状结构，流纹构造，斑晶含量为30%，主要为斜长石和石英，玻璃质为70%　　11.8m
6. 浅灰色含角砾流纹岩，角砾成分为泥岩，大小为2～5mm，含量为5%。岩石具斑状结构，流纹构造，斑晶含量为25%，主要为斜长石、钾长石和石英，玻璃质为70%　　74.6m
5. 浅灰色流纹岩，岩石具斑状结构，流纹构造，斑晶含量为35%，主要为斜长石、钾长石和石英，玻璃质为65%　　86.9m
4. 褐灰色流纹岩，含少量角砾(2%)，岩石具斑状结构，流纹构造，斑晶含量为25%，主要为斜长石、钾长石和石英，玻璃质为73%　　89.6m
3. 灰白色流纹岩，岩石具斑状结构，流纹构造，斑晶含量为40%，主要为斜长石、钾长石和石英，玻璃质为60%　　39.0m
2. 紫红色流纹岩，岩石具斑状结构，流纹构造，斑晶含量为30%，主要为斜长石、钾长石和石英，玻璃质为70%　　32.6m
1. 浅灰色流纹岩，底部含少量灰岩和泥岩角砾，大小为0.5cm。岩石具斑状结构，流纹构造，斑晶含量为15%，主要为斜长石、钾长石和石英，玻璃质为85%　　55.4m

~~~~~~~~~~~~ 角度不整合 ~~~~~~~~~~~~

下伏：中二叠统下拉组(P_2x)灰色中厚层含燧石团块生物碎屑微晶灰岩

二、岩石地层划分及其特征

（一）岩石地层划分

区内下白垩统下部主要为火山熔岩，上部主要为含火山碎屑熔岩，根据喷发韵律可划分为2个岩性段。一段以流纹岩和英安岩为主，夹含角砾流纹岩和含角砾英安岩，厚649.1m。二段以含角砾英安岩为主，夹含角砾流纹岩、集块熔岩等，厚639 .1m。

（二）岩石地层特征

一段(第1—15层)：底部不整合于中二叠统下拉组之上。主要岩性为浅灰、紫红、灰白、褐灰、灰黑色流纹岩与灰、浅土黄、浅灰黑色英安岩互层，夹浅灰色含角砾流纹岩、灰绿色含角砾英安岩。有2个喷发韵律，由流纹岩→英安岩组成，下部韵律较厚(558m)，上部较薄(91.1m)，均为溢流相。

二段(第16—25层)：底部以英安质集块熔岩与一段分界，主要岩性为灰红色含角砾英安岩、紫红色英安质角砾熔岩、暗灰色含角砾流纹岩、灰色含角砾黑云母英安岩夹英安质集块熔岩、英安质集块岩等。由下而上划分为3个韵律：①英安质集块熔岩→角砾英安岩；②英安质集块岩→含角砾黑云母英安岩→含角砾流纹岩→含角砾黑云母流纹岩；③英安质角砾熔岩→含角砾英安岩。由下至上韵律厚度逐渐增加(42.7m→229.9m→366.5m)，每个韵律下部碎屑物均较多，向上变少，均为爆发→溢流相。
~~~~~~~~~~~~

三、区域地层对比及时代确定

(一)区域地层对比

区内则弄群变化不大,多为火山熔岩夹火山碎屑岩,在念莫乃嘎一带夹有较厚的紫红色薄板状细粒石英砂岩。区域上则弄群岩性变化较大,在革吉县茶里错一带,岩性为砂岩、含砾砂岩、页岩夹安山岩、玄武岩和凝灰岩,与下伏中二叠统下拉组为不整合接触(西藏地矿局,1993);在申扎县永珠桥一带岩性以灰岩、凝灰岩为主,夹粉砂岩、泥岩,灰岩中含腕足类、腹足类、层孔虫等,厚度大于528m。在纳木错西岸(图2-24)下部为中基性一中酸性熔岩及火山碎屑岩,夹砂岩和泥岩,厚度大于1 965m;上部为紫红色砾岩、砂岩、泥岩及凝灰质砂岩,含介形类和轮藻,厚度大于950m(西藏地矿局,1997)。

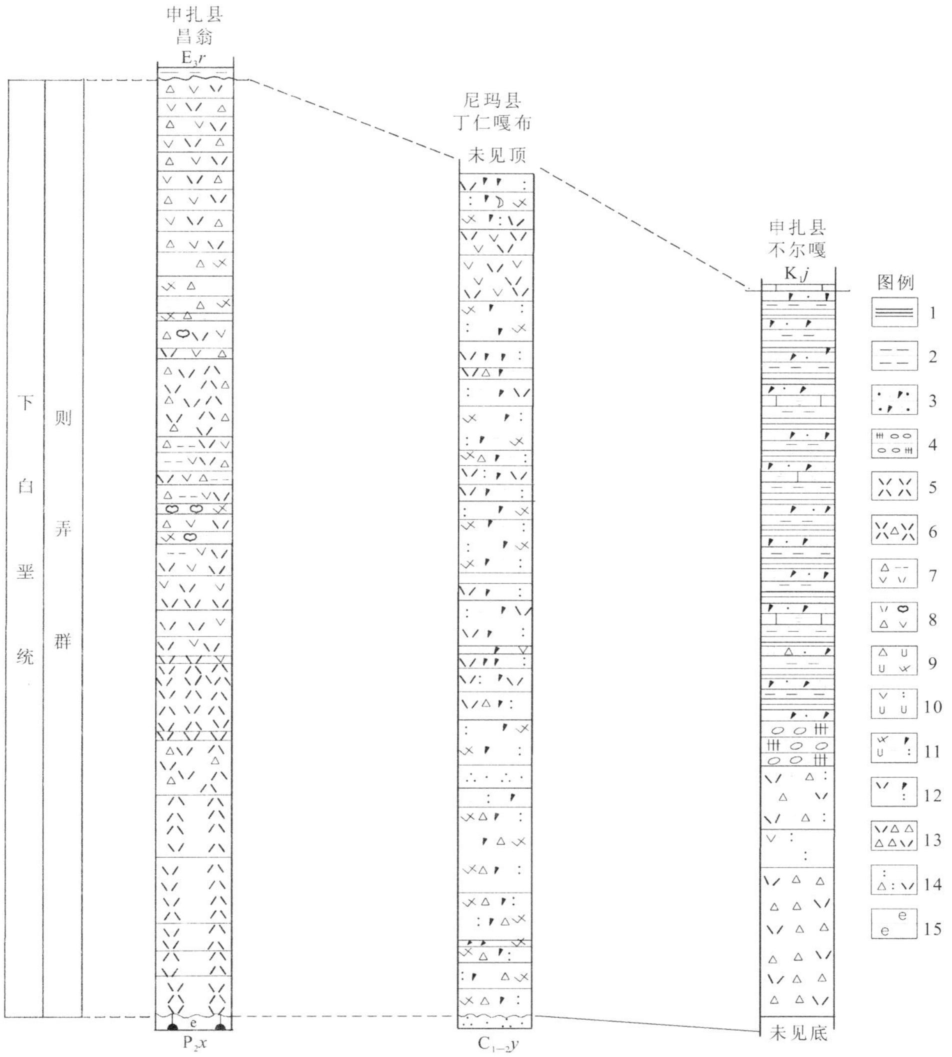

图2-24　白垩系柱状对比图

1.页岩;2.泥岩;3.长石岩屑砂岩;4.复成分砾岩;5.流纹岩;6.含角砾流纹岩;7.含角砾黑云母英安岩;8.角砾杏仁状英安岩;9.英安质角砾熔岩;10.安山质凝灰熔岩;11.英安质熔结晶屑凝灰岩;12.流纹质熔结晶屑凝灰岩;13.酸性火山角砾岩;14.酸性熔结火山角砾凝灰岩;15.生物屑灰岩

(二)时代确定

区内则弄群不整合于二叠系之上,在夏谷一卡乡一带不整合于石炭系之上,在叶野错、孔错等地被渐新统日贡拉组不整合覆盖,其时代应晚于二叠纪、早于渐新世。

尼玛区幅申亚西则弄群灰岩夹层中含圆笠虫 *Mesorbitolina lhunzhubensis* (Zhang)，时代为早白垩世阿普特期。在申扎永珠桥一带含有腕足类 *Zeillerina walkeriformis*，*Peregrinella cheboensis*，*P. bangoinensis*，*P. bifurcata*，*P. dongqiaoensis*，双壳类 *Cyprina teolluensis*，*Cyprimeria* cf. *quadrata* 等，时代为早白垩世早期（西藏地矿局，1993）。在纳木错西岸含有介形虫 *Lycopterocypris* cf. *grandis*，*L. fabaria*，*Cypribea* cf. *pusilla*，*Damonella* sp.，*Xestoleris* sp. 等，时代为早白垩世早期（西藏地矿局，1993）。

本次在申亚东丁仁嘎布则弄群火山岩中获得 K - Ar 年龄为 83.35±1.33Ma，申亚南则弄群火山岩中获得 K - Ar 年龄为 89.4Ma，前人在区内卓瓦流纹岩中采获 K - Ar 法年龄为 99Ma（西藏区调队，1983），综合上述同位素年龄，其时代主要为早白垩世。

区内与区域上则弄群岩石组合基本一致，所含化石时代多为早白垩世，大地构造位置也一致，其时代也应相同。圆笠虫 *Mesorbitolina lhunzhubensis* 产于则弄群上部，是 *Palorbitolina lenticularis* 组合带的主要化石，时代为早白垩世阿普特期；腕足类 *Zeillerina walkeriformis* 为贝利阿斯期分子；介形虫 *Lycopterocypris* cf. *grandis*，*L. fabaria*，*Cypribea* cf. *pusilla* 及双壳类 *Cyprina teolluensis*，*Cyprimeria* cf. *quadrata* 等的时代主要为早白垩世。

综上所述，则弄群相当于下白垩统贝利阿斯期—阿普特期。

四、白垩系小结

区内白垩系主要为火山岩，局部夹陆源碎屑岩，根据岩石组合划分为 2 个岩性段，并划分为 5 个喷发韵律，厚 1 288.2m。根据岩石化学分析结果，为岛弧火山岩，其喷发环境为以陆相为主的海陆交互相。根据采获的化石和同位素年龄，将其归为早白垩世。

第五节　古近系

测区古近系地层所处大地构造位置为冈底斯—拉萨—腾冲陆块，燕山期—喜马拉雅期岩浆弧带，地层分区为冈底斯—腾冲地层区隆格尔—南木林地层分区。测区内古近系地层分布广泛，遍及整个图幅，面积约 5 500km^2，占测区总面积的 1/3，出露地层为林子宗群火山岩和日贡拉组陆源碎屑岩。

一、林子宗群

林子宗群广泛分布于整个测区，北侧基本不越过昂孜错-色热巴断裂，区内出露面积约 4 800km^2，主要为一套中酸性熔岩夹火山碎屑岩。林子宗群由李璞（1955）"林子宗火山岩"演变而来，原义指林周地区的一套白垩纪火山岩夹砂岩、泥灰岩；全国地层会议（1964）称该套地层为"林子宗组"，置晚白垩世；章炳高（1979）、夏金宝（1982）称之为"林子宗火山岩"，将其时代置古新世、始新世；1990 年西藏区调队 1∶20 万拉萨幅和曲水幅区调报告将其解体为典中组、年波组和帕那组。本书采用西藏区调队的划分方案。划分沿革见表 2 - 4。区内林子宗群不整合于下伏二叠系之上，上与日贡拉组不整合接触。

表 2 - 4　林子宗群划分沿革表

<table>
<tr><th colspan="2">李璞
(1955)</th><th colspan="2">全国地层会议
(1964)</th><th colspan="2">西藏第三地质队
(1973)</th><th colspan="2">章炳高
(1979)</th><th colspan="3">西藏区调队
(1990)</th><th colspan="3">本书(2010)</th></tr>
<tr><td rowspan="3">白垩系</td><td rowspan="3">林子宗火山岩</td><td rowspan="3">上白垩统</td><td rowspan="3">林子宗组</td><td rowspan="3">上白垩统</td><td rowspan="3">林子宗群</td><td rowspan="3">始新统—古新统</td><td rowspan="3">林子宗火山岩</td><td rowspan="2">始新统</td><td rowspan="3">林子宗群</td><td>帕那组</td><td rowspan="2">始新统</td><td rowspan="3">林子宗群</td><td>帕那组</td></tr>
<tr><td>年波组</td><td>年波组</td></tr>
<tr><td>古新统</td><td>典中组</td><td>古新统</td><td>典中组</td></tr>
</table>

（一）剖面描述

1. 昂仁县越马各剖面（图 2－25）

剖面位于昂仁县错麦乡越马各，起点坐标为：N30°13′33″，E87°13′16″；终点坐标为：N30°12′29″，E98°14′11″，由北向南测制，厚度大于 734.8m。典中组、年波组、帕那组 3 组合测，下与石炭系永珠组不整合接触，上未见顶。

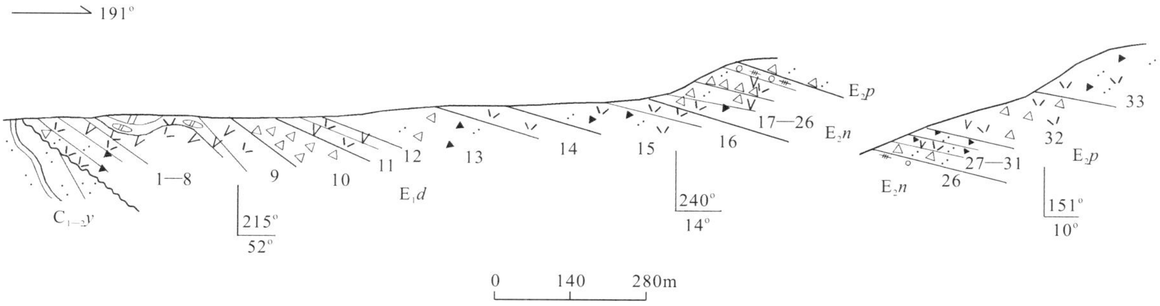

图 2－25 昂仁县越马各古近系林子宗群实测剖面图

未见顶	
古近系林子宗群	>734.82m
帕那组（E_2p）	272.9m
33. 暗红色流纹质晶屑凝灰熔岩	102.2m
32. 紫红色英安质火山角砾岩	107.1m
31. 灰红色英安质晶屑凝灰岩	5.8m
30. 青灰色英安质凝灰岩	13.2m
29. 青灰色英安质晶屑玻屑凝灰岩，单层厚 10～30cm	22.9m
28. 灰绿色英安质凝灰岩，单层厚 10～30cm	13.8m
27. 紫红色角砾状凝灰岩（单层厚 1.5m）夹灰红色英安质凝灰岩（单层厚 10～20cm），共有 6 个喷发单层	7.9m
———— 整合 ————	
年波组（E_2n）	138.5m
26. 青灰色复成分砾岩（单层厚 50～80cm），每个单层下部角砾大而多，上部少而小	2.4m
25. 灰黄色含砾杂砂岩（单层厚 1.5m），紫红色杂砂岩（3m）细粒长石石英砂岩（2m）组成向上变厚、变细的基本层序	6.1m
24. 灰黄色英安质晶屑凝灰岩	10.2m
23. 青灰色英安质玻屑凝灰岩，单层厚 2～3m，共有 6 个喷发单层	15.3m
22. 灰褐色英安质玻屑凝灰熔岩	5.1m
21. 黄绿色英安质凝灰岩	47.9m
20. 灰白色流纹质含角砾凝灰岩	5.9m
19. 灰红色火山角砾岩	4.2m
18. 灰白色英安质含角砾晶屑凝灰岩	24.9m
17. 紫红色流纹质含角砾晶屑凝灰岩	16.5m
———— 整合 ————	
典中组（E_1d）	323.4m
16. 灰白色流纹岩	24.3m
15. 紫红色流纹质晶屑凝灰熔岩	44.6m
14. 灰白色流纹岩	27.8m
13. 紫红色含角砾晶屑凝灰熔岩	51.5m
12. 灰黄色英安岩	11.5m

11. 紫红色英安岩	25.0m
10. 紫红色火山角砾岩	32.6m
9. 紫红色英安岩单层厚0.9～2.5m，每个单层顶面具氧化红顶，下部为3～5cm的凝灰岩，共有20个喷发单层	41.2m
8. 紫红色含火山弹英安岩，火山弹大小为15～20cm	10.2m
7. 紫红色英安岩，单层厚0.9～1.5m，每个单层顶面具氧化红顶，下部有5cm厚的凝灰岩，共有4个喷发单层	5.1m
6. 紫灰色英安岩	30.6m
5. 紫灰色英安质岩屑凝灰熔岩，单层厚1～1.5m，每个单层顶部有气孔和杏仁体	7.6m
4. 灰黄色英安岩，单层厚1～1.4m，共有7个喷发单层，每个喷发单层底为致密块状，顶部有较多平行层面的扁平状气孔	8.4m
3. 暗灰色英安质火山角砾岩	1.0m
2. 灰白色英安岩	1.4m
1. 灰色流纹质含角砾晶屑凝灰岩	0.6m

～～～～～～ 角度不整合 ～～～～～～

下伏地层石炭系永珠组($C_{1-2}y$)青灰色粉砂质板岩与细粒石英砂岩互层

2. 申扎县唐久拉林子宗群帕那组实测剖面(图2-26)

剖面位于申扎县卡乡唐久拉，起点坐标为：N30°32′23.1″，E88°17′12.6″；终点坐标为：N30°33′32.6″，E88°17′22.6″，由南北向北测制，厚度为1 123.3m，下与石炭系永珠组不整合接触，上被新近系上新统乌郁群不整合覆盖。

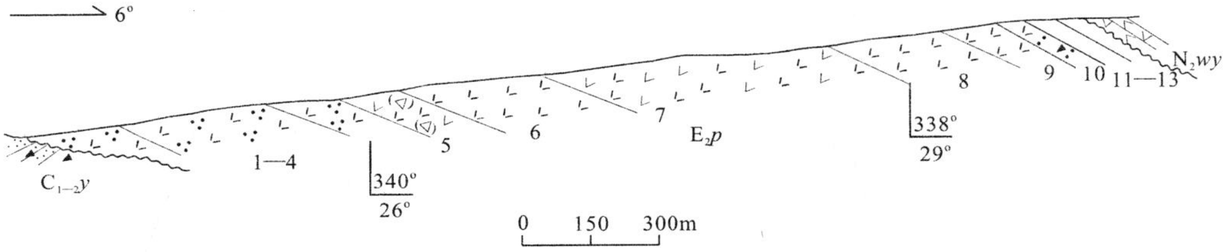

图2-26　申扎县唐久拉古近系林子宗群帕那组实测剖面图

上覆地层：新近系上新统乌郁群(N_2wy)灰红色角闪安山岩

～～～～～～ 角度不整合 ～～～～～～

帕那组(E_2p)	1 123.3m
13. 浅黄色硅质岩	29.6m
12. 灰白色流纹质晶屑凝灰岩	9.9m
11. 灰白色硅质岩	19.8m
10. 灰白色流纹质晶屑凝灰岩	32.1m
9. 灰白色流纹岩	61.5m
8. 浅灰色流纹岩	148.4m
7. 青灰色英安岩	250.6m
6. 灰白色流纹岩	146.9m
5. 青灰色含角砾英安岩	64.0m
4. 青灰色似球粒流纹岩	74.4m
3. 灰黑色似球粒状流纹岩	11.0m
2. 青灰色似球粒状流纹岩	172.3m
1. 灰白色似球粒状流纹岩	102.8m

～～～～～～ 角度不整合 ～～～～～～

下伏地层：石炭系永珠组($C_{1-2}y$)灰白色中厚层粗粒岩屑石英砂岩

（二）岩石地质特征

1. 典中组

西藏自治区地质局区域地质调查大队(1991)[①]于林周县典中附近创名，原义指以黑云母安山岩、安山岩和熔结凝灰岩为主、夹有火山集块岩、凝灰岩、上部出现英安岩的地层。区域上主要分布于拉萨林周、南木林等地区，为一套以中性、中性—酸性火山岩及火山碎屑岩为主的典型钙碱性弧火山岩组合，自东向西酸性火山岩和火山碎屑岩增加，底部有时出现底砾岩，顶部有时具有红色泥岩沉积。

区内典中组主要分布于冈底斯山脉以南，越马各及青都一带，出露面积约 100km^2，为一套酸性熔岩夹火山碎屑岩组合，喷发不整合于石炭系永珠组之上。

本组岩性底部为流纹质含角砾晶屑凝灰岩；中下部以英安岩、含火山弹英安岩为主、夹英安质火山角砾岩、英安质岩屑凝灰熔岩，岩石中气孔及杏仁体较为发育，聚集呈层状产出，含火山弹英安岩中火山弹大小为 15～20 cm，含量大于 10%，角砾岩中角砾大小为 2～5 cm，成分多为异源角砾；上部为流纹岩与流纹质晶屑凝灰熔岩互层。本组总体色调呈紫红—灰紫色，个别为灰—灰白色，厚 323m。

本组喷发单层较为发育，喷发韵律是根据剖面中不同岩性及原始喷发单层的厚度的周期性来划分的。原始喷发单层大多见有清晰的顶底界面及明显的野外宏观划分标志：① 层状杏仁带在原始喷发单层的顶、底部呈层带发育，其产状与层面一致，尤以顶部杏仁带最为发育，底部杏仁体一般较小，且充填物多为暗色，顶部大且充填物为浅色；② 气孔的形状及含量常为喷发单层的顶、底标志，底部少或无，顶部多且形状多为球状及扁平状，中下部为致密块状；③ 氧化红顶常为喷发单层顶部，底部氧化程度低，颜色多为暗色。根据以上标志共划分出 57 个喷发单层，单层厚度从 1～50m 不等，厚度参差不齐，跳跃性大，显示岩浆呈脉冲式喷发特征。其喷发韵律有以下特征：岩性变化为含角砾凝灰岩—英安岩—角砾岩(含火山弹英安岩)，厚度变化从厚—薄—厚，有爆发(强)—喷溢(弱)—爆发(强)的喷发特点，为爆发—喷溢相，共可划分 7 个韵律。

本组与上覆年波组以出现大套火山碎屑岩为区分标志，组内未见沉积夹层，下部颜色以灰—灰白色为主，上部以紫红色为主，氧化红顶发育，由此推测为陆相环境下的喷发产物。

2. 年波组

西藏自治区地质局区域地质调查大队(1991)[①]于林周县年波村附近创名，原义为一套紫红色陆源碎屑岩夹凝灰岩、安山岩，局部夹灰岩，含陆相介形类、腹足类化石。区域上年波组分布广泛，从拉萨至林周、南木林、措勤均有出露，为一套中—酸性火山岩夹陆源碎屑岩组合，区内年波组出露于冈底斯山脉以南，面积约 500km^2，岩性与区域上一致，下与典中组、上与帕那组为整合接触。

本组下部岩性为流纹质含角砾晶屑凝灰岩、火山角砾岩、英安质(含角砾)凝灰岩，角砾大小为 0.5～5cm，多为异源角砾，上部为英安质晶屑(或玻屑)凝灰岩、复成分砾岩、含砾杂砂岩，本组总体色调呈灰白色—灰红、紫红色，厚 139m。

本组喷发单层较为发育，共有 13 个，喷发韵律为含角砾晶屑凝灰岩、火山角砾岩-凝灰熔岩、凝灰岩-砾岩、砂岩，可划分为 2 个韵律，有爆发—喷溢—爆发—间断的喷发特点，爆发相为主，少见喷溢相。

本组与上覆帕那组以复成分砾岩结束为标志划分。本组颜色下部为紫红—灰红色，上部为灰白色，见有河湖相砾岩，砂岩沉积，由此推测其为陆相环境的喷发产物。

3. 帕那组

西藏自治区地质局区域地质调查大队(1991)[①]于林周县年波村附近创名，原义指流纹质熔结凝灰岩为主、夹有杂砂岩的地层，区域上分布广泛，为一套流纹质凝灰岩为主夹有火山角砾岩、流纹岩、英安岩、杂砂岩及砾岩的地层体。区内帕那组出露广泛，面积约占林子宗群分布总面积的 90%，下与年波组整合接

① 西藏自治区地质局区域地质调查大队. 1：20 万拉萨幅和曲水幅区域地质调查报告(H46—20). 1991.

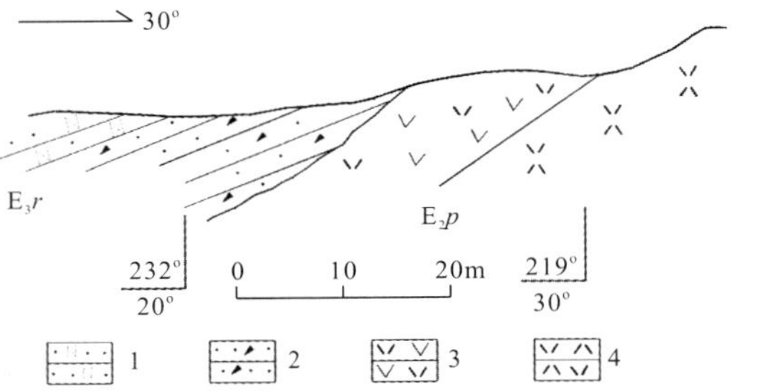

图 2-27　申扎县尼弄帕那组(E_2p)与上覆地层日贡拉组(E_3r)不整合接触关系素描剖面图
1. 细粒长石砂岩；2. 细粒岩屑砂岩；3. 英安岩；4. 流纹岩

触，上被渐新统日贡拉组不整合覆盖(图 2-27)，为一套酸性熔岩及火山碎屑岩。

越马各剖面本组岩性主要为火山碎屑岩，下部岩性为角砾状凝灰岩、英安质晶屑玻屑凝灰岩，上部为火山角砾岩、流纹质晶屑凝灰熔岩，角砾成分同源为主，异源较少，大小为 0.5～2 cm，少数>10 cm，含量>50%，厚度大于 272.9m。唐久拉剖面以酸性熔岩为主，下部岩性为似球粒状流纹岩、流纹岩夹(含角砾)英安岩，角砾为同源碎屑，大小为 0.5～1 cm，含量<10%，上部为流纹质晶屑凝灰岩与硅质岩互层，厚度为 1 123.3m。

越马各剖面划分出 12 个喷发单层，共有 2 个韵律，其韵律特征为角砾状凝灰岩-凝灰岩、火山角砾岩-凝灰岩，爆发相为主。唐久拉剖面划分出 15 个喷发单层，共 5 个韵律，其韵律特征为含角砾英安岩-流纹岩，流纹质晶屑凝灰岩-硅质岩。其喷发特征为喷溢(弱)—爆发一间歇沉积。

本组与上覆渐新统日贡拉组较易区分，本组总体色调呈紫红—灰红色，上部有硅质岩，区域上发育河湖相沉积岩，本组火山岩应为陆相环境下的喷发产物。

(三)区域对比及时代讨论

1. 区域对比

区内林子宗群各组上述特征相对稳定，典中组与年波组主要分布于冈底斯以南，帕那组主要分布在冈底斯以北，自南向北各组分布呈由老到新的特征，典中组在西部越马各一带以酸性熔岩为主，东部青都一带为火山碎屑岩夹少量熔岩，且厚度大于西部。年波组在越马各一带顶部普遍有复成砾岩层，与帕那组较易区别，青都一带未见。帕那组横向上变化较大，越马各剖面的岩性以火山碎屑岩为主，厚度>272m，唐久拉剖面的岩性以酸性熔岩为主，顶部为火山碎屑岩夹有硅质岩，厚度为 1 123.3m。区内多处见有河流相的砂、砾岩沉积夹层。区域上林子宗群自东部拉萨地区至西部措勤地区有由中性、中性—酸性火山岩向酸性火山岩演化的趋势，火山熔岩由多到少，火山碎屑岩由少增多。沉积厚度在林周地区一般为 500～3 000m，在申扎县最厚可达 6 000m，在南木林乌郁盆地及麻江地区，岩性以安山岩、安山角砾岩为主，厚度为 230m。其沉积厚度东部和南部小，西部和北部大(图 2-28)。林周地区典中组、年波组、帕那组顶部均见有红色泥岩或砾岩，陆相喷发特征明显。

2. 时代讨论

林子宗群下与石炭系永珠组或二叠系敌布错组不整合接触，区域上与上白垩统设兴组不整合接触。上被渐新统日贡拉组不整合覆盖，群内各组为整合接触关系。

本次工作在林子宗群中获取 2 个 K-Ar 年龄样，分别为 65.37Ma 和 52.8Ma。区域上典中组 K-Ar 年龄样有 60Ma，51.54Ma、年波组有 49.9Ma，39.5Ma、帕那组分别有 44.4±0.8Ma，42Ma，39.5Ma 的 K-Ar年龄(西藏自治区地质矿产局，1997)。董国臣等(2002)在林周地区采用$^{40}Ar/^{39}Ar$ 阶段升温图谱法对典中组底部安山岩、年波组上部安山岩和帕那组底部熔结凝灰岩进行了年龄测定，其年龄值分别为 63.32Ma，54Ma，38.7Ma，并在灰岩夹层中采到了许多腹足类和介形类生物化石，属于古新世—始新世分子。

综上所述，林子宗群时代为古新世—始新世，典中组为古新世，年波组、帕那组为始新世。

二、日贡拉组

日贡拉组主要分布于冈底斯山脉以北的公穷—基屋—加赤松多一带，面积约 700km²，为一套红色陆源碎屑岩。大地构造位置为冈底斯—腾冲燕山期—喜马拉雅期岩浆弧带次级断陷区，南为弧背断隆区，日贡拉组为西藏第三地质大队吴一民于 1973 年在南木林县日贡拉山脚下芒乡—嘎扎创名(西藏自治区地质

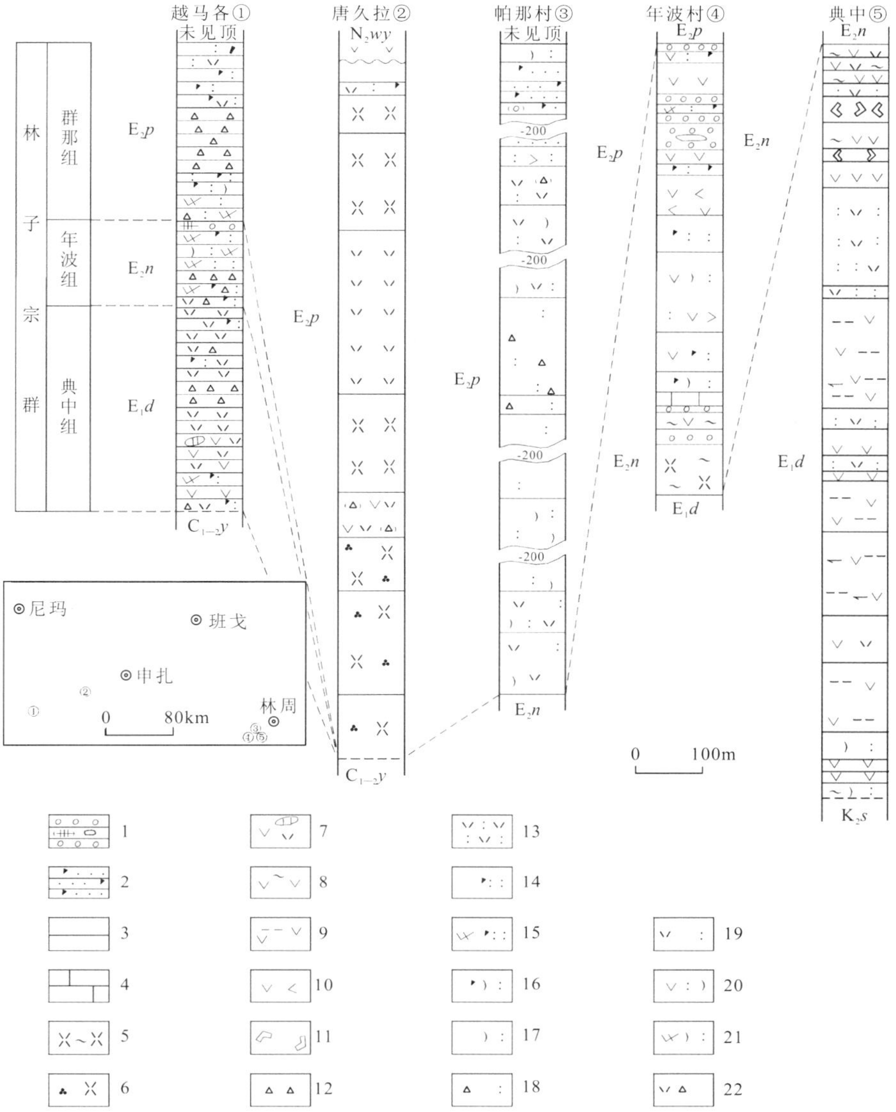

图 2－28　林子宗群柱状对比图

1.(复成分)砾岩;2.岩屑砂岩;3.硅质岩;4.灰岩;5.(蚀变)流纹岩;6.球泡流纹岩;7.(火山弹)英安岩;8.蚀变安山岩;9.辉石黑云母安山岩;10.角闪安山岩;11.集块岩;12.火山角砾岩;13.凝灰岩;14.晶屑凝灰熔岩;15.英安质晶屑凝灰岩;16.晶屑玻屑凝灰岩;17.玻屑熔结凝灰岩;18.角砾熔结凝灰岩;19.流纹质熔结凝灰岩;20.安山质玻屑凝灰岩;21.英安质玻屑凝灰岩;22.流纹质角砾熔岩

局区域地质调查大队,1983[③]),原义指下部为火山岩、上部为杂色粉砂岩、泥岩为主夹泥灰岩和凝灰岩的一套地层;西藏地矿局(1993,1997)将上部碎屑岩段称之为日贡拉组,并把原“芒乡组”下部非含煤碎屑岩段划归日贡拉组,下部火山岩段划归原“达多群”,即林子宗群,上被芒乡组(N_1m)不整合覆盖,下超覆于老地层之上。本书从之,将区内一套红色陆湖碎屑岩划分为日贡拉组,下不整合于林子宗群帕那组(E_2p)之上(图 2－27),上被新近系乌郁群不整合覆盖。

(一)剖面描述

1. 申扎县基屋日贡拉组剖面(图 2－29)

剖面位于申扎县多瓦乡基屋,起点坐标为:N30°36′40.2″,E87°42′44.5″;终点坐标为:N30°33′39.8″,E87°41′4.8″,全长约 5km,由北向南测制,下与林子宗群帕那组(E_2p)不整合接触,上未见顶。

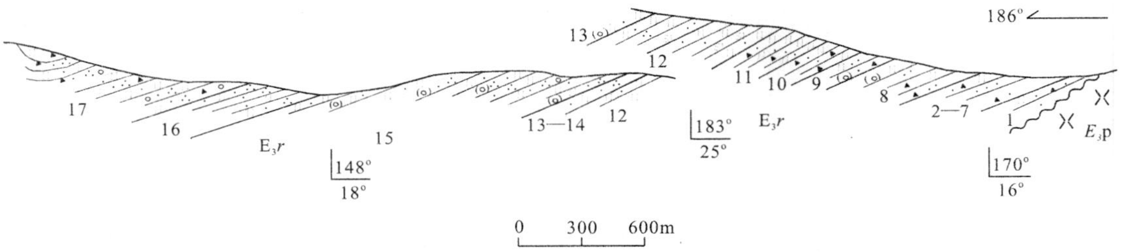

图 2-29　尼玛县多瓦乡基屋渐新统日贡拉组实测剖面图

未见顶

渐新统日贡拉组(E_3r)　　>2 096.6m

17. 灰红色薄层状含砾细粒岩屑长石砂岩(a 层厚 1m)与灰红色薄板状细粒长石砂岩(b 层厚 2～3m)组成基本层序　　>18.1m

16. 灰红色、暗灰红色中薄层含泥砾中细粒岩屑长石石英砂岩(a 层厚 1～2m)与灰红色薄板状细粒长石砂岩(b 层厚 5～6m)组成基本层序,水平层理发育,a 层普遍含有泥砾,向上呈 a 层渐薄、b 层渐厚的趋势　　377.9m

15. 灰色中薄层中细粒长石石英砂岩(a 层厚 1～2m)与灰红色中薄层细粒长石砂岩(b 层厚 8～10m)和灰绿色薄层状泥质粉砂岩(c 层厚 1m),三者构成基本层序　　159.0m

14. 灰红—灰黄色中薄层含砾中粒长石石英砂岩(a 层厚 0.3m)与紫红—暗灰色薄层状细粒长石砂岩(b 层厚 2m)构成基本层序,a 层含有泥砾,水平层理发育,见小型斜层理,向上呈 a 层渐薄、b 层渐厚的趋势　　547.8m

13. 灰红—灰黄色中薄层状中粒长石砂岩(a 层厚 0.3～0.4m)与灰紫红色薄层状细粒长石砂岩(b 层厚 1m)和灰白色薄层含砂质硅质岩厚(0.3m),三者构成基本层序　　15.7m

12. 灰红—灰黄色薄层状中粒长石砂岩(a 层厚 0.3～0.4m)与灰紫红色薄层状细粒长石砂岩(b 层厚 1m)构成基本层序、平行层理发育,a 层含有泥砾,偶见安山岩砾石　　10.8m

11. 灰红色薄层中粒长石砂岩(a 层厚 0.8～1.8m)与灰紫红色薄层细粒长石砂岩(b 层厚 1.3m)和灰白色薄层状含砂硅质岩(c 层厚 0.4m)构成基本层序,见有波痕,向上 a 层渐厚,b 层渐薄　　271.3m

10. 灰红色中层状中—细粒长石砂岩(a 层厚 0.15m)与灰红色薄层细粒岩屑长石砂岩(b 层厚 2～3m)构成基本层序,b 层平行层理发育,含有泥砾　　142.3m

9. 灰紫红色薄层细粒长石岩屑砂岩,见有小型斜层理,偶见含泥砾,表面有褐铁矿化　　103.1m

8. 灰黄色薄层状含砾细粒长石岩屑砂岩,泥砾含量>10%,大小不等　　86.7m

7. 灰红色中层状含砾粗砂岩(a 层厚 0.3～0.4m)与灰红色中层细粒岩屑长石砂岩(b 层厚 1.4m)和灰紫色泥质粉砂岩(c 层厚 0.2～0.3m)构成基本层序,c 层见有不对称波痕　　165.9m

6. 灰紫红色薄层粗砂岩(a 层厚 0.2m)与灰紫红色薄层细粒岩屑长石砂岩(b 层厚 1m),构成基本层序　　22.6m

5. 灰绿色薄层状细粒岩屑长石砂岩,单层厚<10m　　13.6m

4. 灰紫红色薄层粗砂岩(a 层厚 20m)与灰紫红色薄层细粒岩屑长石砂岩(b 层厚 1m),构成基本层序,b 层见有泥砾,发育平行层理　　18.1m

3. 灰红色薄层状细粒岩屑砂岩(a 层厚 0.3m)与紫红色泥质粉砂岩(b 层厚 0.7m)构成基本层序,约 1m 重复出现一次,a 层偶见含泥砾,顶部颜色为灰绿色　　42.4m

2. 灰红色薄层含泥砾细粒长石岩屑砂岩(a 层厚 0.15～0.2m)与灰黄色薄层状细粒长石岩屑砂岩(b 层厚 0.3m)和紫红色泥质粉砂岩(c 层厚 1m)构成基本层序　　75.0m

1. 灰黄色薄层状细粒长石岩屑砂岩,平行层理发育,局部见有泥砾,大小<5mm,含量<10%　　26.3m

～～～～～～～～ 角度不整合 ～～～～～～～～

下伏地层:始新统帕那组(E_2p)灰白色流纹岩

2. 申扎县嘎尔马日贡拉组剖面(图 2-30)

剖面位于申扎县夏过乡嘎尔马,起点坐标为:N30°52′32.2″,E88°1′3.0″;终点坐标为:N30°53′0.7″,E88°05′3.5″,厚度>243m,由南向北测制。下与林子宗群帕那组(E_2p)不整合接触,上未见顶。

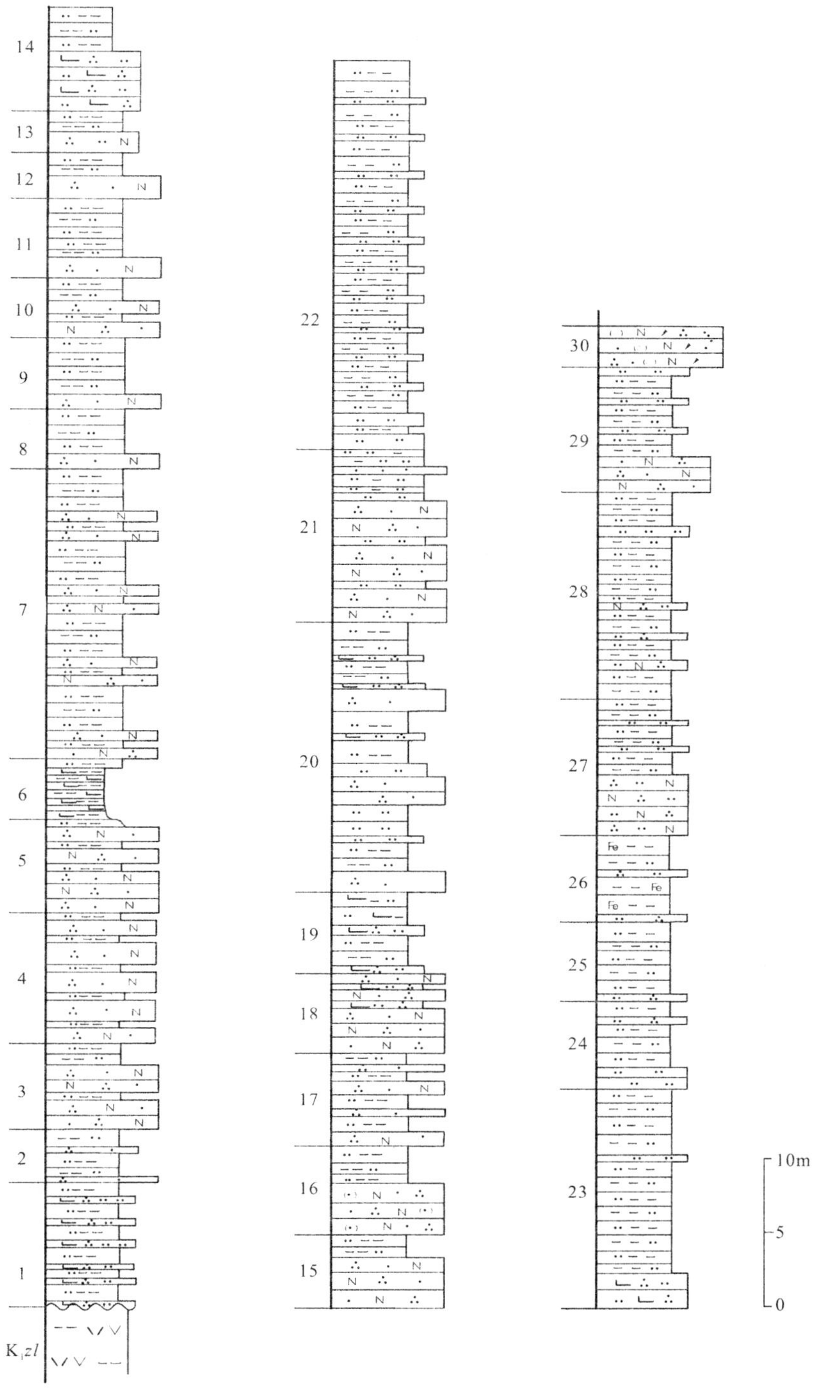

图 2-30　申扎县嘎尔马渐新统日贡拉组(E_3r)实测剖面柱状图

未见顶

渐新统日贡拉组(E_3r)　　＞243m

30. 猪肝色薄层状含砾细粒岩屑石英砂岩，砾为泥质成分，呈不规则状，含量＜10%，平行层理发育　　2.9m

29. 灰红色薄层状细粒长石砂岩(a 层厚 2.6m)与暗红色薄板状粉砂质泥岩(b 层)夹粉砂岩(c 层)(b+c 厚 5.6m)构成基本层序　　8.4m

28. 暗红色薄层状粉砂质泥岩(a 层厚 1～1.5m)与暗红色薄层状粉砂岩(b 层厚 0.8m)构成基本层序，b 层有小型板状交错层理　　14.1m

27. 暗红色薄层状粉砂岩(a 层厚 3.8m)与暗红色薄层状粉砂质泥岩夹粉砂岩(b 层厚 5.8m)构成基本

层序，a 层见有包卷层理，泻水构造　9.6m

26. 暗红色薄层状钙质粉砂岩(a 层厚 0.5m)与暗红色含铁泥岩夹粉砂岩(b 层厚 5.6m)构成基本层序，a 层发育槽状交错层理　6.1m

25. 暗红色薄层状粉砂岩(a 层厚 0.4m)与暗红色粉砂质泥岩夹粉砂岩(b 层厚 1.0m)和粉砂质泥岩夹泥灰岩(c 层厚 4.2m)三者构成基本层序　5.6m

24. 暗红色薄层状粉砂岩(a 层厚 1.5m)，与粉砂质泥岩(b 层厚 4.7m)构成基本层序　6.2m

23. 暗红色薄层状钙质粉砂岩(a 层厚 2.6m)与暗红色粉砂质泥岩(b 层厚 12.6m)构成基本层序，b 层中有一层 30cm 厚的粉砂岩　15.2m

22. 暗红色薄层状粉砂岩夹泥岩(a 层厚 2.5m)与粉砂质泥岩夹粉砂岩(b 层厚 24.2m)构成基本层序，a 层以粉砂岩为主，b 层以泥岩为主　26.7m

21. 暗红色薄层状细粒长石石英砂岩(a 层厚 1m)与泥质粉砂岩(b 层厚 5m)构成基本层序　11.9m

20. 暗红色薄层状细粒长石石英砂岩(a 层厚 14.m)与粉砂岩(b 层厚 4.5m)构成基本层序，a 层中含有少量砾岩，成分为硅质，大小约 3mm　18.8m

19. 暗红色薄层状钙质粉砂岩(a 层厚 0.5m)与粉砂质泥岩(b 层厚 4.9m)构成基本层序，b 层层面上有对称波痕　5.4m

18. 砖红色细粒长石石英砂岩(a 层厚 3m)与砂岩夹红褐色钙质粉砂岩(b 层厚 1.5m)构成基本层序，b 层顶面见有泥裂，被灰绿色泥质充填　5.5m

17. 暗灰红色厚层状细粒长石石英砂岩(a 层厚 1～1.5m)与暗红色粉砂质泥岩(b 层厚 1m)构成基本层序　6.3m

16. 暗红色薄层状含云母长石石英砂岩(a 层厚 2m)与粉砂质泥岩(b 层厚 1～1.5m)构成基本层序，向上 a 层渐薄，b 层渐厚，a 层层面上见有泥砾　6.1m

15. 暗灰红色中层状细粒长石石英砂岩(a 层厚 3.2m)与暗灰色粉砂质泥岩(b 层厚 1.6m)构成一个基本层序，a 层中夹有 3～5mm 的泥皮　4.8m

14. 灰红色中薄层状钙质石英粉砂岩(a 层厚 0.2～0.8m)与粉砂质泥岩(b 层厚 0.2～0.8m)构成基本层序，向上有 b 层渐薄、a 层变厚的趋势　7.2m

13. 灰红色中薄层状粉砂岩(a 层厚 1.4m)与粉砂质泥岩(b 层厚 1.3m)构成基本层序，a 层中见有泥岩透镜体　2.7m

12. 暗红色中薄层状细粒长石石英砂岩(a 层厚 1.2m)与粉砂质泥岩(b 层厚 1.6m)构成基本层序，a 层中夹有 2～3mm 的泥皮，向上 a 层渐薄、b 层渐厚　2.8m

11. 暗红色薄层状细粒长石石英砂岩(a 层厚 1.8m)与暗灰色粉砂质泥岩(b 层厚 2.8m)构成基本层序，b 层夹细砂岩透镜体，厚 1.2m，b 层含孢粉 *Betulapollenites*，*Alnipollonites*，*Lonicerpouis*，*Ephedripites* 等　5.6m

10. 暗红色薄层状细粒长石石英砂岩(a 层厚 0.1～0.3m)与粉砂质泥岩(b 层厚 0.2～0.4m)构成基本层序，重复出现　3.7m

9. 暗红色薄层状细粒长石石英砂岩(a 层厚 0.05～0.20m)与粉砂质泥岩(b 层厚 0.1m)构成基本层序，反复出现，顶部细砂岩渐厚　5.1m

8. 暗红色薄层状粉砂岩(a 层厚 1.2m)与粉砂质泥岩(b 层厚 3.0m)构成基本层序，b 层偶夹细砂岩　4.2m

7. 暗红色薄板状细砂岩(单层厚 0.05～0.4m)夹粉砂质泥岩(单层厚 0.1～0.2m)为 a 层(厚 2.1m)，与暗红色薄层状粉砂质泥岩(b 层厚 3.1m)组成基本层序，b 层中含孢粉 *Juglanspollenites*，*Quercus*，*Piunspollentes*，*Doltoidospora*，*Pdypodiisportes* 等　20.3m

6. 灰黑色页片状钙质泥岩(a 层厚 3.8m)与暗红色薄板状粉砂质泥岩(b 层厚 0.3m)构成基本层序　4.1m

5. 暗红色薄层状细粒长石石英砂岩(a 层厚 3.0m)与含钙泥质粉砂岩夹泥岩(b 层厚 3.5m)构成基本层序　6.5m

4. 暗红色薄层状细粒长石石英砂岩(a 层厚 1.1m)与细粒砂岩夹泥岩(b 层厚 7.8m)构成基本层序，a 层层面见有干裂、泥砾，b 层中砂岩、泥岩均有尖灭现象　8.9m

3. 灰红色细粒长石石英砂岩(a 层厚 4.9m)与粉砂质泥岩(b 层厚 1.3m)构成基本层序　6.2m

2. 灰红色薄层状长石石英砂岩(a 层厚 0.2m)与粉砂质泥岩(b 层厚 1.4m)构成基本层序，a 层中见有结核，大小为 2～4mm，成分为砂岩，中心较周围粒度粗，b 层夹有粉砂岩透镜体　3.3m

1. 暗红色钙质粉砂岩(a 层厚 0.3m)与泥岩夹粉砂岩(b 层厚 4.9～5.3m)构成基本层序　8.8m

～～～～～～～～ 角度不整合 ～～～～～～～～

下伏地层：下白垩统则弄群（K_1zl）灰褐色黑云母英安岩

（二）岩石地层划分及其特征

日贡拉组的主要岩性为灰红色中细粒长石岩屑砂岩、长石石英砂岩、粉砂岩、粉砂质泥岩等，局部含泥砾普遍，据剖面可分为下、中、上3部分。

下部岩性为灰黄—灰红色细粒长石岩屑砂岩、含砾粗砂岩、紫红色粉砂质泥岩。普遍含有泥砾，砾径大小为2～8mm，含量一般为10%，局部大于30%，火山岩成分砾石少见。岩屑多呈棱角状、次棱角状，成分为石英、长石、硅质岩等。含砾粗砂岩、长石岩屑砂岩与紫红色粉砂质泥岩构成向上变细的基本层序，重复出现（图2-31），基本层序有3种：A. 灰红色细粒长石岩屑砂岩（a层）—紫红色泥质粉砂岩（b层），基本层序厚1.5m；B. 灰红色粗砂岩（a层）—灰紫红色长石岩屑砂岩（b层），基本层序厚6.3m；C. 灰红色含砾粗砂岩（a层）—灰红—灰黄色长石岩屑砂岩（b层）—灰紫色泥质粉砂岩（c层），基本层序厚1.5m。见有平行层理、小型交错层理、不对称波痕、压痕等。

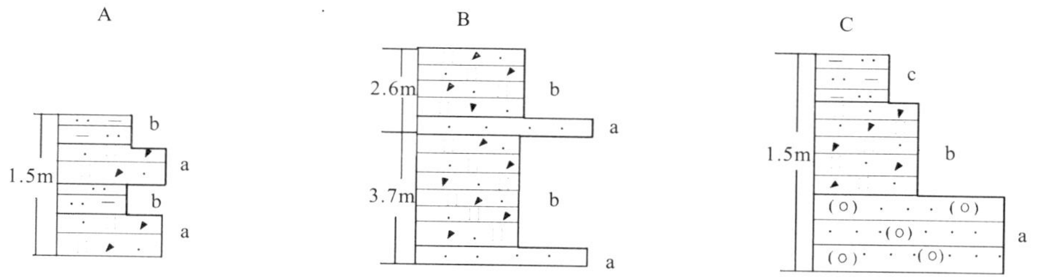

图2-31　日贡拉组下部3种基本层序

A图：a. 细粒长石岩屑砂岩；b. 泥质粉砂岩；B图：a. 粗砂岩；b. 长石岩屑砂岩；C图：a. 含砾粗砂岩；b. 长石岩屑砂岩；c. 泥质粉砂岩

中部为灰红色中粒长石砂岩、细粒长石砂岩与含砂质硅质岩互层，硅质岩为化学成因的层状石英质类，隐晶质结构，含少量砂，部分发生重结晶，形成微晶石英，厚为10～40cm不等，上述3种岩性构成向上变细的基本层序（图2-32）。基本层序为：灰红色中粒长石砂岩（a层）—细粒长石砂岩（b层）—含砂硅质岩（c层），厚2～3m。中粒长石砂岩中含有泥砾、安山岩砾石。发育平行层理，见有波痕。

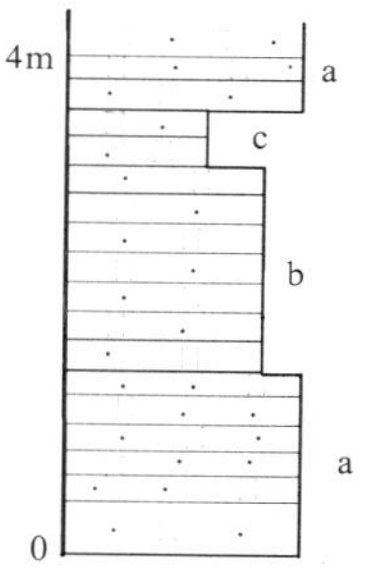

图2-32　日贡拉组中部基本层序

a. 中粒长石砂岩；b. 细粒长石砂岩；c. 含砂硅质岩

上部为灰红色中粒长石石英砂岩、细粒长石石英砂岩和灰绿色泥质粉砂岩，中粒砂岩中普遍含有泥砾，泥砾大小为2～8mm，含量为10%～30%，砂岩中含有孔雀石，其厚度为40～70cm。上述3种或2种岩性构成向上变细的基本层序。基本层序有两种：A. 灰红色含泥砾中粒长石石英砂岩（a层）—细粒砂岩（b层），基本层序厚4～6m，向上a层渐薄、b层渐厚；B. 灰红色含泥砾中粒长石石英砂岩（a层）—细粒砂岩（b层）—灰绿色泥质粉砂岩（c层），基本层序厚12～20m（图2-33）。上部平行层理、槽状交错层理发育，见小型斜层理、包卷层理（图2-34）。

（三）层序地层划分及其特征

1. 层序地层划分

据纪友亮等（1996）提出的陆相断陷盆地层序分级方案（表2-5）（其准层序组、准层序相当于岩石地层中的基本层序组合、基本层序），按其各级沉积旋回的界面特征、纵横向变化、湖平面升降，对日贡拉组地层层序进行初步划分，以嘎尔马剖面为主，参考区域路线调查资料，共划分为2个Ⅲ级层序和1个不完整的Ⅱ级层序（图2-35）。

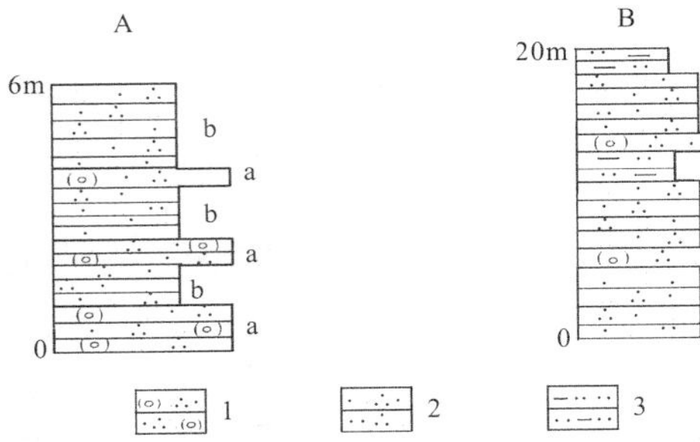

图 2-33 日贡拉组上部基本层序

1. 含泥砾中粒长石石英砂岩；2. 细粒长石石英砂岩；3. 泥质粉砂岩

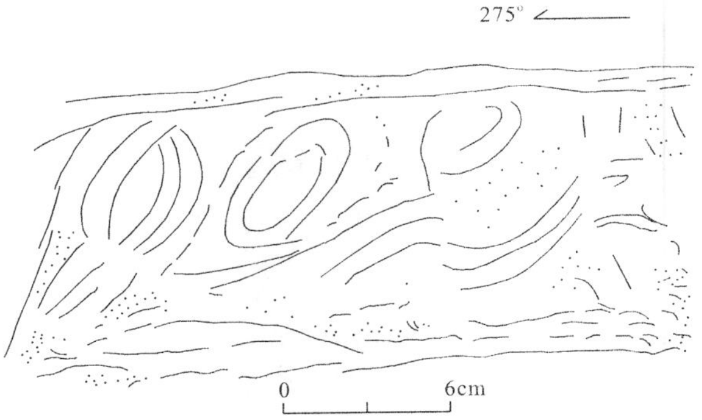

图 2-34　日贡拉组粉砂岩中包卷层理

表 2-5　陆相断陷盆地地层层序分级

层序分级	超层序	层序	准层序组	准层序
层序边界	超盆地范围的构造不整合面	盆地范围的构造不整合面	局部不整合面，主要湖侵面	小沉积间断层，次要湖侵面
对应旋回	一级	二级	三级	四级

2. 层序地层特征

该Ⅱ级层序底界面为盆地范围的构造不整合面，出现在湖盆发育的初期，多为角度不整合面或断层面，且规模较大，区域上有一定的代表性。

(1)层序$Ⅲ_1$特征

① 顶底界面特征：该层序对应的地层为日贡拉组下部，底界面为与下伏地层则弄群分界面，界面性质为角度不整合，因此该界面为Ⅰ型界面，层序为Ⅰ型层序，顶界为一小型的初始湖泛面(暴露面)，属SB_2。

② 层序特征：共划分 15 个基本层序，第 1 层为一个基本层序(J_1)，厚 8.8m，基本层序由灰红色薄层状钙质粉砂岩(a 层)与粉砂质泥岩(b 层)构成，为退积型结构。第 2—3 层为一个基本层序(J_2)，厚 9.5m，下部由灰红色薄层细粒长石石英砂岩(a 层)与粉砂质泥岩(b 层)构成，为向上变细的退积型结构。第 4 层为一个基本层序(J_3)，厚 8.9m，由暗红色薄层长石石英砂岩(a 层)与砂岩夹泥岩(b 层)构成，为进积型结构。第 1—4 层整体为一个向上变粗变浅的进积型沉积。顶部出现暴露面(干裂)。为低水位体系域沉积，反映了湖盆陡坡带浅水环境下滨湖相的砂—粉砂互层沉积。第 5 层为一个基本层序(J_4)，厚 6.5m，为暗红色薄层细粒长石石英砂岩(a 层)与含钙泥质粉砂岩夹泥岩(b 层)构成，地层结构为退积型，b 层为一个基本层序(J_5)，为灰黑色页片状钙质泥岩(a 层)与暗红色粉砂质泥岩(b 层)构成，为加积型地层结构。第 5—6 层构成一个总体为退积型地层结构特征，为一明显的湖泊扩张体系域，沉积环境为半深湖—浅湖，第 6 层的某个层位，湖水位达到相对最深形成最大湖泛面，黑色页片状钙质泥岩属凝缩段(ss)产物，此时期沉积物供应速率低，该湖泊扩张体系域底界为初始湖泛面，顶界为最大湖泛面，之后进入湖泊收缩体系域，由第 7—8 层的 16 个基本层序构成。

第 7 层为一个基本层序(J_6)，由暗红色薄板状细砂岩夹粉砂质泥岩(a 层)为粉砂质泥岩构成，厚 20.3m，地层结构为退积型。第 8—9 层为暗红色薄层状粉砂岩(a 层)与粉砂质泥岩(b 层)构成的一个基本层序(J_7)，厚 4.3m，为退积型地层结构。第 10、11 层为暗红色薄层状细粒长石石英砂岩(a 层)与粉砂质泥岩(b 层)构成一个向上变的细退积型基本层序(J_8)，厚 9.3m。第 12、13 层(J_9，J_{10})的基本层序特征与 10 层、11 层的一致，厚度分别为 2.8m 和 2.7m，但 a 层厚度增大，b 层渐薄。第 14 层为一个基本层序(J_{11})，厚7.2m，由灰红色中薄层钙质石英粉砂岩(a 层)与粉砂质泥岩(b 层)构成，为向上变细的退积型地层结构。第 15 层(J_{12})由暗红色中厚层状细粒长石砂岩(a 层)与暗灰色粉砂质结构(b 层)构成，厚 4.8m，地层结构仍为退积型。第 16 层为一个基本层序(J_{13})，厚 6.1m，由暗灰红色薄层状含泥砾长石石英砂岩(a

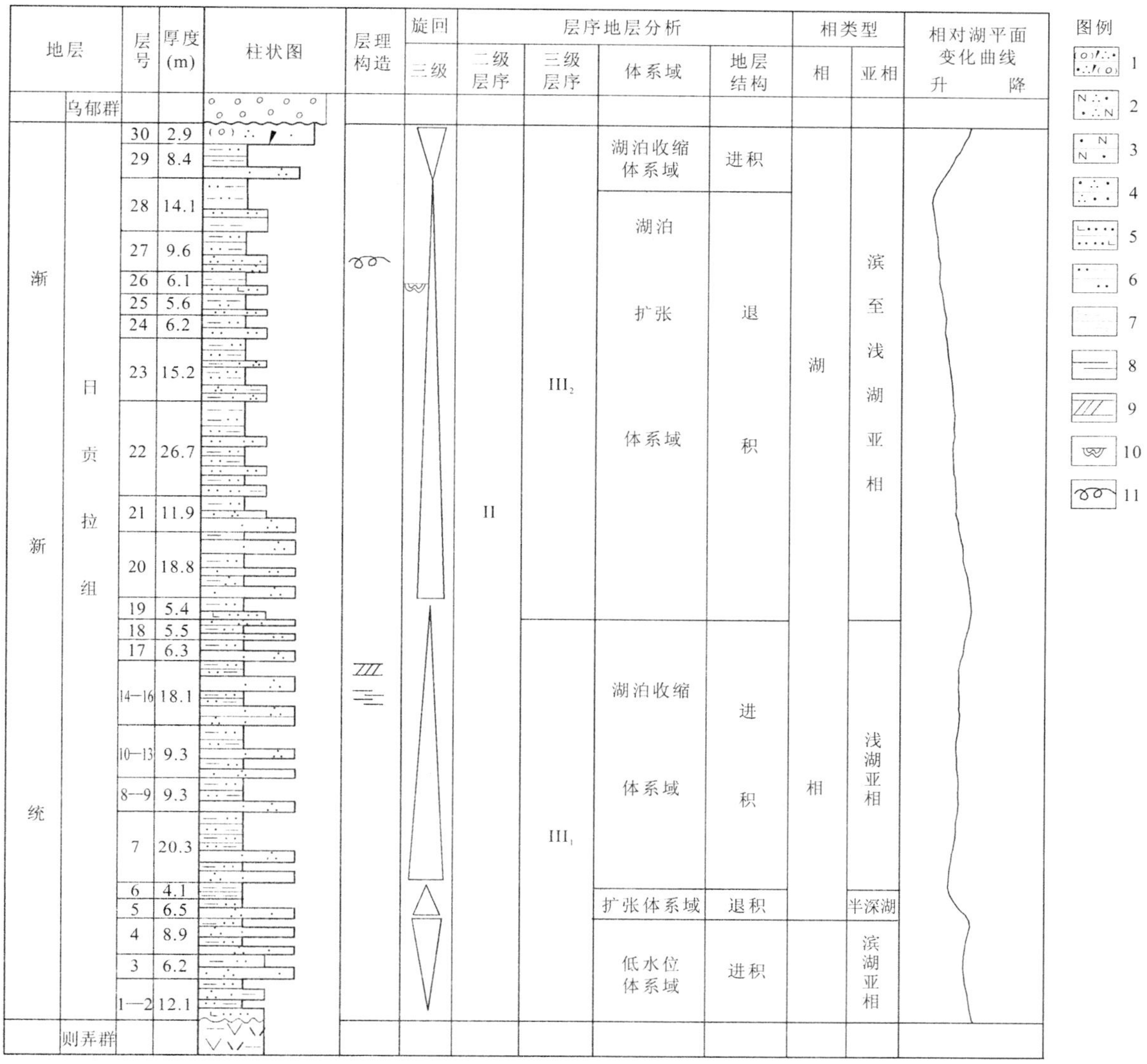

图 2-35　申扎县嘎尔马日贡拉组层序地层柱状分析图

1. 含砾岩屑石英砂岩；2. 细粒长石石英砂岩；3. 长石砂岩；4. 石英砂岩；5. 钙质粉砂岩；6. 粉砂质泥岩；7. 铁质泥岩；8. 平行层理；9. 板状交错层理；10. 槽状交错层理；11. 包卷层理

层）与粉砂质泥岩构成，地层结构为退积型。第 17 层（J_{14}）为暗灰红色厚层状细粒长石石英砂岩（a 层）与粉砂质泥岩（b 层）构成的退积型基本层序，厚 6.3m。第 18 层（J_{15}）为砖红色细粒长石石英砂岩（a 层）与粉砂岩夹粉砂岩（b 层）构成，地层结构为退积型，层面上干裂构造发育。

第 7—18 层总体为下细上粗的进积型结构特征，第 18 层有小型暴露面，为湖泊收缩体系域顶界，亦为 $Ⅲ_1$ 的顶界面，第 15、第 16 层发育板状交错层理和平行层理，显示水动力较强的环境特征，为滨至浅湖亚相的沉积产物。

（2）层序 $Ⅲ_2$ 特征

① 顶底界面特征：该层序为一个不完整的Ⅲ级旋回，底界面特征明显，未见顶。

② 层序特征：第 19—30 层共划分为 10 个基本层序。第 19 层为一个基本层序（J_{16}），由灰红色层状薄层状钙质粉砂岩（a 层）与粉砂质泥岩构成向上变细的退积型地层结构，厚 5.4m。第 20 层为一个基本层序（J_{17}），由暗红色薄层状细粒长石石英砂岩（a 层）与粉砂岩（b 层）构成，厚 18.8m（a 层）中偶见少量砾岩，硅质成分，为退积型地层结构。第 21 层（J_{18}）由暗红色薄层状细粒长石石英砂岩（a 层）—粉砂岩（b 层）构成，厚11.9m，粉砂岩渐厚，退积特征明显。第 22 层（J_{19}）构成一个整体向上变细的退积型地层结构，由暗

红色薄层状粉砂岩夹泥岩(a 层)与泥岩夹粉砂岩(b 层)构成,厚 26.7m。第 23 层为一个基本层序(J_{20}),由暗红色薄层状钙质粉砂岩(a 层)—暗灰色粉砂质泥岩(b 层)构成,厚 15.2m,为退积型地层结构。第 24 层由暗红色薄层状粉砂岩(a 层)—粉砂质泥岩(b 层)构成(J_{21}),向上泥岩渐厚,夹粉砂岩,厚 6.2m,地层结构为退积型。第 25 层为一个基本层序(J_{22}),由暗红色薄层状粉砂岩(a 层)、泥岩(b 层)与泥灰岩(c 层)构成,厚 5.6m,地层结构为加积型。第 26 层由暗红色薄层状钙质粉砂岩(a 层)与含铁泥岩(b 层)构成一个基本层序(J_{23}),厚 6.1m,地层结构为加积型。第 27 层由暗红色薄层状粉砂岩(a 层)与粉砂质泥岩构成一个基本层序(J_{24}),厚 9.6m,为退积型地层结构。第 28 层由暗红色薄层状粉砂质泥岩(a 层)与粉砂岩(b 层)构成基本层序(J_{25}),厚 14.1m,地层结构为退积型。第 29、30 层由暗红色细粒长石砂岩(a 层)粉砂质泥岩夹砂岩(b 层)与猪肝色薄层状含砾岩屑砂岩(c 层)构成一个基本层序(J_{26}),地层结构为进积型。

第 19—28 层构成一个总体为退积型的地层结构,第 19 层底界面为一小型湖泛面。第 28 层的某个层位达到相对最大湖泛面,该时期湖水最深,以泥岩沉积为主,作为顶界可构成湖泊扩张体系域,第 29—30 层为进积型地层结构,为湖泊收缩体系域。

第 25、27 层中发育槽状交错层理、泻水构造、平行层理,显示出较强的水动力条件,为滨湖至浅湖沉积环境。

3. 沉积层序及盆地演化

日贡拉组为一套红色复陆屑建造沉积物,盆地主要分布于冈底斯山北坡,其形成的构造背景为古近纪晚期雅江第二次俯冲碰撞后所形成的一系列小型山间断陷盆地。同时存在的各长条形湖盆可能互不相连。从层序分析的角度看,日贡拉期共有 3 次大的湖域涨缩变化。

在盆地形成初期,湖水迅速涌进盆地,受边界断裂影响,盆地仅发育陆坡带,反映浅水环境的粉砂-泥岩互层沉积,为低水位沉积期,底界与层序底界一致,顶界为初始湖泛面。之后湖平面不断升高,水深增加,湖水充满湖盆的速率要比沉积物充填湖盆的速率快得多,在相对较短的时间内,沉积物沉积较薄,剖面上表现为灰黑色页片状钙质泥岩沉积,湖泊扩张体系域较薄,不易识别,此时形成最大湖泛面,然后进入湖泊收缩沉积期(体系域),湖平面逐渐降低,沉积物充填到盆地基准面(湖平面)后,形成沉积间断面,为一个层序结束的标志,之后进入下一个湖泊扩张、收缩沉积期的循环,其顶界有时被上覆层序边界所剥蚀。沉积环境整体为滨至浅湖,少有半深湖。

(四)区域地层对比及时代讨论

1. 区域地层对比

区内日贡拉组从西到东厚度变化较大,在基屋厚 2 000 多米,在嘎尔马厚 200 多米,在卓瓦厚仅几十米,岩性变化较小,以红色细粒砂岩、粉砂岩(泥岩)为主,少见其他岩性。基屋盆地上部出现一层灰绿色含铜砂岩,嘎尔马盆地出现一层灰黑色钙质泥岩。区域上日贡拉组在南木林县乌郁盆地、青都盆地、仲巴县隆格尔区的齐玛寨、穷波曲、白达、革吉县的鄂玛等地均有分布,岩性多以紫红色砂岩、灰白色中酸性火山岩、火山碎屑岩为主,厚 60～4 220m(西藏自治区地质矿产局,1997)。由于陆相盆地各凹陷之间水体不一定连通,物源、沉降速率、气候因素、沉降幅度、水系分布等条件存在差异,进行地层对比有一定难度,但仍能判断盆地的大小,古地理环境的差异。

2. 时代讨论

日贡拉组不整合于始新统帕那组之上,上被新近系乌郁群不整合覆盖。含孢粉 *Juglanspouenites* sp. *Alnipouenites* sp. *Quercus* sp. *Pinuspouenites* sp. *Ephedripites* sp. *Doltoidospors* sp. *Polypodiisporites* 等,区域上在南木林乌郁剖面中所产孢粉主要为渐新世组合(郭双兴等,1976);在革吉县鄂玛剖面测得日贡拉组流纹岩 K - Ar 同位素年龄值为 31.4Ma(西藏自治区地质矿产局,1997)。综上所述,日贡拉组时代为渐新世。

(五)日贡拉组含矿性

本次工作发现了基屋盆地日贡拉上部的绿色砂岩层含铜(图版Ⅴ-7),其中基屋矿点砂岩连续拣块化学样品位为0.5%～1.5%,平均为0.87%,矿体呈透镜状产出,厚0.7m,长度大于20m(图版Ⅴ-2),横向上已知矿体3个,据地表滚石判断,东西10km范围内均有矿体出露,进一步工作后有可能成为一个大型砂岩型铜矿区。

第六节　新近系

区内新近系地层为隆格尔—南木林地层分区,出露地层为上新统乌郁群,主要分布在中、南部热布喀、切琼、唐久拉、阿央、研夺一带,出露面积约450km^2,为一套山间盆地沉积的杂色碎屑岩和中酸性火山岩。乌郁群由宁英毅等(1975)创名于南木林乌郁盆地芒乡—嘎扎一带,原义指上段为含煤碎屑岩夹凝灰质砂岩及油页岩等;下段为中酸性火山岩夹砾岩,局部含油页岩。西藏自治区拉萨地质队(1961)曾将不整合于芒乡组(N_1m)之上的一套含煤地层命名为6个地层单位,西藏自治区地质局区域地质调查大队(1975)又创名嘎扎组,并将原雅龙组改称为野汝组等,实际上这些“组”是乌郁盆地局部范围内的几个岩性段,所以西藏自治区地质局区域地质调查大队(1983)又将此套地层统称为乌郁群,其原义未变。本次工作采用西藏自治区地质局区域地质调查大队划分方案,将区内下部以砾岩、砂岩、中酸性火山熔岩为主,上部为碎屑岩的一套地层划分为乌郁群,区内该群不整合于渐新统日贡拉组之上,上被第四系不整合覆盖。

一、剖面描述

(一)申扎县阿央乌郁群剖面(图2-36)

剖面位于申扎县阿央,起点坐标为:N30°23′44.6″,E88°26′52.2″;终点坐标为:N30°24′02.3″,E88°26′43.2″,长度为640m,由南向北测制。

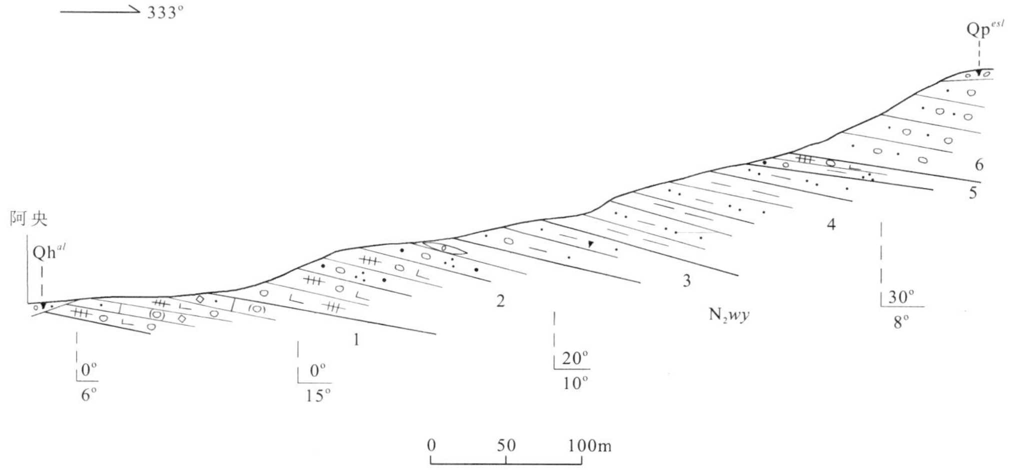

图2-36　申扎县阿央上新统乌郁群实测剖面图

上覆地层:第四系砂砾石松散堆积物(Qp^{esl})

未见顶

乌郁群(N_2wy)　　>229.1m

6.灰黄色中层—中厚层状砂砾岩(a层),局部夹砂岩薄层(b层)或透镜体,向上砾岩渐薄,砂岩渐厚　　>46.8m

5.灰黄色中层状含砾粗粒石英杂砂岩(a层),为灰色—灰黄色薄层状钙质复成分砾岩(b层)构成向上变粗的基本层序,胶结松散,发育楔状交错层理　　12.8m

4. 青灰色中层状含砂质泥质粉砂岩(a层),为灰紫红色厚层状泥岩(b层),构成向上变细的基本层序,向上泥岩渐薄、粉砂岩渐厚,局部夹砂砾岩透镜体和1～10cm煤线,b层中含丰富的孢粉和有机质:*Pinus* sp. ,*Picea* sp. ,*Abies* sp. ,*Tsuga* ,*Quercus* sp. ,Ranunculaceae 等 54.8m

3. 灰黄色中层状含砾中粗粒砂岩(a层)与杂色中—酸性细粒岩屑砂岩(b层)构成向上变细的基本层序 21.4m

2. 灰白色中薄层状钙质复成分砾岩(a层)与灰白色中厚层状含砾中粒石英砂岩(b层),局部夹薄板状铁质细粒石英砂岩,向上砾岩渐薄、砂岩渐厚,构成向上渐细的基本层序特征,b层发育楔状交错层理 66.9m

1. 灰白色中层状钙质复成分砾岩(a层)与灰白色薄层状含砾砂质细晶灰岩(b层)向上砾岩渐薄,构成向上变细的基本层序特征,局部夹有褐红色薄板状铁质细粒石英砂岩,砾岩底部有侵蚀现象 >26.4m

未见底

(二)申扎县俄巴乌郁群路线剖面(图2-37)

剖面位于申扎县热布喀南俄巴,起点坐标为:N30°31′54″,E87°37′18″;终点坐标为:N30°28′26″,E87°36′38″,全长达7km。

上新统乌郁群(N_2wy) >3 597m

12. 灰色英安岩 >275m

11. 砖红色厚层状砾岩(a层)、砖红色厚层状砂砾岩(b层)与粉砂岩(c层),构成向上变细的基本层序特征,顶部为砖红色厚层状粉砂质泥岩 1 045m

10. 浅灰红色流纹岩,流纹构造发育 247m

9. 灰紫红色流纹质角砾熔岩与灰紫红色流纹质凝灰岩,角砾大小多在2～10mm,含量>10%,异源成分为主 189m

8. 灰紫红色球泡流纹岩 385m

7. 灰白色厚层状石英砂岩 70m

6. 灰色—浅褐色流纹岩 385m

5. 紫红色厚层状细粒长石石英砂岩(a层)与石英砂岩(b层)构成基本层序 140m

4. 灰色流纹岩,局部夹流纹质角砾熔岩 455m

3. 紫红色厚层状细粒长石石英砂岩(a层)与石英砂岩(b层)构成基本层序 88m

2. 灰色—灰黄色流纹岩 285m

1. 灰色厚层状砾岩(a层)与浅灰色中薄层状中细粒长石石英砂岩(b层) 28m

~~~~~~~~~~ 角度不整合 ~~~~~~~~~~

下伏地层:古近系渐新统日贡拉组(E_3r) 灰红色薄板状细粒长石石英砂岩

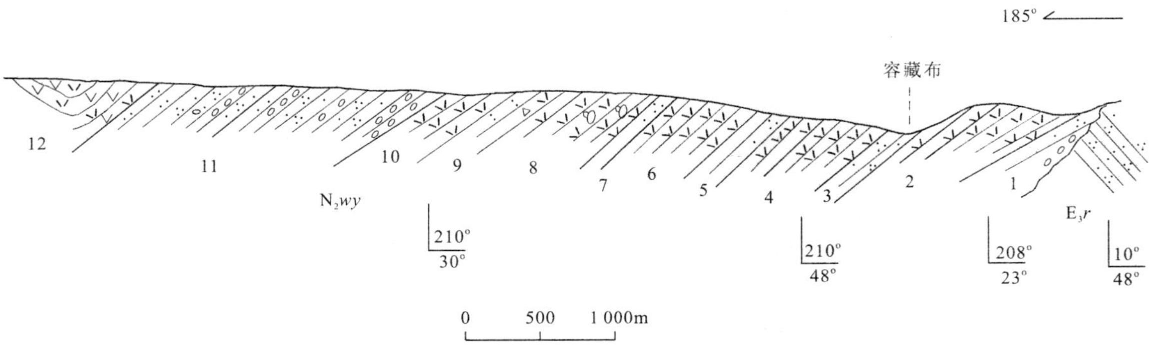

图2-37 申扎县俄巴上新统乌郁群剖面

二、岩石地层划分及其特征

乌郁群主要为一套陆源碎屑岩与火山熔岩、火山碎屑岩,依据剖面可分为上、下两部分。
~~~~~~~~~~

下部为灰色—紫红色厚层状砾岩、细粒长石石英砂岩、砖红色厚层状砂砾岩与火山岩互层，火山岩以酸性熔岩为主，主要为流纹岩、英安岩，其次为流纹质角砾熔岩、凝灰岩。流纹岩、英安岩中普遍含有斑晶。斑晶成分为长石、石英，大小为 2～5mm，含量＞5％，流纹质角砾熔岩中角砾多为异源成分，大小为 2～10mm 不等，含量＞10％。

上部为灰白色中厚层状钙质复成分砾岩、灰白色中—厚层状含砾中粗粒石英砂岩、岩屑杂砂岩、青灰色中层状泥质粉砂岩，局部夹薄层状铁质石英砂岩、薄层状含砾砂质细晶灰岩。复成分砾岩中砾岩成分多为火山岩类：流纹岩、英安岩、熔结凝灰岩、安山岩，大小为 2～4mm，呈次棱角—次圆状。泥岩、粉砂岩中夹 1～10cm 煤线。见有植物碎片，发育楔状交错层理。

区内在唐久拉、麦多勤、阿央西等地均见有安山岩、角闪安山岩分布，在卡日藏布一带见有杏仁状安山岩、英安质火山集块岩等。

三、层序特征及沉积环境分析

乌郁群与下伏渐新统日贡拉组为角度不整合接触，上被第四系不整合覆盖面。俄巴剖面主要为乌郁群下部岩性，阿央剖面为其上部岩性特征。以阿央剖面为例，其基本层序特征如图 2－38，多为向上渐细的岩性组合（其中第 3 种为向上渐粗的特征）。该剖面下部的基本层序特征（图 2－38 A）为：复成分砾岩（a 层）与含砾砂质灰岩（b 层），构成向上变细的基本层序，地层结构为退积型；该剖面中部的基本层序（图 2－38 B）为：泥岩（a 层）与粉砂岩（b 层），构成向上变粗的基本层序特征，地层结构为进积型；该剖面上部的基本层序（图 2－38 C）为：灰黄色中层状含砾粗粒杂砂岩（a 层）与钙质复成分砾岩（b 层），构成向上变粗的基本层序，地层结构为进积型。层序特征显示为河流体系域，剖面上显示底部砾岩有明显的侵蚀特征，有残留湖泊但以河流体系域发育为主。其沉积环境为小型山间盆地，河流相沉积发育，少有泛滥盆地相。在俄巴盆地，间杂有火山喷溢相，岩性特征为碎屑岩与火山熔岩互层。

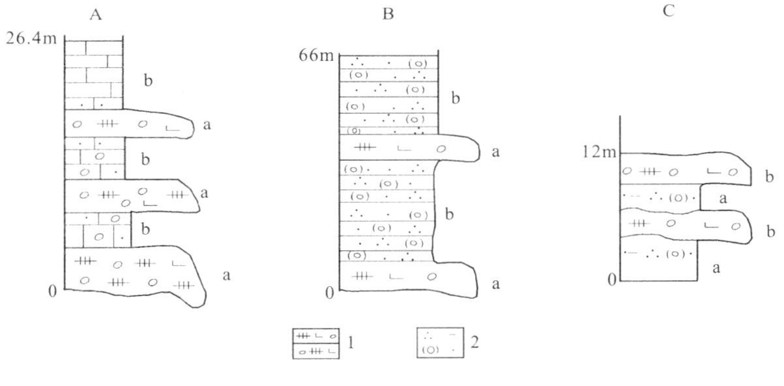

图 2－38　乌郁群基本层序类型

1. 钙质复成分砾岩；2. 含砾粗粒石英杂砂岩

乌郁群含孢粉 *Pinus* sp. ，*Pincea* sp. ，*Abies* sp. ，*Tsuga* sp. ，*Quercus* ps. ，Ranunculaceae，以上组合显示了当时由松和云杉、冷杉为主组成的针叶林植被，指示气候较寒冷，为高山针叶林，说明在上新世，青藏高原隆升已初具规模，海拔高度应有约 2km。

四、区域对比和时代讨论

区内乌郁群出露零星，中部俄巴一带为由碎屑岩和火山熔岩为主的岩性组合特征，东部阿央地区为碎屑岩，无火山岩夹层，与乌郁盆地层型剖面相比，俄巴地区为其下部岩性，阿央地区为其上部岩性。各地地层厚度差异大，俄巴剖面的厚度达 3 500 多米，阿央剖面的厚度仅为 229.2m。区域上乌郁群上部均含不可采煤线，乌郁盆地含有油页岩。

乌郁群下与渐新统日贡拉组呈不整合接触，上被第四系覆盖。本次工作在阿央剖面取得孢粉 *Pinus* sp. ，*Picea* sp. ，*Abies* sp. ，*Tsuga* sp. ，*Quercus* sp. ，Ranunculaceas 等，其中 *Pinus* sp. ，*Picea* sp. *Abies* 是

中新生代常见化石，*Tsuga* 主要发育于渐新世之后，*Quercus* 是第三纪至现代常见类型，Ranunculaceac 主要发育于新近纪之后，因此根据组合，其时代应在上新世至第四纪范围内，根据孢粉保存状态，其时代应为上新世。在乌郁盆地取得的孢粉化石与上述相当，显示其时代为上新世，综上所述，乌郁群时代为上新世。

第七节　第四系

区内第四系分布广泛，遍布于大小湖盆、河流谷地、山坡及各级夷平面上，面积约 2 500km²，冈底斯山脉横贯区内，地形切割剧烈，相对高差最高达 2 000m 以上。受地形、气候、新构造运动等因素的影响，第四系沉积物具有复杂多变的特点，主要类型有冲洪积、冰碛、残坡积、沼泽沉积、泉华及一些混合成因类型。

一、剖面描述

（一）申扎县昂孜错江子淌第四系剖面（图 2-39）

剖面位于申扎县昂孜错南江子淌，起点坐标为：N30°51′36.8″，E87°00′13.6″，厚度约 14m，为更新统湖积层。

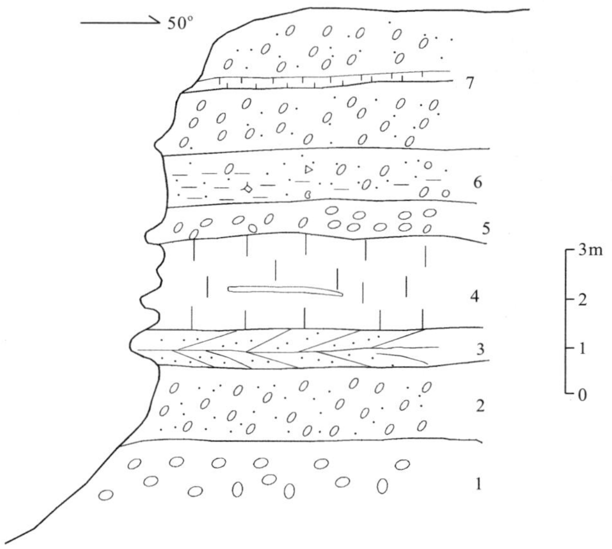

图 2-39　申扎县昂孜错江子淌更新统湖积层剖面图

更新统湖积（Qp^l）　18.7m

7. 浅灰黄色砂砾石层，砾石≥80%，砂为 20%，次圆—次棱角状，分选好，砾石大小为 2～5cm，成分以火山岩类为主，底部夹粘土层，均为半固结　3m
6. 灰黄色含砾砂土层，砂为 70%，砾石为 20%，少量粉砂为 10%，平行层理发育，半固结　1.0m
5. 灰黄色砾石层，砾石>90%，大小为 2～5cm，少数>5cm，磨圆度为次圆—次棱角状，分选一致，泥砂质半固结　0.7m
4. 灰白—灰黄色含砾粘土层，粘土为 80%，砾石为 20%，夹薄层粉砂质，半固结　1.8m
3. 灰黄色砂土层，砂为 90%，粉砂为 10%，半固结，发育羽状层理　0.7m
2. 浅灰黄色砂砾石层，砾石为 70%，砂及粉砂为 30%，砾石成分复杂，有石英正长斑岩、流纹岩、英安岩，少量石英砂岩、泥岩、灰岩成分，次棱角—次圆状，大小为 5～10cm，最大>151cm，砂泥质胶结，胶结疏松，底部安山岩中砾石成分居多　1.5m
1. 棕黄色砾岩，砾岩呈次棱角—次圆状，大小为 5～10cm，最大可大于 15cm，成分为英安岩，少量泥岩、灰岩、砂岩、砂泥质胶结　10m

(二)申扎县崩纳藏布第四系剖面(图 2-40)

剖面位于申扎县崩纳藏布。据成都地矿所和西藏地矿局地质五队的资料,剖面层序如下。

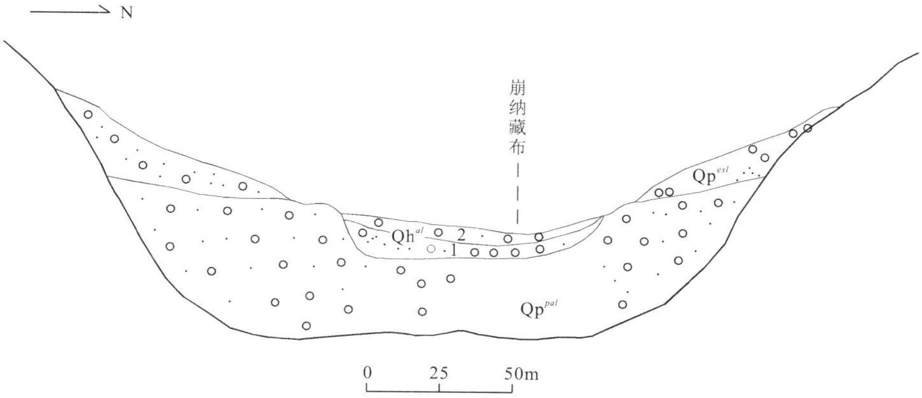

图 2-40 申扎县崩纳藏布第四系剖面图

全新统河床冲积(Qh^{al})

2. 杂色含砂砾石腐植层,砾石为 70%,大小为 5~10cm,呈圆状、次圆状,成分复杂,中粗砂为 20%,腐植土为 50%,未胶结,分布于河床、河漫滩、高河漫滩上部 0.5~1m
1. 杂色砂砾石层,砾石为 70%,中粗砂为 30%,砾石大小为 0.5~5cm,大者 10~20cm,成分杂,磨圆度好,分选性稍差,略具层理,含丰富的孢粉化石 *Pinus* sp. ,*Ginkgo* sp. *Tacus* sp. *Ephedra* sp. *Quercus* sp. *Achillea* sp. *Lygodium* sp. *Pyrrosia sp.* *Histriopteris* sp. 等,分布在河床、河漫滩的下部 2~3m

更新统残坡积(Qp^{esl})

1. 砂、砾石堆积层,砾石>80%,砂为 20%,砾石大小相差悬珠,磨圆度一般较差,无分选,成分杂,含孢粉 *Pinus* sp. , *Taxodium* sp. ,*Qurecus* sp. , *Compasitea*,*Histriopeeris* sp. , *Cyathea* sp. , *Pteris* sp. ,*Tilia* sp. 等,分布于河谷两侧 >5m

更新统河流冲积(Qp^{pal})

1. 灰白—灰黄色含粘土砂砾石层,砾石为 50%,砂为 30%,粘土为 20%,夹有几厘米至 30cm 的泥炭层,未胶结,含有丰富的孢粉化石,有 *Taxus* sp. ,*Quercus* sp. , *Tarodiaceae.* ,*Cycas* *Larix* sp. ,*Magnolia* sp. ,*Artemisia* sp. ,*Inaprisporites* sp. 等,主要分布在Ⅰ级阶地 >10m

(三)申扎县卡乡沙朗垓嘎第四系剖面(图 2-41)

剖面位于申扎县卡乡南沙朗垓嘎一带,起点坐标为:N30°38′35.7″,E88°22′45.6″;终点坐标为:N30°38′32.5″,E88°23′20.3″,长度约 2km,主要为冰碛产物。

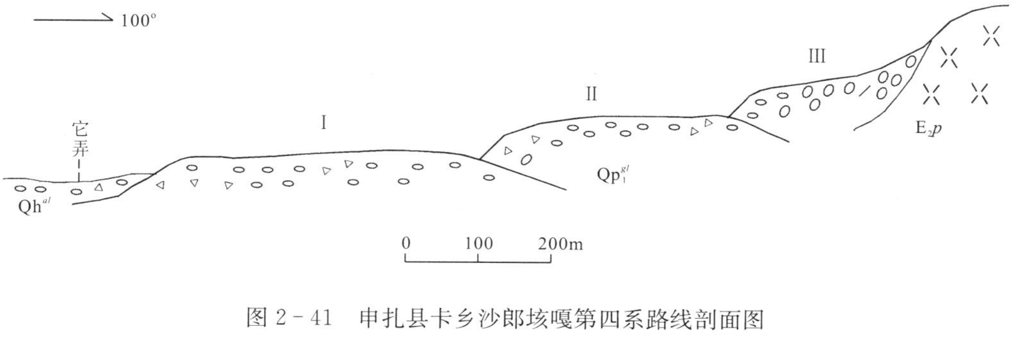

图 2-41 申扎县卡乡沙郎垓嘎第四系路线剖面图

全新统河流冲积（Qh^{al}）

砂砾石层，砾石为70%，粗砂为30%，空隙式胶结，胶结物为泥质，砾石成分复杂，次棱角状—次圆状，分选差　>2m

更新统冰碛（Qp^{gl}）

Ⅲ级阶地：分布高程为4 962～4 980m，组成Ⅲ级冰蚀平台，平台宽达300m，冰碛成分多为火山岩成分，棱角状，块径为5～30cm，最大>100cm，无分选性　>5m

Ⅱ级阶地：分布高程为4 940～4 962m，组成Ⅱ级冰蚀平台，平台宽达500m，冰碛石大小无分选，成分以火山岩类为主　>4m

Ⅰ级：分布高程为4 920～4 940m，组成Ⅰ级阶地面，宽约800m，冰碛物特征同上　>4m

二、地层划分及成因类型

综合上述剖面及路线地质资料，第四系地层划分为更新统和全新统两个地层单元及多种成因类型。

（一）更新统（Qp）

1. 冰碛层（Qp^{gl}）

区内冰碛层主要分布在冈底斯山脉南北两边及卡乡东部拉龙岗日雪山一带，为冰川搬运、堆积的砂砾石等，砾石无定向排列，大小混杂，无分选性，棱角状—次棱角状，按其位置可分为底碛、终碛、侧碛。区内底碛、终碛发育，终碛为冰川前端的产物，地形上常形成较高的阶地，但多被更新冰期的冰碛物所覆盖，最早的一期冰碛物与较晚冰期的冰碛物在地形上常形成Ⅰ、Ⅱ、Ⅲ级阶地（图2-41），其陡坎高度为3～5m。在卡乡沙朗垓嘎一带，冰碛物由棱角状—次棱角状砾石堆积组成，表层局部发育薄土壤层，其上生长稀疏蒿草，砾石大小为5～30cm，最大>100m，砾石成分以火山岩类为主。在冈底斯山脉地区的麦多和切琼东，冰碛相对较为发育，有规模大、冰期新等特点。在麦多一带高出现代河床5～10m，形成5～8道冰碛平台，局部连成山前倾斜小平原，砾石大小为5～50cm，棱角状为主。

冰碛与冰水沉积物时常混杂，不易区分，二者没有截然界线，冰水沉积常形成山前冰水扇形地，有巨大漂砾，与现代沟谷联系紧密，某些地段的冰碛、冰水沉积与洪积常呈混杂状态。

2. 残坡积（Qp^{esl}）

区内残坡积常分布在不同的海拔高度，形成不同的地貌特征，堆积物多为棱角状砾石、粘土，部分砾石有明显的土壤化现象。高原特有的强物理风化条件使区内基岩被残坡积物覆盖严重，山顶、山坡、山脚下均有分布，常呈不规则面状分布，厚度受基底地形控制，近山麓低地堆积较厚，反之较薄，厚度为1～5m不等。

3. 洪冲积（Qp^{pal}）

区内洪冲积广布于现代河流Ⅱ级阶地、沟口洪冲积扇群及山前平原等地，一般高出现代河床5～20m，厚度为2～15m不等，堆积物为砾石、砂及粘土，砾石成分因地而异，次棱角状—次圆状，分选差，成层性不好。局部可发育平行层理，一般胶结较为松散。在崩纳藏布河谷阶地砂砾堆积层中，含丰富的孢粉化石，以木本植物、草木植物花粉为主，从孢粉组合分析，反映了气候环境由温暖、温润逐步向温凉、偏干转变，^{14}C年龄值为2.15～3万年，时代为更新世。

4. 湖泊沉积（Qp^{l}）

常分布于现代湖泊的Ⅱ级阶地以上，组成开阔、平坦的地貌单元，沉积物以砂、砾石及粘土为主，早期为冰水沉积环境，砾石以棱角状为主，晚期沉积为泥砂质沉积，砂、粘土为主，夹少量磨圆度很高的砾石，成层性好，水平层理发育，个别见羽状交错层理。

（二）全新统(Qh)

1. 冲积层(Qh^{pl})

为现代河流的河床、河漫滩及Ⅰ级阶地，具典型的二元结构。沉积物以砾石、砂为主，少见粘土，砾石多为次棱角状—次圆状，分选差。在崩纳藏布河谷砂砾石层中，砾石磨圆度好，分选稍差，具层理，含丰富的孢粉化石，含砂砾腐植层中采集的${}^{14}C$同位素年龄值为2 800±180年，时代为全新世。

2. 湖积层(Qh^{l})

主要分布于现代湖泊的外围，组成河漫滩或湖岸Ⅰ级阶地，与更新统湖积层在地貌上分界明显，地势平坦或微向湖心倾斜，以砾、砂及粘土沉积为主，砾石多呈次棱角状—次圆状，稍有分选，无固结。

3. 沼泽沉积(Qh^{f})

广布于河流、湖泊的边部和部分山顶、山间平地，沉积物多为灰黑色砂质淤泥、草浆、植物根系，含丰富的有机质，地表水草生长旺盛，常年积水，生物与化学作用是其堆积物形成的主要原因。沼泽沉积大面积连成一片易形成湿地，湿地对保护当地生态环境起着重要作用。区内大部分沼泽草甸生长旺盛，人可通行。

4. 温泉堆积(Qh^{ch})

在区内卡乡益龙、纳玻拉南、夏拉桥等地见及，多呈平台地貌，外观多呈灰白、灰红色，高出河水、湖水面2～10m，面积几十平方米，由泉华组成，成因与断层有关。

三、第四纪冰川

冈底斯山脉横跨整个图幅，平均海拔5 000m以上，区内最高为6 170m，雪线在5 800m左右，其上终年积雪，现代冰川较为发育，本次工作通过路线地质调查及卫片解译，对区内冰川遗迹、冰川堆积等进行了初步研究，认为区内发生过3次较大的冰川作用，冰期划分见表2-6。

第一冰期：为区内最早的一次冰期，相当于中更新世的早期，该期冰期在区内覆盖范围大，其冰碛物构成了山麓与山前的高平台，高出附近沟谷河床数十米至几百米，处在4 800～5 300m的山前平台多为该期冰川堆积剥蚀而成。冰碛物由较粗、磨圆度较差、分选差的砾石与个别巨大漂砾组成，像卡乡东沙朗垓嘎—充弄普一带，麦多及冈底斯山南麓抢勒等地的山前平台及阿央一带见到的小U型谷(图版Ⅴ-1)，都为该期冰期冰川剥蚀产物。

第二冰期：相当于中更新统的晚期，此期冰川活动较第一冰期活动范围有所收缩，其冰碛物多构成5 300～5 500m的山前平台、缓丘或小岗、槽谷中，多不伸出沟口，与冲洪积易混杂堆积，在唐久拉东玛郎、那加、拉弄巴等地均有该冰期活动的冰碛产物。

表2-6 念青唐古拉山地区第四纪冰期划分对比表

<table>
<tr><th colspan="2">时代</th><th rowspan="2">中国科学院
综合考察队(1984)</th><th rowspan="2">钱方等
(1982)</th><th rowspan="2">中国科学院综合
考察队(1986)</th><th rowspan="2">朱大岗
(2002)</th><th rowspan="2">本书(2010)</th></tr>
<tr><th>纪</th><th>世</th></tr>
<tr><td rowspan="6">第四纪</td><td>全新世</td><td>—</td><td>—</td><td>现代冰川</td><td>新冰期与现代冰川</td><td>新冰期与现代冰川</td></tr>
<tr><td>上更新世</td><td>绒布夺冰期</td><td>躺水错冰期</td><td>海龙村冰期</td><td>拉曲冰期</td><td>第三冰期</td></tr>
<tr><td rowspan="2">中更新世</td><td>基龙寺冰期</td><td>海龙冰期</td><td>叶巴果冰期</td><td>爬然冰期</td><td>第二冰期</td></tr>
<tr><td rowspan="2">聂拉木冰期</td><td>羊八井冰期</td><td rowspan="2">硫磺山/聂聂雄拉冰期</td><td rowspan="2">宁中冰期</td><td rowspan="2">第一冰期</td></tr>
<tr><td rowspan="2">下更新世</td><td>当雄冰期</td></tr>
<tr><td>希夏帮马冰期</td><td>欠布冰期</td><td>—</td><td>—</td><td>—</td></tr>
</table>

第三冰期：相当于上更新世，该期冰川活动范围进一步退缩，其冰碛物见于区内各大沟谷之内及海拔5 500～5 800m的台地，主要见于卡日藏布、拉萨藏布、夏拉藏布等上游支流中及桑日阿普曲、汝曲藏布等地，其规模相对较小，多呈断续分布，形成小型的终碛和侧碛。

新冰期及现代冰川：相当于全新世，多在海拔5 800～6 000m左右高度上，U型谷、悬谷及冰碛物较为发育，分布在冈底斯山脉罗弄、扎弄拉、帕布拉、若褥以北鄂习加、察不牛、拉龙岗日、阳列岗日等地，由于冰川巨大的剥蚀作用，区内冰川地貌、角峰、刃脊、悬谷等较为发育。

区内间冰期如第一间冰期的堆积物多为河流相的冲积层，多形成河流的Ⅲ级以上阶地，像拉萨藏布上游日阿哥日一带的河流阶地，第三间冰期多为湖积冰水环境下及冰川谷槽中的冰水沉积物。

对区内冰期的划分，缺乏同位素测年资料和古生物分析依据，有些问题尚需探讨和解决。

区内现代冰川均属山谷冰川，其冰川地貌有冰川、角峰、悬谷、U型谷，在鄂习加、察不牛、阳列岗日等地还发育刃脊等冰蚀地形。随着雪线的不断升高，其冰川遗迹易受后期作用的改造，冰川谷槽除在冈底斯山脉及拉龙岗日保存完好外，其他地区的冰川谷槽多被后期河流改造，冰川、刃脊、角峰大都被磨去棱角，有些地方的冰川地貌逐渐消失已不复存在。

第三章　岩浆岩

测区岩浆活动十分强烈，出露面积约 8 088km²，占测区面积的 50.5%，其中侵入岩占岩浆岩面积的 20%，火山岩占岩浆岩面积的 80%；大地构造上位于冈底斯—拉萨陆块北缘，岩石类型以酸性为主，次为中性岩，极少基性岩。岩浆活动始于中生代的中侏罗世，结束于新生代的上新世；中—晚侏罗世表现为中等强度的酸性侵入活动，白垩纪以大规模的中酸性岩浆侵入和喷发为特点，古近纪表现为中等强度的中酸性岩浆侵入和大规模的喷发，新近纪主体为少量中酸性火山喷发活动。

测区岩浆岩的分布受板块构造所控制，其沿构造线呈 NW—SE 向带状展布特征明显，尤其是侵入岩更为明显，从而形成一系列不同类型的岩浆岩带。

岩浆岩的时代按照全国地层委员会 2001 年编制的《中国地层指南及中国地层指南说明书》推荐的中国年代地层表进行划分。

岩浆岩的分类命名按照 1999 年实施的国家标准《火成岩岩石分类和命名方案》进行；对于似斑状花岗岩，采用斑晶含量 10%作为含斑与斑状花岗岩的界线；为了克服深成岩粒度较粗、矿物含量测量形成的偏差，采用 De La Rache 等(1980)提出的阳离子分类方案进行验证。

岩体的组合类型采用《花岗岩类区 1：5 万区域地质填图方法指南》的“简单深成岩体—复杂深成岩体—复式深成侵入杂岩体”的划分方案，对复式深成侵入杂岩体进一步解体为一系列简单深成岩体和复杂深成岩体而进行命名。将各侵入体根据地质岩石学特征的一致性、空间分布的关联性、侵入的基本同时性、形成机制的相似性对比为一次侵入活动；根据各次侵入岩在空间上的紧密伴生性、时间上的紧密相关性、岩石学、岩石地球化学的相似性和规律性演化而归为一期侵入活动；同时，将岩浆活动纳入造山过程，把各期侵入活动与造山的各个阶段相联系，将一个构造-岩浆旋回形成的相对集中分布的岩体归为一个侵入岩带，一期之中形成的相对集中分布的岩体归为一个亚带。

第一节　侵入岩

测区岩浆侵入活动较强，侵入岩出露面积约 1 588km²，占测区面积的 10%。岩石类型以酸性的二长-正长花岗岩为主，少量中性的闪长岩-二长岩-正长岩，偶见基性岩脉。除脉岩外，主体侵入活动时期为中侏罗世—始新世。

区内岩体规模大小悬殊，岩基、岩株、岩瘤均有产出。本次区调经过详细的野外观察和室内研究，除岩脉外共填绘出侵入体 59 个；依据各时期构造岩浆组合特点归并为中—晚侏罗世松木果—央雄勒强过铝花岗岩带、白垩纪色热巴—夏噶日中酸性花岗岩带、晚侏罗世—晚白垩世公穷松多—郎那中酸性花岗岩带、晚白垩世—始新世岗在一青都中酸性花岗岩带，其划分归并情况见表 3-1，分布情况见图 3-1。

花岗岩类的成因类型采用巴尔巴林的划分方案进行划分。

一、中—晚侏罗世松木果—央雄勒强过铝花岗岩带

该岩带位于测区北部昂孜错—色热巴断裂两侧，沿该断裂呈 NW—SE 向带状展布，出露面积约 197km²。经分析认为与班公湖—怒江结合带的闭合有关，属该造山旋回后碰撞阶段的侵入岩。图幅内共发育两期侵入岩，第一期为中侏罗世昂孜错—松木果强过铝花岗岩亚带，第二期为晚侏罗世央雄勒—曲松乃嘎白云母花岗亚带。

表 3-1　热布喀幅侵入岩划分表

构造岩浆岩带	时代	岩带	亚带	主要岩体	侵入次	主要岩性	代号	同位素年龄(Ma)	接触关系	备注：旋回	备注：阶段	备注：分期
冈底斯构造岩浆岩带	E_2—K_2	岗在—青都中酸性花岗岩带	始新世青都—那郎木布花岗岩亚带	青都、那朗木布	二	含中斑中粒正长花岗岩	$E_2\xi\gamma$		侵入E_2p火山岩	K_2—E_2造山旋回	后碰撞	一
					一	中粒正长花岗岩	$E_2\xi\gamma$	全岩K-Ar 39				
			始新世控热—英日花岗岩亚带	控热、英日、突格润、卡窝查	三	细粒含黑云母正长花岗岩	$E_2\xi\gamma$		侵入$E_{1-2}ln$、E_3p火山岩		碰撞	一
					二	斑状中粒黑云母二长花岗岩	$E_2\eta\gamma$					
					一	细粒二长花岗岩	$E_2\eta\gamma$					
			始新世局章勒酸性斑岩亚带	局章勒、湘多勒		英安玢岩 花岗斑岩	$E_2\xi\upsilon$ $E_2\gamma\pi$	黑云母K-Ar 63.4	侵入E_2p火山岩		俯冲	三
			始新世展把纳布二长岩亚带	展把纳布	一	中粒黑云母石英二长岩	$E_2\eta o$		侵入E_2p火山岩			二
			晚白垩世岗在—边当中性岩亚带	岗在边当	一	细粒黑云母石英斜长岩—黑云母石英闪长岩	$K_2\upsilon\sigma o$ $K_2\delta o$	黑云母K-Ar 72.99±1.11	侵入C-P 被N_2wy覆盖			一
	K_2—J_3	公穷松多—郎那中酸性花岗岩带	晚白垩世贡勒正长斑岩亚带	贡勒	一	石英正长斑岩	$K_2\xi o\pi$		被E_2p不整合覆盖	J_3—K_2造山旋回	后碰撞	三
			早白垩世郎那花岗岩亚带	郎那	五	二长花岗斑岩	$K_1\gamma\pi$	黑云母$^{39}Ar-^{40}Ar$ 90.1	侵入C-P及麦弄岩体($K_1\eta\gamma$)与周围林子宗群($E_{1-2}ln$)火山岩呈沉积接触			二
					四	细粒含白云母二长花岗岩	$K_1\eta\gamma$					
					三	细粒黑云母二长花岗岩	$K_1\eta\gamma$					
					二	中斑状中粒黑云母正长花岗岩	$K_1\xi\gamma$					
					一	中—粗粒正长花岗岩	$K_1\xi\gamma$					
			早白垩世各门斤花岗岩亚带	各门斤	二	斑状粗—中粒黑云母正长花岗岩	$K_1\xi\gamma$	黑云母K-Ar 107.04±1.62	侵入石炭—二叠系			一
					一	含小斑细粒、含二云母二长花岗岩	$K_1\eta\gamma$					
			早白垩世麦弄二长岩亚带	麦弄	一	中粒二云母石英二长岩	$K_1\eta o$	白云母K-Ar 122.82±1.85	侵入石炭系		碰撞	一
			早白垩世公穷松多—苦热拉花岗岩亚带	公穷松多、嘎机	二	二长花岗斑岩	$K_1\gamma\pi$		侵入石炭—二叠系		俯冲	二
					一	斑状中粒黑云母二长花岗岩	$K_1\eta\gamma$	黑云母K-Ar 135				
			晚侏罗世鸭绒闪长岩亚带	鸭绒	一	闪长玢岩	$K_1\delta\upsilon$	角闪石K-Ar 110				一
格仁错—申扎构造岩浆岩带	K_1	色热巴—夏噶日中酸性花岗岩带	早白垩世色热巴—碧尖勒中酸性岩亚带	色热巴、碧尖勒、国布勒、白瓦勒	四	花岗斑岩	$K_1\gamma\pi$	锆石U-Pb 116	侵入则弄群(K_1zl)	白垩纪造山旋回	俯冲	二
					三	细粒黑云二长花岗岩	$K_1\eta\gamma$					
					二	含小斑中细粒黑云石英二长岩	$K_1\eta o$					
					一	中粒黑云母石英闪长岩	$K_1\delta o$					
			早白垩世纳巴乃嘎—安门闪长岩亚带	哥雅、卓觉怒弄勒	二	细粒黑云母英云闪长岩	$K_1\delta o$		侵入则弄群(K_1zl)火山岩			一
					一	闪长玢岩	$K_1\delta u$					
	J_3—J_2	松木果—央雄勒强过铝花岗岩带	晚侏罗世央雄勒—曲松乃嘎白云母花岗岩亚带	央雄勒、曲松乃嘎	二	中粒、中—细粒二云母二长花岗岩	$J_3\eta\gamma$	白云母K-Ar 132	侵入石炭—二叠系	J_2—J_3造山旋回	后碰撞	二
					一	斑状中粒白云母黑云二长花岗岩	$J_3\eta\gamma$	白云母K-Ar 142				
			中侏罗世昂孜错—松木果强过铝花岗岩亚带	昂孜错、松木果、纳玻拉、江热	四	二长花岗斑岩	$J_2\gamma\pi$		侵入石炭—二叠系，岩体内部具早期火山岩捕虏体			一
					三	中—细粒白云母二长花岗岩	$J_2\eta\gamma$					
					二	中粒黑云二长花岗岩	$J_2\eta\gamma$					
					一	斑状黑云二长花岗岩	$J_2\eta\gamma$	黑云母K-Ar 163				

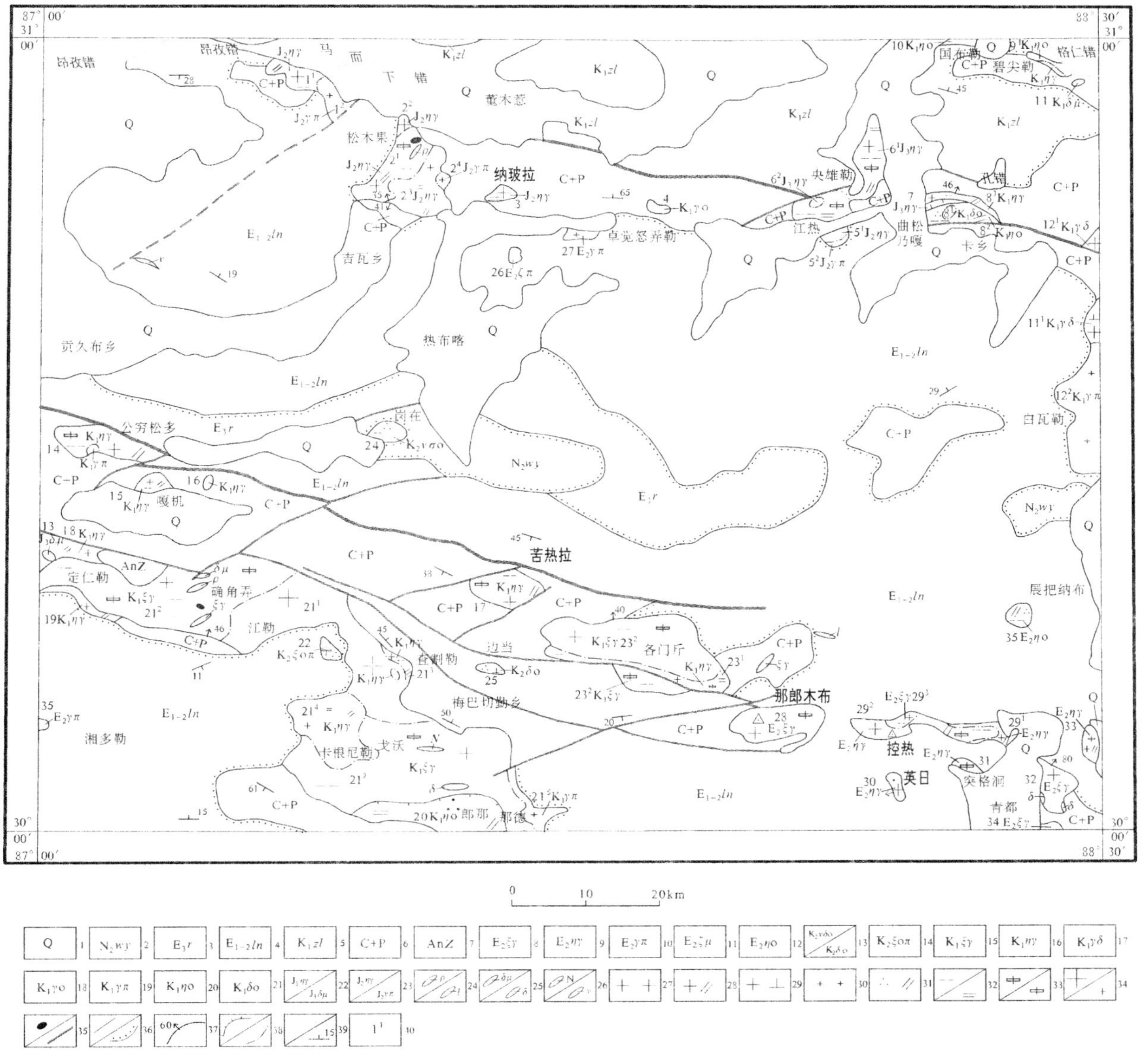

图 3－1　热布喀幅侵入岩分布图

1. 第四系；2. 上新统乌郁群；3. 渐新统日贡拉组；4. 古一始新统林子宗群；5. 早白垩世则弄群；6. 石炭一二叠系；7. 前震旦系；8. 始新世正长花岗岩；9. 二长花岗岩；10. 花岗斑岩；11. 英安玢岩；12. 石英二长岩；13. 晚白垩世石英斜长岩一石英闪长岩；14. 石英正长斑岩；15. 早白垩世正长花岗岩；16. 二长花岗岩；17. 花岗闪长岩；18. 斜长花岗岩；19. 花岗斑岩；20. 石英二长岩；21. 石英闪长岩；22. 晚侏罗世二长花岗岩、闪长玢岩；23. 中侏罗世二长花岗岩、花岗斑岩；24. 伟晶岩脉、细晶岩脉；25. 闪长玢岩脉、闪长岩块；26. 基性岩脉、辉长岩脉；27. 正长花岗岩；28. 二长花岗岩；29. 花岗闪长岩；30. 花岗斑岩；31. 石英二长岩；32. 黑云母、白云母；33. 斑状、含斑；34. 粗粒、细粒；35. 暗色镁铁质包体、断层；36. 整合、不整合地质界线；37. 侵入界线及产状；38. 超动、脉动接触关系；39. 岩性渐变界线、层理产状；40. 岩体编号(右上角为本岩体相对序次：1. 昂孜错岩体；2. 松木果岩体；3. 纳玻拉岩体；4. 卓觉怒弄勒岩体；5. 江热岩体；6. 央雄勒岩体；7. 曲松乃嘎岩体；8. 色热巴岩体；9. 碧尖勒岩体；10. 国布勒岩体；11. 哥雅岩体；12. 白瓦勒岩体；13. 鸭绒岩体；14. 公穷松多岩体；15. 嘎机岩体；16. 帮马拉岩体；17. 苦热拉岩体；18. 定仁勒北岩体；19. 定仁勒南岩体；20. 麦弄岩体；21. 郎那岩体；22. 贡勒岩体；23. 各门斤岩体；24. 岗在岩体；25. 边当岩体；26. 局章勒南岩体；27. 局章勒东岩体；28. 那郎木布岩体；29. 控热岩体；30. 英日岩体；31. 突格涧岩体；32. 青都岩体；33. 查弄嘎儿母岩体；34. 卡窝査岩体；35. 湘多勒岩体；36. 展把纳布岩体)

(一)中侏罗世昂孜错—松木果强过铝花岗岩亚带

分布于图幅北部，东西向带状展布特征明显，从西向东依次由昂孜错复杂岩体(1)、松木果复杂岩体(2)、纳玻拉简单岩体(3)、崩纳藏布南岸的江热复杂岩体(5)组成，出露面积约 140km^2。可划分为四次侵入活动：第一次为斑状中粒黑云二长花岗岩($J_2\eta\gamma$)，出露 2 个侵入体，面积约 45km^2；第二次为中粒黑云二长花岗岩($J_2\eta\gamma$)，出露 2 个侵入体，面积约 22km²；第三次侵入为白云母二长花岗岩($J_2\eta\gamma$)，出露 2 个侵入体，面积约 56km²；第四次侵入为二长花岗斑岩($J_2\gamma\pi$)，出露 4 个补充期侵入体，面积约 17km²。其中代表性的松木果岩体剖面见图 3－2。现以松木果岩体为主综合叙述如下。

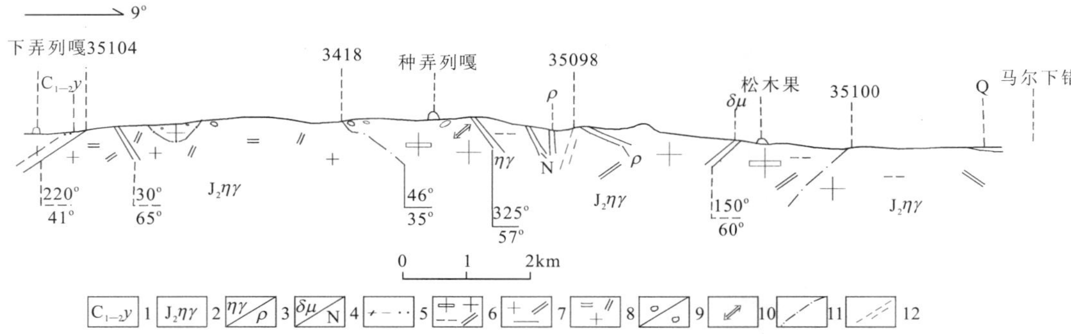

图 3－2　尼玛县松木果岩体实测剖面图

1. 石炭系永珠组；2. 中侏罗世二长花岗岩；3. 二长花岗岩脉、伟晶岩脉；4. 闪长玢岩脉、基性岩脉；5. 红柱石粉砂质泥板岩；6. 大斑状中粒黑云母二长花岗岩；7. 中粒黑云母二长花岗岩；8. 中—细粒白云母二长花岗岩；9. 暗色包体、捕虏体；10. 斑晶定向；11. 脉动接触界线；12. 韧性剪切带

1. 地质特征

侵位于昂孜错—色热巴断裂南侧。侵入周围石炭—二叠系。诸岩体呈大小不等的岩株、岩瘤产出，平面形态不规则；其中第一、第二次侵入岩与围岩的界线呈圆滑弯曲状，接触面产状与围岩的层理大体一致；第三、第四次侵入岩与围岩界线呈港湾状、锯齿状，接触面截切围岩层理并呈岩枝状插入围岩。岩体与围岩及复杂岩体内部各次侵入体之间均具中等外倾产状。各次侵入岩之间均为脉动接触关系，具体表现为：第一次与第二次侵入岩接触处具 2mm±的冷凝边，二者内部均发育有第三次侵入岩的脉体；第三次与第一次侵入岩之间具清晰的突变关系，前者具 3mm±的细粒边、斜切后者的斑晶定向，后者的钾长石斑晶伸入前者之中(图 3－3)；第四次侵入的花岗斑岩呈岩瘤状产于岩体边缘、并呈岩枝状插入上述主体期侵入岩之中。

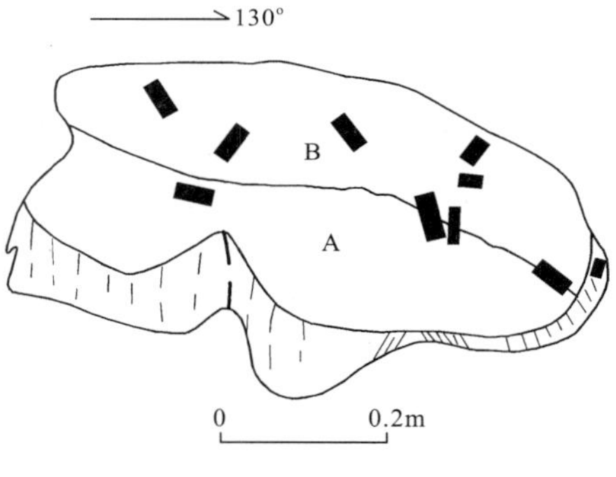

图 3－3　松木果岩体中细粒含白云母二长花岗岩(A)侵入大斑状中粒黑云母二长花岗岩(B)素描图

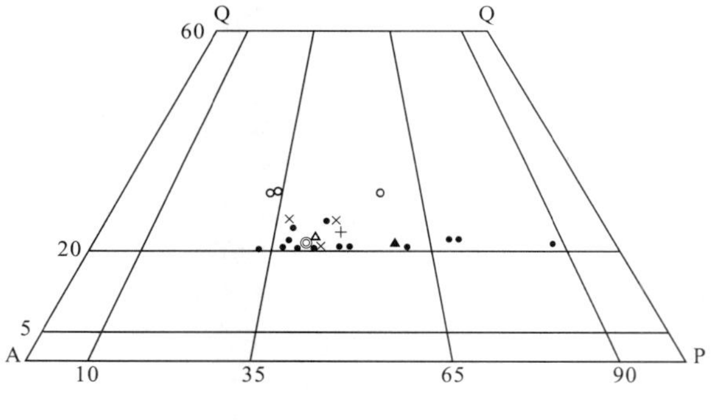

图 3－4　昂孜错—松木果花岗岩亚带 Q-A-P 图解

第一次侵入岩：●松木果岩体；▲江热岩体；第二次侵入岩：○松木果岩体；△昂孜错岩体；第三次侵入岩：×松木果岩体；◎纳玻拉岩体；第四次侵入岩：＋江热岩体

2. 岩石学特征

岩石定名的 Q－A－P 图解及多阳离子 R_1-R_2 图解(De La Roche，1980)分别见图 3－4、图 3－5；岩性特征见表 3－2；斜长石、钾长石、黑云母、白云母的化学成分及化学式分别见表 3－3 至表 3－6，黑云母的定名见图 3－6。

表 3-2　松木果岩体各次侵入岩岩石学特征表

特征＼分次	第一次侵入	第二次侵入	第三次侵入	第四次侵入
岩石名称	大斑状中粒黑云母二长花岗岩	中粒黑云二长花岗岩	中—细粒白云母二长花岗岩	花岗斑岩
颜色	灰白色，风化面呈褐黄色	灰白色	白色，风化面呈灰黄色	
结构及斑晶特征	似斑状结构、基质中粒花岗结构，块状构造。斑晶为微斜长石，分布不均，为15%～50%，平均为24%，密集处显聚斑结构，0.8cm×1.7cm～1.4cm×4.5cm，偶见4cm×12cm～6cm×18cm，肉红色，半自形板柱状，内部包有黑云母、斜长石，巨晶者呈同心环带状分布	中粒花岗结构	中—细粒花岗结构	斑状结构，基质微嵌晶结构。斑晶钾长石：10%±，7mm×3.5mm，半自形板柱状、粒状；斑晶斜长石：5%±，2mm×0.5mm，半自形板柱状；斑晶石英：10%±，1.5mm～5mm，熔蚀的粒状；斑晶黑云母：5%±，0.8mm～1.3mm，片状，大都变成绿泥石、绿帘石
构造	块状	块状	块状构造	块状构造
基质钾长石	14%～29%，平均为20%，1.3mm×1mm～4mm×3mm，板柱状，为微斜长石，组成为Or95Ab5	30%～48%，平均为42%，2mm×1.5mm～5mm×3mm，半自形板柱状，个别具卡斯双晶，包裹且交代斜长石	40%～50%，平均为45%，0.5mm×1mm～2.4mm×1.2mm，半自形板柱状，新鲜，有的显格子双晶，组成为Or92Ab8	40%±，0.3～0.5mm，小板条状，有的呈放射球粒
基质斜长石	22%～37%，平均为29%，2mm×1.3mm～3.5mm×1.5mm，半自形板柱状，垂直(010)法牌号为An26，电子探针定量测试组成为Or1Ab60An39	20%～38%，平均为26%，2.5mm×1.5mm～3.5mm×2mm，半自形板柱状，切面布满泥质物和绢云母鳞片	25%～30%、平均为29%，1mm×0.5mm～4.5mm×1mm，半自形板柱状，个别显双晶，为更长石	40%±，0.3～0.5mm，小板条状，有的呈放射球粒
基质石英	20%～25%，平均为21%，0.4mm～1mm，他形粒状，波状消光明显	30%±，0.5～4mm，他形粒状，波状消光明显，少有聚集	20%～25%，平均为22.5%，0.3mm～3mm，他形粒状，波状消光明显，不均分布	
黑云母	2%～7%，平均为4%，分布不均，片状，属铁质黑云母	2%～3%，0.5mm～2mm，片状，多淅铁而颜色变浅	少量～3%，平均为1.5%，0.3mm～3mm，片状，个别向绿泥石变化	5%±，0.1mm，片状，大都变成了绿泥石
角闪石	0.5%～4%，1mm～2.5mm，柱状，大都变成绿泥石			5%±，0.1mm，片状，大都变成了绿泥石
白云母		少量，0.5mm～2mm，片状	少量～5%，平均为2.5%，0.3mm～3mm，片状	
副矿物	磁铁矿—白钛石	褐铁矿	白钛石	
备注	R_1—R_2图解位于花岗闪长岩、二长花岗岩区	R_1—R_2图解位于正长花岗岩区	R_1—R_2图解位于正长花岗岩区	

表 3-3　热布喀幅侵入岩中斜长石的化学成分表　$w_B(\%)$

亚 带	分次	样品号	Na_2O	MgO	Al_2O_3	SiO_2	K_2O	CaO	TiO_2	Cr_2O_3	MnO	FeO	Σ	Or	Ab	An	定名
青都一那郎木布亚带	二	11198/北 1	9.67	0.13	20.64	66.27	1.49	0.50	0.13	0.00	0.02	0.52	99.37	9	88	3	更长石
	一	11212/1	10.22	0.15	19.08	68.67	0.88	0.51	0.00	0.02	0.00	0.30	99.83	5	92	3	钠长石
			6.09	0.51	26.18	58.29	5.37	1.44	0.05	0.09	0.03	0.87	98.92	34	58.5	7.5	更长石
控热一英日亚带	二	11134/1	8.01	0.45	21.01	65.75	2.00	2.01	0.06	0.00	0.01	0.40	99.70	12	77	11	更长石
			9.45	0.27	20.75	66.17	0.42	1.55	0.00	0.00	0.00	0.15	98.76	3	89	8	钠长石
局章勒亚带		21143/1	10.53	0.17	19.24	68.05	0.77	0.67	0.11	0.00	0.00	0.06	99.60	4.4	92.3	3.3	钠长石
			5.05	0.10	25.49	57.09	0.32	10.72	0.01	0.03	0.00	0.69	99.50	2	45	53	拉长石
岗在一边当亚带		12214/1	5.51	0.05	26.53	58.45	0.30	8.83	0.00	0.00	0.00	0.19	99.86	2	52	46	中长石
		31107/1	5.55	0.11	25.88	60.05	0.41	8.06	0.09	0.00	0.09	0.11	100.35	3	54	43	中长石
贡勒亚带		32196/1	10.71	0.26	19.02	69.01	0.21	0.19	0.14	0.00	0.00	0.23	99.77	1	98	1	钠长石
			8.39	0.60	20.72	63.28	0.02	5.21	0.00	0.00	0.16	1.43	99.81	0	74	26	更长石
郎那亚带	四	32176/1	11.02	0.37	19.08	68.85	0.11	0.22	0.03	0.00	0.09	0.08	99.85	0	98	2	钠长石
	三	32174/1	10.87	0.15	19.21	68.95	0.04	0.00	0.00	0.02	0.05	0.30	99.59	0.2	98.8	0	钠长石
	二	3421/2	9.28	0.26	20.12	66.94	1.57	1.05	0.04	0.00	0.16	0.12	99.44	9	85	6	更长石
		32180/1	9.56	0.21	20.11	66.24	0.79	2.23	0.02	0.00	0.06	0.14	99.36	4	85	11	更长石
	一	32175/1	9.53	0.16	19.79	67.79	0.16	1.32	0.03	0.00	0.02	0.01	98.81	1	92	7	钠长石
各门斤亚带	二	21241/1	10.19	0.13	20.23	67.53	0.03	1.16	0.00	0.04	0.05	0.00	99.36	0.1	93.9	6	钠长石
麦弄亚带		31115/1	8.81	0.26	21.78	64.72	0.13	4.50	0.05	0.00	0.04	0.12	100.41	0.7	77.3	22	更长石
			9.46	0.20	21.03	65.81	0.17	3.18	0.04	0.00	0.03	0.00	99.92	1	84	15	
公穷松多一苦热拉亚带	一	22192/1	9.54	0.20	19.86	66.05	0.30	2.57	0.00	0.00	0.08	0.51	99.11	2	85	13	更长石
			0.51	0.00	24.56	49.61	4.23	14.02	0.03	0.00	0.14	5.03	98.13	25	5	70	钙长石
鸭绒亚带		35175/1	5.34	0.17	26.60	56.37	0.06	9.56	0.00	0.00	0.01	0.21	98.32	0.4	49.8	49.8	中长石
色热巴一碧尖勒亚带	三	2042/2	8.61	0.13	22.54	63.85	0.25	3.54	0.00	0.00	0.00	0.00	98.92	2	80	18	更长石
		2046/1	9.23	0.00	20.95	66.52	0.31	2.17	0.09	0.01	0.00	0.00	99.28	2	87	11	更长石
			9.89	0.27	20.97	65.46	0.08	2.73	0.07	0.02	0.00	0.16	99.65	1	86	13	
	二	2045/1	5.21	0.18	26.93	57.21	0.29	9.42	0.00	0.06	0.00	0.11	99.41	2	49	49	中长石
		2046/2	4.99	0.11	27.61	56.38	0.45	10.00	0.00	0.07	0.00	0.01	99.62	3	46	51	拉长石
			4.98	0.02	27.05	56.37	0.20	10.22	0.09	0.00	0.04	0.13	99.10	2	46	52	
	一	2044/1	1.30	0.16	33.67	48.06	2.14	13.54	0.00	0.03	0.06	0.07	99.03	14	13	73	拉长石
			3.62	0.00	28.75	53.49	0.09	12.17	0.00	0.00	0.09	0.00	98.21	0	35	65	拉长石
	包体	2050/1	5.12	0.00	26.95	56.72	0.10	9.73	0.00	0.01	0.00	0.14	98.77	1	48	51	拉长石
央雄勒一曲松乃嘎亚带	二	2042/1	10.54	0.24	19.33	69.03	0.19	0.20	0.00	0.01	0.00	0.02	99.56	1	98	1	钠长石
			7.15	0.29	22.52	64.90	1.96	0.88	0.00	0.00	0.00	0.37	98.07	14	80	6	更长石
	一	2031/1	9.64	0.21	19.25	66.90	0.43	2.14	0.00	0.00	0.00	0.11	98.68	0	87	13	更长石
昂孜错一松木果亚带	一	3417/1	5.99	0.22	24.95	61.18	0.22	6.95	0.04	0.01	0.08	0.00	99.64	1	60	39	中长石

表 3-4 热布喀幅侵入岩中钾长石的化学成分表

$w_B(\%)$

亚带	分次	样品号	Na_2O	MgO	Al_2O_3	SiO_2	K_2O	CaO	TiO_2	Cr_2O_3	MnO	FeO	Σ	Or	Ab
青都—那郎木布亚带	二	11198/北 1	1.40	0.01	18.32	64.55	15.43	0.14	0.06	0.00	0.00	0.10	100.0	88	12
			0.24	0.05	18.18	64.11	16.85	0.04	0.09	0.00	0.00	0.00	99.56	98	2
	一	11212/1	1.93	0.08	19.01	64.15	14.20	0.15	0.10	0.00	0.00	0.01	99.63	83	17
控热—英日亚带	二	11134/1	0.53	0.00	18.39	64.22	16.65	0.00	0.00	0.03	0.02	0.05	99.80	95	5
局章勒亚带		21143/1	0.50	0.03	18.54	63.22	16.44	0.07	0.21	0.00	0.00	0.03	99.04	96	4
岗在—边当亚带		12214/1	1.70	0.00	18.38	64.39	14.03	0.07	0.13	0.00	0.05	0.00	98.75	84	16
		31107/1	0.62	0.00	18.68	63.89	16.36	0.00	0.14	0.00	0.07	0.07	99.83	95	5
			0.09	0.00	17.95	63.64	16.52	0.64	0.00	0.10	0.03	0.08	99.05	96	4
贡勒亚带		32196/1	0.22	0.04	18.07	63.56	16.61	0.01	0.07	0.01	0.10	0.18	98.87	98	2
			0.52	0.01	18.40	63.58	16.18	0.08	0.18	0.03	0.00	0.16	99.14	95	5
郎那亚带	四	32176/1	0.17	0.00	18.39	64.51	16.78	0.00	0.00	0.05	0.01	0.00	99.91	98	2
	二	3421/2	0.55	0.00	18.28	64.30	16.41	0.08	0.01	0.01	0.00	0.20	99.84	95	5
			2.53	0.00	18.31	64.25	12.90	0.14	0.02	0.00	0.03	0.08	98.26	77	23
		32180/1	1.52	0.00	18.46	65.26	14.61	0.08	0.03	0.08	0.07	0.05	100.16	86	14
	一	32175/1	0.33	0.00	18.44	64.52	16.38	0.00	0.04	0.08	0.00	0.02	99.81	97	3
各门斤亚带	二	21241/1	0.26	0.03	17.94	64.24	16.89	0.00	0.00	0.00	0.04	0.02	99.42	98	2
	一	21244/2	0.31	0.00	18.46	63.68	16.87	0.11	0.04	0.00	0.00	0.06	99.53	97	3
麦弄亚带		31115/1	0.29	0.07	18.54	64.18	16.66	0.00	0.04	0.00	0.04	0.00	99.82	97	3
公穷构多—苦热拉亚带	一	22192/1	4.28	0.10	19.04	65.94	9.61	0.15	0.00	0.01	0.00	0.05	99.18	60	40
色热巴—碧尖勒亚带	三	2042/2	0.40	0.02	18.34	64.28	16.94	0.00	0.08	0.00	0.03	0.00	99.64	96	4
			0.49	0.00	18.08	64.71	16.34	0.03	0.00	0.04	0.04	0.11	99.84	96	4
		2046/1	0.38	0.00	18.29	64.29	16.56	0.00	0.00	0.11	0.00	0.19	99.82	97	3
	二	2045/1	0.63	0.05	18.38	64.00	16.29	0.16	0.14	0.00	0.00	0.00	99.65	94	6
		2046/2	2.16	0.08	18.73	65.08	13.46	0.13	0.04	0.00	0.07	0.07	99.82	80	20
			0.15	0.02	18.58	64.10	16.83	0.00	0.05	0.01	0.02	0.00	99.76	99	1
	包体	2050/1	0.60	0.00	18.60	64.46	16.02	0.02	0.23	0.01	0.00	0.00	99.94	96	4
央雄勃—曲松乃嘎亚带	二	2042/1	0.74	0.00	18.53	64.24	15.87	0.00	0.07	0.05	0.06	0.01	99.57	94	6
	一	2031/1	1.06	0.03	18.47	64.18	15.30	0.09	0.12	0.00	0.00	0.00	99.25	90	10
			0.44	0.02	18.52	63.68	15.94	0.13	0.17	0.00	0.00	0.00	98.90	96	4
昂孜错—松木果亚带	三	35093/1	0.93	0.10	18.57	63.88	15.28	0.21	0.12	0.03	0.00	0.00	99.12	92	8
	一	3417/1	0.62	0.00	18.29	63.91	16.08	0.00	0.16	0.09	0.01	0.09	99.25	95	5

表 3-5 热布喀幅侵入岩黑云母晶体成分及化学式一览表

亚带	分次	样品号	序号	Na_2O	MgO	Al_2O_3	SiO_2	K_2O	CaO	TiO_2	Cr_2O_3	MnO	FeO	Σ
K_2 岗在—边当亚带		12214/1	15	0.20	10.97	14.28	38.60	9.76	0.15	5.05	0.10	0.41	17.94	97.46
		31107/1	14	0.08	11.79	13.93	38.31	10.63	0.56	4.58	0.07	0.26	17.54	97.75
			13	0.19	0.11	18.62	47.86	10.34	0.43	0.00	0.00	0.23	19.82	97.60

续表 3-5

亚带	分次	样品号	序号	Na_2O	MgO	Al_2O_3	SiO_2	K_2O	CaO	TiO_2	Cr_2O_3	MnO	FeO	Σ
K_1 郎那亚带	三	32174/1	12	0.04	1.14	27.46	44.39	9.57	0.07	0.72	0.00	1.66	11.61	96.66
	二	32180/1	11	0.09	14.27	13.75	41.05	10.41	0.02	2.71	0.00	0.82	14.27	97.39
			10	0.02	14.84	13.43	41.93	9.85	0.00	2.88	0.00	0.88	14.74	98.57
K_1 麦弄亚带		31115/1	9	0.29	5.14	19.18	36.79	9.01	0.13	2.64	0.10	0.58	23.18	97.04
K_1 公穷松多—苦热拉亚带	一	22192/1	8	0.16	8.76	16.46	35.73	6.40	0.54	2.71	0.01	0.73	25.06	96.56
色热巴—碧尖勒亚带	三	2042/2	7	0.00	5.04	26.63	40.12	6.29	0.11	0.70	0.00	0.14	17.94	96.97
		2046/1	6	0.00	4.23	18.75	36.98	8.43	0.05	1.28	0.00	0.29	26.38	96.39
			5	0.15	3.82	17.54	36.79	9.37	0.16	1.64	0.05	0.46	27.48	97.46
			4	0.03	4.05	16.70	36.30	9.28	0.01	1.83	0.05	0.56	28.63	97.44
	一	2044/1	3	0.00	14.98	19.54	35.46	6.89	0.00	1.07	0.10	0.08	19.49	97.61
J_3 央雄勒—曲松乃嘎亚带	二	2042/1	2	0.08	9.98	15.64	37.70	9.12	0.06	2.67	0.00	0.38	20.99	96.62
J_2 昂孜错—松木果花岗岩亚带	一	3417/1	1	0.37	8.27	17.54	37.39	8.20	0.19	3.10	0.00	0.19	22.27	97.52

样品号	序号	A			B						T		样品采自的岩体
		K	Na	Ca	Mg	Fe	Al^{VI}	Ti	Cr	Mn	Al^{VI}	Si	
12214/1	15	1.929	0.060	0.025	2.534	2.324	0.586	0.589	0.012	0.054	2.020	5.980	岗在
31107/1	14	2.105	0.024	0.093	2.729	2.277	0.495	0.535	0.009	0.034	2.052	5.94	边当
	13	1.985	0.055	0.069	0.025	2.495	2.503	0.000	0.000	0.029	0.797	7.203	
32174/1	12	1.783	0.011	0.011	0.248	1.418	3.208	0.079	0.000	0.205	1.516	6.484	百娃勒
32180/1	11	2.021	0.027	0.003	3.237	1.816	0.711	0.310	0.000	0.106	1.753	6.247	戈沃
	10	1.884	0.006	0.000	3.316	1.848	0.656	0.325	0.000	0.112	1.715	6.285	
31115/1	9	1.820	0.089	0.022	1.213	3.069	1.400	0.314	0.013	0.078	2.176	5.824	麦弄
22192/1	8	1.303	0.050	0.092	2.084	3.345	0.797	0.325	0.001	0.099	2.297	5.703	公穷松多
2042/2	7	1.190	0.000	0.017	1.114	2.224	2.597	0.078	0.000	0.018	2.052	5.948	碧尖勒
2046/1	6	1.729	0.000	0.009	1.014	3.546	1.493	0.155	0.000	0.039	2.056	5.944	色热巴
	5	1.930	0.047	0.028	0.919	3.710	1.273	0.199	0.006	0.063	2.061	5.939	
	4	1.926	0.009	0.002	0.982	3.896	1.106	0.224	0.006	0.077	2.094	5.906	
2044/1	3	1.345	0.000	0.000	3.418	2.494	0.949	0.123	0.012	0.010	2.573	5.427	
2042/1	2	1.836	0.024	0.010	2.347	2.769	0.854	0.317	0.000	0.051	2.052	5.948	曲松乃嘎
3417/1	1	1.633	0.112	0.032	1.924	29.07	1.060	0.364	0.000	0.025	2.164	5.836	松木果

注:氧化物含量单位%,化学式以 24 个氧为基数

表 3-6　热布喀幅侵入岩白云母化学成分及晶体化学式

亚带	分次	样品号	序号	Na_2O	MgO	Al_2O_3	SiO_2	CaO	K_2O	TiO_2	Cr_2O_3	MnO	FeO	Σ
E_2 青都—那郎木布亚带	二	11198/北 1	7	0.25	1.43	30.54	47.29	10.68	0.00	0.17	0.06	0.20	5.86	96.48
K_1 郎那亚带	四	32176/1	6	0.44	0.19	32.42	46.78	10.09	0.00	0.78	0.00	0.41	4.53	95.64
K_1 各门斤亚带	一	21244/2	5	0.41	0.61	34.66	47.28	10.79	0.06	0.21	0.01	0.12	2.71	96.86
			4	0.62	0.36	34.03	47.03	10.56	0.00	2.21	0.00	0.08	2.28	97.17
K_1 麦弄亚带		31115/1	3	0.43	0.57	35.57	47.34	10.37	0.07	0.35	0.10	0.10	1.41	96.31
J_3 央雄勒—曲松乃嘎亚带	二	2042/1	2	0.42	0.38	35.11	47.61	10.64	0.00	0.33	0.01	0.00	2.08	96.58
J_2 松木果—昂孜错亚带	三	35093/1	1	0.42	1.13	34.77	47.67	9.75	0.00	0.61	0.06	0.04	2.28	96.73

续表 3-6

样品号	序号	A			B						T		样品所采自的岩体
		K	Na	Ca	Al^{VI}	Ti	Fe	Cr	Mn	Mg	Al^{IV}	Si	
11198/北1	7	1.837	0.065	0.000	3.225	0.017	0.661	0.006	0.023	0.287	1.624	6.376	那朗木布
32176/1	6	1.734	0.115	0.000	3.443	0.079	0.510	0.000	0.047	0.038	1.699	6.301	查割勒
21244/2	5	1.816	0.105	0.008	3.620	0.021	0.299	0.001	0.013	0.120	1.764	6.236	各门斤
	4	1.770	0.158	0.000	3.448	0.218	0.251	0.000	0.009	0.071	1.819	6.181	
31115/1	3	1.738	0.110	0.010	3.724	0.035	0.155	0.010	0.011	0.112	1.780	6.220	麦弄
2042/1	2	1.785	0.107	0.000	3.697	0.033	0.229	0.012	0.001	0.074	1.740	6.260	曲松乃嘎
35093/1	1	1.628	0.107	0.000	3.600	0.060	0.250	0.006	0.004	0.221	1.760	6.240	松木果

注:氧化物含量单位:%,化学式以24个氧为基数

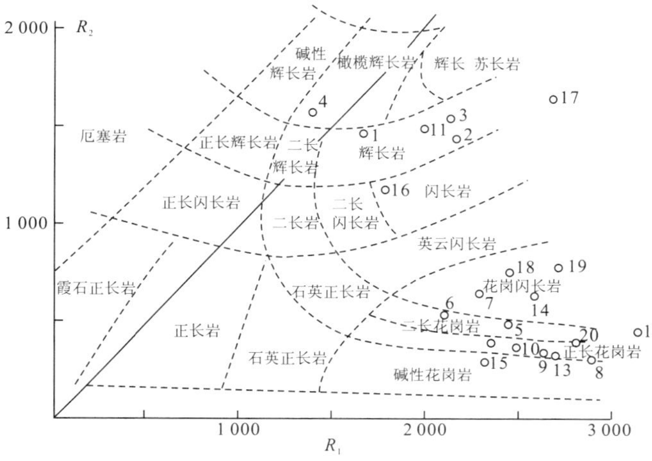

图3-5　表示岩石分区的 R_1-R_2 图解

(据 De La rache 等,1980;编号同表3-7)

$R_1=4Si-11(Na+K)-2(Fe+Ti)$　$R_2=Al+2Mg+6Ca$

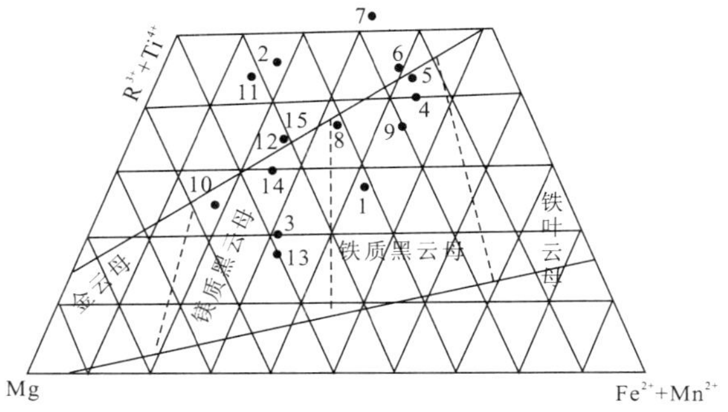

图3-6　黑云母的 $R^{3+}+Ti^{4+}-Mg-Fe^{2+}+Mn^{2+}$ 图解

(据 Troger,1979;编号同表3-5)

4次侵入岩矿物组成相似,均为二长花岗岩,从早至晚,石英和钾长石相对含量稍具增高趋势,角闪石逐渐消失而出现白云母,最终以白云母为主,粒度逐渐变细。

3. 岩石地球化学特征

(1)岩石化学特征

分析结果及参数见表3-7。第一次侵入的斑状黑云母花岗岩的主要氧化物含量介于中国黑云母花岗岩—角闪石黑云母花岗岩的平均值之间(黎彤等,1962),与之相比具富 K_2O、稍富 FeO、贫 Fe_2O_3、稍贫 MnO;第二次侵入的黑云母二长花岗岩与同类岩石相比具富 SiO_2、贫 FeO、MnO、CaO、稍贫 MgO、Na_2O 的特点,显示其分异程度略高;第三次侵入的白云母二长花岗岩与中国二云母花岗岩的平均值相比贫 Fe_2O_3、MnO、稍富 TiO_2、Al_2O_3、K_2O;可以看出该亚带总体具富 K_2O、贫 MnO 的特点。

在硅-碱图(Irvine,1971)上均位于亚碱性系列区(图3-7),在 TFeO/MgO 与 SiO_2、TFeO 图解(Miyashiro,1974)上(图3-8)位于狭义的钙碱性系列区;在 K_2O-SiO_2 图解(图3-9)上位于高钾区;在 AR-SiO_2 图解(Wright,1969)(图3-10)上均位于钙碱性岩区,里特曼指数 σ(Rittmann,1962)依次为:2.31～1.82～2.25;综上所述,该亚带均属高钾钙碱性岩。铝指数依次为1.13～1.28～1.23,角闪石仅在第一次侵入岩中局部分布,第二、第三次侵入岩普遍具白云母,故该亚带岩石均属强过铝类型。该亚带的各次侵入岩碱度基本一致,从早至晚分异指数、铝指数呈增高趋势。

呈明显增高特征;K/Rb 依次为129.8～140.1～105.9,变化不大。微量元素地球化学型式见图3-11,3次侵入岩的曲线形态很接近,均强烈富集不相容程度高的元素,与 Pearce 等(1984)总结的"同碰撞花岗岩"极其一致。

表 3-7 格仁错构造岩浆岩带的侵入岩岩石化学成分、CIPW 标准矿物成分及参数一览表

岩带	亚带	分次	序号	样品号	岩石化学成分(%)												
					SiO_2	TiO_2	Al_2O_3	Fe_2O_3	FeO	MnO	MgO	CaO	Na_2O	K_2O	P_2O_5	H_2O^+	CO_2
K 色热巴—夏嘎日中酸性花岗岩带	K_1 色热巴—碧尖勒亚带	三	21	2042/2	70.44	0.41	15.11	0.63	2.10	0.04	0.85	0.42	3.03	4.96	0.15	1.59	0.21
			20	2046/1	75.50	0.14	13.05	0.40	0.80	0.02	0.27	1.02	2.81	5.07	0.08	0.63	0.06
			平均		72.90	0.28	14.08	0.52	1.45	0.03	0.56	0.72	2.92	5.02	0.12	1.11	0.14
		二	19	2045/1	67.96	0.50	15.05	1.36	2.55	0.09	1.73	3.75	2.60	3.15	0.11	0.89	0.06
			18	2046/2	67.26	0.48	14.61	1.55	2.53	0.08	1.70	3.46	2.96	3.52	0.10	1.50	0.06
			平均		67.61	0.49	14.83	1.46	2.54	0.085	1.72	3.61	2.78	3.34	0.11	0.12	0.06
		一	17	2044/1	51.77	0.86	19.06	1.13	6.07	0.12	6.14	8.95	1.52	1.39	0.08	2.66	0.06
		闪长包体	16	2050/1	54.39	1.03	17.28	3.15	6.27	0.23	3.91	6.19	2.61	2.57	0.24	1.86	0.08
		伟晶岩脉	15	2045/2	74.28	0.02	13.79	0.04	0.63	0.24	0.22	0.25	2.48	7.36	0.05	0.46	0.06
J_2—J_3 松木果—央雄勒强过铝花岗岩带	J_3 央雄勒曲松乃嘎亚带	二	14	2033/1	70.87	0.11	16.52	0.05	0.75	0.03	0.41	2.77	3.68	3.35	0.18	1.05	0.02
			13	2042/1	74.19	0.13	14.39	0.95	0.60	0.03	0.22	0.32	2.85	4.99	0.08	1.04	0.04
			平均		72.53	0.12	15.4	0.5	0.68	0.03	0.32	1.55	3.27	417	0.13	1.05	0.03
		一	12	2031/1	74.81	0.12	13.49	0.14	1.50	0.04	0.58	1.50	2.42	3.85	0.09	1.22	0.02
		闪长岩块	11	2032/1	51.34	1.08	15.17	1.96	6.17	0.15	8.13	7.57	2.33	1.39	0.18	3.28	0.98
	J_2 昂孜错—松木果亚带	三	10	35093/1	73.49	0.18	14.07	0.09	1.17	0.02	0.42	0.58	3.19	5.24	0.18	1.08	0.11
			9	35093/2	73.47	0.23	14.11	0.43	1.02	0.02	0.50	0.45	2.50	5.63	0.18	1.23	0.04
			平均		73.48	0.21	14.9	0.26	1.10	0.02	0.46	0.52	2.85	5.44	0.18	1.16	0.75
		二	8	35100/1	75.50	0.17	12.98	1.33	0.22	0.02	0.30	0.29	2.32	5.38	0.05	1.24	0.02
		一	7	3417/1	66.89	0.56	15.38	0.76	3.05	0.06	1.60	2.45	3.11	4.00	0.23	1.60	0.06
			6	35098/1	67.93	0.50	15.02	1.20	2.25	0.05	1.41	1.33	3.36	4.81	0.16	1.69	0.02
			5	35097/1	70.35	0.38	14.55	0.67	2.05	0.04	1.07	1.53	2.92	4.72	0.12	1.34	0.04
			平均		68.39	0.48	15.0	0.88	2.45	0.05	1.36	1.77	3.13	4.51	0.17	1.52	0.03
		包体	4	35097/2	47.81	1.02	21.95	1.90	4.68	0.12	3.80	9.01	2.90	2.40	0.26	3.51	0.37
		中基性岩脉	3	35096/1	47.6	1.24	16.18	2.61	8.13	0.19	7.92	7.87	1.07	1.37	0.14	4.47	0.98
			2	35095/1	48.96	1.18	16.04	3.16	7.00	0.17	7.45	7.17	1.27	1.37	0.15	4.52	1.31
			1	3419/1	50.59	1.11	16.17	1.72	6.92	0.17	7.28	7.58	2.99	1.54	0.29	3.03	0.38

序号	样品号	CIPW 标准矿物成分(%)					其他参数									样品所采自的岩体
		Q	Or	Ab	An	C	DI	σ	A/CNK	Na_2O+K_2O	$\frac{Na_2O}{K_2O}$	$\frac{Na_2O}{CaO}$	$\frac{TFeO}{TFeO+MgO}$	$\frac{MgO}{FeO}$	$\frac{MgO}{MnO}$	
21	2042/2	30.85	29.30	25.64	1.10	4.35	85.79	2.33	1.36	7.99	0.61	7.21	0.76	0.32	21.25	色热巴
20	2046/1	36.97	29.95	23.78	4.54	1.28	90.7	1.91	1.09	7.88	0.55	2.75	0.81	0.23	13.5	碧尖勒
平均							88.2	2.12	1.23	7.94	0.58	4.98	0.78	0.28		
19	2045/1	29.16	18.61	22.00	17.89	0.81	69.77	1.33	1.04	5.75	0.83	0.69	0.68	0.46	19.22	色热巴
18	2046/2	25.74	20.80	25.04	16.18	0.00	71.58	1.73	0.98	6.48	0.84	0.86	0.7	0.43	21.25	碧尖勒
平均							70.68	1.53	1.01	6.12	0.84	0.78	0.69	0.45	20.2	
17	2044/1	11.22	8.21	4.40	43.88	0.62	23.83	0.42	1.02	2.91	1.09	0.17	0.53	0.87	51.17	色热巴
16	2050/1	7.76	15.18	22.08	27.84	0.00	45.03	2.36	0.94	5.18	1.02	0.42	0.70	0.43	17.00	
15	2045/2	30.27	43.48	20.98	0.91	1.41	94.74	3.095	1.10	9.84	0.34	9.92	0.78	0.28	0.92	
14	2033/1	30.06	19.79	31.14	12.57	2.23	80.99	1.77	1.12	7.03	1.099	1.33	0.66	0.52	13.67	央雄勒

续表 3-7

序号	样品号	CIPW 标准矿物成分(%)					其他参数									样品所采自的岩体
		Q	Or	Ab	An	C	DI	σ	A/CNK	Na_2O+K_2O	$\frac{Na_2O}{K_2O}$	$\frac{Na_2O}{CaO}$	$\frac{TFeO}{TFeO+MgO}$	$\frac{MgO}{FeO}$	$\frac{MgO}{MnO}$	
13	2042/1	37.55	29.48	24.11	1.07	3.91	91.15	1.97	1.35	7.84	0.57	8.91	0.87	0.15	7.33	曲松乃嘎
13、14 平均							86.07	1.87	1.24	7.44	0.83	5.12	0.75	0.34		
12	2031/1	41.04	22.75	20.48	6.85	2.83	84.26	1.24	1.24	6.27	0.63	1.61	0.74	0.36	14.50	央雄勒
11	2032/1	2.96	8.21	19.71	26.83	0.00	30.89	1.66	0.79	3.72	1.68	0.31	0.50	1.02	54.20	
10	35093/1	32.7	30.96	26.99	1.70	2.52	90.65	2.33	1.18	8.43	0.61	5.50	0.75	0.34	21.00	松木果
9	35093/2	35.65	33.26	21.15	1.06	3.51	90.07	2.17	1.28	8.13	0.44	5.56	0.74	0.36	25.00	
9、10 平均							90.36	2.25	1.23	8.28	0.53	5.53	0.77	0.34	23.00	
8	35100/1	40.37	31.78	19.63	1.11	2.93	91.78	1.82	1.28	7.70	0.43	8.00	0.83	0.21	15.00	
7	3417/1	24.62	23.63	26.31	10.65	2.03	74.56	2.12	1.11	7.11	0.78	1.27	0.7	0.43	26.67	
6	35098/1	24.39	28.42	28.43	5.55	2.25	81.23	2.68	1.14	8.17	0.70	2.53	0.70	0.42	28.2	
5	35097/1	29.56	27.89	24.71	6.81	2.14	82.15	2.13	1.15	7.64	0.62	1.91	0.71	0.40	26.75	
5、6、7 平均							79.3	2.31	1.13	7.64	0.70	1.90	0.70	0.73	27.20	
4	35097/2	0.00	14.18	23.29	39.78	0.00	38.15	5.84	0.92	5.30	1.21	0.32	0.63	0.60	19.00	
3	35096/1	3.42	8.09	9.05	35.30	0.00	20.57	1.29	0.92	2.44	0.78	0.14	0.57	0.76	41.68	
2	35095/1	6.49	8.09	10.75	34.02	0.00	25.32	2.98	1.01	2.64	0.93	0.18	0.57	0.76	43.82	
1	3419/1	0.00	9.10	25.3	26.15	0.00	34.4	2.70	0.79	4.53	1.94	0.39	0.54	0.86	42.82	

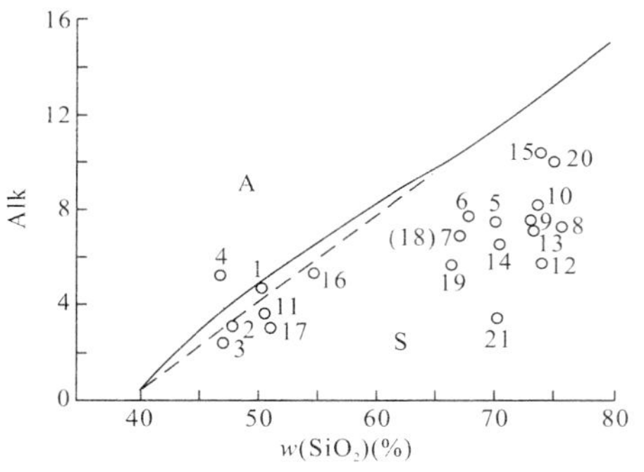

图 3-7 硅-碱图

(T. N. Irvine 等,1971;编号同表 3-7)

A. 碱性系列;S. 亚碱性系列

实线. Macdonald(1968);断线. Irvine 等(1971)

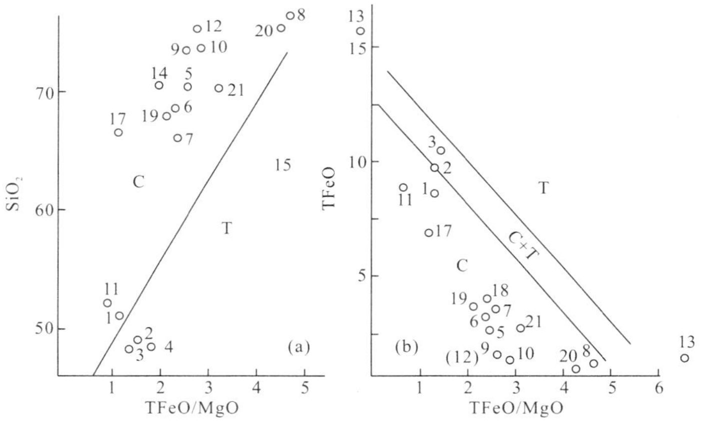

图 3-8 TFeO/MgO 与 SiO_2、TFeO 图

(A. Miyashiro,1974;编号同表 3-7)

T. 拉斑玄武岩系列;C. 钙碱性系列

(2) 稀土元素特征

分析结果及参数见表 3-8,配分模式见图 3-12。

各次侵入岩均属轻稀土富集型、轻重稀土比值 ΣCe/ΣY 依次为 6.46~1.97~6.2,具中等—强烈铕亏损、铕异常系数 δEu 依次为 0.65~0.29~0.39,稀土总量依次为 204.57×10^{-6}~160.80×10^{-6}~134.24×10^{-6},呈逐渐降低趋势。第二、三次侵入岩之间符合岩浆晚期演化的一般规律,第一、二次侵入岩之间不符合岩浆演化一般规律。

(3) 微量元素特征

分析结果见表 3-9。

本亚带岩石与花岗岩维氏平均值(Виноградов,1962)相比普遍具有富 Co、贫 Sr、Ba 的特点;第一次侵

表 3-8　格仁错构造岩浆岩带的侵入岩稀土元素测试结果一览表

岩带	亚带	分次	序号	样品号	稀土元素含量($\times10^{-6}$)																特征参数					样品采自的岩体
					La	Ce	Pr	Nd	Sm	Eu	Gd	Tb	Dy	Ho	Er	Tm	Yb	Lu	Y	ΣREE	$\frac{\Sigma Ce}{\Sigma Y}$	δEu	$\frac{La_N}{Yb_N}$	$\frac{La_N}{Sm_N}$	$\frac{Gd_N}{Yb_N}$	
K色热巴—夏噶日岩带	K_1色热巴—碧尖勒亚带	三	21	2042/2	16.58	62.62	4.48	14.66	3.49	0.66	3.10	0.51	3.19	0.62	1.68	0.27	1.67	0.23	16.63	130.68	8.26	0.62	24.08	4.44	2.78	色热巴
			20	2046/1	14.68	35.27	3.78	13.05	3.01	0.79	2.93	0.54	3.27	0.72	2.22	0.38	2.67	0.41	19.01	102.71	2.195	0.8	3.71	3.07	0.89	碧尖勒
			平均																	116.55	5.23	0.71	13.9	3.76	1.84	
		二	19	2045/1	40.09	72.18	8.81	31.12	5.68	1.10	4.41	0.69	3.78	0.71	2.06	0.32	1.98	0.29	20.08	193.31	4.63	0.65	13.65	4.44	1.8	色热巴
			18	2046/2	26.23	49.99	5.62	19.19	3.84	0.82	3.38	0.56	3.34	0.7	2.12	0.34	2.36	0.37	19.23	138.09	3.26	0.68	7.49	4.3	1.16	碧尖勒
			平均																	165.7	3.95	0.67	10.57	4.37	1.48	
		一	17	2044/1	17.8	35.82	4.55	16.51	3.39	0.88	2.95	0.49	2.63	0.5	1.48	0.23	1.38	0.2	13.69	102.51	3.35	0.83	8.7	3.3	1.73	色热巴
		包体		2050/1	17.18	38.17	5.64	24.7	7.14	1.43	7.62	1.39	7.85	1.67	4.65	0.75	4.96	0.77	44.36	168.28	1.27	0.59	2.34	1.51	1.24	
		伟晶岩脉		2045/2	4.93	9.96	1.2	4.36	1.75	0.15	2.04	0.43	3.06	0.58	1.58	0.31	2.15	0.34	18.04	50.87	0.78	0.24	1.55	1.77	0.77	
J_2—J_3松木果—央雄勒岩带	J_3央雄勒—曲松乃嘎亚带	二	14	2033/1	24.66	47.09	5.09	17.41	3.30	1.38	2.68	0.37	1.88	0.33	0.8	0.11	0.63	0.08	9.74	115.57	5.95	1.38	26.39	4.7	3.43	央雄勒
			13	2042/1	16.58	62.62	4.48	14.66	3.49	0.66	3.1	0.51	3.19	0.62	1.68	0.27	1.67	0.23	16.63	130.38	3.67	0.6	6.69	2.99	1.5	曲松乃嘎
			平均																	122.98	4.81	0.99	16.54	3.85	2.47	
		一	12	2031/1	25.49	59.60	6.89	22.75	4.04	1.15	2.95	0.38	1.64	0.3	0.69	0.11	0.6	0.09	8.45	135.13	7.88	0.97	28.64	3.97	3.97	央雄勒
		闪长岩块		2032/1	12.47	31.38	3.94	15.3	3.38	1.12	3.72	0.58	3.55	0.71	2.02	0.33	2.10	0.31	20.02	100.93	2.03	0.96	4	2.32	1.43	
	J_2昂孜错—松木果亚带	三	10	35093/1	18.68	46.24	5.14	17.9	3.72	0.48	3.03	0.41	1.9	0.32	0.74	0.11	0.69	0.1	9.04	108.5	5.64	0.42	18.25	3.16	3.54	松木果
			9	35093/2	29.72	70.16	7.78	26.19	5.14	0.55	3.81	0.51	2.41	0.41	1	0.15	0.92	0.13	11.1	159.98	6.83	0.36	21.78	3.64	3.34	
			平均																	134.24	6.2	0.39	20.02	3.4	3.44	
		二	8	35100/1	24.13	52.08	5.52	19.97	4.44	0.44	4.67	0.87	5.57	1.1	3.4	0.54	3.71	0.51	33.86	160.80	1.97	0.29	4.38	3.42	1.02	
		一	7	3417/1	35.08	80.78	8.69	29.08	5.14	0.99	3.97	0.58	3.09	0.59	1.54	0.24	1.47	0.23	15.88	187.34	5.79	0.65	16.09	4.29	2.18	
			6	35098/1	63.68	126.2	13.81	45.36	7.46	1.07	5.54	0.74	3.81	0.72	1.82	0.27	1.66	0.24	18.4	290.79	7.76	0.49	25.86	5.37	2.69	
			5	35097/1	25.01	62.63	5.77	18.33	3.22	0.79	2.63	0.39	2.22	0.43	1.17	0.18	1.18	0.18	11.43	135.57	5.84	0.81	14.29	4.89	1.80	
			平均																	204.57	6.46	0.65	18.75	4.85	2.22	
		包体		35097/2	15.24	28.33	3.62	14.73	2.94	1.11	3.10	0.46	2.79	0.55	1.55	0.24	1.52	0.23	14.45	90.85	2.65	1.12	6.76	3.26	1.65	
		辉绿岩体	3	35096/1	18.77	32.57	4.47	17.93	4.24	1.14	5.21	0.91	6.34	1.27	3.78	0.59	3.71	0.59	33.10	134.62	1.43	0.74	3.41	2.78	1.13	
			2	35095/1	16.53	31.69	4.25	16.07	3.96	1.10	4.88	0.83	5.29	1.09	3.21	0.50	3.28	0.49	30.17	123.33	1.48	0.76	3.40	2.63	1.20	
			1	3419/1	21.71	39.04	4.88	17.53	3.71	1.19	3.52	0.53	3.18	0.62	1.73	0.28	1.73	0.29	16.81	116.74	3.07	0.99	8.46	3.68	1.64	

表 3-9　格仁错构造岩浆岩带侵入岩的微量元素全分析结果一览表

岩带	亚带	分次	序号	样品号	微量元素含量（$\times10^{-6}$）														特征参数			样品采自的岩体
					V	Cr	Ni	Rb	Sr	Zr	Ba	Th	Sc	Hf	Nb	Co	Ta	Ga	K/Rb	Rb/Sr	Ba/Sr	
K色热巴—夏噶日岩带	K_1色热巴—碧尖勒亚带	三	21	2042/2	30.5	4.4	6.0	238	149	179	761	21	4.5	6.4	14.8	13.5	2.3	15.6	172.996	1.58	5.11	色热巴
			20	2046/1	10.5	<3.0	5.4	263	71	110	459	21.6	4.4	4	10.7	28.1	2.5	9.1	160.02	3.7	6.46	碧尖勒
			平均		20.5	3.7	5..7	250.5	110	144.5	610	21.3	4.45	5.2	12.75	20.8	2.4	12.35	166.5	2.65	5.79	
		二	19	2045/1	79.0	13.1	7.3	192	172	131	535	18	12	4.7	15	16.9	2.2	15.6	136.19	1.12	3.11	色热巴
			18	2046/2	93.7	14.3	10.3	166	221	116	444	19	12.2	3.6	9.2	31	1.3	10.9	176.02	0.75	2.01	碧尖勒
			平均		86.35	13.7	8.8	179	196.5	123.5	489.5	18.5	12.1	4.15	12.1	23.95	1.75	13.25	156.11	0.090	2.56	
		一	17	2044/1	154.6	80.2	32.9	80.0	266	68	275	4.4	21.1	2.9	6.8	26.5	1.4	15.7	144.23	0.3	1.03	色热巴
		包体		2050/1	191.8	90.9	13.8	195	173	242	342	10	41.5	8.8	19.9	18.5	1.6	19.4	109.4	1.13	1.98	
		伟晶岩脉		2045/2	7.0	<3.0	5.1	382	42	22	184	5.2	2.5	1.7	5.8	30	1	11.7	159.94	9.1	4.38	
J_2—J_3松木果—央雄勒岩带	J_3央雄勒—曲松乃嘎亚带	二	14	2033/1	8.4	9.6	3.8	121.9	257	61	705	9	2.4	2.1	7.7	18.2	1.8	22.2	228.12	0.47	2.74	央雄勒
			13	2042/1	12.2	41.8	7.9	308	158	78	592	14.7	4.2	3.4	14.6	3.4	1.6	13.8	134.48	1.95	3.75	曲松乃嘎
			平均		10.3	25.7	58.5	214.95	207.5	69.5	648.5	11.85	3.3	2.75	11.15	10.8	1.7	18	181.3	1.21	3.245	
		一	12	2031/1	13.7	2.3	2.3	151.2	188	91	703	11.9	3.0	2.7	10.9	13.1	1.7	22.4	211.37	0.8	3.74	央雄勒
		闪长岩块		2032/1	218.2	385.8	126.0	60.1	342	112	327	5.6	28.5	3.7	8.5	32.6	0.6	14.4	191.99	0.18	0.96	
	J_2昂孜错—松木果亚带	三	10	35093/1	15.4	8.0	5.3	358.8	53	95	212	22.2	2.3	3.3	18.7	17.3	5	18.7	121.23	6.77	4.00	松木果
			9	35093/2	18.5	8.7	5.2	364.5	60	123	261	34.5	2.8	4.2	19.7	16.3	4	22.9	128.22	6.08	4.35	
			平均		16.95	8.35	5.25	361.65	56.5	109	236.5	28.35	2.55	3.75	19.2	16.8	4.5	20.8	124.87	6.43	4.175	
		二	8	35100/1	17.7	13.2	6.0	270.4	48	102	273	22.7	4.3	4.1	11.5	18.6	2.9	18	165.16	5.63	5.69	
		一	7	3417/1	59.2	45.0	13.4	229.8	203	250	459	54.6	8.7	9.2	17.4	17.2	2.1	21.4	144.49	1.13	2.27	
			6	35098/1	51.8	33.3	13.4	283.4	151	206	524	66.5	8.9	8	16.4	14.6	2.2	19.6	140.89	1.88	3.47	
			5	35097/1	38.4	<5.0	8.5	220.5	168	203	509	49.2	6	6.4	14.2	18.2	2.3	21.5	177.69	1.31	3.03	
			平均		49.8	27.77	11.8	244.6	174	219.7	497.3	56.8	7.9	7.9	16	16.7	2.2	20.8	154.35	1.44	2.92	
		包体		35097/2	178.5	87.4	26.3	212.0	422	100	416	3.1	19	2.7	10.3	22.6	<0.5	20.5	93.97	0.5	0.99	
		中基性岩脉	3	35096/1	247.0	185.4	47.0	164.3	149	171	323	5.3	36.5	5.1	13.4	35.6	<0.5	18.4	69.22	1.10	2.17	
			2	35095/1	238.3	214.9	49.8	133.1	165	149	316	4.8	35.1	4.3	11.3	34.7	<0.5	17.6	85.44	0.81	1.92	
			1	3419/1	199.9	261.7	85.0	107.1	258	122	255	6.8	27.2	3.9	9.9	31.8	<0.5	16.2	119.36	0.42	0.99	

入岩富 Th、Hf；第二次侵入岩富 Hf、贫 V、Cr、Zr、Nb；第三次侵入岩富 Rb、贫 V、Cr、Zr。

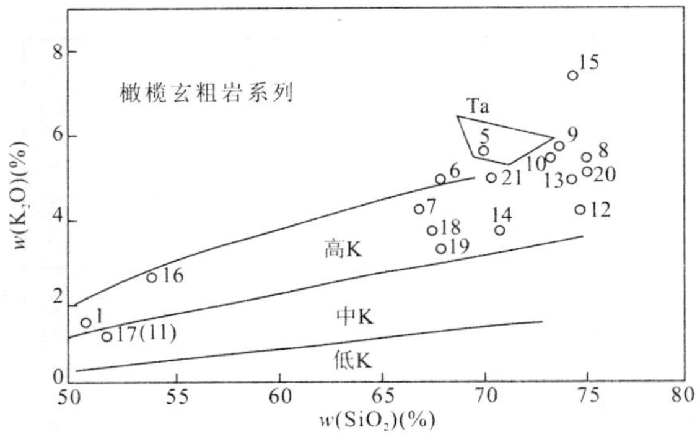

图 3-9　K_2O-SiO_2 图解

（编号同表 3-7）

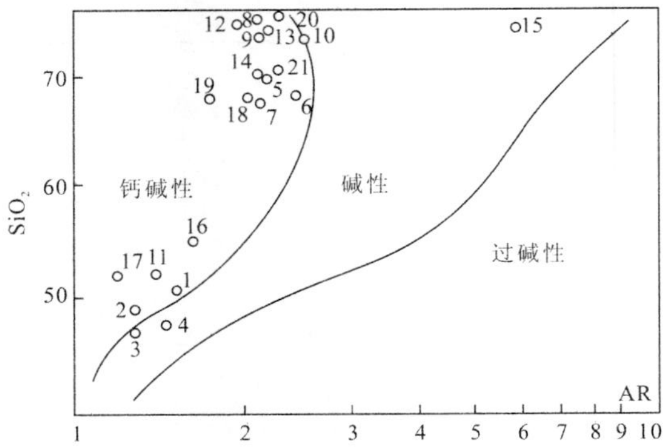

图 3-10　AR-SiO_2 与碱度关系图

（J. B. Wright，1969；编号同表 3-7）

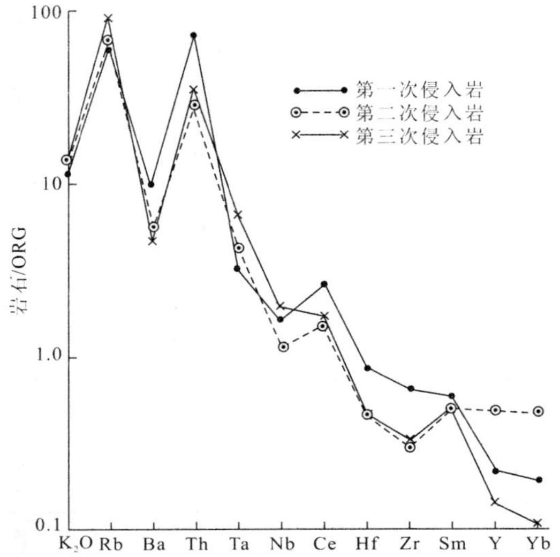

图 3-11　松木果岩体地球化学型式图

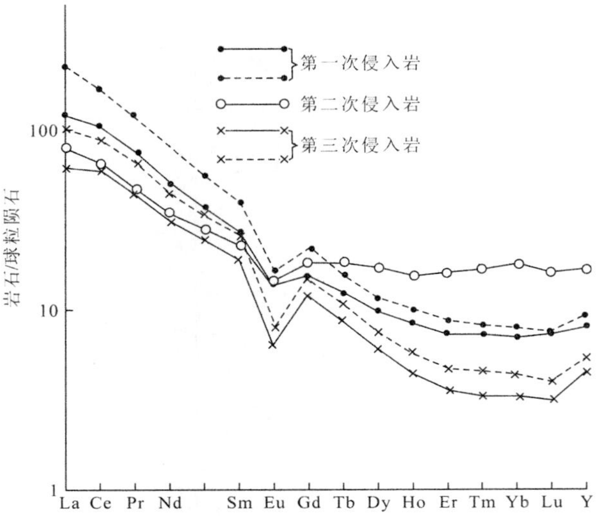

图 3-12　松木果岩体稀土元素配分模式图

从早至晚，Rb/Sr 依次为 1.41～5.63～6.4，Rb/Ba 依次为 0.49～0.99～1.53，均呈逐渐增高趋势。

4. 包体、组构、节理、岩脉特征

（1）包体

岩体中包体十分发育，具捕虏体和镁铁质包体两种类型。

① 捕虏体。大小不等，各次侵入岩均有分布，靠内部者构成顶垂体，中心少见；除第二次侵入岩较少外，其他各次侵入岩均较发育。岩石类型有两种，一种为火山岩，其边界呈港湾状（图 3-13），除个别截然外，大部分因混染而与主岩呈过渡关系，有的发育烘烤边及蚀变现象，有的聚集成捕虏体群，另一种类型为石炭—二叠系碎屑岩。

② 暗色镁铁质包体。第一次形成的各侵入体中均较发育，在第二次侵入岩中零星见到。由于混合程度不一，形成细粒黑云母石英闪长岩—闪长岩一系列岩石类型。岩石均呈半自形粒状结构，块状构造，黑云母石英闪长岩由斜长石（75%±）、黑云母（20%±）、石英（5%±）组成，闪长岩由斜长石（90%±）、角闪石（10%±）及少量透辉石组成。包体呈浑圆形、长条形，一般为

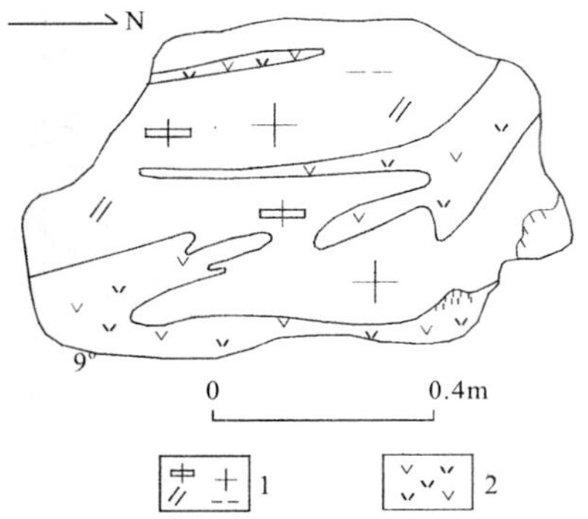

图 3-13　松木果岩体斑状花岗岩中的英安岩包体素描图

1. 斑状中粒花岗岩；2. 英安岩

3cm×5cm～3cm×9cm，闪长质包体的岩石化学、微量元素、稀土元素分析结果及特征分别见表 3-7、表 3-8、表 3-9 及图 3-14、图 3-15，属钙碱性系列。

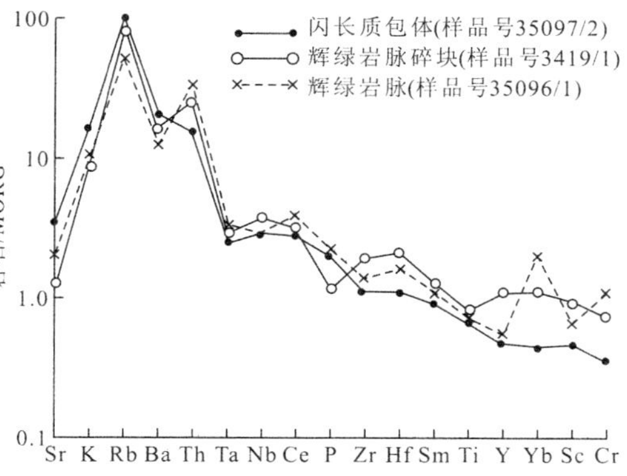

图 3-14　昂孜错—松木果岩体中的闪长质包体、辉绿岩脉地球化学型式图

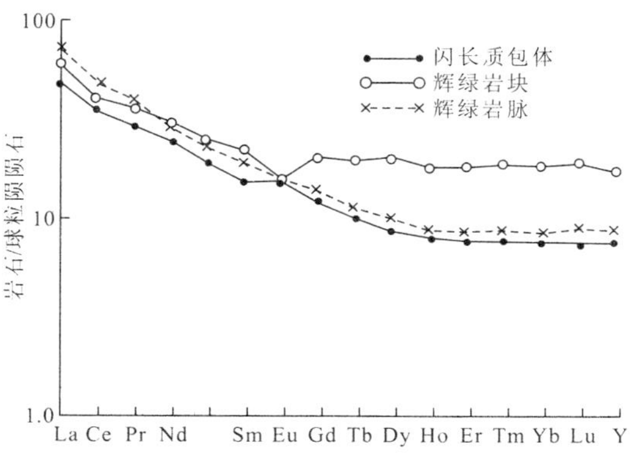

图 3-15　松木果岩体中的闪长质包体—辉绿岩脉稀土元素配分模式图

(2)岩脉

岩体中的岩脉较发育，主要有下列 3 种。

① 中基性岩脉。在第一次侵入岩中较为发育，岩石类型为闪长玢岩、变辉绿岩；岩脉走向与侵入体长轴一致，倾角较陡(约 65°～67°)，宽 50～80cm；变辉绿岩脉具变余辉绿结构、块状构造；岩石由斜长石(62%)、角闪石(35%)、绿泥石(3%)或斜长石(55%)、透辉石(25%)、绿泥石(20%)组成，其岩石化学、微量元素、稀土元素特征见表 3-7 至表 3-9 及图 3-14、图 3-15，SiO_2 含量普遍较低，在 47.6%～50.6%之间，主体属钙碱性系列、莱特的钙碱性岩。

该中基性岩脉与上述镁铁质包体、岩石类型及微量元素地球化学型式均相似，系同源产物。

② 伟晶-细晶岩脉。见于第一次及第三次侵入岩中，前者中等发育，后者零星见到。岩脉宽 2～10cm，个别具分带现象。一组倾角较缓(约 20°±)、产状与岩体边界具有大体一致性，可能系充填层节理成因，一组陡倾(70°±)，走向与岩体边界垂直，可能为充填纵节理所致；两组岩脉有互相交叉现象。

③ 石英脉。零星发育于第三次侵入岩中，系充填后期构造裂隙所致，内部具剪切变形，切割上述细晶岩脉。

(3)组构

岩体内发育的定向组构有两种：其一为第一次侵入岩的斑晶及包体定向排列形成的叶理，局部长轴定向显示出线理，该组构强弱不均，叶理总体平行于岩体边界；其二为零星发育的小型韧性剪切带，剪切带宽 0.1～15cm，呈 EW 走向、陡倾。

(4)节理

第一次侵入岩的节理中等发育，共有两类：第一类产状平缓，间隔 0.5～1m，走向与围岩边界具一致性，为层节理；第二类陡倾，间隔 1m±，走向大致垂直岩体边界，为横节理。

5. 接触变质作用

岩体周围热变质发育，形成宽约 10m 的红柱石粉砂质泥板岩，红柱石呈粒状，含量为 5%±；周围的玄武岩发生强烈的接触交代变质作用，形成宽约 0.3～1.5km 的绿帘阳起蚀变岩带。

6. 形成深度、温压条件及剥蚀程度

(1)压力及侵入深度

松木果岩体第一、第二次侵入岩具中粒结构，碱性长石为微斜长石，同化混染作用发育，岩体产状与区域构造具一定程度协调性、内部发育强弱不均的叶理，故从地质、岩相学上看具浅带下部—中带特征。第三次侵入的白云母花岗岩具中—细粒结构，有的碱性长石为微斜长石，发育中等宽度的细粒边，产状与区域构造不协调，机械贯入作用较强，具浅带下部特征。

第三次侵入的白云母花岗岩不具斑晶，接近于共结结构，在 Q－Ab－Or－P_{H_2O}相图（Tuttle 等，1958）（图 3－16）上位于 $1.2\times10^8\sim2.2\times10^8$Pa 之间，其平均值为 1.7×10^8Pa，相应深度为 5.6km。第一次侵入岩不具共结结构，在 Q－Ab－Or－P_{H_2O}相图上位于 2.2×10^8Pa 压力线，推测实际压力值应该稍低于此值。

（2）形成温度

上述压力值对应的最低点温度分别为 680℃（第一次侵入岩）、690℃（第三次侵入岩），在 Q－Ab－Or 图解（Tuttle 等，1958）（图 3－17）上显示第一次侵入岩的温度为 760℃、第二次侵入岩为 780℃、第三次侵入岩为 720～760℃（平均 740℃）。综合结论：第一次侵入岩形成的温度为 760℃，第二次为 780℃，第三次为 690～740℃。

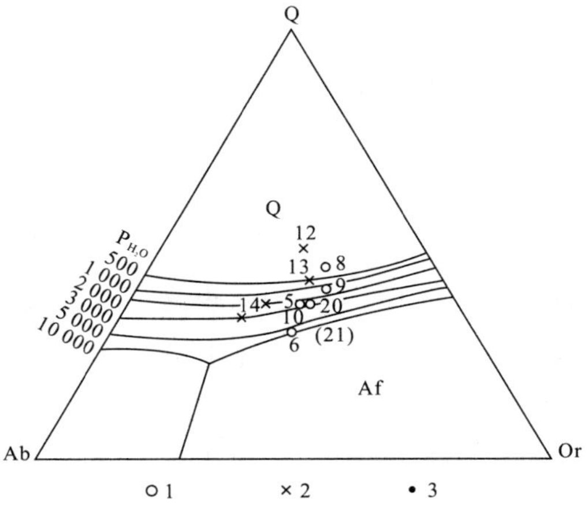

图 3－16　侵入岩 Q－Ab－Or－P_{H_2O}相图

（据 Tuttle 等，1958；编号同表 3－7）

1. 松木果岩体；2. 央雄勒—曲松乃嘎亚带；3. 色热巴—碧尖勒亚带

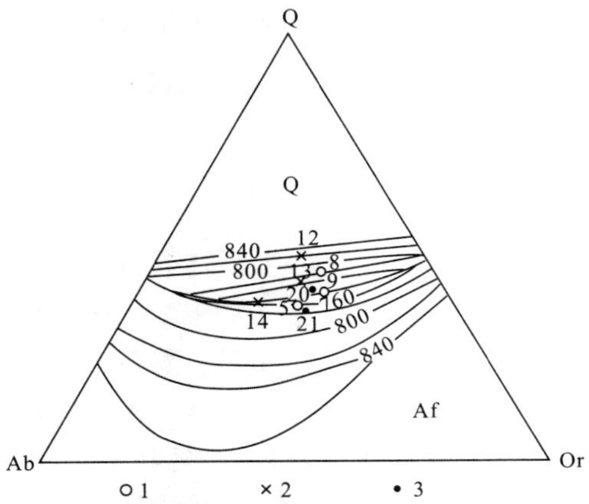

图 3－17　侵入岩 Q－Ab－Or 相图

（据 Tuttle 等，1958；编号同表 3－7）

1. 松木果岩体；2. 央雄勒—曲松乃嘎亚带；3. 色热巴—碧尖勒亚带

（3）剥蚀程度

据晚次侵入体大面积出露、岩体内有较多顶垂体、接触面中等外倾判断，松木果岩体的剥蚀程度中等。

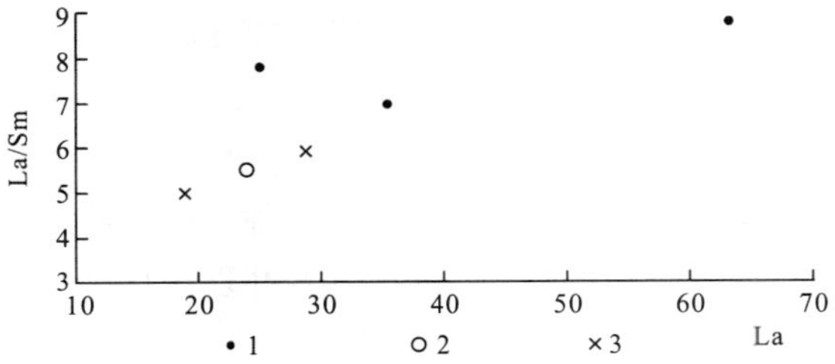

图 3－18　松木果岩体 La/Sm－La 图解

1. 第一次侵入岩；2. 第二次侵入岩；3. 第三次侵入岩

7. 岩浆演化规律的认识及岩体的对比

该亚带各次侵入岩岩石类型、岩石化学、微量元素特征呈规律性演化，但稀土元素演化表现出复杂性，La/Sm－La 图解（图 3－18）显示有部分熔融的机制存在，微量元素协变图解（图 3－19）的 Rb－Sr 图为直线型式，说明存在岩浆混合机制，Rb/Ba－Sr/Ba 为曲线、Rb/Sr－Rb/Ba 为直线，说明有部分熔融机制存在。故认为该亚带各次侵入岩系部分熔融、岩浆混合、分离结晶共同作用的结果。

侵入体之间的对比见表 3－10 和表 3－11。第一次侵入岩在江热岩体中仅斑晶稍少、稍小；第二次侵入岩在各岩体中的特征十分一致；第三次侵入岩在纳玻拉岩体中不含黑云母，其他特征彼此一致。

8. 就位机制分析

该亚带的代表岩体——松木果岩体具有以下就位型式。

①岩体形态不规则。

②早次侵入体与围岩界线规整，接触面产状与围岩层理具有一定程度的一致性；晚次侵入体则反之，并常呈岩枝贯入围岩。

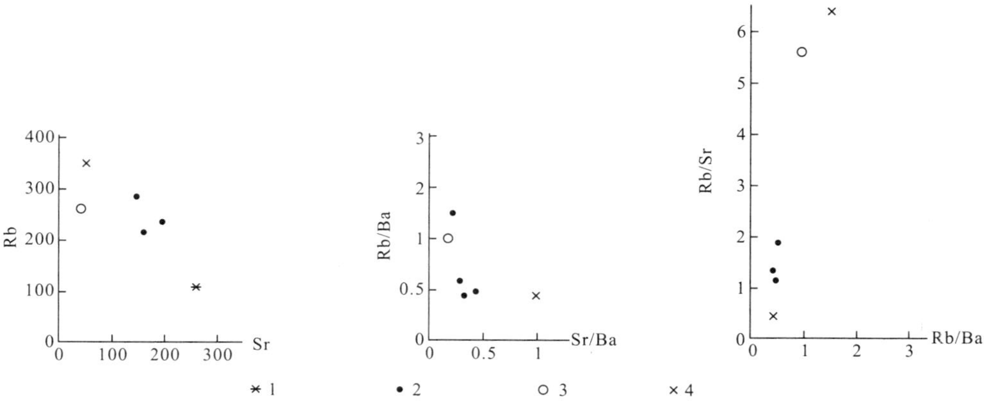

图 3-19　松木果岩体微量元素协变图解

1.辉绿岩脉;2.第一次侵入岩;3.第二次侵入岩;4.第三次侵入岩

表 3-10　昂孜错—松木果亚带第一次侵入岩及第二次侵入岩对比表

岩石特征 \ 侵入次 / 岩体	第一次		第二次	
	松木果	江热	松木果	昂孜错
岩石类型	大斑状中粒、黑云母二长花岗岩	含小斑中粒黑云母二长花岗岩	中粒黑云母二长花岗岩	中粒黑云母二长花岗岩
颜色	灰白色	灰白色—淡灰色	灰白色	粉红色
结构构造	似斑状结构、基质中粒花岗结构,块状构造	似斑状结构、基质中粒花岗结构,块状构造	中粒花岗结构,块状构造	中粒花岗结构,块状构造
岩石学特征	斑晶钾长石:24%,为微斜长石;基质钾长石:20%,为微斜长石;斜长石:29%;石英:21%;黑云母:4%;角闪石:≤4%	斑晶钾长石:3%;基质钾长石:29%;斜长石:41%,为更长石;石英:22%;黑云母:5%,褐色	钾长石:42%;斜长石:26%;石英:30%;黑云母:2%～3%;白云母少量	钾长石:45%,为条纹长石;斜长石:35%,布满泥质物和绢云母;石英:20%,具波状消光;黑云母:少量,大多变成绿泥石
副矿物	磁铁矿—白钛石		褐铁矿	磁铁矿
包体、组构、岩脉	捕虏体发育,为火山岩、碎屑岩。镁铁质包体发育。具强弱不均叶理构造。较发育中基性岩脉及伟晶岩脉	少量捕虏体,为火山岩。镁铁质包体发育,露头所限,仅见正长斑岩脉	由于露头原因,未发现包体、岩脉	偶见碎屑岩顶垂体;有少量镁铁质包体;未见岩脉

表 3-11　昂孜错—松木果亚带第三次侵入岩对比表

项目 \ 岩体	松木果	纳玻拉
岩石类型	中—细粒白云母二长花岗岩	中粒白云母二长花岗岩
颜色	白色,风化面灰黄色	白色
结构构造	中—细粒花岗结构,块状构造	中粒花岗结构,块状结构
岩石学特征	钾长石:45%,为微斜长石; 斜长石:29%,为更长石;石英:23%,波状消光明显; 黑云母:1.5%,0.3～3mm; 白云母:2.5%,0.3～3mm 副矿物:白钛石	钾长石:47%,为微斜长石; 斜长石:30%,An26; 石英:20%,波状消光明显; 白云母:3%,0.8～2.5mm,片状; 副矿物:磁铁矿
包体组构岩脉	捕虏体中等发育:火山岩和碎屑岩,大小不等; 未见镁铁质包体;未见就位组构; 伟晶岩脉(伴细晶岩脉)中等发育,零星见石英脉	由于露头所限,未发现包体、组构、岩脉

③第一次侵入岩具叶理、叶理走向大致平行接触面，其他各次侵入岩均缺乏定向组构。

④各次侵入岩均普遍发育大量捕虏体和顶垂体，同化混染现象发育。

故认为第一、第二次侵入岩就位以主动膨胀为主，兼具构造扩张、岩浆侵吞机制，第三、第四次侵入岩的就位以构造扩张为主，兼具岩浆侵吞机制。

9. 成因及构造背景探讨

第一次侵入岩含较多的暗色镁铁质微粒包体及中基性岩墙，暗色矿物以黑云母为主，角闪石仅局部出现，铝指数平均为 1.13，TFeO/(TFeO+MgO)＝0.7，$Fe^{3+}/(Fe^{2+}+Fe^{3+})$＝0.35，与巴尔巴林(1999)的“含堇青石过铝花岗岩类”一致；成因类型显示主要来自壳源，暗色包体较发育显示具有一定数量的幔源岩浆贡献。第二次侵入岩仅有稀少的镁铁质包体，矿物组合为黑云母＋少量白云母，铝指数为 1.28，TFeO/(TFeO+MgO)＝0.82，属巴尔巴林的“含堇青石过铝花岗岩类”；成因类型显示岩浆主体来自壳源，稀少的镁铁质包体显示幔源贡献很少。第三次侵入岩无镁铁质包体，富原生白云母，铝指数达 1.23，副矿物为白钛石，$Fe^{3+}/(Fe^{2+}+Fe^{3+})$＝0.21，与巴尔巴林(1996，1999)的“含白云母过铝质花岗岩”类相当；该岩石类型来自壳源。据巴尔巴林的研究结果，上述各种过铝质花岗岩类与大陆碰撞有关。

在 Manira 等(1989)的环境判别图上绝大部分样品位于俯冲—碰撞区(图 3－20)；第一次侵入岩仅 Na_2O/CaO 值与碰撞花岗岩相比稍有出入；第二、第三次侵入岩的铝指数、Na_2O/CaO(8～5.5)与其“碰撞花岗岩类”的完全吻合。各次侵入岩的微量元素地球化学型式与“碰撞花岗岩”的一致，在 Pearce 等(1984)的 Rb－Y+Nb 和 Rb－Yb+Ta 图解(图 3－21)上，第一次侵入岩大部分位于碰撞区，第二次侵入岩位于碰撞区附近，第三次侵入岩均位于碰撞区。

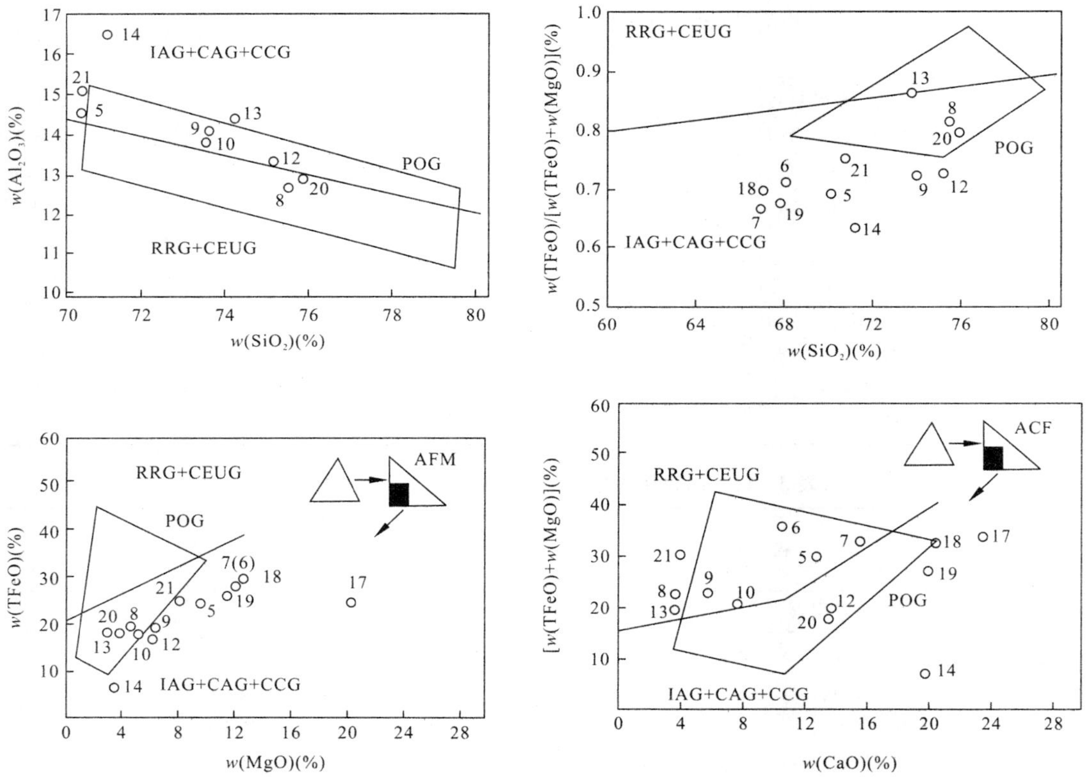

图 3－20　侵入岩 Maniar 的主元素环境判别图解

(编号同表 3－7)

IAG+CAG+CCG. 岛弧、大陆弧、碰撞花岗岩；POG. 后造山花岗岩；RRG+CEUG. 与裂谷、造陆抬升有关的花岗岩

综上所述，该花岗岩形成于广义的“碰撞环境”，该亚带属强过铝花岗岩类，最新研究表明，大量强过铝花岗岩是后碰撞产物，富白云母的花岗岩是陆内俯冲的标志，结合与昂孜错—色热巴断裂关系密切等特点

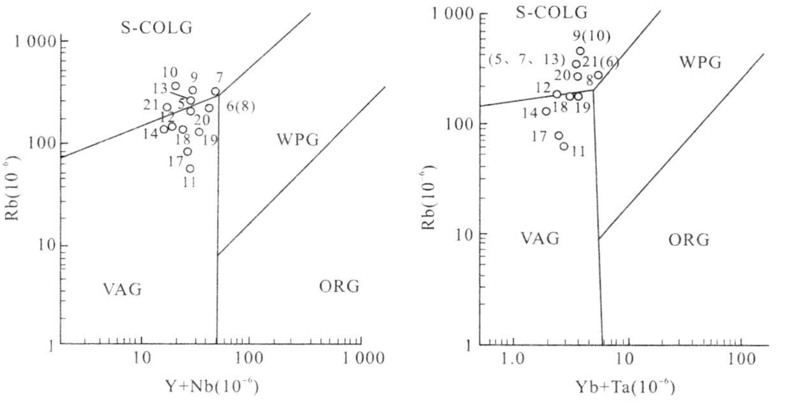

图 3-21 不同构造环境花岗岩的非活动性元素的判别

（据 pearce 等，1984；图内编号同表 3-8）

AG. 火山弧花岗岩；WPG. 板内花岗岩；S-COLG. 同碰撞花岗岩；ORG. 洋中脊花岗岩

判断，该亚带形成于后碰撞环境。

从 $CaO/Na_2O-Al_2O_3/TiO_2$ 图解（图 3-22）上可知，该亚带均具低 Al_2O_3/TiO_2 值，显示形成于相对高温环境，第一次侵入岩具高 CaO/Na_2O 值，显示主要由不成熟的源岩熔融而成或幔源贡献较多所致，第二、第三次侵入岩具低 CaO/Na_2O 值，说明主要由成熟度高的泥质岩类熔融而成。

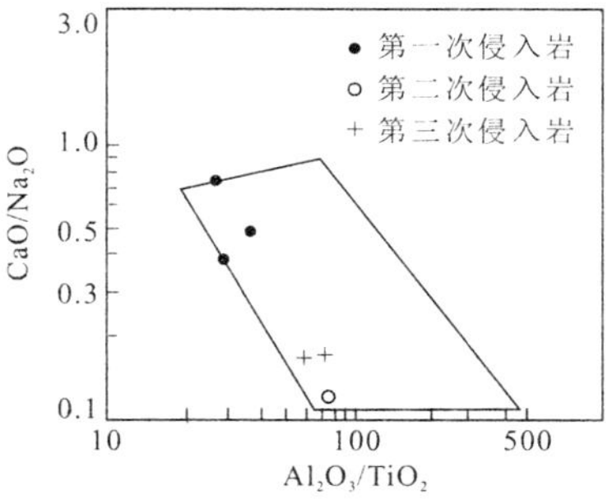

图 3-22 松木果岩体 $CaO/Na_2O-Al_2O/TiO_2$ 图解

10. 时代确定

本次区调在该亚带松木果岩体第一次侵入形成的大斑状中粒黑云母二长花岗岩中获得黑云母 K-Ar 年龄值为 163Ma，该样品新鲜，故将其时代确定为中侏罗世晚期。

（二）晚侏罗世央雄勒—曲松乃嘎白云母花岗岩亚带

分布于图幅东北侧，由央雄勒复杂岩体（编号 6）、曲松乃嘎简单岩体（编号 7）组成，该亚带还包括北邻 1∶25 万尼玛幅的叶鲁未岩体，图内出露面积约 $57km^2$。可划分为两次侵入活动，第一次为斑状中粒白云母黑云二长花岗岩（$J_3\eta\gamma$），仅 1 个侵入体，面积约 $52km^2$；第二次（$J_3\eta\gamma$）为中粒二云母二长花岗岩、中—细粒白云母二长花岗岩，由 2 个侵入体组成，面积约 $5km^2$。代表性央雄勒岩体剖面见图 3-23。

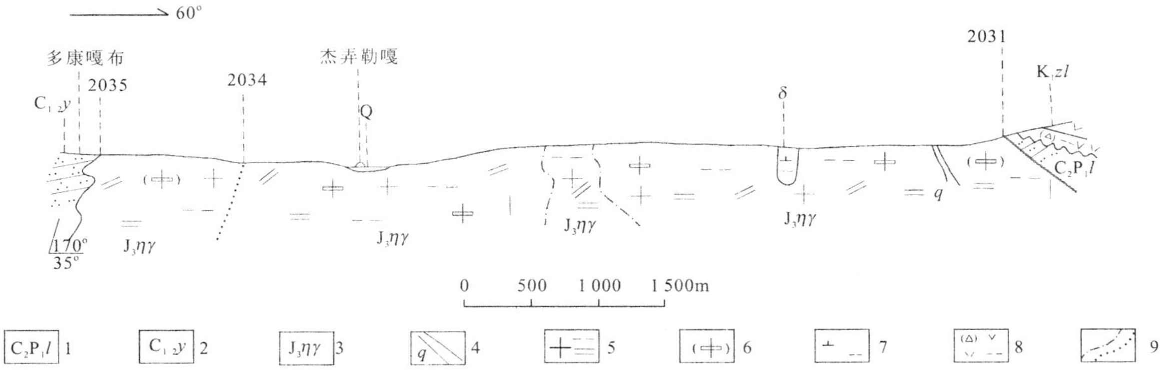

图 3-23 央雄勒岩体实测剖面图

1. 拉嘎组；2. 永珠组；3. 晚侏罗世二长花岗岩；4. 石英脉；5. 中粒二云母二长花岗岩；6. 含中斑；7. 细粒黑云母闪长岩；8. 含角砾黑云母英安岩；9. 脉动接触界线、岩性渐变界线

1. 地质特征

该亚带侵位于色热巴断裂北侧的申扎燕山期岛弧区。侵入周围石炭—二叠系碎屑岩，被晚期的则弄群(K_1zl)和林子宗群($E_{1-2}ln$)火山岩覆盖；从央雄勒岩体恢复的形态看，为不规则的带状岩株，岩体边界呈极度弯曲的港湾状、锯齿状，截切围岩层理面，局部有细长岩枝插入围岩。第二次侵入岩脉动侵入第一次侵入岩(图3-24)，二者界线呈锯齿状，前者边缘有后者的钾长石捕虏晶。第一次侵入岩具相变特征，边部斑晶少，构成含中斑中粒白云母黑云二长花岗岩，向内部斑晶逐渐增多构成中斑状中粒白云母黑云二长花岗岩。央雄勒岩体由上述两次侵入岩组成，曲松乃嘎岩体仅发育第二次侵入岩。现以央雄勒岩体为代表叙述如下。

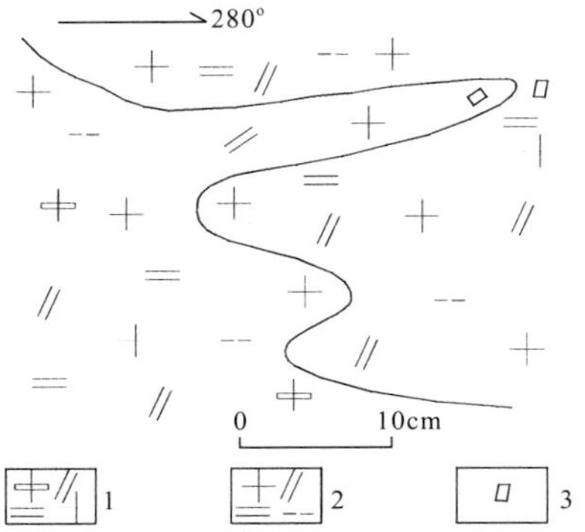

图3-24　央雄勒岩体中粒花岗岩脉动侵入斑状花岗岩素描剖面图
1.斑状中粒白云黑云花岗岩；2.中粒二云母二长花岗岩；3.钾长石斑晶

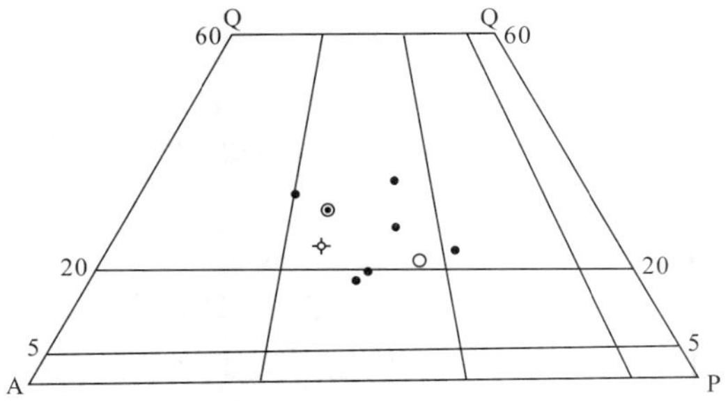

图3-25　央雄勒—曲松乃嘎亚带Q-A-P图解
•第一次侵入岩；第二次侵入岩：○央雄勒岩体；
⌖曲松乃嘎岩体；⊙叶鲁未岩体

2. 岩石类型及岩性特征

定名的Q-A-P图解见图3-25。

第一次侵入的斑状中粒白云母黑云二长花岗岩。在R_1-R_2图解(De La Roche，1980)(图3-5)上位于二长花岗岩花岗闪长岩边界上。岩石呈灰白色，风化面略泛黄褐色，似斑状结构、基质中粒花岗结构，块状构造。斑晶为钾长石，边缘相带含量为2%～5%±，内部相带为12%～18%±，平均为16%，方块状—半自形板柱状，1.4cm×1.4cm～1.5cm×2.5cm，系条纹长石，内部包有斜长石、磷灰石、黑云母、白云母、石英等。基质由钾长石(21%～31%，一般为22%～25%)、斜长石(34%～49%，平均为37%)、石英(18%～31%，平均为24%)、黑云母(3%～4%)、白云母(2%±)组成，副矿物为磁铁矿—白钛石、偶见石榴子石。其中斜长石：2mm×1.2mm～4mm×2mm，半自形板柱状，聚片双晶清楚，为更长石，⊥(010)法测得An=27±，定量测试为Ab87、An13(表3-3)；钾长石：1.5mm×1mm～4mm×1.5mm，半自形板柱状、粒状，包裹并交代斜长石，新鲜，有的微显格子双晶为微斜长石，定量测试组成为Or93、Ab7(表3-3)；石英：0.8～3mm，他形粒状，裂纹发育，波状消光明显，常聚集；云母：0.7～2mm，片状，不均匀分布，部分黑云母向绿泥石变化。石榴子石为铁铝质的钙铝榴石(表3-12)。

第二次侵入的中粒二云母二长花岗岩。在R_1-R_2图解(De La Roche，1980)(图3-5)上位于花岗闪长岩区。岩石呈灰白色，中粒花岗结构，块状构造，由斜长石(44%±)、钾长石(30%±)、石英(20%±)、黑云母(3%±)、白云母(3%±)组成。斜长石：半自形板柱状，2mm×0.8mm～2.5mm×1.5mm，聚片双晶清楚，⊥(010)法测得An=28，系更长石；钾长石：1mm×0.8mm～2mm×1mm，半自形板柱状，包裹斜长石；石英：1～1.5mm，他形粒状，波状消光明显；云母：片状，0.4～1mm，黑云母大多变成绿泥石。

3. 岩石地球化学特征

(1)岩石化学特征

分析结果及主要参数见表3-7。

表 3-12 热布喀幅侵入岩石榴子石化学成分及晶体化学式

亚带	侵入次	样品号	序号	Na_2O	MgO	Al_2O_3	SiO_2	CaO	TiO_2	Cr_2O_3	MnO	FeO	Σ
E_2 局章勒亚带		21143/1	4	0.21	0.07	27.00	37.86	24.37	0.00	0.00	0.25	9.08	98.84
K_2 贡勒亚带		32196/1	3	0.08	0.00	20.87	38.67	24.17	0.00	0.20	0.15	14.90	99.04
J_3 鸭绒亚带		35175/1	2	0.00	0.17	23.32	38.05	24.79	0.49	0.15	0.20	11.84	99.11
J_3 央雄勒—曲松乃嘎亚带	一	2031/1	1	0.01	0.30	21.36	36.89	25.19	8.53	0.00	0.00	6.48	98.76

样品号	序号	A					B			T		样品所采自的岩体
		Mg	Fe	Mn	Ca	Na	Al	Ti	Cr	Si	Al	
21143/1	4	0.008	0.358	0.017	2.068	0.032	2.517	0.000	0.000	2.998	0.002	局章勒南岩体
32196/1	3	0.000	0.769	0.010	2.090	0.013	1.984	0.000	0.013	3.121	0.000	贡勒岩体
35175/1	2	0.020	0.756	0.013	2.067	0.000	2.107	0.029	0.009	2.961	0.039	鸭绒岩体
2031/1	1	0.035	0.515	0.000	2.106	0.002	1.842	0.501	0.000	2.879	0.121	央雄勒岩体

注:氧化物含量单位:%;A、B、T 均以 12 个氧为基数

与中国二云母花岗岩的平均值(黎彤等,1962)相比较为一致,两次侵入岩均具有 CaO 高、Fe_2O_3 低、K_2O 稍低的特点,第二次侵入的二云母花岗岩尚具 Al_2O_3 高、SiO_2 和 FeO 稍低的特点。

在硅—碱图(图 3-7)上均位于钙碱性系列区,在 TFeO/MgO 与 SiO_2、TFeO 图解(图 3-8)上位于狭义的钙碱性系列区,在 K_2O-SiO_2 图解(图 3-9)上位于高钾区,在 AR-SiO_2 图解(图 3-10)上均位于钙碱性岩区,里特曼指数较为一致,依次为 1.24,1.77,综合判断属莱特的钙碱性岩、高钾类型;铝指数 A/CNK 依次为 1.24,1.12,出现较多白云母,故属强过铝类型。

(2)微量元素特征

分析结果见表 3-9。

与花岗岩维氏平均值相比差别较大,表现为铁族元素均显著富 Co、而贫 V、Cr、Ni,稀有分散元素中普遍贫 Zr、Nb、稍贫 Th,K/Rb 依次为 179.3~193.5,Rb/Sr 依次为 0.8~0.47。

(3)稀土元素特征

分析结果及参数见表 3-8,配分模式见图 3-26。

两次侵入岩的稀土曲线形态十分相似,均为向右倾斜之平滑型式,均属轻稀土富集型,ΣCe/ΣY 依次为 7.88~5.95,第一次侵入的斑状花岗岩具弱铕正异常,铕异常系数 δEu=1.38,第二次侵入的中粒二云母花岗岩无铕异常;稀土总量普遍较低,依次为 135.1×10^{-6},115.6×10^{-6}。

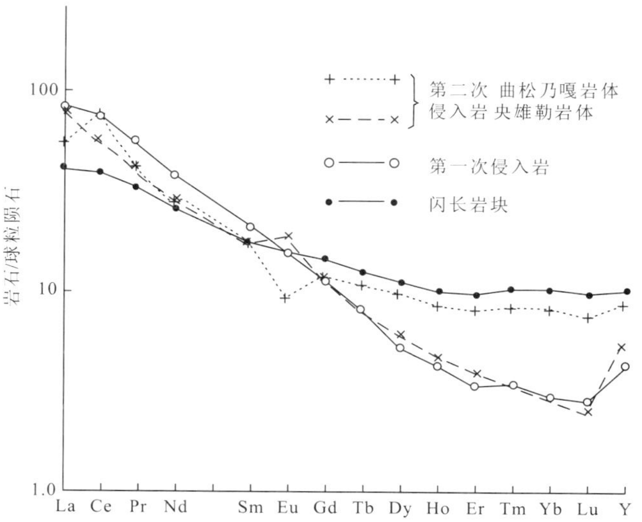

图 3-26 央雄勒—曲松乃嘎亚带稀土元素配分模式

4. 包体、组构、岩脉特征

(1)包体

该亚带的一大特点是包体十分稀少,仅在央雄勒岩体的第一次侵入岩内部偶尔见到两种捕虏体。

a. 灰绿色细粒黑云母闪长岩块体。规模较大,约 50m×500m±,边界较平整,花岗岩呈岩瘤状侵入其内部。由斜长石(83%±)、角闪石(5%±)、黑云母(10%±)、白云母(2%±)及微量磁铁矿组成,岩石发生了轻微的绿泥石化、绿帘石化、方解石化;岩石化学、微量元素、稀土元素分析结果见表 3-7 至表 3-9,SiO_2=51.3,铝指数 A/CNK=0.79,未出现 ac 标准矿物。故为偏铝质类型,判别图解

显示属中钾钙碱性系列；稀土配分模式见图 3－26，为轻稀土富集型、无铕异常。

b. 灰绿色斑状安山岩团块。常呈捕虏体群分布于侵入体内部，具顶垂体性质。

(2)组构

该亚带的另一特点是组构缺乏，仅局部发育钾长石斑晶的弱定向；央雄勒岩体边缘的局部地段发育糜棱岩化，从产出部位看，为岩浆尚未完全冷却时边缘断层活动所致。

(3)岩脉。该亚带的第三个特点是无相关岩脉，仅有少量晚期的石英脉，该脉具金矿化。

5. 接触变质作用

央雄勒岩体的外接触带局部发生接触热变质作用，形成绢云母粉砂质瘤状板岩等岩石类型；岩体边部碎裂带中发育强烈的阳起石化、钠长石化蚀变作用。

6. 侵入深度、温压条件及剥蚀程度

(1)压力及侵入深度

央雄勒岩体具中粒结构，基质钾长石为微斜长石，侵入体相带发育，接触变质晕中等发育，岩体与周围区域构造不协调，从地质岩相学特征看应位于浅带下部；在 Q－Ab－Or－P_{H_2O}相图(图 3－16)上第二次的中粒花岗岩投点位于最低点处，显示压力为 1.7×10^8Pa、相应深度为 5.6km；第一次的斑状花岗岩其投点偏离最低点，据基质粒度比第二次侵入岩稍粗判断，侵入深度稍深。

曲松乃嘎岩体碱性长石也为微斜长石，仅基质粒度比央雄勒岩体中的同次侵入岩稍细；在 Q－Ab－Or－P_{H_2O}相图(图 3－16)上位于最低点附近的 0.6×10^8Pa 压力线上。综合考虑认为，其压力及深度应稍小于央雄勒岩体中的同类侵入体。

(2)形成温度

在 Q－Ab－Or 相图(图 3－17)上，央雄勒岩体斑状花岗岩的温度为 820℃，中粒花岗岩的为 720℃，曲松乃嘎岩体中细粒花岗岩的为 750℃；在标准花岗岩始熔曲线与饱和水含量图解上央雄勒岩体中粒花岗岩显示的最低点温度为 690℃。

综合结论：央雄勒岩体中斑状花岗岩的形成温度稍低于 690℃、中粒花岗岩的形成温度为 690℃，曲松乃嘎中—细粒花岗岩的形成温度稍大于 690℃。

(3)剥蚀程度

据晚次侵入岩出露面积小、早次侵入岩大面积出露、岩体内部为脉动关系、内部有顶垂体判断，央雄勒岩体为浅剥蚀。

7. 岩体对比及两次侵入岩的关系

(1)岩体对比

第一次侵入岩仅在央雄勒岩体中出现。第二次侵入岩在央雄勒岩体中的相应部分与曲松乃嘎岩体相比，各项特征较为一致(表 3－13)，但也有一定程度的差别，曲松乃嘎岩体中钾长石的含量稍高，黑云母稍少，SiO_2、分异指数、铝指数、Rb/Sr 值均较高，负铕异常稍强，反映其分异程度相对较高。

(2)两次侵入岩的关系

从央雄勒岩体的两次侵入岩看，岩性特征十分接近，均以钾长石含量相对低而在 Q－A－P 图解上靠近花岗闪长岩区为特点。从早至晚白云母含量有所增加，岩石化学属性较为一致；从早至晚分异指数 DI、铝指数、Fe_2O_3、FeO、MgO、TiO_2均稍有下降而 Al_2O_3 升高。稀土微量元素特征基本一致，从早至晚稀土总量略有下降，重稀土略有上升、铕异常系数变小、Rb/Sr 值下降。上述特征有的符合岩浆分异规律，有的不符合岩浆分异规律，在 La/Sm－La 图解(图 3－27)上，二者构成部分熔融趋势，故我们认为，二者系部分熔融程度不同而形成。

8. 就位机制概略分析

代表性的央雄勒岩体具有以下就位特点：①平面形态不规则，走向与构造线斜交；岩体边界及内部界线均呈锯齿状，截切围岩层理面；②岩体内部缺乏定向组构；③围岩未因侵入而变形。可以看出，主动膨胀机制基本无表现，结合该岩体处于色热巴断裂一侧，并呈 45°角斜交断裂带，推测认为，系该断裂带晚期左行剪切引起旁侧构造扩张、岩浆沿构造扩张薄弱带上侵而就位。

表 3-13　央雄勒—曲松乃嘎亚带第二次侵入岩对比表

项目＼所在岩体	央雄勒岩体	曲松乃嘎岩体
岩石名称	灰白色中粒二云母二长花岗岩	灰白色中—细粒白云母二长花岗岩
岩性特征	钾长石：30%±； 斜长石：44%±，An28，更长石； 石英：20%±，波状消光明显； 黑云母：3%±； 白云母：3%±	钾长石：43%±，有的显格子双晶为微斜长石，Or94An6； 斜长石：29%±，主体更长石，定量测试 Or14Ab80An6，1mm×0.8mm～2.5mm×1.5mm； 石英：24%±，裂纹发育，波状消光明显； 白云母：4%±，片状，0.2～0.7mm； 黑云母：少量，片状，0.2～0.7mm
副矿物	磁铁矿	磁铁矿
包体组构岩脉	均无，块状构造	均无，块状构造
岩石化学特征	SiO_2：70.87%；DI：80.99；σ：1.77；A/CNK：1.12；属狭义的高钾钙碱性系列、钙碱性岩，强过铝质，富 Al_2O_3、CaO，贫 Fe_2O_3，稍贫 FeO、K_2O	SiO_2：74.19%；DI：91.15；σ：1.97；A/CNK：1.35；属狭义的高钾钙碱性系列、钙碱性岩、强过铝质，稍富 Al_2O_3、贫 FeO，稍贫 CaO
微量元素特征	K/Rb=193.5，Rb/Sr=0.47 富 Co，贫 V、Cr、Ni、Zr、Nb，稍贫 Th	K/Rb=114.1，Rb/Sr=1.95 富 Hf，稍富 Rb，贫 V、Cr、Zr，稍贫 Th、Sr、Ba
稀土元素特征	轻稀土富集型，无铕异常，ΣREE=115.57×10^{-6}，ΣCe/ΣY=5.95，δEu=0.97	轻稀土富集型，弱—中等铕贫异常 ΣREE=130.38ppm，Σce/ΣY=3.64，δEu=0.60

9. 成因及构造背景分析

该亚带富含白云母、其粒径粗、没有被包裹、为原生白云母，铝指数 A/CNK 远大于 1，无镁铁质包体，为巴尔巴林的“含白云母过铝花岗岩类”，该岩石类型来自于壳源熔融。

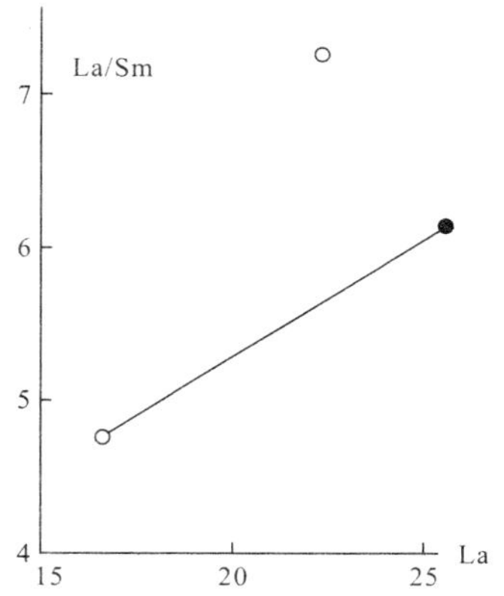

图 3-27　央雄勒—曲松乃嘎亚带 La/Sm-La 图解

• 第一次侵入岩；○第二次侵入岩

在 Maniar 等(1989)的环境判别图(图 3-20)上均位于碰撞花岗岩区；在 Rb-Y+Nb、Rb-Yb+Ta 判别图(图 3-21)上曲松乃嘎岩体位于同碰撞区、央雄勒岩体位于弧区；该亚带属强过铝花岗岩类，富含白云母，研究表明，白云母花岗岩、二云母花岗岩是陆内俯冲的标志，与后碰撞有关，结合该亚带与色热巴断裂的晚期左行剪切活动的密切关系，我们认为其形成于后碰撞环境。在 $CaO/Na_2O-Al_2O_3/TiO_2$ 图解上(图 3-28)，该亚带具高 Al_2O_3/TiO_2 值，显示其形成于低温环境；央雄勒岩体位于高 CaO/Na_2O 区，显示由不成熟的源岩熔融而成；曲松乃嘎岩体位于低 CaO/Na_2O 区，显示主要由成熟的富粘土的源岩熔融而成。

10. 时代确定

本次区调在央雄勒岩体斑状中粒白云母黑云二长花岗岩(属本亚带第一次侵入岩)中获得白云母的 K-Ar 年龄为 142Ma，在曲松乃嘎岩体中—细粒白云母二长花岗岩中(属本亚带第二次侵入岩)获得白云母的 K-Ar 年龄为 132Ma，这些样品无风化蚀变、数值相关性强，与野外确定的相对序次吻合，据封闭温度理论，白云母的 K-Ar 年龄值偏小于侵位年龄，故将该亚带的形成时代确定为晚侏罗世中期。

(三)中—晚侏罗世松木果—央雄勒强过铝花岗岩带小结

该岩带的两期岩体受昂孜错—色热巴断裂控制在空间上有规律分布，早期的昂孜错—松木果亚带均位于色热巴断裂南侧，晚期的央雄勒—曲松乃嘎亚带均位于断裂北侧，从南往北由老变新。

两期岩体的岩石类型相似，均为二长花岗岩。早期的昂孜错—松木果亚带主体为“含黑云母过铝质花岗岩”，暗色矿物以黑云母为主，含有暗色镁铁质包体，而晚期的央雄勒亚带为“含白云母过铝质花岗岩”，富含白云母，不含暗色镁铁质包体，钾长石含量相对稍低；二者均属高钾钙碱性岩，稀土配分模式及微量元素地球化学型式相似，从早至晚 V、Cr、Ni、Th 降低，Sr、Ba 略有增高。

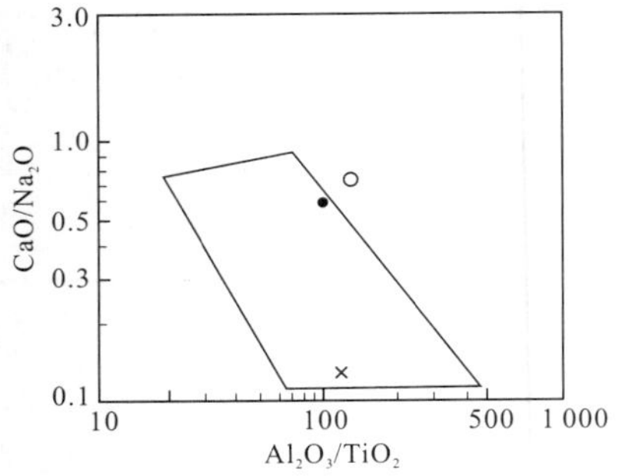

图 3-28　央雄勒—曲松乃嘎亚带 $CaO/Na_2O-Al_2O_3/TiO_2$ 图解

• 第一次侵入岩；第二次侵入岩；○ 央雄勒岩体；× 曲松乃嘎岩体

该岩带两期岩体的形成与昂孜错—色热巴断裂早晚期活动紧密相关；早期的松木果亚带与色热巴断裂早期的逆冲有关，定位于该逆冲作用派生的张裂隙中，幔源岩浆贯入作用较强，在相对高温的条件下熔融、结晶而成；晚期的央雄勒岩体与色热巴断裂晚期的左行剪切有关，定位于剪切旁侧的张裂隙中，在含水、相对低温的条件下由纯粹的壳源熔融、结晶而成。

二、白垩纪色热巴—夏噶日中酸性花岗岩带

该岩带南界大致以昂孜错—色热巴断裂为界，仅个别岩体略有出入，经分析，其形成与格仁错构造带的闭合造山旋回有关；该图幅仅出露该岩带的南侧部分，分布于图幅东北部的格仁错南岸、孔错、白瓦勒一带，出露面积约 123km²，均属其俯冲阶段产物，可划分为第一期的早白垩世纳巴乃嘎—安门闪长岩亚带、第二期的色热巴—碧尖勒中酸性岩亚带。

（一）早白垩世纳巴乃嘎—安门闪长岩亚带

该亚带主体位于北邻的 1∶25 万尼玛区幅，在该图幅内出露较少，面积约 4km²，分布于图幅东北侧，由卓觉怒弄勒（编号 4）、哥雅（编号 11）两个岩体组成。经分析，该亚带归属为俯冲阶段一期，包含两次侵入活动：第一次侵入为闪长玢岩（$K_1\delta\mu$），在图幅内仅出露哥雅简单岩体，面积为 1km²；第二次侵入为细粒黑云母斜长花岗岩（$K_1\gamma o$），在图幅内仅出露卓觉怒弄勒简单岩体，面积约 3km²。

1. 地质及岩石学特征

（1）第一次侵入的哥雅闪长玢岩体

分布于格仁错南岸的楠祖附近，侵位于申扎燕山期岛弧区隆起带上，侵入周围石炭系，呈岩瘤产出。岩石呈灰绿色，斑状结构、基质半自形细粒结构，块状构造。斑晶由斜长石（1%±）、黑云母（1%±）组成，基质由斜长石（99%±）、黑云母（8%±）组成，副矿物为磁铁矿。斑晶斜长石：0.7mm×0.5mm～1.7mm×1.5mm，半自形板柱状，微显双晶；斑晶黑云母：0.5～1.7mm，片状，大部变成绿泥石；基质斜长石：0.3mm×0.05mm～1mm×0.15mm，半自形板柱状，杂乱分布。

（2）第二次侵入的卓觉怒弄勒细粒黑云母斜长花岗岩体

分布于图幅北部的古藏纳月一带，侵位于该岛弧区南缘隆起带上，呈岩株状侵入周围石炭系，边界一般圆滑弯曲，局部呈折线状。岩石呈灰白色，细粒花岗结构，块状构造，由斜长石（73%±）、钾长石（5%±）、石英（20%±）、黑云母（2%±）组成，副矿物为磁铁矿—磷灰石；斜长石：0.7mm×0.5mm～2mm×1.3mm，半自形板柱状；钾长石：0.5～1mm，半自形粒状；石英：0.5～1.5mm，裂纹发育，波状消光明显；黑云母：0.3～0.9mm，片状，大都变成绿泥石。

2. 接触变质作用

卓觉怒弄勒岩体使围岩产生了强烈的接触变质作用，变质带在平面上宽约 1km±，形成的岩石类型主要有堇青石黑云母—绢云母角岩、含石榴石绢云母板岩和含少量石榴石的碎屑岩。

3. 侵入深度、剥蚀程度

哥雅岩体规模小，具斑状结构，系高位深成岩体，为则弄群火山喷发后沿空虚岩浆房侵位而成。卓觉怒弄勒岩体粒度细，接触变质晕发育，综合认为形成于浅带；同时显示其隐伏规模较大、剥蚀程度较浅。该岩体侵位于隆起带的核部，周围有多条断层分布，其侵位与局部形成的构造薄弱带有关。

4. 两次侵入岩的关系

两次侵入形成的岩体，空间位置相距较近，大体上沿构造线成带分布，钾长石含量均极度偏低，从岩石组合上看符合低钾钙碱性奥长花岗岩系演化趋势，故将其归为一期。

5. 成因及构造背景分析

该亚带为闪长岩-英云闪长岩组合，钾长石含量低，常含大量的角闪石(结合北邻 1∶25 万尼玛区幅其他岩体资料)，副矿物为磁铁矿，与则弄群安山岩-英安岩关系密切，大体上相当于巴尔巴林的“含角闪石钙碱性花岗岩类”；该类型来自于壳幔混合源，形成于俯冲环境。

6. 形成时代

在北邻尼玛区幅，该亚带闪长岩较普遍侵入则弄群火山岩，与其空间关系密切；从俯冲环境岩浆演化的一般规律看，应该早于下述中—高钾钙碱性系列的色热巴—碧尖勒亚带；后者内部发现有一些早期闪长岩岩块与前者特征一致，二者构成超动关系。故将其时代置于早白垩世早—中期。

(二)早白垩世色热巴—碧尖勒中酸性岩亚带

分布于图幅东北部孔错附近，由色热巴(8)、碧尖勒(9)、国布勒(10)、白瓦勒(12)4 个复杂岩体组成，图幅内出露面积约 $119km^2$。可划分为 4 次侵入活动，第一次为中粒黑云母石英闪长岩($K_1\delta o$)，较大侵入体仅 1 个，面积约 $2km^2$；第二次主体岩性为灰白色含小斑中细粒黑云石英二长岩($K_1\eta o$)，由 4 个侵入体组成，面积约 $40km^2$；第三次主体岩性为灰白色细粒黑云母二长花岗岩($K_1\eta\gamma$)，图内较大侵入体有 3 个，面积约 $8km^2$；第四次为补充期侵入的花岗斑岩($K_1\gamma\pi$)，仅 1 个侵入体，面积约 $69km^2$。其代表性色热巴岩体、碧尖勒岩体剖面见图 3-29 和图 3-30。

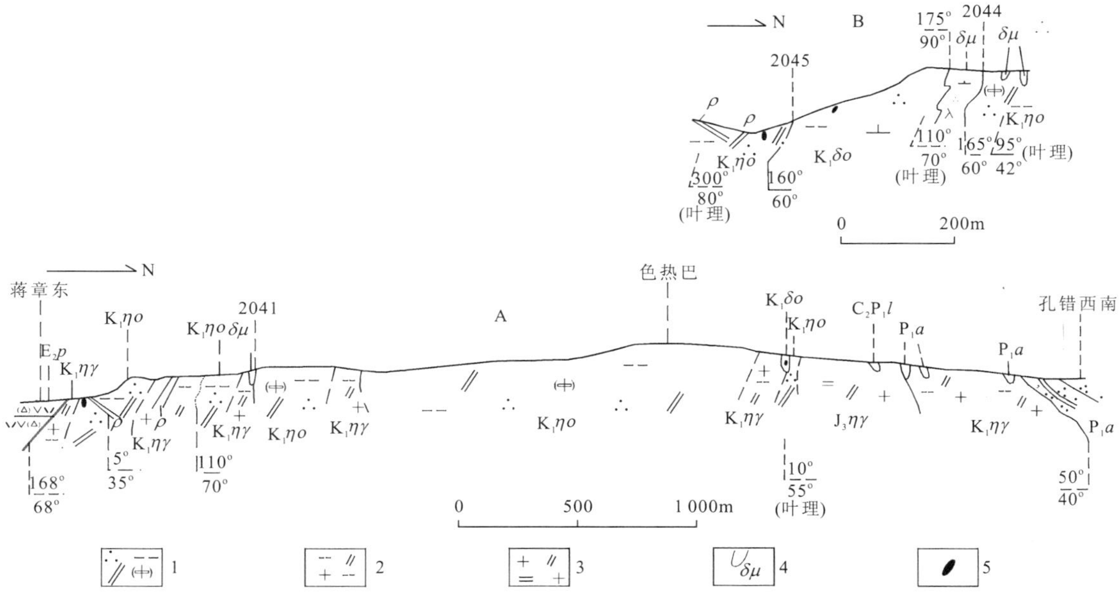

图 3-29 申扎县蒋章东—孔错西南色热巴岩体实测剖面图

(A. 主剖面；B. 主剖面西侧 500m 处的补充剖面)

1. 含小斑中粒黑云石英二长岩；2. 细粒黑云母二长花岗岩；3. 中—细粒白云母二长花岗岩；4. 早期闪长玢岩；5. 暗色包体

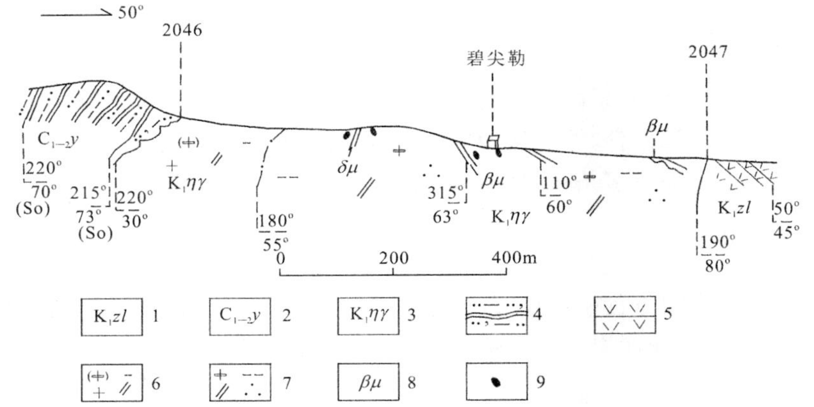

图 3-30　申扎县碧尖勒岩体实测剖面图

1. 下白垩统则弄群；2. 永珠组；3. 早白垩世二长花岗岩；4. 变斑点状泥质粉砂岩；5. 英安岩；6. 含小斑细粒黑云母二长花岗岩；7. 小斑状中粒黑云母石英二长岩；8. 辉绿玢岩脉；9. 暗色包体

1. 地质特征

该亚带主体侵位于色热巴断裂北侧的申扎燕山期岛弧区，仅少部分位于断裂南侧。侵入周围石炭—二叠系及早白垩世则弄群火山岩，与晚侏罗世曲松乃嘎白云母花岗岩野外关系不明。

色热巴岩体呈不整合岩株产出，但有向整合过渡的特点，边界锯齿状、圆滑状均有。包含 3 次侵入岩，第一次侵入岩呈一些规模不等的大型块体分布于晚次侵入岩之中；第二次侵入岩与围岩未见接触，脉动侵入第一次形成的石英闪长岩，其界线截然，靠近边部粒度变细、接触带处细化强烈、构成冷凝边，周围发育辐射状岩枝；第三次侵入岩呈一些不规则带状岩株、岩枝侵位于复杂深成岩体的外缘，内部少见，与第二次侵入岩之间先后关系清楚，内部有许多早次大型不规则状捕虏体，接触处常发育伟晶岩脉，伟晶岩脉的粒度向晚次岩体一侧变细。

碧尖勒岩体与石炭系围岩表现出明显的不整合状，边界呈折线型切割围岩层理（图 3-31），并呈岩枝状插入围岩之中。由该亚带中的第二、第三次侵入岩组成，晚次侵入体分布于岩体外围，其中第二次侵入的石英二长岩与则弄群（K_1zl）的侵入关系明确。

白瓦勒岩体分布于打鄂日东及白瓦勒两地，在图外连成一体，1∶100 万日喀则幅区调归为甲岗岩体一部分，本次区调发现与甲岗岩体为两个岩体。由本亚带中的第二次侵入岩——中粒花岗闪长岩（$K_1r\delta$）及第四次侵入——花岗斑岩组成，周围被林子宗群火山岩覆盖。现主要以色热巴岩体为例叙述如下。

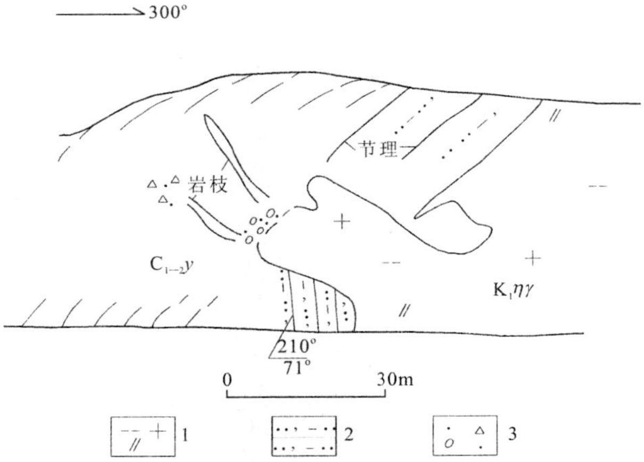

图 3-31　碧尖勒岩体（$K_1\eta\gamma$）侵入永珠组（$C_{1-2}y$）素描图

1. 含小斑细粒黑云二长花岗岩；2. 斑点状泥质粉砂岩；3. 残积物

2. 岩石学特征

岩石定名的 Q-A-P 图解见图 3-32。

（1）第一次侵入的中粒黑云母石英闪长岩。在多阳离子 R_1-R_2 图解（图 3-5）上位于闪长岩区。岩石呈灰绿色，中粒半自形粒状结构，块状构造，由斜长石（60%～78%，平均为 70%）、石英（3%～10%，平均为 8%）、黑云母（2%～10%，平均为 7%）、角闪石（2%～25%，平均为 15%）组成，副矿物为帘石-磁铁矿-榍石。斜长石：2.5mm×1.9mm～4mm×2mm，半自形板柱状，主要为更—中长石，局部拉—培长石，⊥（010）法测得An＝28～32，定量测试值为 Or14Ab13An73－Ab35An65（表 3-3）；角闪石：1mm×0.4mm～3mm×1mm，绿色柱状，系原生、属钙角闪石组的镁角闪石（表 3-

14)；石英：0.2～0.5mm，不规则粒状；黑云母：0.3～2mm，褐色片状，大多变成绿泥石，属镁质黑云母（表 3－5）。岩石中的黑云母常呈 1cm± 的不规则状团块，其中含数量不等的斜长石，据其粒度判断为堆晶所致。

（2）第二次侵入的含小斑中细粒黑云石英二长岩。在多阳离子 R_1-R_2 图解（图 3－5）上位于花岗闪长岩区。岩石呈灰白色—浅灰色、略显肉红色调，似斑状结构、基质半自形粒状结构，块状构造。斑晶为钾长石：2%～10%，平均为 7%，3mm×5mm～5mm×20mm，半自形板柱状，包裹斜长石、石英、黑云母。基质由钾长石（10%～46%，平均为 24%）、斜长石（49%）、石英（5%～20%，平均为 14%）、黑云母（3%～10%，平均为 6%）组成，偶见角闪石，副矿物为磁铁矿—榍石—帘石；其中钾长石粒径为 0.8mm×0.4mm～2.4mm×1.5mm，半自形板柱状，个别新鲜而微显格子双晶，为微斜长石，定量测试组成为 Or94Ab6（表 3－4）；斜长石：0.8mm×0.4mm～2.4mm×1.5mm，半自形板柱状，被钾长石包裹，主要为更长石，⊥（010）法测得 An＝24～28，定量测试结果为 Or2Ab49An49（表 3－3）；石英：0.3～1.9mm，他形粒状，常聚集成团，波状消光明显；黑云母：0.4～2mm，褐色片状，个别向绿泥石变化，不均匀分布，常聚集成 1cm± 的不规则团块，据其粒度判断为堆晶成因；角闪石为原生、属钙角闪石组中的铁角闪石（表 3－14）。

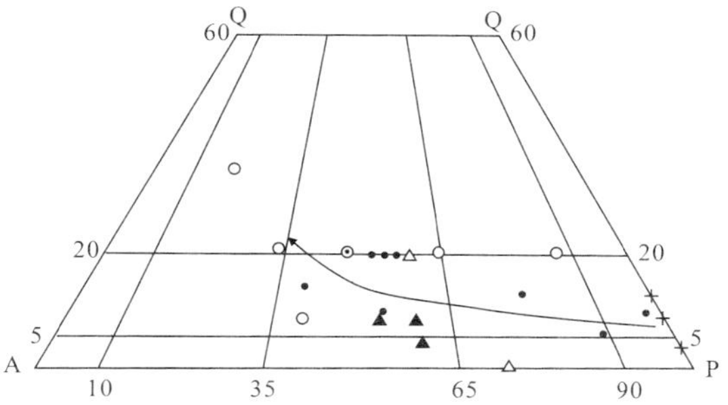

图 3－32　色热巴—碧尖勒亚带 Q－A－P 图解

＋第一次侵入岩；第二次侵入岩：●色热巴岩体；▲碧尖勒岩体；第三次侵入岩：○色热巴岩体；△碧尖勒岩体；⊙国布勒岩

表 3－14　热布喀幅侵入岩中角闪石的化学成分及晶体化学式

亚带	分次	样品号	序号	Na_2O	MgO	Al_2O_3	SiO_2	K_2O	CaO	TiO_2	Cr_2O_3	MnO	FeO	Σ
K_2 岗在—边当亚带		12214/1	11	0.94	14.21	4.88	49.34	0.44	12.57	0.98	0.00	0.72	13.05	97.13
		31107/1	10	0.95	12.15	7.12	48.79	0.65	12.19	1.26	0.04	0.57	14.25	97.97
			9	0.67	10.27	6.04	46.85	0.46	14.83	5.83	0.00	0.59	11.90	97.44
K_1 公穷松多—苦热拉亚带	二	22192/1	8	0.44	10.73	2.88	52.39	0.18	10.64	0.09	0.14	1.30	19.42	98.21
J_3 鸭绒亚带		35175/1	7	1.01	11.28	11.73	44.16	1.11	12.76	3.15	0.11	0.08	10.89	96.28
			6	0.42	17.86	4.39	53.11	0.18	12.68	0.22	0.23	0.20	6.86	95.15
K_1 色热巴—碧尖勒亚带	二	2045/1	5	0.56	8.54	8.47	46.33	1.00	12.07	0.86	0.00	0.96	19.00	97.79
		2046/2	4	0.70	9.63	6.90	47.02	0.75	12.06	1.17	0.10	0.72	17.53	96.58
	一	2044/1	3	0.56	11.56	10.43	47.16	0.21	12.09	0.58	0.00	0.15	13.35	96.09
			2	0.56	12.09	9.48	47.36	0.32	11.54	0.63	0.09	0.34	14.02	96.43
	包体	2050/1	1	0.82	8.39	10.73	42.31	1.32	12.19	1.06	0.00	0.62	19.51	96.95

序号	A	B				C								T			
	K	Fe	Mn	Ca	Na	Al	Cr	Fe^{3+}	Ti	Mg	Fe^{3+}	Mn	Ca	Si	Al	Fe^{3+}	Ti
11	0.081	0.000	0.000	1.737	0.263	0.000	0.000	0.841	0.107	3.061	0.695	0.088	0.209	7.129	0.830	0.041	0.000
10	0.120	0.000	0.000	1.733	0.267	0.281	0.005	0.521	0.137	2.623	1.205	0.070	0.158	7.066	0.934	0.000	0.000
9	0.087	0.000	0.000	1.168	0.192	0.000	0.000	0.000	0.000	2.267	1.474	0.074	1.185	6.937	1.053	0.000	0.649
8	0.034	0.027	0.163	1.684	0.126	0.239	0.016	0.078	0.010	2.363	2.294	0.000	0.000	7.738	0.262	0.000	0.000
7	0.208	0.000	0.000	1.721	0.288	0.521	0.013	0.358	0.348	2.472	0.980	0.010	0.297	6.491	1.509	0.000	0.000
6	0.033	0.000	0.000	1.884	0.116	0.282	0.026	0.182	0.024	3.783	0.634	0.024	0.046	7.547	0.453	0.000	0.000
5	0.191	0.000	0.000	1.838	0.162	0.412	0.000	0.45	0.097	1.902	1.929	0.121	0.094	6.922	1.078	0.000	0.000
4	0.144	0.000	0.000	1.796	0.204	0.271	0.012	0.461	0.132	2.153	1.738	0.088	0.091	7.052	0.948	0.000	0.000
3	0.039	0.000	0.000	1.841	0.159	0.704	0.000	0.383	0.064	2.523	1.252	0.019	0.056	6.905	1.095	0.000	0.000
2	0.060	0.000	0.033	1.808	0.159	0.560	0.010	0.463	0.069	2.636	1.252	0.009	0.000	6.927	1.073	0.000	0.000
1	0.253	0.000	0.000	1.761	0.239	0.263	0.000	1.120	0.120	1.881	1.334	0.079	0.203	6.363	1.637	0.000	0.000

注：氧化物质量分数单位：%；A、B、C、T 以 23 个氧为基数

(3)第三次侵入的细粒黑云母二长花岗岩。灰白色、局部略显肉红色,细粒花岗结构,块状构造,由斜长石(10%～35%,平均为29%)、钾长石(27%～55%,平均为46%)、石英(10%～35%,平均为21%)、黑云母(3%～5%,平均为4%)组成,副矿物为白钛石—磁铁矿。斜长石:0.7mm×0.2mm～2.4mm×1.8mm,系更长石,⊥(010)法测得An=18,定量测试组成为Or2Ab80An18(表3-3);钾长石:0.5mm×0.3mm～2mm×1.5mm,半自形板柱状、粒状,少数显格子双晶,为微斜长石,定量测试组成为Or94Ab6;石英:0.3～1.5mm,他形粒状;黑云母:0.25～1mm,褐色片状,不同程度向绿泥石变化,属铁质黑云母(表3-5,图3-6)。

该亚带各次侵入岩之间,从早至晚,石英及钾长石相对含量逐渐增高。

3. 岩石地球化学特征

(1)岩石化学特征

分析结果及参数见表3-7。

第一次侵入的石英闪长岩与中国石英闪长岩的平均值相比差别较大,表现为富Al_2O_3、FeO、MgO、CaO而贫SiO_2、Fe_2O_3、Na_2O、K_2O,说明其形成时氧逸度较低、岩石分异程度较低;第二次侵入的石英二长岩与中国石英二长岩的平均值相比十分一致,仅Na_2O、K_2O稍低;第三次侵入的二长花岗岩与相应岩石相比大体一致,仅TiO_2、Al_2O_3、FeO、K_2O稍高、Fe_2O_3、CaO低、SiO_2稍低,表现出S型花岗岩的特征。

第一次侵入的石英闪长岩在硅—碱图(图3-7)上位于亚碱性区,在TFeO/MgO与SiO_2、TFeO图解(图3-8)上位于狭义的钙碱性系列区;在K_2O-SiO_2图解(图3-9)上位于中钾区,在$AR-SiO_2$图解上(图3-10)均位于钙碱性岩区,里特曼指数$\sigma=0.42$,综合判断属中钾钙碱性系列、钙性岩;铝指数A/CNK=1.02,结合富含角闪石判断属偏铝类型。第二次侵入的石英二长岩据上述图解(图3-7至图3-10)结合里特曼指数(1.33)判断属中—高钾钙碱性系列、钙碱性岩;铝指数A/CNK=1.04,出现角闪石,属弱过铝—弱偏铝类型。第三次侵入的二长花岗岩据上述图解及里特曼指数综合判断属高钾钙碱性系列,钙碱性岩;铝指数A/CNK=1.36,属强过铝类型。

该亚带各次侵入岩均属钙碱性系列,从早至晚,碱度、钾质、铝指数均逐渐增高,从中钾钙碱性岩演化到高钾钙碱性岩。

(2)微量元素特征

分析结果见表3-9。

第一次侵入的石英闪长岩与闪长岩维氏平均值相比差别较大,表现为富Co、Sc、贫Sr、Zr、Ba的特点;第二次侵入的石英二长岩与富钙酸性岩涂氏平均值相比富Th、Hf、Co、贫Sr;第三次侵入的二长花岗岩与花岗岩维氏克拉克值相比富Co、Hf、贫Sr。可以看出,本期各次侵入岩均具有富Co、Hf、贫Sr的特点,从早至晚,V、Cr、Ni、Co、Sr逐渐下降,而Rb、Ba、Zr、Nb、Th逐渐增高,Ba、Zr的增高与一般岩浆演化规律不同。

微量元素的地球化学型式见图3-33和图3-34。本亚带各次侵入岩均强烈富集不相容元素。第一次侵入的石英闪长岩的Nb及其右侧元素亏损,与火山弧花岗岩的典型图式接近,第二、三次侵入岩的曲线形态十分接近,与Pearce等(1984)所总结的同碰撞花岗岩的典型图式一致。

(3)稀土元素特征

分析结果及参数见表3-8,配分模式见图3-35和图3-36。

3次侵入岩均属轻稀土富集型,轻重稀土比值$\Sigma Ce/\Sigma Y$依次为3.35～4.63～8.26,呈逐渐增加趋势,具弱—中等铕亏损,铕异常系数δEu依次为0.83～0.65,逐渐变小,稀土总量依次为102.51×10^{-6}～193.31×10^{-6}～195.32×10^{-6},逐渐增大。

4. 包体、组构、节理、岩脉特征

(1)包体

岩体中包体十分发育,主要有下列几种。

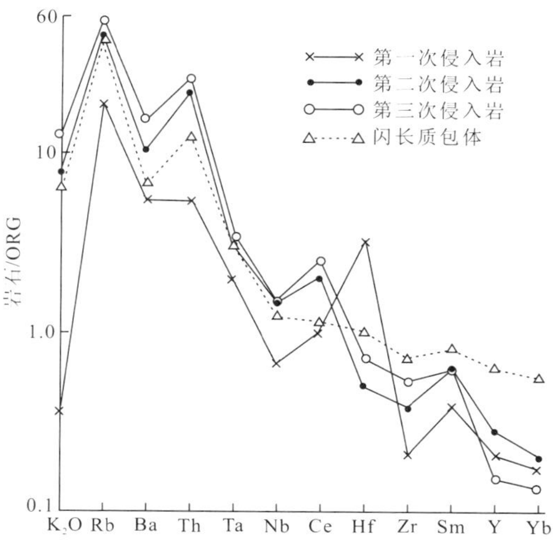

图 3-33　色热巴岩体地球化学型式图

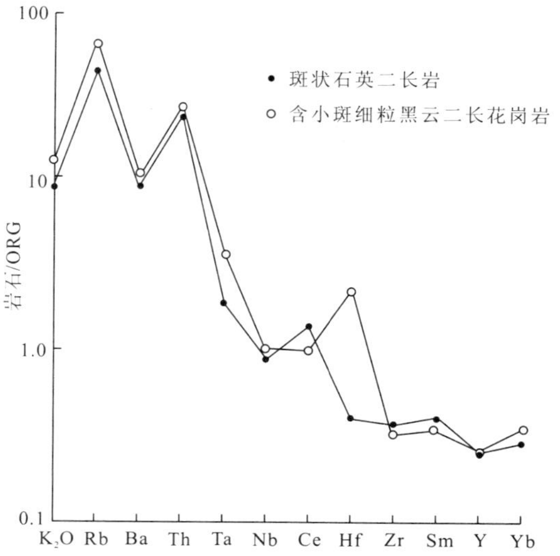

图 3-34　碧尖勒岩体地球化学型式图

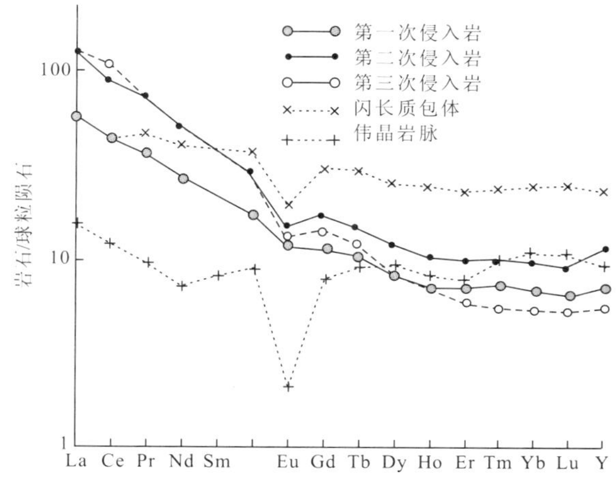

图 3-35　色热巴岩体稀土元素配分模式

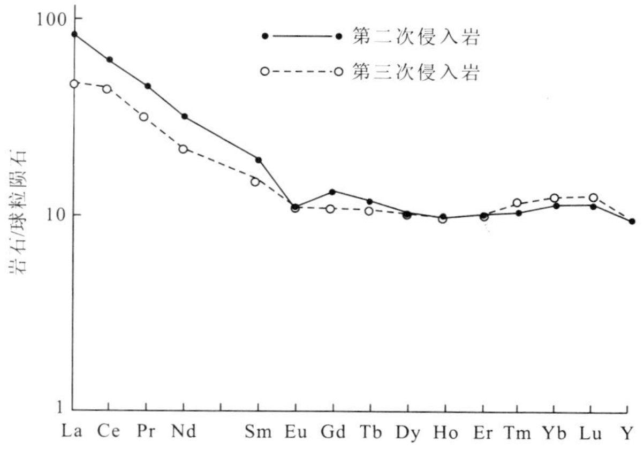

图 3-36　碧尖勒岩体稀土元素配分模式

a. 围岩捕虏体。第二次侵入的石英二长岩的边部发育大量石炭—二叠系围岩似层状捕虏体，第三次侵入岩的边部也常发育较多的大型捕虏体，捕虏体与主岩界线截然明显。

b. 早期的灰绿色闪长玢岩-石英闪长玢岩包体。呈较大的块体状零星分布于一、二次侵入岩之中，一般为 10m×20m±，个别达 80m，包体形态不规则，与主岩界线截然明显，呈舒缓波状、锯齿状，主岩靠近边界处变细、变红并形成暗色矿物聚集边，常具明显的斑状结构，发育细颈状岩枝、岩瘤而插入块体之中，岩枝中常充填较多的角砾状捕虏体，包体内部具矿物定向形成的叶理构造和条带状构造，其产状多变，显示流动成因。该包体基质为细—微粒半自形粒状结构，斑晶为斜长石（5%以下），基质由斜长石（68%±）、角闪石（27%～30%）、石英（2%±）、少量黑云母组成，副矿物为磁铁矿—榍石。此包体为早期侵入岩，特征与北邻图幅纳巴乃嘎闪长岩基本一致。

c. 中粒石英闪长岩中的镁铁质包体。中等发育，呈不规则状—透镜状，与主岩边界截然，一般为 4cm×6cm±，岩性为细粒黑云母石英闪长玢岩，与上述早期闪长质包体相比粒度稍粗、石英含量略高，此包体可能为早期冷凝边碎块。

d. 石英二长岩及花岗岩中的镁铁质包体。在石英二长岩中较发育，分布不均，密集处可达 3%，边部一般较多些；在二长花岗岩中稀少。一般为 3cm×5cm～4cm×7cm，呈棱角状、次棱角状（图版Ⅴ-3）、椭圆状、不规则枝叉状、条带状；有的枝叉状包体的"枝叉"行将分离（图 3-37）；有的条带状包体其一侧与主岩呈截然边界、一侧呈过渡关系；有的菱形包体之菱形角遇围岩似层状体发生变形弯曲；可见包体和主岩同时拥有一个捕虏体的现象，有的包体仅能看出大致轮廓，使岩石成斑杂构造，包体较多处主岩色暗；包体的内核常为中粒闪长岩而边缘为细粒黑云母闪长玢岩；玢岩的斑晶为斜长石(3%±)，呈半自形板柱状，基质为半自形粒状结构，由斜长石(70%±)、石英(2%±)、角闪石(20%±)、黑云母(5%)组成；包体中的矿物有时具定向性，有的被末期的伟晶岩脉所切割 。种种现象表明，该种包体为岩浆成因，与主岩发生了机械混合及扩散混合作用，含有该类包体的岩石无疑为浆混成因。

包体的岩石化学、微量元素、稀土元素分析结果见表 3-7 至表 3-9。从图 3-7 至图 3-10 可以看出，岩石属拉斑玄武岩系列；微量元素地球化学型式(图 3-33)与主岩有很大的相关性；稀土配分模式(图 3-35)为轻稀土弱富集型，具中等铕亏损。

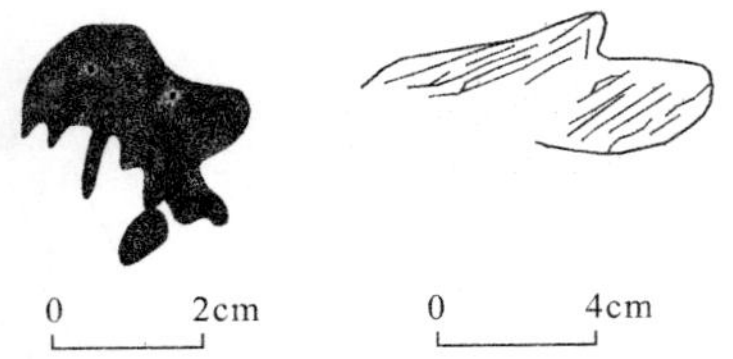

图 3-37 色热巴岩体中的闪长质包体素描平面图

(2)组构

色热巴复杂岩体内部的各次侵入体均发育有较弱的矿物定向形成的局部面理，局部见包体也随之定向，面理外倾、大体与岩体接触面一致，面理发育处石英具明显的波状消光，但仍呈他形粒状不均匀分布，说明该组构为岩浆充分结晶前组构或晶体塑性应变组构。

(3)节理

岩体中节理中等发育，尤其是石英闪长岩中节理特别发育。共有 3 组，一组向岩体内部缓倾(25°±)，为纵节理。其他两组陡倾(60°～68°)，为横节理。

(4)岩脉

第二次侵入的石英二长岩和第三次侵入的二长花岗岩中发育大量的花岗伟晶岩脉和花岗细晶岩脉，脉厚 2～200cm，密集处间隔 0.5～1m，细晶岩脉切割伟晶岩脉，主要的一组伟晶岩脉向岩体内部中等角度缓倾，为充填纵节理而成。

伟晶岩具粗伟晶结构，由微斜长石(80%)和石英(20%)组成。岩石化学、微量元素、稀土元素见表 3-7 至表 3-9，稀土元素配分模式见图 3-35。该岩脉稀土总量低，为 50.87×10^{-6}，富 Rb、贫 Zr、Ba、Nb、Ta，其他成分与一般花岗岩接近。

碧尖勒岩体第二次侵入的石英二长岩中同样也发育有较多的暗色闪长玢岩包体，包体呈棱角状一圆状一条带状，一般为截然边界、少数模糊，多构成大小悬殊、形态各异的单成因包体群；岩石中斑杂构造不发育；该岩体节理中等发育，共有两组，一组陡倾，为纵节理；一组缓倾，为层节理。该次侵入岩常发育绿灰色微粒辉绿玢岩墙，岩墙厚 10m±，与主岩边界截然，岩石由斜长石(45%±)和辉石(55%±)组成，具少量拉长石斑晶；其他岩脉中等发育，主要为花岗细晶岩脉，一组沿纵节理贯入，另一组切割前者。

5. 接触变质作用

岩体与围岩外接触带发育中等强度的接触热变质作用，形成斑点状板岩，近岩体处由于斑点密集程度不一而形成条带状构造；色热巴岩体变质晕宽约 60m，碧尖勒岩体变质晕宽约 150m。

6. 侵入深度、物理化学环境及剥蚀程度

(1)压力及侵入深度

1) 色热巴岩体

第一次侵入的石英闪长岩具中粒结构，与早期闪长玢岩块体之间冷凝边常见，中等宽度，机械贯入作用强，捕虏体为棱角状，从地质岩相学特征看具浅带特征。第二次侵入的石英二长岩、第三次侵入的二长花岗岩具中—细粒结构，碱性长石为微斜长石，冷凝边常见、宽度中等，机械贯入作用强，边部具大量大型似层状捕虏体，接触变质晕中等，从地质岩相学特征看应位于浅带的中部。

第一次侵入岩用钙质角闪石压力计(Schmidt，1992)估算的压力值为$(5.16\pm0.6)\times10^{8}$ Pa，用角闪石-黑云母铝的分配系数及压力关系图解(图 3-38)得到的压力为 3×10^{8} Pa，石英中的熔融包裹体测得的压力为$(0.7\sim0.9)\times10^{8}$ Pa；第二次侵入岩用钙质角闪石压力计 (Schmidt，1992)计算出的压力为$(4.08\pm0.6)\times10^{8}$ Pa；利用角闪石、黑云母含量与 P_{H_2O}关系图解大致得出的压力为 1.6×10^{8} Pa；第三次侵入岩在 Q-Ab-Or-P_{H_2O}相图(图 3-16)上位于 2.5×10^{8} Pa 压力线上，距最低点稍远。

2）碧尖勒岩体

碧尖勒岩体的特征与色热巴岩体的相似，第三次侵入的二长花岗岩其斜长石显环带，从地质岩相学特征看应位于浅带的中部。

第二次侵入的石英二长岩用钙质角闪石压力计得到的压力值为(2.79±0.6)×10^8Pa，用角闪石、黑云母含量与P_{H_2O}关系图解大致得出的压力为1.5×10^8Pa，第三次侵入岩在Q－Ab－Or－P_{H_2O}相图（图3－16）上位于1×10^8Pa压力线上，距最低点较近。

上述各种方法得出的压力值相差较大，部分压力值与地质岩相学特征不吻合，综合分析认为，其压力值大约在1×10^8Pa左右，其相应深度为3.3km±。

(2)形成温度

1）色热巴岩体

第一次侵入的石英闪长岩利用石英中的熔融包裹体测得的均一温度为810℃～900℃，用角闪石－黑云母Ti的分配系数与温度关系图解（图3－39）得到的温度为600℃，用斜长石－角闪石钙的分配系数地质温度计得到的温度为550℃；第二次侵入的石英二长岩用斜长石－角闪石钙的分配系数地质温度计得到的温度为540℃，用石英中的熔融包裹体测得的温度为810℃～880℃；第三次侵入的二长花岗岩用Q－Ab－Or相图（图3－17）得出的温度为740℃。

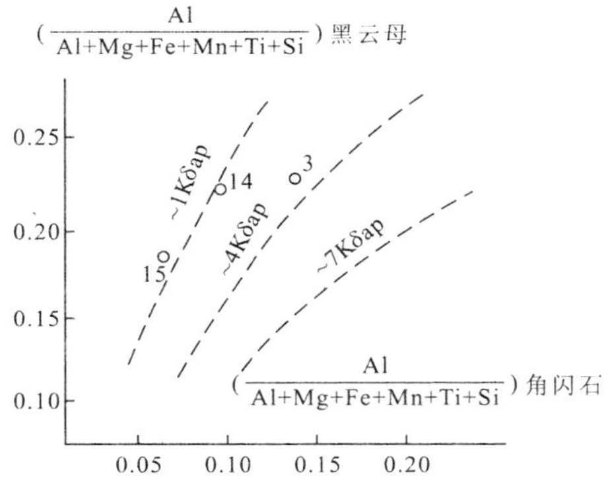

图3－38　角闪石和黑云母中铝的分配与压力关系

（据 Л. Л. Перчук，1973；编号同表3－5）

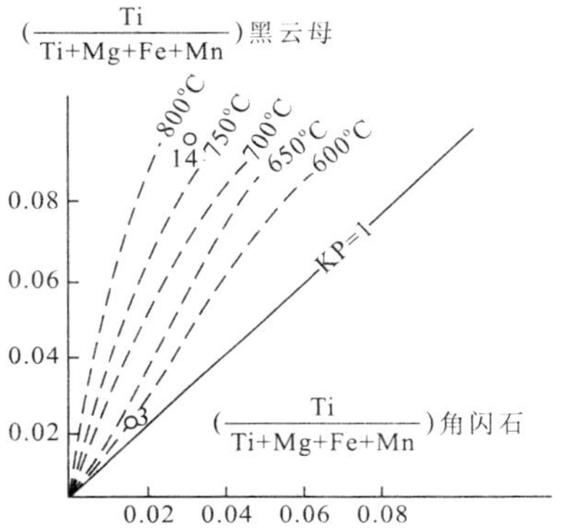

图3－39　黑云母和角闪石中钛的分配与温度关系

（据Л．Л．Перчук，1973；编号同表3－5）

2）碧尖勒岩体

第二次侵入的石英二长岩用斜长石－角闪石钙的分配系数地质温度计得出的温度为550℃；第三次侵入岩用Q－Ab－Or相图（图3－17）得出的温度为770℃。

上述温度值相差较大，部分与地质岩相学特征不吻合，综合认为色热巴岩体中中粒石英闪长岩的形成温度为810～900℃，二长花岗岩的形成温度约为740℃，碧尖勒岩体中的二长花岗岩的形成温度大约为770℃。两个岩体中石英二长岩的形成温度应介于上述石英闪长岩、二长花岗岩之间。

(3) 氧逸度

利用黑云母的$\lg f_{O_2}$－t－100Fe/(Fe＋Mg)关系图解得到色热巴岩体黑云母二长花岗岩形成时的氧逸度为10^{-15}Pa，碧尖勒岩体中黑云母二长花岗岩的氧逸度为10^{-16}Pa。

(4) 剥蚀程度

根据晚次侵入体面积小、岩体内部具较多大型捕虏体、岩体与围岩接触面中等外倾判断色热巴、碧尖勒岩体为浅剥蚀。

7. 岩体对比

该亚带诸岩体空间上相距很近，色热巴、碧尖勒、国布勒3个复杂岩体各方面的特征均很相似，国布勒岩体在图内出露很少，色热巴、碧尖勒岩体的特征对比见表3－15。第一次侵入岩仅在色热巴岩体中出现；第二次侵入岩由于浆混的不均一性等原因，在一个侵入体内部和各个侵入体之间有一些变化，其中碧尖勒岩体中斑晶钾长石较多,常发育辉绿玢岩墙,国布勒岩体由于露头不好未见暗色包体,白瓦勒岩体演变为花岗闪长岩;第三次侵入岩各侵入体之间仅表现出在结构上和稀土元素特征上稍有变化。

表 3-15　色热巴—碧尖勒亚带第二次侵入岩及第三次侵入岩对比表

特征 \ 侵入次 / 岩体	第二次		第三次	
	色热巴	碧尖勒	色热巴	碧尖勒
岩石类型	含小斑中细粒黑云二长花岗岩	小斑中粒黑云石英二长岩	细粒黑云母二长花岗岩	含小斑细粒黑云母二长花岗岩
颜色	灰白—浅灰色、泛肉红色	灰白色、泛肉红色	灰白色、泛肉红色	灰白色
结构构造	似斑状结构、基质半自形粒状结构,块状构造	似斑状结构、基质半自形粒状结构,块状构造	细粒花岗结构,块状构造	细粒花岗结构,块状构造
岩石学特征	斑晶钾长石:7%;基质钾长石:为微斜长石,Or94Ab6;斜长石:⊥(010)法 An=24;定量 Or2Ab49An49;黑云母:6%;角闪石:少量,属钙角闪石组中的铁角闪石	斑晶钾长石:11%;基质钾长石:为微斜长石,Or94Ab6,斜长石:⊥(010)法 An=24～28,定量 Or3Ab46An51;黑云母:5%;角闪石:少量,属钙角闪石组中的镁角闪石	钾长石:为微斜长石,Or94Ab6;斜长石:⊥(010)法 An=24～28,定量 Or2Ab80An18;黑云母:4%,属铁质黑云母;角闪石属钙角闪石组	基质钾长石:Or94Ab6;斜长石:⊥(010)法 An=27,定量 Or1Ab87An12;黑云母:3%,属铁质黑云母;角闪石属钙角闪石组
副矿物	磁铁矿—榍石—帘石	磁铁矿—白钛石	白钛石—磁铁矿	磁铁矿—白钛石
岩石化学	稍贫 Na_2O、K_2O,中—高钾钙碱性系列,钙碱性岩,弱过铝—弱偏铝,DI:70,σ:1.33,A/CNK:1.04	稍贫 Na_2O,中—高钾钙碱性系列,钙碱性岩,弱偏铝质,DI:76,σ:1.73,A/CNK:0.98	稍富 TiO_2、Al_2O_3、FeO、K_2O,稍贫 Fe_2O_3、CaO,高钾钙碱性系列,钙碱性岩,过铝质。DI:86,A/CNK:1.36	富 SiO_2、K_2O,贫 Fe_2O_3、FeO、CaO、Na_2O,高钾钙碱性系列,钙碱性岩,过铝质,DI:91,σ:1.9,A/CNK:1.09
微量元素	富 Th、Hf、Co,贫 Sr,接近碰撞形式	富 Th、Hf、Co,贫 Sr、Nb,接近火山弧与碰撞形式	富 Hf、Co,贫 Sr、Cr,接近碰撞形式	富 Hf、Co,贫 Sr、V、Cr、Zr、Nb、Ga,接近火山弧-碰撞形式
稀土元素	ΣREE:193.31×10^{-6},ΣCe/ΣY=4.63,δEu=0.65	ΣREE:138.09×10^{-6},ΣCe/ΣY=3.26,δEu=0.68	ΣREE:195.32×10^{-6},ΣCe/ΣY=8.26,δEu=0.62	ΣREE:102.71,ΣCe/ΣY=3.32,δEu=0.80
包体	具捕虏体,镁铁质包体发育	镁铁质包体发育	具大型捕虏体,偶见镁铁质包体	具大型捕虏体,未见镁铁质包体
岩脉	花岗伟晶岩脉及细晶岩脉发育	花岗细晶岩脉中等发育,常发育辉绿玢岩脉	大量花岗伟晶岩脉	未见

8. 就位机制分析

色热巴岩体具有以下就位特点:① 晚次侵入体位于外侧,岩体形态不规则,与围岩边界呈锯齿状、局部圆滑、截切围岩层理面;② 岩体边部常具大型捕虏体和围岩似层状体;③ 围岩层理略显调整迹象,热变质形成的斑点状构造具有长轴定向性、长短轴之比为 2∶1;④ 内部具有的定向面理大体平行岩体边界。故认为,该岩体系构造扩展为主、兼主动膨胀机制就位。

碧尖勒岩体内部无定向构造,围岩热变质形成的斑点状构造无长轴定向,具清晰的折线状边界、明显截切围岩层理且围岩面理未见扰动迹象,说明主动膨胀机制不存在或很弱,主要为构造扩张机制就位。

9. 成因及构造背景分析

据偏 Al 质、角闪石丰富、副矿物组合特征判断该石英闪长岩属巴尔巴林(1999)的"含角闪石钙碱性花岗岩"类,该岩石类型的物质来源以幔源为主,一般形成于俯冲环境;据镁铁质包体较发育、暗色矿物以黑云母为主、偶见角闪石、钾长石斑状结构判断,石英二长岩属巴尔巴林的"富钾钙碱性花岗岩类",该岩石类型来源于壳幔混合源,与俯冲环境或构造体制转换有关;据强过铝质、暗色矿物仅见黑云母、偶见暗色包体、副矿物为白钛石—磁铁矿、$Fe^{3+}/(Fe^{2+}+Fe^{3+})=0.21\sim0.35$ 等判断,二长花岗岩与巴尔巴林的"含堇青石过铝花岗岩类"相当,该岩石类型主要来自于壳源熔融。

石英闪长岩在 Maniar 等(1989)的环境判别图(图 3-20)上位于俯冲区(结合铝指数),在 Rb-Y+Nb

和 Rb－Yb＋Ta 图解(图 3－21)上位于火山弧区。石英二长岩在 Maniar 的环境判别图(图 3－20)上位于俯冲区(结合铝指数)，在 Rb－Y＋Nb 和 Rb－Yb＋Ta 图解(图 3－20)上位于火山弧区。二长花岗岩在 Maniar 的环境判别图(图 3－20)上位于碰撞区(结合铝指数)。在 Rb－Y＋Nb 和 Rb－Yb＋Ta 图解(图 3－21)上位于碰撞区。

结合前述的地球化学型式图，3 次侵入岩的组合关系综合判断，该亚带形成于俯冲环境，晚期已向碰撞环境过渡。

10. 形成时代

该亚带的碧尖勒、国布勒岩体均侵入早白垩世则弄群。这些岩体与东邻的甲岗岩体在岩性、地质学特征、构造位置均很一致，空间位置相近，可以对比；吴珍汗等(2001)在甲岗花岗闪长岩中获得锆石 U－Pb 同位素年龄为 116Ma，角闪石 K－Ar 年龄为 74.21Ma；东邻 1：25 万申扎县幅区域地质调查(吉林大学，2002)[10]在白瓦勒岩体中粒花岗闪长岩中(相当于本亚带第二次侵入岩)获得 K－Ar 年龄为 95.34Ma，在其花岗斑岩中(相当于本亚带第四次侵入岩)获得 K－Ar 年龄为 74.45Ma；据封闭温度理论可知，锆石 U－Pb 年龄代表了岩体侵位年龄，K－Ar 年龄为岩体进一步冷却年龄；结合其构造背景将该亚带时代确定为早白垩世中期—中晚期。

(三)白垩纪色热巴—夏噶日中酸性花岗岩带小结

图幅内的两个亚带同属该岩带的早期组成部分，均位于申扎燕山期岛弧区或边缘，具沿构造线集中成带分布的特点。纳巴乃嘎—安门亚带以钾长石含量低为特征，属低钾钙碱性奥长花岗岩系；色热巴—碧尖勒亚带属中—高钾钙碱性系列；从早至晚，钾含量增高，幔源贡献由多变少；在二期的色热巴岩体中发现有早期闪长岩的捕虏体，岩性特征与纳巴乃嘎—安门闪长岩亚带一致，接触关系属超动侵入关系。鉴于上述特点，我们将其分为早、晚两期。

三、晚侏罗世—晚白垩世公穷松多—郎那中酸性花岗岩带

分布于图幅西南的念青唐古拉山腹地的公穷松多—江勒—梅巴切勤一带，从目前看均位于江章—马弄拉断裂以南的冈底斯燕山—喜马拉雅期岩浆弧区隆起带上，沿构造线呈 NW—SE 向带状分布特征十分明显，向西、向东均延出测区，图内出露面积在 1 109km^2，为该图幅规模最大的一个岩带。经分析，其形成与雅鲁藏布江缝合带的闭合造山旋回有关，可划分为俯冲阶段一期的晚侏罗世鸭绒闪长岩亚带、二期的早白垩世公穷松多—苦热拉花岗岩亚带、碰撞阶段的早白垩世麦弄二长岩亚带、后碰撞阶段一期的各门斤花岗岩亚带、二期的郎那花岗岩亚带、三期的贡勒正长斑岩亚带。

(一)晚侏罗世鸭绒闪长岩亚带

该亚带在图幅内仅出露一个鸭绒简单岩体(编号 13)，分布于图幅西南部，面积仅 1km^2。经分析归属为俯冲阶段一期，仅包含一次侵入事件，岩性为闪长玢岩($J_3\delta\mu$)，呈大型块体状产于晚期的定仁勒岩体内部。

1. 岩石学特征

岩石呈灰绿色，斑状结构、基质半自形细粒结构，块状构造。斑晶为斜长石，10%±，1.7mm×2mm～2.5mm×4mm，自形、半自形板柱状，具环带结构和泥化现象。基质由斜长石(50%±)、角闪石(40%±)、石英(少量)组成，副矿物为磁铁矿，偶见石榴子石；其中斜长石：0.7mm×1mm～1×1.5mm，半自形板柱状，具聚片双晶和泥化、绢云母化现象，系中长石，定量测试(表 3－3)组成为 Or0.4Ab49.8An49.8；角闪石：0.3mm×1mm～1mm×1.5mm，柱状，不均匀分布，属钙角闪石组的镁角闪石、阳起石(表 3－14)；石英：0.1～0.2mm，他形粒状；石榴子石晶体成分及化学式见表 3－12，系铁铝质钙铝榴石。

本岩石的 SiO_2 含量为 53.2%，在多阳离子 R_1-R_2 图解(De La Rache，1980)(图 3－40)上位于辉长岩区，暗色矿物为角闪石且含量较高，斜长石为中长石，综合确定为闪长岩类；但该闪长岩基性程度较高，已具向辉长岩类过渡特点。

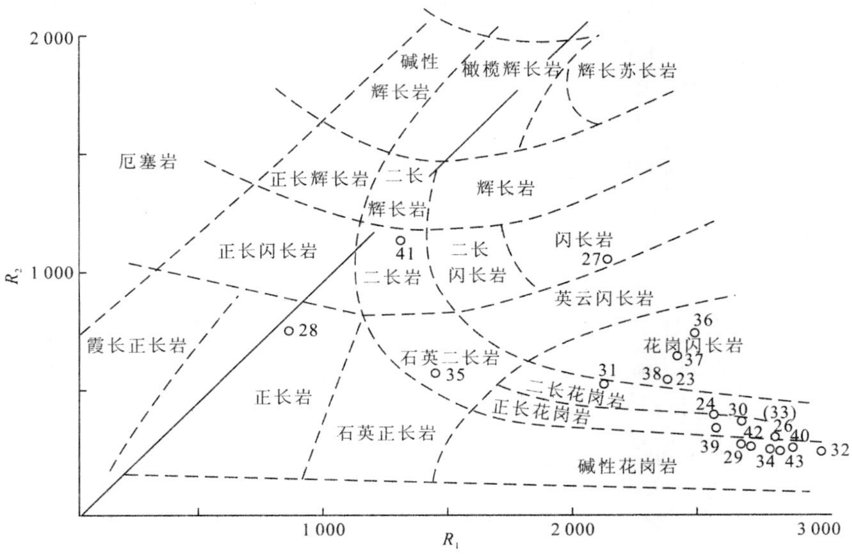

图 3-40　表示岩石分区的 $R_1 - R_2$ 图解

（据 De La Rache 等，1980；编号同表 3-16）

R_1=4Si−11(Na+K)−2(Fe+Ti)；R_2=Al+2Mg⁺+6Ca

2. 岩石地球化学特征

(1)岩石化学特征

分析结果及参数见表 3-16。与中国闪长岩-辉长岩的平均值相比差别较大，表现为富 MgO、稍富 CaO、贫 Al_2O_3、TiO_2、Na_2O、P_2O_5、稍贫 K_2O、Fe_2O_3、FeO。在硅-碱图（图 3-41）上位于亚碱性系列区，在 TFeO/MgO 与 SiO_2、TFeO 图（图 3-42）上位于狭义的钙碱性系列区，在 $K_2O - SiO_2$ 图解（图 3-43）上位于中钾区，故属中钾钙碱性系列（狭义）；在 AR - SiO_2 图解（图 3-44）上位于钙碱性岩区，里特曼特数 σ= 0.54，综合看属钙性岩；铝指数 A/CNK=0.52，标准矿物中未出现"ac"，故为偏铝质类型。

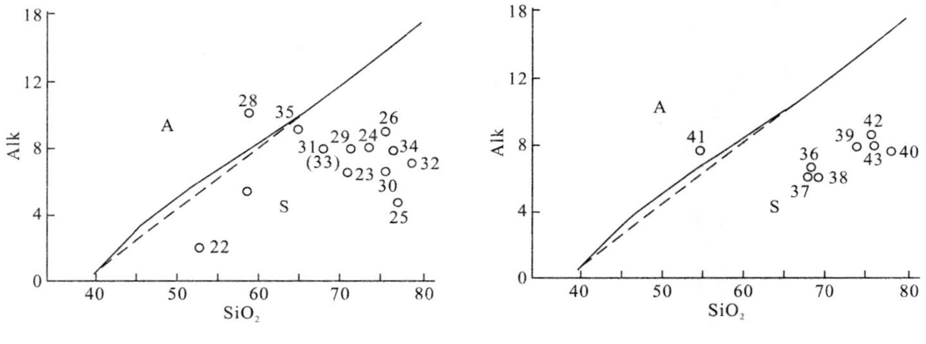

图 3-41　硅-碱图

（T. N. Irvine 等，1971；编号同表 3-16）

A. 碱性系列；S. 亚碱性系列；实线. Macdonald(1968)；断线. Irvine 等(1971)

(2)微量元素特征

分析结果见表 3-17。与闪长岩维氏平均值相比有较大差别，表现为富 Cr、Ni、Co、Sr、贫 Zr、Ba、Nb，具有向基性岩过渡的特点。地球化学型式见图 3-45，曲线右倾较陡，强烈亏损右侧相容元素，与 Pearce 等(1984)所总结的火山弧花岗岩型式较接近。

(3)稀土元素特征

分析结果及参数见表 3-18，配分模式（图 3-46）为向右缓倾平滑曲线，属轻稀土富集型、轻重稀土比值 ΣCe/ΣY=2.66，具弱铕亏损、铕异常系数 δEu=0.77，稀土总量 ΣREE=81.09×10^{-6}。

表 3－16 冈底斯构造岩浆岩带的侵入岩岩石化学成分、CIPW 标准矿物成分及参数一览表

岩带	亚带	分次	序号	样品号	岩石化学成分(%)												
					SiO_2	TiO_2	Al_2O_3	Fe_2O_3	FeO	MnO	MgO	CaO	Na_2O	K_2O	P_2O_5	H_2O^+	CO_2
K_2—E_2岗在—青都岩带	E_2青都—那郎木布亚带	二	43	11198/北 1	76.41	0.19	12.33	0.98	0.28	0.02	0.30	0.25	2.74	5.29	0.06	0.95	0.06
		一	42	11212/1	75.75	0.14	12.42	0.35	1.00	0.04	0.29	0.41	2.20	6.47	0.03	0.62	0.14
		闪长岩块		11215/1	55.37	0.89	16.05	1.75	4.97	0.16	4.69	5.92	2.82	4.99	0.3	1.47	0.29
	E_2控热—英日亚带	三	40	11217/1	77.65	0.12	11.95	0.22	0.58	0.02	0.22	0.6	3.15	4.86	0.02	0.42	0.08
		二	39	11134/1	74.32	0.32	12.69	0.88	1.03	0.05	0.46	0.76	2.7	5.7	0.06	0.75	0.1
	E_2局章勒亚带		38	21143/1	68.53	0.37	15.32	0.96	2.87	0.05	0.66	2.2	3.55	3.52	0.08	1.58	0.04
	K_2岗在—边当亚带		37	12214/1	68.07	0.47	14.67	1.49	1.95	0.08	1.65	3.24	3.05	3.90	0.16	1.00	0.08
			36	31107/1	68.01	0.47	15.29	1.23	1.78	0.05	1.44	3.71	3.35	3.25	0.16	0.78	0.19
			平均		68.04	0.47	14.98	1.36	1.87	0.065	1.55	3.48	3.2	3.58	0.16	0.89	1.09
J_3—K_2郎那—各门斤岩带	K_2贡勒亚带		35	32196/1	64.30	0.61	15.73	1.81	2.23	0.12	1.41	2.16	4.64	4.48	0.2	1.63	0.41
	K_1郎那亚带	四	34	32179/1	77.88	0.10	12.49	<0.01	0.47	0.01	0.20	0.32	3.56	4.64	0.02	0.29	0.08
			33	32176/1	77.04	0.09	12.57	0.49	0.37	0.02	0.24	0.58	3.46	4.49	0.01	0.47	0.08
			平均		77.46	0.10	12.53	0.25	0.42	0.015	0.22	0.45	3.51	4.57	0.015	0.38	0.08
		三	32	32174/1	78.49	0.10	11.8	0.25	0.42	0.02	0.25	0.25	3.18	4.4	0.02	0.59	0.14
		二	31	3421/2	68.76	0.67	14.11	2.40	1.62	0.06	0.87	1.88	3.25	5.02	0.21	0.85	0.08
			30	32180/1	75.10	0.22	12.77	0.77	0.70	0.06	0.71	0.81	3.48	4.45	0.07	0.62	0.10
			平均		71.93	0.45	13.44	1.59	1.16	0.06	0.79	1.35	3.37	4.74	0.14	0.74	0.09
		一	29	32175/1	75.62	0.19	12.55	0.83	0.90	0.02	0.31	0.49	2.94	5.32	0.03	0.63	0.06
		包体		3420/1	58.74	1.09	17.27	2.5	4.17	0.16	1.43	3.34	4.04	6.07	0.3	0.61	0.08
		闪长玢岩脉		3421/1	58.44	1.13	14.19	1.73	5.23	0.11	4.38	5.54	3.07	1.97	0.19	2.61	1.23
	K_1各门斤亚带	二	26	21241/1	76.28	0.14	12.6	0.13	0.87	0.03	0.34	0.56	2.71	5.53	0.04	0.57	0.08
		一	25	21244/2	77.49	0.13	13.59	0.19	0.32	0.02	0.26	0.32	0.26	4.71	0.19	2.32	0.08
	K_1麦弄亚带		24	31115/1	72.87	0.19	14.35	0.33	1.42	0.06	0.58	1.08	3.17	4.74	0.21	0.78	0.08
	K_1公穷松多—苦热拉亚带	一	23	22192/1	70.44	0.32	14.28	0.8	2.48	0.07	0.87	2.33	3.64	3.88	0.09	0.60	0.04
	K_1鸭绒亚带		22	35175/1	53.15	0.51	10.94	1.96	5.52	0.15	12.65	9.92	1.21	1.12	0.08	2.53	0.06

序号	样品号	CIPW 标准矿物成分(%)					其他参数									样品所采自的岩体
		Q	Or	Ab	An	C	DI	σ	A/CNK	Na_2O/K_2O	Na_2O/K_2O	Na_2O/CaO	TFeO/(TFeO+MgO)	MgO/TFeO	MgO/MnO	
43	11198/北 1	39.37	31.25	23.18	0.85	1.78	93.8	1.93	1.15	8.03	0.52	10.96	0.79	0.26	15	那郎木布
42	11212/1	36.34	38.22	18.61	1.84	1.12	93.18	2.295	1.09	8.67	0.34	5.37	0.82	0.22	7.25	青都
41	11215/1	0.45	29.48	23.86	16.4	0.00	53.79	4.93	0.77	7.81	0.57	0.48	0.58	0.72	29.31	青都
40	11217/1	38.85	28.71	26.65	2.85	0.46	94.22	1.85	1.04	8.01	0.65	5.25	0.78	0.28	11	卡窝查
39	11134/1	34.33	33.68	22.84	3.38	0.84	90.85	2.25	1.06	8.4	0.47	3.55	0.8	0.25	9.2	英日
38	21143/1	27.14	20.8	30.04	10.39	1.86	77.97	1.96	1.12	7.07	1.01	1.61	0.85	0.18	1.32	局章勒南
37	12214/1	25.72	23.04	25.81	14.82	0	74.57	1.93	0.97	6.95	0.78	0.94	0.67	0.5	20.63	岗在
36	31107/1	25.88	19.2	28.34	17.08	0	73.43	1.735	0.97	6.6	1.03	0.9	0.67	0.5	28.8	边当
平均(36、37)						74	1.83	0.97	6.78	0.91	0.92	0.67	0.5	24.72		
35	32196/1	13.29	26.47	39.26	8.86	0	79	3.9	0.96	9.12	1.04	2.15	0.73	0.37	11.75	贡勒
34	32179/1	38.17	27.41	30.12	1.46	1.08	95.71	1.93	1.09	8.2	0.77	11.13	0.71	0.42	20	卡根尼勒

续表 3-16

序号	样品号	CIPW 标准矿物成分(%)					其他参数								样品所采自的岩体
		Q	Or	Ab	An	C	DI	σ	A/CNK	$\frac{Na_2O}{K_2O}$	$\frac{Na_2O}{K_2O}$	$\frac{Na_2O}{CaO}$	$\frac{TFeO}{TFeO+MgO}$	$\frac{MgO}{TFeO}$	$\frac{MgO}{MnO}$	
33	32176/1	38.09	26.53	29.27	2.81	0.99	93.89	1.86	1.08	7.95	0.77	5.97	0.77	0.3	12	查割勒
平均(33、34)							94.8	1.9	1.09	8.08	0.77	8.55	0.74	0.36	16	
32	32174/1	42.11	25.99	26.91	1.11	1.4	95.01	1.62	1.13	7.58	0.72	12.72	0.72	0.39	12.5	百娃勒
31	3421/2	25.65	29.66	27.5	7.96	0.41	82.8	2.66	0.99	8.27	0.65	1.73	0.81	0.23	14.5	确角弄
30	32180/1	35.06	26.29	29.44	3.56	0.92	90.79	1.96	1.06	7.93	0.78	4.3	0.66	0.51	11.83	戈沃
平均(30、31)							86.8	2.31	1.03	8.1	0.72	3.02	0.74	0.37	13.12	
29	32175/1	36.43	31.43	24.88	2.24	1.13	92.73	2.09	1.09	8.26	0.55	6.00	0.84	0.19	15.5	江勒
28	3420/1	2.47	35.86	34.18	11.06	0.00	72.51	6.49	0.9	10.11	0.67	1.21	0.82	0.22	8.94	
27	3421/1	13.75	11.64	25.98	19.12	0.00	82.8	2.66	0.99	5.04	1.56	0.55	0.61	0.65	39.82	
26	21241/1	37.17	32.67	22.93	2.52	1.23	92.77	2.04	1.1	8.24	0.49	4.84	0.74	0.34	11.33	各门斤
25	21244/2	57.31	27.83	2.20	0.35	7.93	87.34	0.72	2.23	4.97	0.05	0.81	0.65	0.53	13	
24	31115/1	32.74	28.00	26.82	3.99	2.54	87.56	2.1	1.17	7.91	0.67	2.94	0.75	0.34	9.67	麦　弄
23	22192/1	26.8	22.92	30.80	10.97	0.07	80.82	2.06	0.99	7.52	0.94	1.56	0.79	0.27	12.43	公穷松多
22	35175/1	4.27	6.62	10.24	21.11	0.00	21.13	0.54	0.52	2.33	1.08	0.12	0.37	1.74	84.33	鸭绒

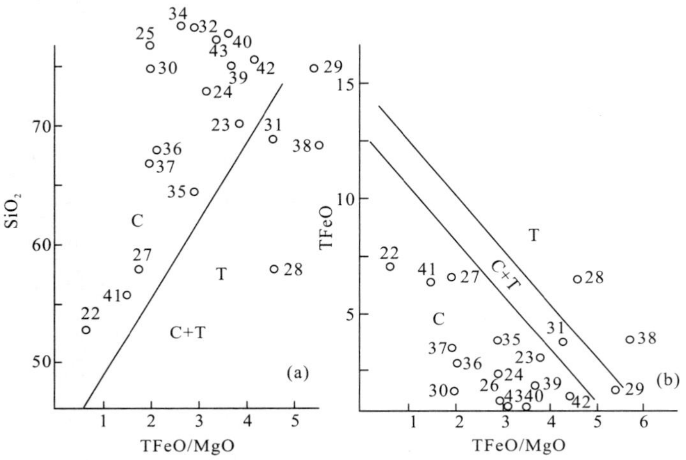

图 3-42　TFeO/MgO 与 SiO_2、TFeO 图解

(A. Miyashiro, 1974；编号同表 3-16)

C. 钙碱性系列；T. 拉斑玄武岩系列

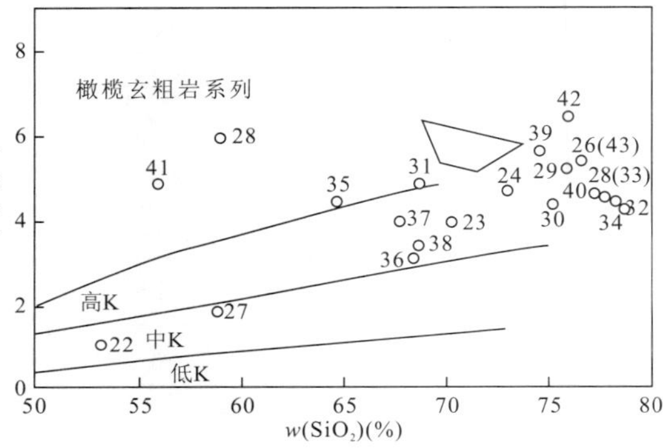

图 3-43　K_2O-SiO_2 图解

(编号同表 3-16)

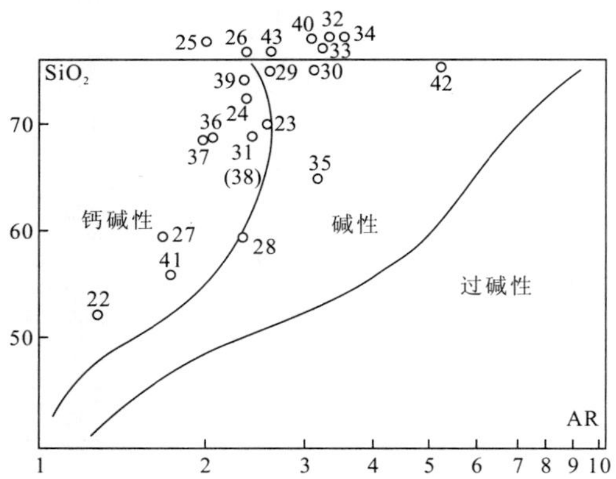

图 3-44　AR-SiO_2 与碱度关系图

(J. B. Wrght, 1969；编号同表 3-16)

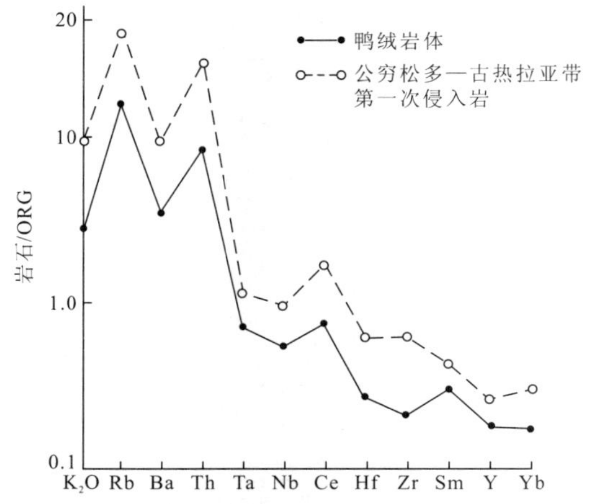

图 3-45　鸭绒岩体、公穷松多—苦热拉花岗岩亚带地球化学型式图

(编号同表 3-16)

3. 侵入深度

该闪长岩具斑状结构，为浅成相岩石，用钙质角闪石压力计估算的压力为(0.11±0.6)×10^8Pa，故其形成深度在2.3km以内。

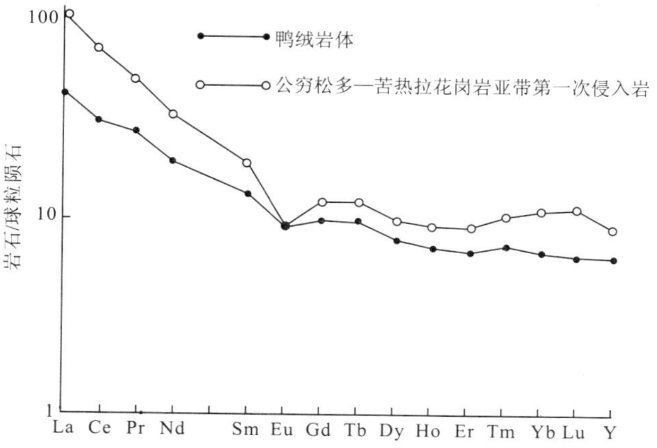

图3-46　鸭绒岩体、公穷松多—苦热拉花岗岩亚带稀土元素配分模式

4. 成因及构造背景探讨

据富角闪石、偏铝质类型、TFeO/(TFeO+MgO)=0.37<0.8判断属巴尔巴林(1999)的“含角闪石钙碱性花岗岩类”。该岩石类型来自于幔源为主的幔壳混合，其形成与板块俯冲有关。

在Rb-Y+Nb和Rb-Yb+Ta图解(Pearce等，1984)(图3-47)上均位于火山弧区，微量元素地球化学型式图接近于Pearce等(1984)的“火山弧花岗岩”型式。综合认为，该亚带形成于俯冲环境。

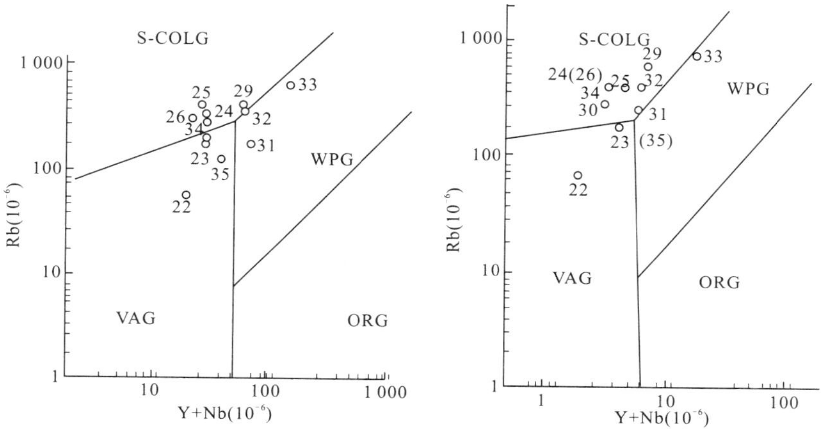

图3-47　不同构造环境花岗岩的非活动性元素的判别

(Pearce等，1984；图内编号同表3-17)

VAG. 火山弧花岗岩；WPG. 板内花岗岩；S-COLG. 同碰撞花岗岩；ORG. 洋中脊花岗岩

5. 形成时代

该亚带被早白垩世末期的郎那亚带所侵入，本次工作在鸭绒岩体中获得角闪石K-Ar年龄为110Ma，在西邻的1∶25万措麦区幅(江西地质调查院，2002)石英二长岩岩体内(属该亚带西延部分)获得的K-Ar年龄值为141Ma[11]，从俯冲环境岩浆演化规律看应早于公穷松多—苦热拉亚带的高钾钙碱性花岗岩，后者黑云母K-Ar年龄为135Ma，结合构造背景，将其时代确定为晚侏罗世晚期。

(二)早白垩世公穷松多—苦热拉花岗岩亚带

分布于图幅西南，从西向东依次由公穷松多(编号14)、定仁勒北(编号18)、定仁勒南(编号19)、嘎机(编号15)、帮马拉(编号16)、苦热拉(编号17)6个岩体组成，面积约80km²。可划分为两次侵入活动，第一次为斑状中粒黑云母二长花岗岩($K_1\eta\gamma$)，面积约71.8km²，属主体期侵入岩；第二次为二长花岗斑岩($K_1\gamma\pi$)，仅在公穷松多岩体的边部出露一个小型侵入体，面积约0.2km²，属补充期侵入岩。

1. 地质特征

侵位于冈底斯燕山—喜马拉雅期岩浆弧区隆起带上，各岩体沿构造线呈带状展布，侵入周围的石炭—二叠系，局部被古近系火山岩覆盖，一般呈岩株状，个别呈小岩瘤产出，岩体边界明显呈折线状，外倾较陡，

表 3-17　冈底斯构造岩浆岩带的微量元素全分析结果一览表

岩带	亚带	侵入次	序号	样品号	微量元素含量(×10⁻⁶)													特征参数			样品所采自的岩体
					V	Cr	Ni	Rb	Sr	Zr	Ba	Th	Sc	Hf	Nb	Co	Ta	Ga	K/Rb	Rb/Sr	Ba/Sr	
K_2—E_2岗在—青都岩带	E_2青都—那郎木布亚带	二	43	11198/北	15.2	<3.0	2.2	418	34	143	292	70.3	4.1	3.8	44.8	30	5.6	10.6	105.05	12.29	8.59	那郎木布
		一	42	11212/1	10.0	62.8	5.8	446	41	146	273	62.9	2.6	4.5	9.1	1.8	0.6	11.0	106.09	10.88	6.66	青都
		闪长岩块	41	11215/1	135.8	176.6	57.9	314	467	615	1 533	20.1	24.3	15.6	28.5	21.9	2.8	14.1	131.92	0.67	3.28	
	E_2控热—英日亚带	三	40	11217/1	5.6	<3.0	1.5	309	32	82	71	47.0	3.1	2.4	14.3	25.6	1.9	9.4	130.56	9.66	2.22	卡窝查
		二	39	11134/1	17.3	3.1	3.1	366	76	325	611	59.7	4.5	7.2	29.5	22.4	3.1	11.9	129.28	4.82	8.04	英日
	E_2局章勒亚带		38	21143/1	34.0	73.3	19.1	149	221	345	1 188	31.0	10.4	8.1	15.5	5.7	1.4	15.4	196.1	0.67	5.38	局章勒南
	K_2岗在—边当亚带		37	12214/1	68.2	21.0	11.2	192	272	149	427	26.7	8.1	4.6	10.7	23.0	1.3	13.7	168.61	0.71	1.57	岗在
			36	31107/1	53.5	16.3	8.5	127	393	185	700	15.8	7.5	4.8	8.2	13.2	1.4	12.9	212.43	0.32	1.78	边当
			平　均		60.9	18.7	9.9	159.5	323	167	563.5	21.25	7.8	4.7	9.5	18.1	1.35	13.3	190.5	0.52	1.68	
J_3—K_2公穷松多—郎那岩带	K_2贡勒亚带		35	32196/1	54.3	21.1	8.3	153	230	501	1 287	22.9	9.8	11.5	12.2	10.1	1.1	13.9	243.06	0.67	5.6	贡勒
	K_1郎那亚带	四	34	32179/1	6.0	4.2	2.6	352	20	74	54	26.9	2	3.4	21.7	35.2	3	11.2	109.42	17.6	2.7	卡根尼勒
			33	32176/1	9.7	6.9	3.9	698	17	150	46	67.3	8.7	6.3	93	21.4	7.4	15.8	53.4	41.06	2.71	查割勒
			平　均		7.95	5.6	3.3	525	18.5	112	50	47.1	5.4	5.4	57.4	28.3	5.2	13.5	81.41	29.33	2.7	
		三	32	32174/1	3.8	4.0	3.6	348	9	115	23	64.7	1.8	3.8	36.2	31.3	3.0	13.0	104.96	38.67	2.56	百娃勒
		二	31	3421/2	46.2	6.3	4.5	228	150	376	929	34.6	10.2	10.4	24.7	20.3	1.2	12.5	182.76	1.52	6.19	确角弄
			30	32180/1	25.7	8.9	4.9	277	140	110	239	32.9	3.1	4.5	17.8	23.3	1.6	11.7	133.36	1.98	1.71	戈沃
			平　均		36.0	7.6	4.7	252.5	145	243	584	33.8	6.65	7.45	21.3	21.8	1.4	12.1	158.06	1.75	3.95	
		一	29	32175/1	11.6	56.3	6.6	525	31	175	169	82.1	4.2	7.2	37.5	1.6	4.1	14.0	84.12	16.94	5.45	江勒
		包体	28	3420/1	65.3	8.5	7.1	391	141	978	660	17.3	21.5	24	55.5	11.2	4.6	18.9	128.87	2.77	4.68	
		闪长玢岩脉	27	3421/1	134.3	131.2	43.2	100	212	227	346	16.1	20.4	7.8	10.8	19.8	1.2	14.6	416.71	0.47	1.63	
	K_1各门斤亚带	二	26	21241/1	13.0	4.0	5.2	338	70	80	199	41.4	2.2	3.5	9.4	21.6	1.1	10.5	135.81	4.83	2.84	各门斤
		一	25	21244/2	9.2	4.3	3.5	386	41	47	235	11.0	2.3	1.9	14.4	18.3	3.4	14.3	101.28	9.41	5.73	
	K_1麦弄亚带		24	31115/1	15.7	8.4	6.2	374	68	123	252	27.9	3.4	5.2	20.4	14	2.7	17.5	105.21	5.5	3.71	麦弄
	K_1公穷松多—苦热拉亚带	一	23	22192/1	37.3	36.8	6.3	171	145	213	476	22.8	6.6	5.5	9.7	5.1	0.8	11.9	188.35	1.18	3.28	公穷松多
	J_3鸭绒亚带		22	35175/1	134.7	1 024.5	229.5	64	164	70	174	7.0	38.5	2.4	5.3	40.0	<0.5	11.0	145.27	0.39	1.06	鸭绒

表 3-18 冈底斯构造岩浆岩带的稀土元素测试结果一览表

岩带	亚带	侵入次	序号	样品号	微量元素含量($\times10^{-6}$)																特征参数					样品所采自的岩体
					La	Ce	Pr	Nd	Sm	Eu	Gd	Tb	Dy	Ho	Er	Tm	Yb	Lu	Y	ΣREE	$\frac{\Sigma Ce}{\Sigma Y}$	δEu	$\frac{La_N}{Yb_N}$	$\frac{La_N}{Sm_N}$	$\frac{Gd_N}{Yb_N}$	
K_2—E_2岗在—青都岩带	E_2青都—那郎木布亚带	二	43	11198/北1	16.21	62.26	3.76	10.23	2.57	0.24	2.73	0.63	4.36	0.93	3.22	0.54	4.03	0.58	28.94	141.24	2.07	0.28	2.71	3.97	0.55	那郎木布
		一	42	11212/1	53.05	114.10	13.37	41.92	8.44	0.56	5.74	0.97	4.66	0.93	2.48	0.36	2.32	0.33	21.18	270.41	5.94	0.23	15.42	3.95	1.997	青都
		闪长玢岩	41	11215/1	77.79	165.20	20.38	75.97	14.82	1.81	12.51	2.07	12.24	2.28	6.89	1.06	6.38	0.90	65.76	466.06	3.23	0.396	8.22	3.30	1.58	
	E_2控热—英日亚带	三	40	11217/1	30.04	64.49	7.59	25.02	5.05	0.3	3.61	0.59	3.10	0.61	1.88	0.30	2.19	0.33	17.55	162.65	4.39	0.20	9.25	3.74	1.33	卡窝查
		二	39	11134/1	65.57	136.60	14.90	48.37	9.15	1.04	7.21	1.22	7.27	1.35	4.22	0.67	4.39	0.63	37.61	342.22	4.30	0.38	10.38	4.65	1.33	英日
	E_2局章勒亚带		38	21143/1	86.46	166.40	19.30	63.74	11.12	2.18	9.16	1.44	7.20	1.39	3.87	0.58	3.51	0.50	35.99	412.83	5.49	0.64	16.61	4.89	2.11	局章勒南
	K_2岗在—边当亚带		37	12214/1	36.12	67.63	8.00	27.47	5.13	1.01	4.17	0.72	3.82	0.75	2.29	0.37	2.45	0.38	20.78	181.08	4.07	0.65	9.94	4.43	1.37	岗在
			36	31107/1	29.29	53.44	6.06	19.48	3.27	0.95	2.30	0.36	1.69	0.31	0.85	0.13	0.86	0.13	8.6	127.72	7.39	1.01	22.96	5.63	2.16	边当
				平均																154.4	5.73	0.83	16.45	5.03	1.77	
J_3—K_2公穷松多—郎那岩带	K_2贡勒亚带		35	32196/1	69.64	118.00	13.86	43.84	6.97	2.30	5.44	0.85	4.31	0.89	2.50	0.41	2.71	0.42	23.10	295.23	6.27	1.10	17.33	6.28	1.62	贡勒
	K_2郎那亚带		34	32179/1	14.4	22.49	2.24	5.12	0.74	0.10	0.53	0.10	0.60	0.13	0.41	0.09	0.77	0.15	3.90	51.76	6.75	0.47	12.61	12.24	0.56	卡根尼勒
			33	32176/1	38.39	66.56	5.41	12.07	1.86	0.12	1.5	0.31	2.13	0.59	2.82	0.69	7.00	1.4	25.12	165.98	2.99	0.21	3.7	12.98	0.17	查割勒
				平均	26.4	44.53	3.83	8.6	1.3	0.11	1.02	0.21	1.37	0.36	1.62	0.39	3.89	0.78	14.51	108.87	4.87	0.34	8.16	12.61	0.37	
		三	32	32174/1	31.62	82.27	5.92	15.46	3.06	0.16	2.66	0.58	4.09	0.92	3.42	0.63	4.69	0.73	29.69	185.90	2.92	0.17	4.55	6.5	0.46	百娃勒
		二	31	3421/2	93.57	173.20	20.39	67.92	12.75	1.95	10.74	1.84	10.18	1.96	5.71	0.81	5.07	0.74	55.30	462.14	4.00	0.497	12.44	4.62	1.71	确角弄
			30	32180/1	35.42	60.18	5.73	16.00	2.51	0.43	1.82	0.30	1.57	0.33	1.03	0.18	1.38	0.23	10.20	137.30	7.06	0.59	17.30	8.88	1.06	戈沃
				平均																299.72	5.53	0.54	14.87	6.75	1.39	
		一	29	32175/1	60.05	102.70	10.00	26.55	4.34	0.46	3.34	0.62	3.55	0.77	2.75	0.51	3.82	0.61	23.11	243.17	5.22	0.36	10.598	8.70	0.71	江勒
		包体	28	3420/1	44.10	118.00	18.30	77.96	19.36	1.53	18.01	3.22	19.17	3.64	10.38	1.57	9.80	1.45	96.61	443.12	1.70	0.25	3.03	1.43	1.48	
		闪长玢岩脉	27	3421/1	29.64	56.86	7.53	27.42	6.13	1.42	5.80	1.01	5.36	1.11	3.16	0.53	3.26	0.49	29.50	179.22	2.57	0.72	6.13	3.04	1.44	
	K_1各门斤亚带	二	26	21241/1	21.59	49.07	4.98	15.33	2.87	0.48	2.40	0.43	2.47	0.53	1.57	0.27	1.83	0.27	14.47	118.55	3.89	0.54	7.95	4.73	1.06	各门斤
		一	25	21244/2	13.58	29.17	3.51	11.75	2.64	0.41	2.32	0.38	2.07	0.35	0.96	0.16	0.96	0.13	10.80	79.20	3.37	0.496	9.54	3.24	1.95	
	K_1麦弄亚带		24	31115/1	31.05	65.76	7.84	26.28	5.54	0.49	3.87	0.55	2.63	0.45	1.11	0.18	1.00	0.14	12.09	158.97	6.22	0.31	20.93	3.53	3.12	麦弄
	K_1公穷松多—苦热拉亚带	一	23	22192/1	35.70	61.37	6.57	21.11	3.95	0.71	3.31	0.60	3.32	0.67	1.95	0.34	2.35	0.37	18.36	160.61	4.15	0.58	10.24	5.69	1.14	公穷松多
	J_3鸭绒亚带		22	35175/1	13.97	26.11	3.43	11.99	2.72	0.68	2.61	0.47	2.57	0.52	1.45	0.24	1.41	0.21	12.7	81.09	2.66	0.77	6.68	3.23	1.49	鸭绒

现以公穷松多、嘎机岩体为代表叙述如下。

2. 岩石学特征

定名的 Q－A－P 图解见图 3－48。

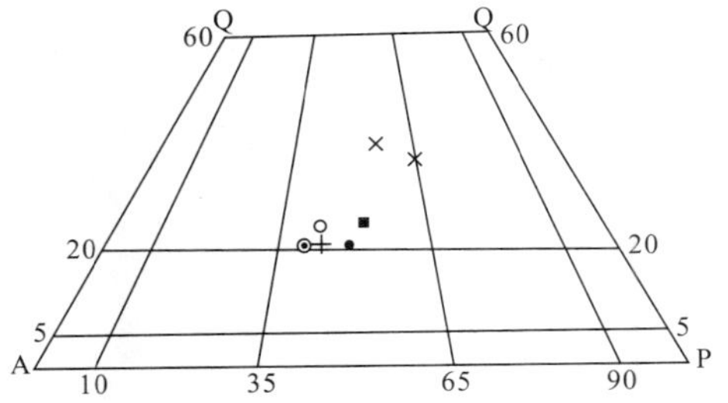

图 3－48　公穷松多—苦热拉花岗岩亚带 Q－A－P 图解

第一次侵入岩：■公穷松多岩体；●嘎机岩体；○帮马拉岩体；×苦热拉岩体；⊙定仁勒北岩体；第二次侵入岩：＋公穷松多岩体

(1) 第一次侵入的中斑状中粒黑云母二长花岗岩。在多阳离子 R_1-R_2 图解(De La Rache 等，1980)上位于花岗闪长岩与二长花岗岩边界处(图 3－40)。岩石呈灰白色，似斑状结构、基质中粒花岗结构，块状构造。斑晶为钾长石：10%～30%，分布不均，平均为 17%，半自形板石，石英等。基质由钾长石(10%～33%，平均为 23%)、斜长石(28%～38%，平均为 33%)、石英(20%～25%，平均为 22%)、黑云母(2%～10%，平均为 5%)及少量角闪石组成，副矿物以磁铁矿为主；其中斜长石：0.7mm×0.3mm～4.5mm×3.3mm，半自形板柱状，具环带结构，主要为更长石，⊥(010)法测得 An＝23～25，定量测试(表 3－3，组成为 Or2Ab85An13－Or25Ab5An70；钾长石：1mm×0.4mm～4mm×3mm，半自形板柱状，定量测试组成为 Or60Ab40；石英：0.5～2mm，他形粒状，具波状消光，黑云母：1～1.2mm，褐色片状，其晶体成分及化学式见表 3－5，属铁质黑云母(图 3－6)；角闪石晶体成分及化学式见表 3－14，属钙角闪石组(IMA－CNMMN 角闪石专业委员会，1997)。

(2)第二次侵入的二长花岗斑岩。岩石呈灰白色，斑状结构，局部聚斑结构、基质细粒花岗结构，块状构造，斑晶由斜长石(7%±)、钾长石(5%±)组成，基质由斜长石(25%±)、钾长石(40%±)、石英(20%±)、黑云母(3%±)组成，副矿物为磁铁矿。斑晶长石：均呈半自形板柱状，2.5mm×1.5mm～4mm×1.5mm，钾长石包裹有斜长石、斜长石显聚片双晶，⊥(010)法测得 An＝24，系更长石；基质长石：0.7mm×0.3mm～1mm×0.5mm；石英：0.4～1mm，他形粒状；黑云母：0.3～1mm，片状，大都变成绿泥石。

3. 岩石地球化学特征

(1)岩石化学特征

分析结果见表 3－16。与中国黑云母花岗岩的平均值较为接近，仅稍富 FeO、CaO、P_2O_5、稍贫 Fe_2O_3、SiO_2。在硅-碱图(图 3－41)上位于亚碱性系列区，在 TFeO/MgO 与 SiO_2、TFeO 图(图 3－42)上位于狭义的钙碱性系列区，在 K_2O-SiO_2 图解(图 3－43)上位于高钾区，故属中钾钙碱性系列(狭义)；在 AR－SiO_2 图解(图 3－44)上位于钙碱性岩区，里特曼特数 σ＝2.06，故属莱特的钙碱性岩(狭义)；铝指数 A/CNK＝0.99，偶见角闪石类，故属弱偏铝类型。

(2)微量元素特征

分析结果见表 3－17。与花岗岩维氏平均值相比较为一致，具富 Sc、Hf、贫 Ba、Nb、Ta、Ga 的特点。地球化学型式见图 3－45，曲线右倾较陡，相容元素中等程度亏损，具 Rb、Th、Ce 的强烈正异常，接近于“火山弧-碰撞花岗岩”型式。

(3)稀土元素特征

分析结果及参数见表 3－18，配分模式见图 3－46。属轻稀土富集型、轻重稀土比值 $\Sigma Ce/\Sigma Y$＝4.15，其中的重稀土分馏不明显，轻稀土分馏强烈，具中等铕亏损，铕异常系数 δEu＝0.58，稀土总量偏低，$\Sigma REE=160.6\times10^{-6}$。

4. 包体特征

公穷松多、嘎机岩体中均广泛分布围岩捕虏体和镁铁质两种类型的包体。捕虏体很发育，大小悬殊，形态各异，一般呈棱角状，局部呈似层状断续展布，位于中心者构成顶垂体，与花岗岩之间具较强烈的同化混染现象；镁铁质微粒包体发育程度稍低，一般呈浑圆状，具斑状结构。

5. 侵入深度、物理化学环境及剥蚀程度

该亚带与围岩界线不协调，具中粒结构及条纹长石，斜长石发育环带，从地质岩相学特征看，其侵位深度应该位于浅带底部；在 Q - Ab - Or - P_{H_2O} 相图(Tuttle 等，1958)(图 3 - 49)上大致位于 3×10^8 Pa 附近，其相应的深度为 10km，此值相对于地质岩相学特征偏大；据 Q - Ab - Or 相图(Tuttle 等，1958)形成温度为 785℃(图 3 - 50)，据黑云母的 $\lg f_{O_2}$ - t - 100Fe/Fe+Mg 关系图解估算的氧逸度为 10^{-14} Pa。

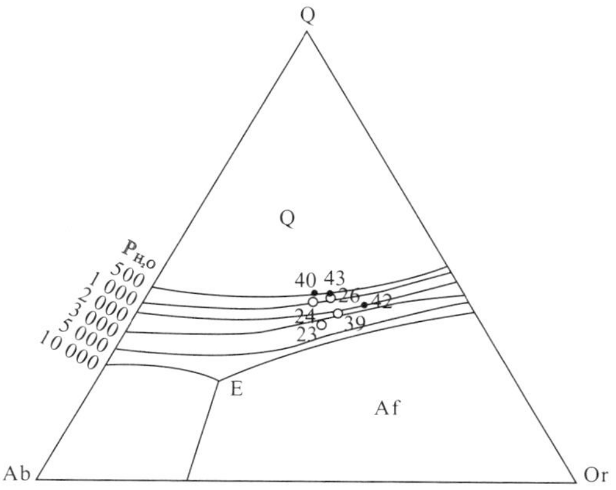

图 3 - 49　Q - Ab - Or - P_{H_2O} 相图
(据 Turtle 等，1958；编号同表 3 - 16)

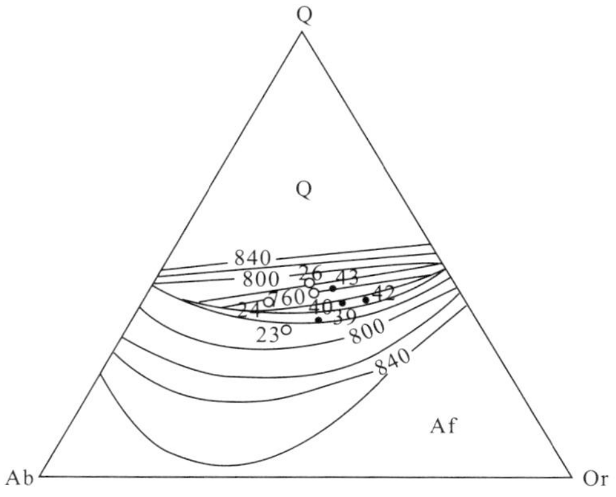

图 3 - 50　Q - Ab - Or 相图
(据 Tuttle 等，1958；编号同表 3 - 16)

岩体出露面积不大，有较多的顶垂体和大型捕虏体，与围岩接触面较陡，故认为剥蚀程度浅—中等。

6. 岩体对比

主体期侵入的第一次侵入岩依构造线延伸方向可划分为南、北两个小带。北小带西部的公穷松多、嘎机、帮马拉岩体的特征十分一致，前已述及；东部的苦热拉岩体的特征与之稍有不同，钾长石斑晶含量约为5%、构成含中斑中粒黑云母二长花岗岩，由石英(35%～40%)、斜长石(30%～35%，系钠-更长石)、钾长石(15%～20%，为微斜长石)、黑云母(5%～10%)组成，副矿物以锆石为主。南小带的定仁勒北、定仁勒南侵入体的特征与北邻公穷松多岩体基本一致，均含暗色镁铁质包体、副矿物均为磁铁矿、钾长石为微斜长石，仅斑晶含量少(0.5%～3%)、基质粒度细而构成细粒黑云母二长花岗岩。

该次侵入岩均以灰白色、似斑状结构、富含黑云母为特征；北小带粒度稍粗、钾长石含量普遍较低，其东部钾长石含量更低、而石英较高。

7. 就位机制分析

该亚带诸岩体平面形态均不规则，与围岩界线均呈极度弯曲的折线状，内部组构缺乏，边部捕虏体及内部顶垂体发育，有些捕虏体呈似层状展布，从公穷松多、苦热拉岩体均可看出地层分界线未受扰动，故认为该亚带主要为构造扩展就位。

8. 成因及构造背景分析

该亚带主体期侵入的斑状花岗岩属偏铝质类型、富含黑云母、出现少量角闪石，副矿物以磁铁矿—锆石为主，具镁铁质微粒包体、但发育程度稍低，TFeO/(TFeO+MgO)=0.87，与巴尔巴林的"富钾钙碱性花岗岩"基本一致。该岩石类型来自于壳源为主的壳幔混合源，与俯冲或构造体制转换有关。

在 Maniar(1989)的环境判别图(图 3 - 51)上全部样点均位于弧区(结合铝指数)，在 Rb - Y+Nb 和 Rb - Yb+Ta 图解(Pearce 等，1984)(图 3 - 47)上也一致落入火山弧区，结合上述岩石类型所显示的环境，综合判断，该花岗岩形成于俯冲环境。

9. 形成时代

本次工作在公穷松多主体期侵入的斑状花岗岩中(属本亚带第一次侵入岩)获得黑云母 K - Ar 年龄为 135Ma，结合所处的构造阶段，将其时代确定为早白垩世早期。

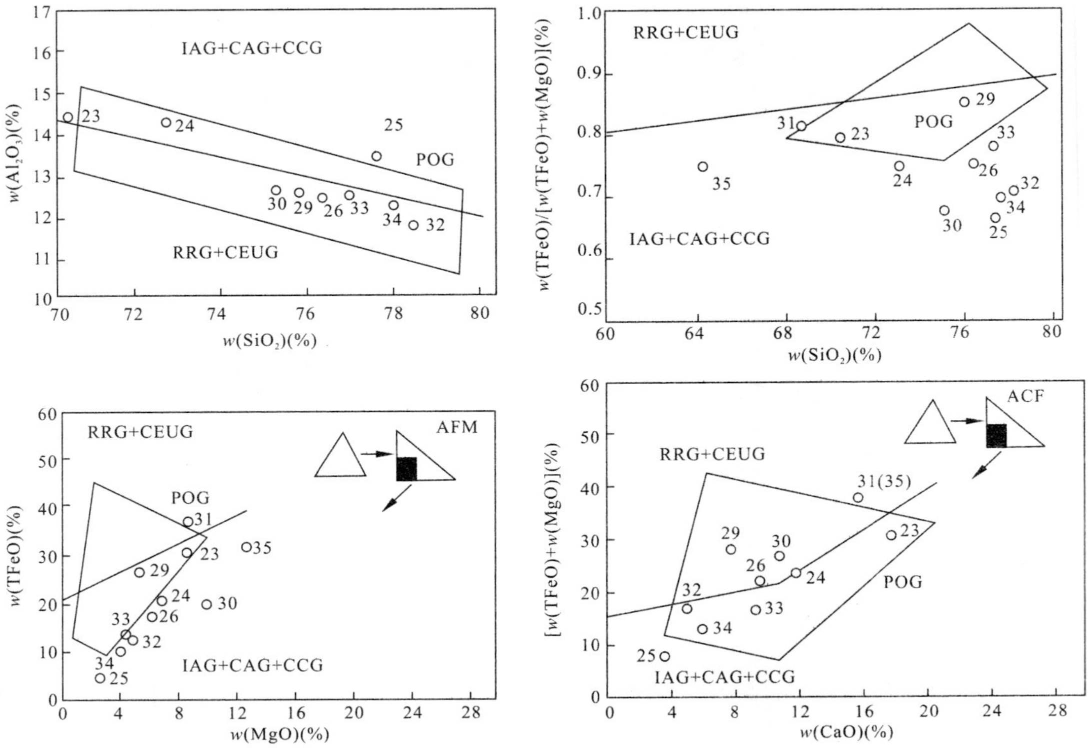

图 3-51　侵入岩 Maniar 的主元素环境判别图解

（编号同表 3-16）

IAG+CAG+CCG. 岛弧、大陆弧、碰撞花岗岩；POG. 后造山花岗岩；RRG+CEUG. 与裂谷、造陆抬升有关的花岗岩

（三）早白垩世麦弄二长岩亚带

该亚带在图幅内仅出露麦弄简单深成岩体，分布于图幅南侧，出露面积约 77km^2，经分析归属碰撞阶段，仅包含一次侵入活动，岩性为中粒二云母石英二长岩（$K_1\eta o$）。

1. 地质特征

侵位于冈底斯燕山—喜马拉雅期岩浆弧隆起带上。侵入周围石炭系永珠组（$C_{1-2}y$），被后期郎那岩体超动侵入，与石炭系接触界线呈折线状，而在有些地段呈圆滑状，常有岩枝贯入围岩，围岩发育烘烤边及明显的绢云母化。

2. 岩石学特征

岩石呈浅灰色，中粒半自形结构，块状构造，由钾长石（35%±）、斜长石（50%±）、石英（5%±）、黑云母（5%±）、白云母（5%±）组成；其中斜长石：1.3mm×1mm～1.3mm×3mm，半自形板柱状，系更长石，⊥(010)法测得 An=26，经定量测试，其组成为 Or97Ab3（表 3-4）；石英：0.25～0.7mm，他形粒状；黑云母、白云母：0.3～1.2mm，片状，黑云母属铁质黑云母（表 3-5，图 3-6），白云母晶体成分及化学式见表 3-6。

本岩石在多阳离子 R_1-R_2 图（De La Rache 等，1980）上位于二长花岗岩与正长花岗岩边界上（图 3-40），系白云母较高所致。

3. 岩石地球化学特征

（1）岩石化学特征

分析结果及参数见表 3-16。与中国石英二长岩的平均值相比差别较大，表现为 SiO_2、K_2O 高而 TiO_2、Fe_2O_3、FeO、MgO、CaO 低，与中国二云母花岗岩较为接近。

本岩石在硅-碱图上位于亚碱性系列区（图 3-41），在 TFeO/MgO 与 SiO_2、TFeO 图（图 3-42）上位于狭义的钙碱性系列区，在 K_2O-SiO_2 图解(图 3-42)上位于高钾与钾玄岩重合区，在 AR-SiO_2 图解(图 3-44)上位于钙碱性岩区(靠近碱性岩边界)，故属高钾钙碱性岩；铝指数 A/CNK=1.17，富含白云母，属强过铝类型。

(2)微量元素特征

分析结果见表 3-17，与花岗岩维氏平均值相比，亲铁元素 Co 高、V 低、造岩元素 Rb 高、Sr、Ba 低、稀有分散元素 Hf 高、Th 稍高。地球化学型式见图 3-52，曲线向右陡倾，具 Rb、Th、Sm 的强烈正异常和 Ba 的强烈负异常，与 Pearce 等(1984)所总结的碰撞花岗岩型式一致。

(3)稀土元素特征

分析结果及参数见表 3-18。配分模式(图 3-53)向右陡倾不平滑，属轻稀土强烈富集型、轻重稀土比值 ΣCe/ΣY=6.22，具中等铕亏损、铕异常系数 δEu=0.31，稀土总量偏低、ΣREE=158.97×10^{-6}。

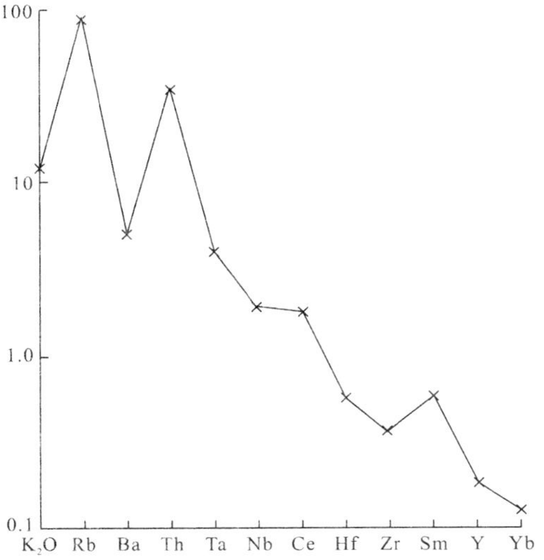

图 3-52　麦弄岩体地球化学型式图

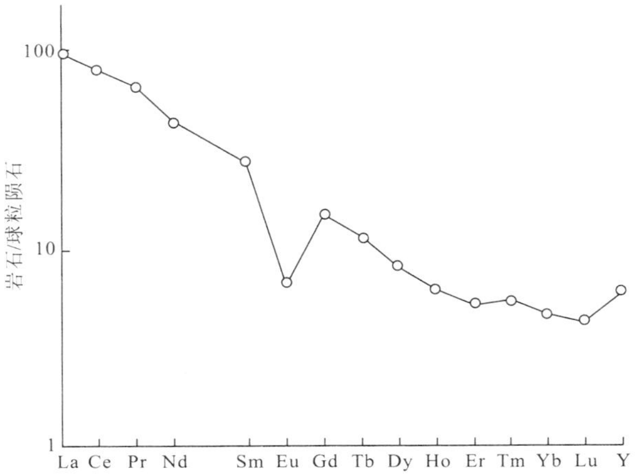

图 3-53　麦弄岩体稀土元素配分模式图

4. 包体、岩脉、组构特征

(1)包体

岩体中发育围岩捕虏体及闪长质包体；捕虏体主要分布于岩体的边部，尤其在边缘 1.5km 范围内密度较大，且岩脉、岩枝穿插围岩强烈构成火成角砾岩带，向内则逐渐减少，岩石类型为石炭系砂岩、板岩等；闪长质包体稀少但广泛分布，呈浑圆状—椭球状，一般直径为 1～20cm，属混成包体。

(2)岩脉

岩体中的岩脉有细粒花岗岩脉、伟晶岩脉、石英脉及基性岩脉 4 种类型。花岗岩脉、伟晶岩脉中等发育，分布广泛，系岩浆末期形成的脉岩；基性岩脉顺岩体内部的小型逆断层发育，宽约 1m，为更晚一些形成的岩脉。

(3)组构

岩体边部的局部地段发育弱片麻理，由于露头原因产状不明；岩体内部常发育晚期的小型逆冲断层，走向 NW、倾角 60°～65°。

5. 侵入深度及形成的物理化学环境

该侵入岩从结构上看具共结特征，在 Q-Ab-Or-P_{H_2O} 相图(图 3-49)上位于最低点附近，显示压力为 1×10^8Pa，相当于 3.3km 深度；该侵入岩的母岩浆为富水饱和岩浆，在标准花岗岩始熔曲线与饱和水含量图解上显示最低点温度为 720℃；该侵入岩具中粒结构，碱性长石为条纹长石，发育火成角砾岩带及内部叶理，具浅带底部或中带上部的特点。综合认为，其形成深度应稍大于 3.3km、温度稍低于 720℃±，按 720℃计算，在黑云母的 $lgfo_2-t-100Fe/(Fe+Mg)$ 关系曲线图上对应的氧逸度为 10^{-16}Pa。

6. 就位机制分析

该岩体与石炭系围岩侵入界线呈折线状、圆滑状两种型态，发育很宽的火成角砾岩带，常发育岩枝贯入围岩，边缘局部地段发育弱片麻理，从岩体与围岩接触关系看无原地重熔的可能性，顶蚀作用影响有限，主动膨胀机制存在但表现尚弱，故认为岩体就位的主要空间为构造扩张（也可能为深部重熔与浅部岩石换位），复合以主动膨胀及顶蚀机制提供。

7. 成因及构造背景分析

该侵入岩铝指数 A/CNK＝1.17，白云母含量高、片径大、基本接近于主矿物粒度，说明系原生白云母，周围无同期火山岩伴生，TFeO/(TFeO＋MgO)＝0.75＜0.8，$Fe^{3+}/(Fe^{2+}+Fe^{3+})$＝0.19，与巴尔巴林的“含白云母过铝质花岗岩”一致；但该岩体中含有少量镁铁质包体，显示出一定的特殊性；该岩石类型来自于壳源熔融，其形成与大陆碰撞有关。在 $CaO/Na_2O-Al_2O_3/TiO_2$ 图解（图 3-54）上，具高 CaO/Na_2O 值，显示源岩为不成熟的杂砂岩，具中等 Al_2O_3/TiO_2 值，显示是在相对中等温度下熔融结晶而成。

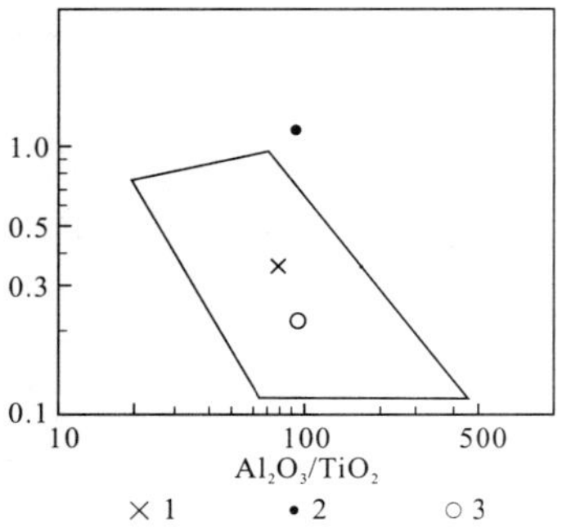

图 3-54　$CaO/Na_2O-Al_2O_3/TiO_2$ 图解

1. 麦弄岩体；2. 第一次侵入岩；3. 第二次侵入岩

在 Maniar 的环境判别图（图 3-51）上及 Pearce 等（1984）Rb-Y+Nb 和 Rb-Yb+Ta 判别图（图 3-47）上均一致位于碰撞区，前述地球化学型式图具“碰撞花岗岩形式”特点。结合时代及当时的构造背景，我们认为该亚带形成于碰撞环境。

8. 形成时代

该岩体被早白垩世末期的郎那岩体超动侵入，据其形成的构造阶段应早于下述的各门斤岩体。本次区调，在该岩体中获得白云母 K-Ar 年龄为（122.82±1.85）Ma，结合地质特征将其时代确定为早白垩世早—中期。

（四）早白垩世各门斤花岗岩亚带

分布于图幅中南部，出露面积约 180km²，图内仅出露各门斤复杂深成岩体（编号 23），1∶100 万日喀则幅称“鸭多岩体”，本次工作经详细圈定改为现名。经分析归属于后碰撞阶段一期，包含两次侵入活动：第一次为含小斑细粒含二云母二长花岗岩（$K_1\eta\gamma$），面积约 22km²；第二次为斑状粗—中粒黑云母正长花岗岩（$K_1\xi\gamma$），面积约 158km²，其剖面见图 3-55。

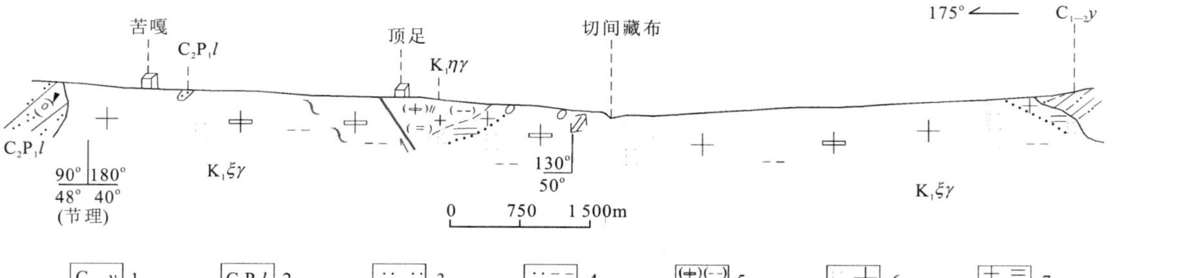

图 3-55　各门斤岩体实测剖面图

1. 永珠组；2. 拉嘎组；3. 粉砂岩；4. 粉砂质泥岩；5. 含小斑细粒含二云母二长花岗岩；6. 斑状粗中粒黑云母正长花岗岩；7. 含中斑中粒二云母正长花岗岩（第二次侵入岩边缘相）；8. 暗色包体；9. 黑云斜长变粒岩包体；10. 斑晶定向；11. 绿泥石化；12. 断层；13. 岩性渐变线；14. 脉动侵入界线

1. 地质特征

侵位于冈底斯燕山—喜马拉雅期岩浆弧隆起带上，侵入周围石炭—二叠系（图 3－56），与晚期的林子宗群（$E_{1-2}ln$）、乌郁群（N_2wy）火山岩呈沉积接触关系。由于受汤勒断裂影响，岩体在南侧发生重复，呈不规则小岩基状产出，与围岩界线呈圆滑弯曲状，一般中等角度外倾，局部陡倾，产状变化较大。第一次侵入岩分布于复杂岩体的外围局部地段，两次侵入岩之间为脉动关系，其界线截然，但野外先后关系不明，仅据分异指数推断其早晚。

2. 岩石学特征

定名的 Q－A－P 图解见图 3－57。

（1）第一次侵入的含小斑细粒含二云母二长花岗岩。在 $R_1－R_2$（De La Rache 等，1980）图解（图 3－40）上位于二长—正长花岗岩区边界。岩石呈灰白色，似斑状结构、基质细粒花岗结构，块状构造。斑晶为钾长石：3%±，自形板柱状，3mm×10mm。基质由斜长石（28%±）、钾长石（38%±）、石英（2%±）、黑云母（1%）、白云母（1%）组成；其中斜长石：0.5mm×0.5mm～1.5mm×1mm，半自形板柱状，个别微显双晶；钾长石：0.5mm×0.5mm～1.5mm×1mm，半自形板柱状，包裹斜长石，定量测试组成为 Or97Ab3（表 3－4）；黑云母、白云母：片状，0.25～0.8mm，白云母晶体成分及化学式见表 3－6。

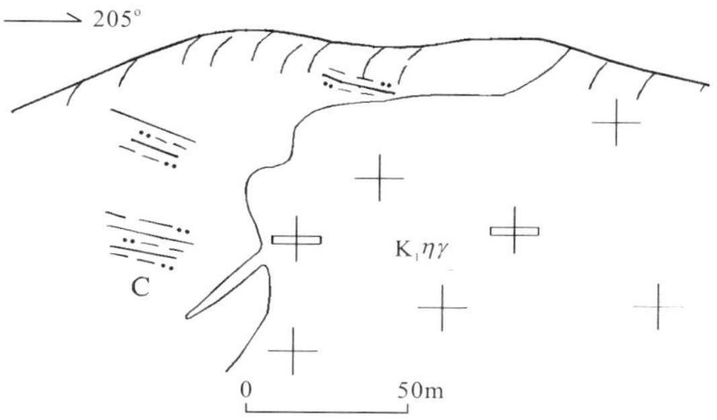

图 3－56　各门斤岩体斑状花岗岩（$K_1\eta\gamma$）侵入石炭系（C）粉砂质泥岩素描图

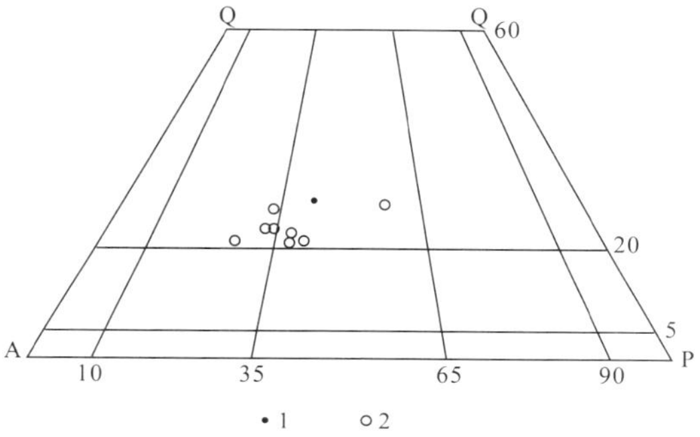

图 3－57　各门斤岩体 Q－A－P 图解

1. 第一次侵入岩；2. 第二次侵入岩

（2）第二次侵入岩主体为大—中斑状粗—中粒黑云母正长花岗岩。$R_1－R_2$ 图解上位于正长—碱性花岗岩边界上。岩石呈灰白色，似斑状结构、基质花岗结构，块状构造。斑晶为钾长石：4%～26%，平均为 24%，7mm×9mm～40mm×13mm，一般为 10mm×23mm，半自形板柱状，个别呈不规则状，为微斜条纹长石，有的具韵律环带。基质由斜长石（22%～30%，平均为 24%）、钾长石（21%～28%，平均为 26%）、石英（20%～24%，平均为 22%）、黑云母（2%～5%，平均为 4%）组成，副矿物为磁铁矿—褐帘石；斜长石：2mm×1.5mm～3.5mm×6mm，半自形板柱状，主要为更长石，个别钠长石，其晶体成分见表 3－3；钾长石：形态及大小同斜长石并包裹斜长石，系微斜条纹长石，定量测试组成为 Or98Ab2（表 3－4）；石英：0.8～2.5mm，他形粒状；黑云母：0.5～1.9mm，褐色片状，部分已变成绿泥石。

该侵入岩体向边缘斑晶含量变低（一般为 7%～8%），出现 2%±的白云母，基质粒度变细，构成含中斑中粒二云母正长花岗岩的边缘相。

3. 岩石地球化学特征

（1）岩石化学特征

分析结果及参数见表 3－7。第一次侵入的二云母花岗岩与中国二云母花岗岩相比差别较大，表现为富 SiO_2、贫 Fe_2O_3、FeO、MnO、MgO、CaO、Na_2O；第二次侵入岩与中国黑云母花岗岩相比差别也较大，具富 SiO_2、K_2O、贫 Fe_2O_3、FeO、MnO、MgO、CaO、Na_2O、稍贫 Al_2O_3 的特点。可以看出，两次侵入岩均具有富 Si、贫 Fe、Ca、Mn、Na 的特征。

该岩体两次侵入岩在硅-碱图(图 3-41)上位于亚碱性系列区，在 TFeO/MgO 与 SiO_2、TFeO 图解(图 3-42)上位于狭义的钙碱性系列区，在 K_2O-SiO_2 图解(图 3-43)上位于高钾区，在 AR-SiO_2 图解(图 3-44)上位于钙碱性岩区，故均属高钾钙碱性岩；铝指数依次为 2.23～1.1，出现白云母，属强过铝质花岗岩。

(2)微量元素特征

分析结果见表 3-17。

与花岗岩维氏平均值相比，两次侵入岩均与其差别较大，均具富 Co、Rb、贫 V、Cr、Ba、Sr、Zr 的特点，第二次侵入的斑状花岗岩尚具富 Th、Hf 贫 Nb 的特点。K/Rb 依次为 101～135.8，呈增高趋势；Rb/Sr 依次为 9.4～4.8，Ba/Sr 依次为 5.73～2.84，二者均不符合一般的岩浆演化规律。

地球化学型式图(图 3-58)向右陡倾，强烈富集 K、Rb、Th，具 Ce、Sm 隆起，与 Pearce 等(1984)所总结的"碰撞花岗岩"型式一致。

(3)稀土元素特征

分析结果及参数见表 3-18，配分模式见图 3-59。两次侵入岩均属轻稀土富集型、轻重稀土比值 ΣCe/ΣY 依次为 3.37～3.89，具中等铕亏损，铕异常系数依次为 0.496～0.54；稀土总量均较低，依次为 $79.2\times10^{-6}\sim118.6\times10^{-6}$。

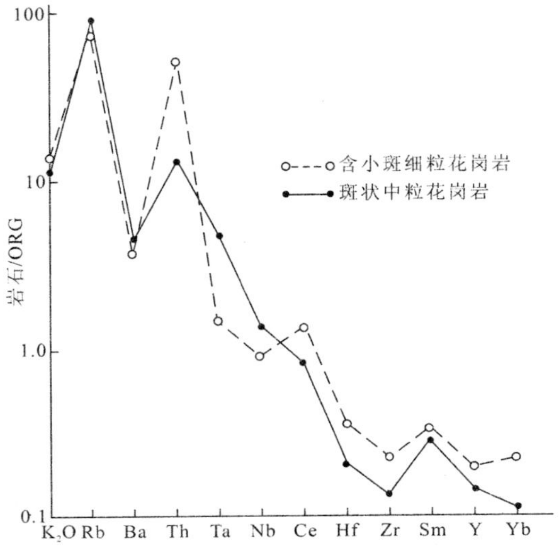

图 3-58　各门斤岩体地球化学型式图

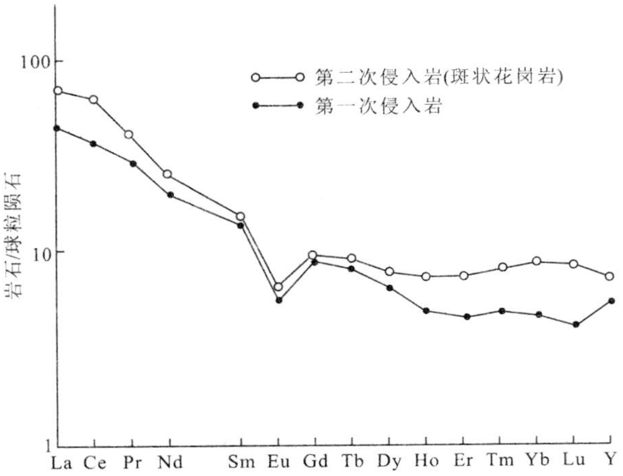

图 3-59　各门斤岩体稀土元素配分模式图

4. 包体、组构、节理、岩脉特征

(1)包体

第一次侵入岩中未见任何包体，第二次侵入的斑状花岗岩中包体也较少，有下列 3 类。

a. 浅源捕虏体：仅在该侵入岩的边部 1km 范围内中等发育，一般为 20m×18m±，稍远者已属顶垂体性质，岩石类型为石炭—二叠系的碎屑岩；b. 暗色镁铁质包体：在该侵入体中广泛但零星分布，岩石类型为黑云母闪长岩，细粒半自形粒状结构，块状构造，由斜长石(70%±，An27，更长石)、黑云母(20%±)、角闪石(10%±)组成，有的内部具钾长石捕虏晶，呈次棱角状，大小为 1cm×3cm～5cm×8cm，该包体属混成包体；c. 黑云斜长变粒岩包体：广泛分布但十分稀少，一般约为几厘米，常呈散边状，该包体系残留体。

(2)组构

第二次侵入的斑状花岗岩中普遍发育叶理，由斑晶和包体定向表现出来，塑性变形不强，仅石英表现出明显的波状消光，属晶体塑性应变组构，叶理产状与接触面具有一致性。

(3)节理、岩脉

该岩体的两次侵入岩节理均十分发育，计有 3 组。一组走向与岩体外接触面一致，中等角度外倾，为层节理；一组走向与岩体外接触面一致，中等角度内倾；另一组走向垂直于接触面，一般陡倾，个别中等倾斜，为横节理。岩体中岩脉极为稀少，仅在第二次侵入的斑状花岗岩中发育有肉红色伟晶岩脉和细晶岩脉，岩脉宽1～3cm。

5. 接触变质作用及蚀变作用

各门斤岩体外接触带30m范围内产生褪色现象，靠近岩体产生较多的热变质矿物红柱石。岩体内部沿小型断层有绿泥石化现象，岩体边部局部地段发育有硅化、褐铁矿化。

6. 侵位深度、形成温度及剥蚀程度

各门斤岩体主体部分的斑状花岗岩在Q－Ab－Or－P_{H_2O}相图（图3－49）上位于最低点附近1×10^8Pa压力线上；利用石英中的岩浆包裹体测得的压力为（0.6～0.8）$\times10^8$Pa，测得的均一温度为800℃～890℃；在Q－Ab－Or－P_{H_2O}相图（图3－50）上显示的温度为780℃；该侵入岩具粗—中粒结构，钾长石为微斜条纹长石，冷凝边不发育，接触变质带不宽，边部中等发育大型不规则状捕虏体，从地质岩相学特征看位于中带顶部或浅带底部。综合结论：该岩体第二次侵入岩形成于浅带底部（3～6.5km），压力应稍大于上述1×10^8Pa，形成温度大约为800℃；第一次侵入岩据细粒结构判断形成深度应稍低于第二次侵入岩。

据岩体出露面积大、中心处叶理产状及接触面主体产状均中等外倾、内部无顶垂体，综合考虑为浅—中等剥蚀。

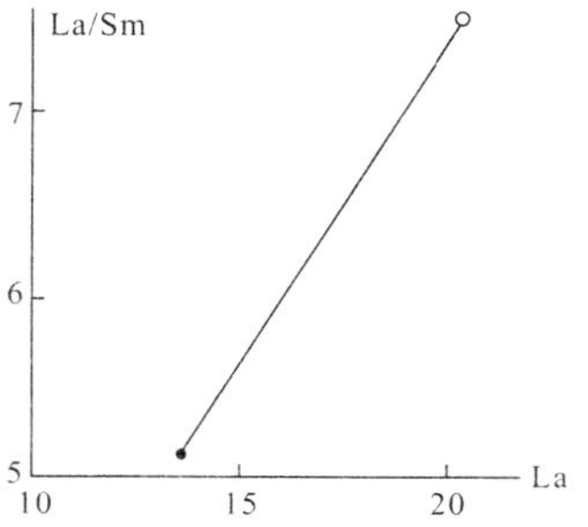

图3－60　各门斤岩体La/Sm－La图解
• 第一次侵入岩；○ 第二次侵入岩

7. 两次侵入岩的关系

该亚带的两次侵入岩，从早至晚，钾长石含量及分异指数明显增高，但石英、SiO_2含量却降低，Rb/Sr、Ba/Sr的变化也不符合一般岩浆演化规律。上述说明两次侵入岩非同源岩浆演化，在La/Sm－La图解（图3－60）上具典型的部分熔融特征。故认为两次侵入岩系熔融程度不同而形成。

8. 就位机制概略分析

第二次侵入的斑状花岗岩为该岩体的主体部分，该侵入体大致呈椭圆形、走向与区域构造线一致，内部发育平行于接触带的叶理构造，说明有主动膨胀机制存在。但从这种叶理构造不强、围岩的层理未见扰动看，这种膨胀机制提供的就位空间有限，岩体与围岩界线截然，无过渡现象，说明无原地重熔可能性；从岩体边界切割围岩层理，边部有大型围岩捕虏体看有构造扩张或深部重熔换位机制存在，故认为，该岩体的巨大空间由构造扩张或深部重熔与浅部岩石换位、复合以主动膨胀机制共同提供。

9. 成因及构造背景分析

第一次侵入的含二云母二长花岗岩属淡色花岗岩，白云母较黑云母丰富，铝指数A/CNK高达2.23，无镁铁质包体，TFeO/（TFeO＋MgO）＝0.65＜0.8，Fe^{3+}/（Fe^{2+}＋Fe^{3}）＝0.33，这些特征均与巴尔巴林的“含白云母过铝花岗岩”类一致；第二次侵入的黑云母二长花岗岩，富含黑云母，铝指数A/CNK＝1.1，镁铁质包体零星，含有稀少的残留体，TFeO/（TFeO＋MgO）＝0.74＜0.8，Fe^{3+}/（Fe^{2+}＋Fe^{3+}）＝0.14，出现少量褐帘石，与巴尔巴林的“含堇青石过铝花岗岩”类十分一致。据研究，该两种类型来自于壳源熔融，其形成与大陆碰撞（广义）有关；进一步据铝指数判断，其属强过铝‘SP’花岗岩类，最新研究表明，富白云母花岗岩类是陆内俯冲的标志，强过铝花岗岩类形成于后碰撞环境。在CaO/Na_2O－Al_2O_3/TiO_2图解（图3－54）上，第一次侵入的含二云母二长花岗岩具高Al_2O_3/TiO_2值，显示系相对低温环境下熔融结晶而成；具CaO/Na_2O值，显示原岩中不成熟的杂砂岩成分较多；第二次侵入岩具中Al_2O_3/TiO_2值，显示系中温环境下熔融结晶而成；具低CaO/Na_2O值，显示源岩中成熟的泥质岩成分较多。

在Maniar的环境判别图（图3－51）上均位于广义的碰撞区（结合铝指数）；岩石化学属钙碱性岩（狭义），Na_2O/K_2O依次为0.05～0.19，Na_2O/CaO依次为0.81～4.84，MgO/TFeO依次为0.53～0.34，

MgO/MnO 依次为 13～11.33，这些特征与 Maniar 的碰撞花岗岩大体一致。

在 Rb－Y＋Nb 和 Rb－Yb＋Ta 图解（图 3－47）上均位于碰撞区（广义），微量元素地球化学型式图与碰撞花岗岩具有一致性（图 3－58）。

该岩体同位素年龄晚于碰撞型的麦弄岩体，从时代上看处于后碰撞构造阶段。

综上所述，结论为：该岩体形成于后碰撞环境，由壳源熔融而成，第二次侵入岩有少量的幔源混染，系相对中低温环境下熔融结晶而成。

10. 形成时代

本岩体形成于后碰撞环境，据其所处的构造阶段应晚于上述的麦弄岩体。本次区调在该岩体第二次侵入的斑状花岗岩中获得黑云母的 K－Ar 年龄为（107.04±1.62）Ma，其黑云母新鲜，据封闭温度理论、黑云母 K－Ar 年龄一般偏小于侵位年龄，故将其时代确定为早白垩世中晚期。

（五）早白垩世郎那花岗岩亚带

该亚带分布于图幅西南确角弄—江勒—郎那北一带，呈带状岩基沿构造线延伸，向 WN 及 ES 均出图，图内面积约 766km^2；该亚带在图幅内仅出露郎那岩体（编号 21），为一多次侵入的复杂岩体，平面形态极不规则，1∶100 万日喀则幅谓“江勒、郎那岩体”；侵位于冈底斯燕山—喜马拉雅期岩浆弧区隆起带，侵入周围前震旦系念青唐古拉岩群、石炭—二叠系及早白垩世麦弄二云母石英二长岩，与周围的林子宗群帕那组（E_2p）为沉积接触；经分析，归属为后碰撞阶段二期，包含 5 次侵入活动，现分述如下。

1. 第一次侵入岩（编号 21^1）

分布于梅巴切勤西侧、郎那复杂岩体中段，仅 1 个江勒侵入体，面积约 168km^2，岩性为中—粗粒正长花岗岩（$K_1\xi\gamma$）。

（1）地质特征

北部侵入石炭系永珠组，平面界线呈极度弯曲的港湾状，多为折线型，中等角度外倾；南部被帕那组火山岩不整合覆盖，火山岩中发育该花岗岩角砾。

（2）岩石学特征

定名的 Q－A－P 图解见图 3－61，在多阳离子 R_1-R_2 图解（图 3－40）上位于正长花岗岩与碱性花岗岩分界线处，二者结论基本一致。岩石呈灰红色，中—粗粒花岗结构，块状构造。由钾长石（70%±）、斜长石（10%±）、石英（20%±）及少量黑云母组成，副矿物为磁铁矿。钾长石：2.5～10mm，一般 6mm×8mm～8mm×10mm，半自形柱状—方块状，具卡斯双晶，系条纹长石，定量测试组成为 Or97Ab3（表 3－4）；斜长石：2.5mm×2mm～4mm×6mm，半自形板柱状，主要为更长石，⊥(010)法测得 An＝25，定量测试结果为 Or1Ab92An7（表 3－3）；石英：0.7～2.5mm，他形粒状，具波状消光，裂纹发育，多聚集成 7～8mm 的集合体；黑云母：0.5～1.8mm，褐色片状。

该侵入体向内部矿物粒度变粗，少数基质钾长石向斑晶过渡。

（3）岩石地球化学特征

1）岩石化学特征

分析结果及参数见表 3－16。与中国黑云母花岗的平均值相比有较大差别，具富 K_2O、SiO_2、贫 Fe_2O_3、FeO、MnO、MgO、CaO 的特点，反映出本岩石分异程度较高。

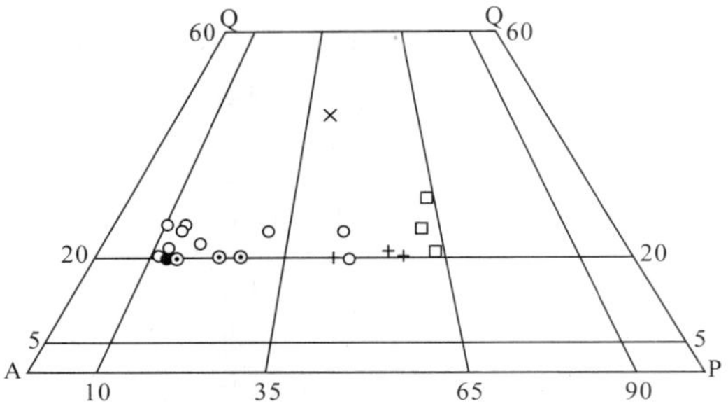

图 3－61　郎那岩体 Q－A－P 图解

• 第一次侵入岩；第二次侵入岩：○确角弄侵入体；⊙戈沃侵入体；×第三次侵入岩；＋第四次侵入岩；□第五次侵入岩

在硅-碱图（图 3－41）上位于亚碱性系列区，在 TFeO/MgO 与 SiO_2、TFeO 图解（图 3－42）上位于狭义的钙碱性系列区，在 K_2O-SiO_2 图解（图 3－43）上位于高钾区，故属高钾钙碱性系列；在 $AR-SiO_2$ 图解（图 3－44）上位于碱性岩区，里特曼指数 σ＝2.09，综合判断属莱特的碱性岩(相当于皮科克的碱钙性岩);铝指数 A/CNK=1.09,暗色矿物仅有黑云母,综合判断属弱过铝类型。

2)微量元素特征

分析结果及参数见表 3-17。与贫钙酸性岩涂氏平均值相比稍有差别,Cr、Rb、Th、Hf 高而 V、Sr、Ba 低。K/Rb=84.12,Rb/Sr=5.45,介于前人总结的改造型与同熔型花岗岩之间。地球化学型式见图 3-62,强烈富集 K、Rb、Th,具 Ce、Sm 正异常,中等亏损右侧元素,与 Pearce 等(1984)所总结的"同碰撞花岗岩"基本一致。

3)稀土元素特征

分析结果及参数见表 3-18。配分模式(图 3-63)向右陡倾;稀土总量为正常值,$\Sigma REE=243.17\times10^{-6}$,属轻稀土强烈富集型,轻重稀土比值 $\Sigma Ce/\Sigma Y=5.22$,具中等铕亏损,铕异常系数 $\delta Eu=0.36$。

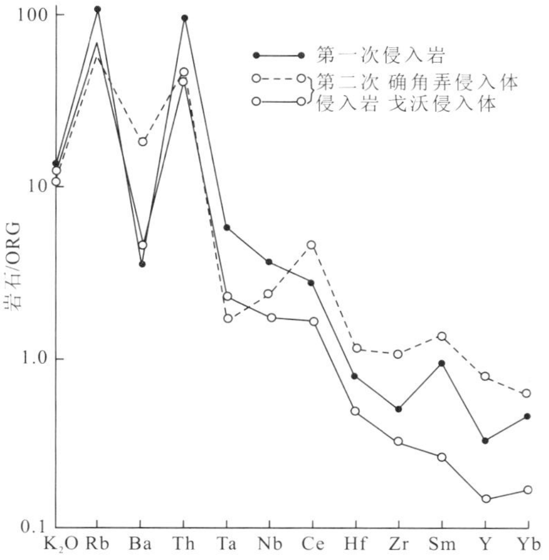

图 3-62　郎那岩体地球化学型式图

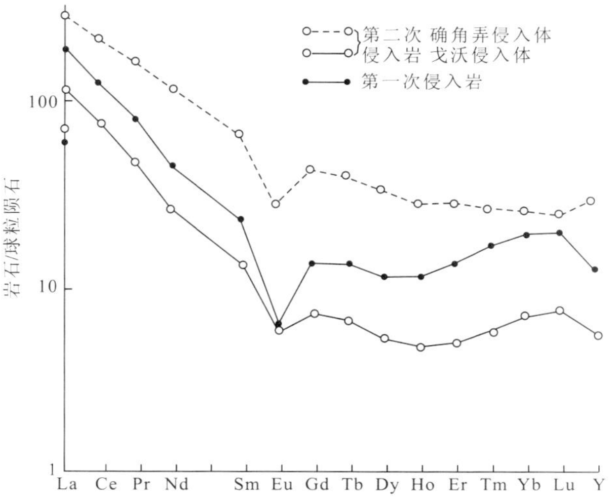

图 3-63　郎那岩体稀土元素配分模式

(4) 包体、岩脉特征

侵入体边部偶见石炭—二叠系大型捕虏体,达 100m×300m,从捕虏体与周围岩性的相关性判断基本为原地围岩;内部普遍发育稀疏的白色细粒花岗岩脉。

(5)外接触变质作用

本岩体使周围的石炭—二叠系产生较强的变质作用,接触带附近灰岩重结晶明显并发生明显的矽卡岩化。

2. 第二次侵入岩(编号 21^2)

为郎那复杂岩体的主要侵入岩,分布于该复杂岩体的西段及东段的岩体膨大部位,由西侧的确角弄、东侧的戈沃两个大型侵入体组成,前者在图内出露 $228km^2$,后者在图内出露 $264km^2$。现将代表性的确角弄侵入体详细叙述如下,其剖面见图 3-64。

(1) 地质特征

呈东宽西窄并趋于尖灭的不规则带状岩株产出,侵入周围石炭—二叠系(图 3-65)及念青唐古拉岩群,与围岩接触处局部有晚期的花岗斑岩顺接触面侵入。界线为极度弯曲的港湾状,圆滑型、锯齿型均有表现,普遍中低角度(46°~30°)内倾。

(2) 岩石学特征

定名的 Q-A-P 图解见图 3-61,在多阳离子 R_1-R_2 图解(图 3-40)上位于二长花岗岩区,二者稍有差别,综合定名为中斑状中粒黑云母二长花岗岩。

岩石呈肉红色,局部灰白色,似斑状结构、基质中粒花岗结构,块状构造。斑晶为钾长石:25%~49%,平均为 39%,0.6cm×1cm~1.5cm×2.5cm,一般为 2.4cm×1.2cm,具卡斯双晶。基质由钾长石(13%~

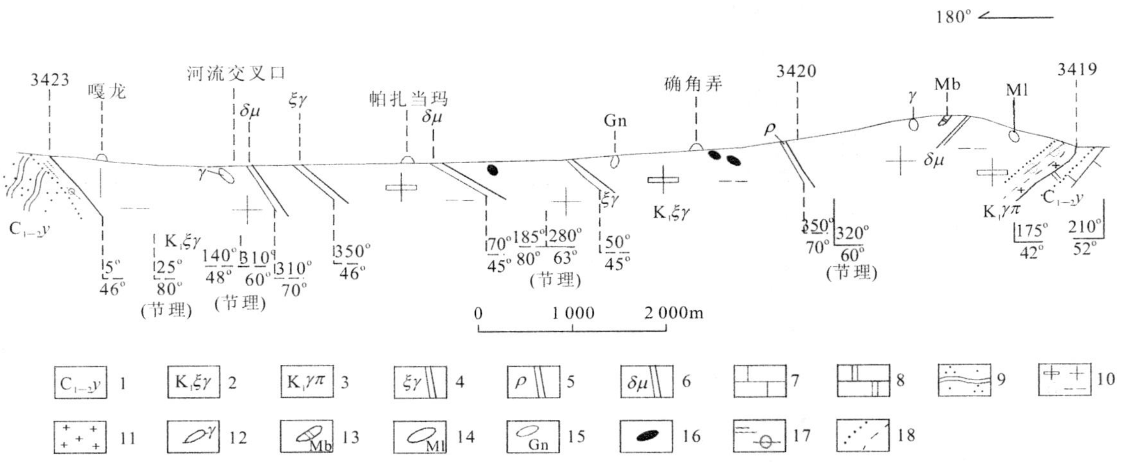

图 3-64　谢通门县梅巴切勤乡确角弄侵入体实测剖面图

1. 永珠组；2. 早白垩世正长花岗岩；3. 早白垩世花岗斑岩；4. 正长花岗岩脉；5. 伟晶岩脉；6. 闪长玢岩脉；7. 灰岩；8. 大理岩；9. 变石英砂岩；10. 中斑状中粒黑云母正长花岗岩；11. 花岗斑岩；12. 花岗岩包体；13. 大理岩包体；14. 糜棱岩包体；15. 片麻岩包体；16. 暗色包体；17. 绢云绿帘蚀变岩；18. 岩性渐变接触界线、脉动接触界线

25%，平均为 19%）、斜长石（9%～33%，平均为 14%）、黑云母（3%～10%，平均为 5%）、角闪石（少量至 2%）组成，副矿物为磁铁矿—榍石，局部见白钛石；长石：半自形板柱状，2.5mm×2mm～3.5mm×2mm，其中斜长石主要为更长石，⊥（010）法测得 An=24±，定量测试结果 Or9Ab85An6（表 3-3）；钾长石：多数显条纹结构，少数显格子双晶，为微斜条纹长石，定量测试组成为 Or95Ab5（表 3-4）；石英：1.7～4mm，他形粒状，裂纹发育，波状消光明显，有的聚集成 7mm± 的集合体；黑云母：0.2～5mm，片状；角闪石：0.5mm×0.2mm～1mm×0.5mm，暗色矿物多向绿泥石变化。

该侵入体具有一定程度的相变特征；向边部斑晶变小、变少、基质粒度变细；向岩体中心斑晶增多、增大。

（3）岩石地球化学特征

1）岩石化学特征

分析结果及参数见表 3-16。与中国角闪石黑云母花岗岩的平均值相比较为接近，具富 K_2O、Fe_2O_3、贫 FeO、MgO、CaO 的特点。

在硅-碱图（图 3-4）上位于亚碱性系列区，在 TFeO/MgO 与 SiO_2、TFeO 图解（图 3-42）上位于狭义的钙碱性与拉斑系列边界处，在 K_2O-SiO_2 图解（图 3-43）上位于高钾区，故属高钾钙碱性系列；在 AR-SiO_2 图解（图 3-44）上位于钙碱性岩与碱性岩边界，里特曼指数 $\sigma=2.66$，故为莱特的钙碱性岩；铝指数 A/CNK=0.99，出现角闪石，综合判断属偏铝质类型。

2）微量元素特征

分析结果及参数见表 3-17。与富钙酸性岩涂氏克拉克值相比较为接近，具富 Th、Hf、Co、稍富 Zr、贫 Cr 的特点。K/Rb、Rb/Sr 值接近于同熔型花岗岩的值。微量元素地球化学型式（图 3-62）具板内花岗岩的某些特点，同时又具有同碰撞花岗岩的特点。

3）稀土元素特征

分析结果及参数见表 3-18，配分模式见图 3-63，属轻稀土强烈富集型，稀土总量高，$\Sigma REE=462\times10^{-6}$，具中等铕亏损。

（4）包体、岩脉、组构、节理特征

① 包体

岩体中包体十分发育，有下列几种。

a. 黑云二长片麻岩包体。岩体中心的局部地段发育且较多。由钾长石（40%±）、斜长石（35%±）、石英（15%±）、黑云母（7%±）、角闪石（3%±）及磁铁矿、榍石组成。此包体与岩体边界截然，从远离围岩以及围岩中未对应岩性看为深源捕虏体。

b. 白色方解石大理岩包体。在距岩体边部 1.5km 范围内零星发育，鳞片粒状变晶结构，定向构造，白云母为 3%±、黑云母为 2%±。此包体可能为周围下拉组灰岩的捕虏体变质而成，也可能为周围念青唐古拉岩群捕虏体。

c. 花岗质初糜棱岩包体。在距岩体边部大约 700m 范围内零星发育，由斜长石(30%±)、钾长石(47%±)、石英(20%±)、黑云母(3%±)及微量磁铁矿组成，矿物粒径为 0.1～0.4mm，从其分部和岩性看应为早期冷凝边的碎块。

d. 细粒黑云母花岗岩包体。在岩体边部 2～3km 范围内偶见，长条状，1cm×2cm～10cm×35cm，长轴或与岩体长轴一致或垂直于岩体边界方向，系沿原生裂隙充填的残浆包体。

e. 暗色细粒黑云母闪长岩包体。在该岩体中广泛发育且较丰富，半自形细粒结构，块状构造。由斜长石(80%±)、钾长石(5%±)、石英(2%±)、黑云母(10%±)、角闪石(3%±)及微量榍石、磁铁矿组成，内部有钾长石捕虏晶；包体呈透镜状—不规则状，1cm×2cm～6cm×30cm，与主岩常呈渐变过渡关系，有的聚集排列成带状包体群(图 3-66)，包体长轴及带体延伸方向均与岩体长轴一致。该包体系岩浆混合成因，属混成包体。

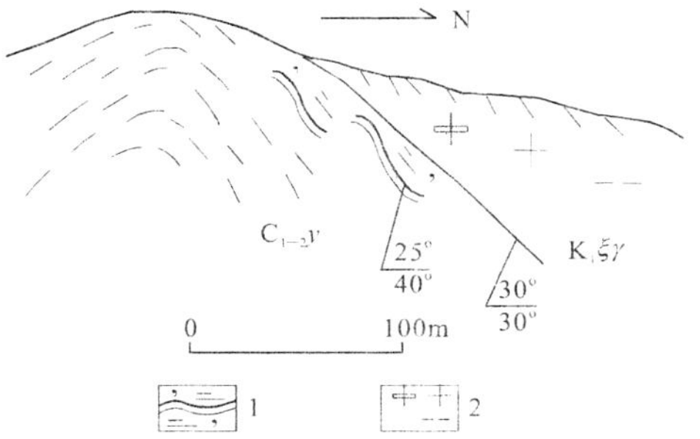

图 3-65　昂仁县措麦乡多让北确角弄侵入体($K_1\eta\gamma$)侵入永珠组($C_{1-2}y$)斑点状绢云母板岩素描图

1. 斑点状绢云母板岩；2. 中斑状中粒黑云母正长花岗岩

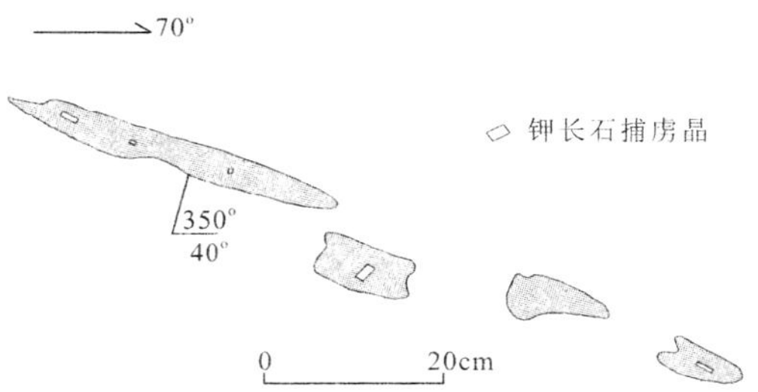

图 3-66　确角弄侵入体中的闪长质包体群素描剖面图

该包体的岩石化学、微量元素、稀土元素分析结果见表 3-16、表 3-8、表 3-9，各种判别图解表明属碱性系列(图 3-41、图 3-42、图 3-43)，AR-SiO_2 图解(图 3-44)及里特曼指数($\sigma=6.49$)均说明属莱特的碱性岩；据铝指数判断为偏铝质类型，该包体在多阳离子 R_1-R_2 图解(图 3-40)上位于正长岩区，也说明其碱性程度较高，微量元素与一般的闪长岩有明显差别，表现为亲铁元素贫 Cr、Ni，造岩元素富 Nb、贫 Sr、Ba，富集高电价元素 Zr、Th、Hf、Nb、Ta 及 Sc；其地球化学型式见图 3-67，与主岩略显"X"型交叉特征，说明岩浆混合的存在；稀土元素配分模式见图 3-68，稀土总量高达 443×10^{-6}，轻重稀土分馏弱，具强铕负异常。

② 岩脉

岩体中岩脉十分发育，有下列几种。

a. 肉红色细粒正长花岗岩脉及伟晶岩脉。较为发育，宽 0.25～10m。一组中等角度向岩体中心倾斜，系沿纵节理贯入而成；一组走向垂直于接触面陡倾，可能沿垂直于接触面的横节理贯入而成；一组走向沿岩体延伸方向陡倾，其形成机制不清楚。该类岩脉为岩浆末期形成的伴生脉岩。

b. 暗灰色黑云母闪长玢岩脉。该岩脉十分发育，基质半自形细粒结构，块状构造，由斜长石(80%～95%)、黑云母(5%～20%)、磁铁矿、榍石组成；个别由斜长石(60%±)、角闪石(40%±)组成，构成典型的闪长玢岩，岩脉宽 1～3m，呈枝叉状、网状侵入主岩(图 3-69)，内部常有主岩浑圆状捕虏体，其形成明显晚于主岩。该类岩脉有两组产状，一组走向与侵入体延伸方向一致、陡倾；一组向岩体内部中等角度倾斜。

岩石化学、微量元素、稀土元素见表 3-16、表 3-8、表 3-9。属中钾钙碱性系列，碱度上属莱特的钙碱性岩(图 3-41 至图 3-44)。微量元素与一般闪长岩的相比基本一致，仅 Cr、Th、Sc、Hf 高而 Sr 低，地球化学型式(图 3-67)与上述闪长岩包体具有一定程度的相似性，与主岩曲线不发生"X"型交叉，说明该岩脉侵入时主岩浆已基本固结，二者未发生混合作用。稀土配分模式见图 3-68，稀土总量稍高，具中等铕亏损。

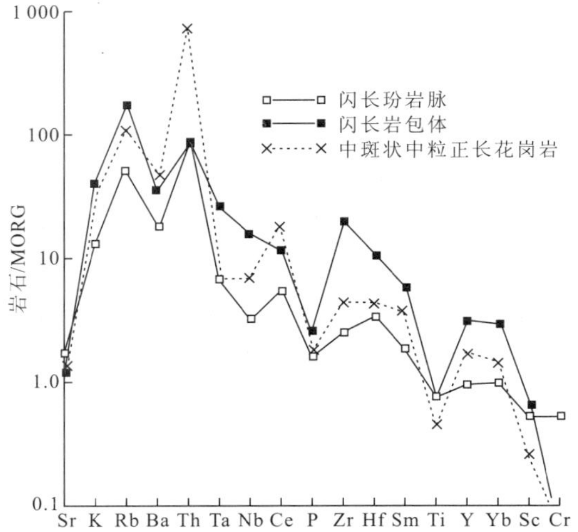

图 3-67　郎那岩体第二次侵入岩及其闪长岩包体、闪长玢岩脉地球化学型式图

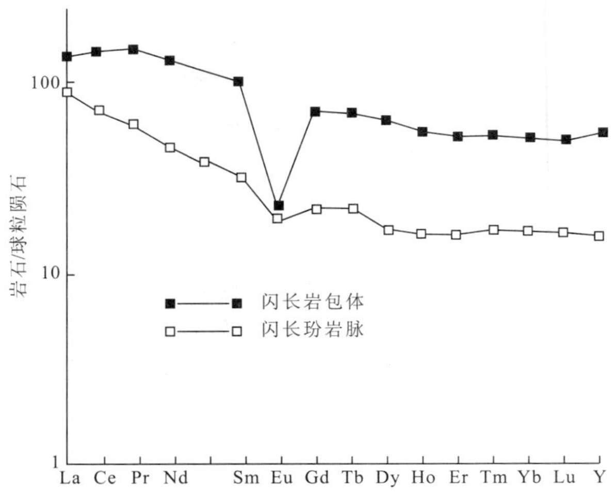

图 3-68　郎那岩体内的包体、岩脉稀土元素配分模式

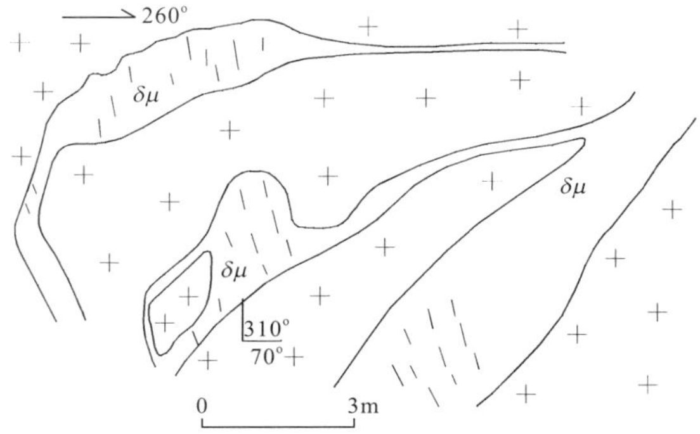

图 3-69　确角弄侵入体中的闪长玢岩脉（δμ）素描平面图

③ 组构特征

岩体中的石英颗粒普遍具明显的波状消光，内部局部发育斑晶定向，暗色包体具定向拉长排列现象且与岩体走向一致。从早期冷凝边碎块看有就位糜棱岩存在。接触变质带内的围岩普遍产生定向构造，表现为斑点呈 1∶3 的长条形定向分布，热变质形成的大理岩的矿物颗粒双晶纹发生弯曲，相互结合呈定向分布，绿帘石化石英砂岩中的石英颗粒定向分布等。

④ 节理特征

侵入体中的节理十分发育。第一组向岩体中心倾斜，倾角为 47°～60°，可能为纵节理；第二组大致沿岩体延伸方向呈东西走向陡倾；第三组平行于岩体接触面外倾，倾角 48°～63°，切割第二组节理。节理间隔一般为 1m±，节理附近常发育绿帘石化及强烈褐铁矿化。

(5)接触变质作用

岩体附近围岩普遍产生较强的接触变质作用，变质带宽 5～500m 不等，形成斑点状板岩（斑点含量为 10%～15%）、大理岩、绿帘石化石英砂岩（绿帘石含量为 65%）等岩石类型。

(6)戈沃侵入体与确角弄侵入体特征对比

东侧的戈沃侵入体的特征见表 3-16。该侵入体与石炭系围岩之间发育十几到数十米的火成角砾岩带，围岩中常有岩枝贯入，发育宽达几百米的接触变质带，形成条带状透闪透辉矽卡岩、大理岩等岩石类型并具硅化、褐铁矿化、绢云母化、孔雀石化等蚀变现象。该侵入体超动侵入早白垩世麦弄岩体，表现为岩体近边部斑晶基质均明显变小，发育 1～4m 的细粒边、斑晶及黑云母平行于接触带定向排列，内部发育后者捕虏体，沿接触带发育大量的闪长质包体及基性、伟晶岩脉。该侵入体的岩性特征与确角弄侵入体的基本一致（表 3-19），仅斑晶分布不均，含量稍少，向边部“粒度变细、斑晶变少”的相变特征更加明显；西部的确角弄侵入体内部捕虏体很少，而该侵入体边部捕虏体较多，内部也可见到一些顶垂体；戈沃侵入体同样较发育闪长质包体，但没有确角弄侵入体丰富，包体呈圆形—椭圆形—条带状，0.5～50cm；二者均含有细粒黑云母花岗岩残浆包体；二者的岩脉特征也基本一致，戈沃侵入体闪长岩脉较少而代之以较多的基性岩脉，该岩脉均沿下述小型正断层贯入。戈沃侵入体节理中等发育，一组中等角度倾向岩体中心，可能为纵节理；一组中等角度向岩体外围倾斜，可能为层节理；一组大致沿岩体延伸方向陡倾，其节理特征与确角弄侵入体的一致，但发育程度不及确角弄的。戈沃侵入体中氧化物含量与中国黑云母花岗岩的平均值相比基本一致，具富 SiO_2、贫 Fe_2O_3、FeO、CaO、P_2O_5 的特点，显示其分异程度稍高，属弱碱性岩，弱过铝类型，其 SiO_2 含量、分异指数、碱度、铝指数均比确角弄的高。二者的主要微量元素比值很接近，但富集的微量元素种类有所差别，地球化学型式总体一致(图 3-62)，仅戈沃侵入体相容元素亏损程度较大，具有火山弧与碰撞花岗岩的双重特点。二者的稀土元素配分模式一致，仅戈沃侵入体稀土总量明显较低。

表 3-19　戈沃侵入体与确角弄侵入体特征对比表

地质特征＼侵入体	确角弄	戈沃
分布	复杂岩体西部膨大部位	复杂岩体东部膨大部位
产状	东宽西窄趋于尖灭的不规则带状岩株，内倾产状	西宽东窄趋于尖灭的带状岩株
侵入围岩特征	侵入石炭—二叠系，脉动侵入中—粗粒正长花岗岩，边界为极度弯曲港湾状，边界处有晚期花岗斑岩侵入	侵入石炭—二叠系，脉动侵入中—粗粒正长花岗岩，边界为极度弯曲港湾状，北界以圆滑型为主，南界以折线型为主，边界处有晚期花岗斑岩侵入
岩石类型	灰红—肉红色中斑状中粒黑云母正长花岗岩，向边部斑晶变小，基质粒度变细	灰红—肉红色中斑状中粒黑云母正长花岗岩，向边部斑晶变少、变小，基质粒度变细
结构构造	似斑状结构，块状构造	似斑状结构，块状构造
斑晶	钾长石：39%，2.4cm×1.2cm，具卡斯双晶	钾长石：30%～15%，1.1cm×0.6cm～2.5cm×1.5cm，系条纹长石，具环带、卡斯双晶
基质	钾长石：19%，微斜条纹长石，Or86Ab14；斜长石：14%，系更长石，⊥(010)法测定 An=24，定量 Or9Ab85An6；石英：22%，他形粒状，波状消光明显；黑云母：5%；角闪石：少量～2%	钾长石：39%，条纹长石，Or86Ab14，2mm×0.5mm～5mm×4.6mm；斜长石：14%，系更长石，Or4Ab85An11，2mm×0.5mm～5mm×4.6mm；石英：21%，他形粒状，波状消光明显；黑云母：3%，镁质黑云母，0.2～1.4mm，褐色片状
副矿物	磁铁矿—榍石，局部见白钛石	磁铁矿—榍石，局部见磷灰石
包体	局部发育片麻岩、大理岩包体；边部零星花岗质初糜棱岩及黑云母花岗岩包体；丰富的闪长岩包体	边部有较多围岩捕虏体；较发育闪长质包体及细粒黑云母花岗岩包体
岩脉	正长花岗岩脉及伟晶岩脉较发育，黑云母闪长玢岩—闪长玢岩脉十分发育	较发育细—中粒花岗岩脉及伟晶岩脉、石英脉；少量闪长岩脉、沿东西向正断层发育较多基性岩脉
组构	局部斑晶定向，存在就位糜棱岩	边部斑晶及黑云母平行于接触带定向
节理	很发育	中等发育
岩石化学	SiO_2：69.76%；DI：82.8；A/CNK：0.99；Na_2O+K_2O=8.27，高钾钙碱性系列、钙碱性岩、弱偏铝质	SiO_2：75.10%；DI：90.8；A/CNK：1.06；Na_2O+K_2O=7.93，高钾钙碱性系列、弱碱性岩、弱过铝质
微量元素	富 Th、Hf、Co，稍富 Zr，贫 Cr，K/Rb：182.7；Rb/Sr：1.52	富 Th，稍富 Sr，贫 V、Ba，K/Rb：133.4；Rb/Sr：1.98
稀土元素	ΣREE：462×10^{-6}，$\Sigma Ce/\Sigma Y$：4，δEu：0.5，稀土总量高，具中等铕亏损	ΣREE：137×10^{-6}，$\Sigma Ce/\Sigma Y$：7.06，δEu：0.59，稀土总量偏低，具中等铕亏损

总之，该次岩浆活动形成的两个侵入体总体一致，但也存在着一定程度的差别，可能系确角弄侵入体岩浆混合程度较强所致。

3. 第三次侵入岩(21^3)

分布于梅巴切勤西北侧，复杂岩体的北部边缘，仅有一个百娃勒侵入体，面积约为 6km²，岩性为细粒黑云母二长花岗岩($K_1\eta\gamma$)。

(1)地质特征

该侵入体呈透镜状岩瘤沿郎那复杂岩体与围岩接触面产出，脉动侵入上述江勒中—粗粒黑云母正长花岗岩(图 3-70)，二者界线截然，发育宽约 10cm± 的细粒边。内部具石炭系围岩大型棱角状捕虏体。外接触变质作用较强，变质带较宽，带内灰岩发生明显的重结晶作用，近岩体处发育矽卡岩化，形成矽卡岩化细晶灰岩。

（2）岩石学特征

岩石呈灰白色，细粒花岗结构，块状构造。由斜长石（20%±）、钾长石（30%±）、黑云母（5%±）组成；长石均呈半自形板柱状，0.7mm×0.4mm～1.5mm×1mm，斜长石主体为更长石，晶体成分见表3-3；石英：0.5～1.5mm，他形粒状，波状消光明显；黑云母：0.5mm，属镁质黑云母（表3-5，图3-6）。

本岩石在多阳离子 R_1-R_2 图解（图3-40）上位于正长—碱性花岗岩分界附近，与矿物含量定名稍有出入。

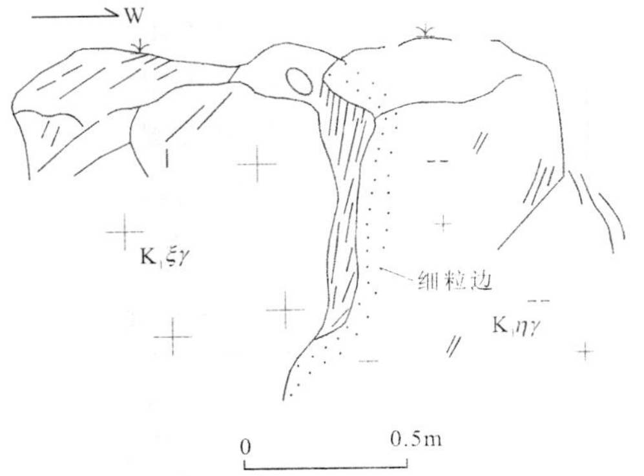

图3-70　郎那岩体细粒黑云母二长花岗岩（$K_1\eta\gamma$）脉动侵入中—粗粒正长花岗岩（$K_1\xi\gamma$）素描图

（3）岩石地球化学特征

1）岩石化学特征

分析结果及参数见表3-16。与中国黑云母花岗岩的平均值相比差别较大，表现为 SiO_2 高而 TiO_2、Al_2O_3、Fe_2O_3、FeO、MnO、MgO、CaO 均低。在硅-碱图（图3-41）上位于亚碱性系列区，在 TFeO/MgO 与 SiO_2、TFeO 图解（图3-42）上位于狭义的钙碱性系列区，在 K_2O-SiO_2 图解（图3-43）上位于高钾区，在 $AR-SiO_2$ 图解（图3-44）上位于碱性岩区，故属高钾类型，莱特的碱性岩（相当于皮科克的碱钙性岩）。铝指数 A/CNK=1.13，属过铝质类型。

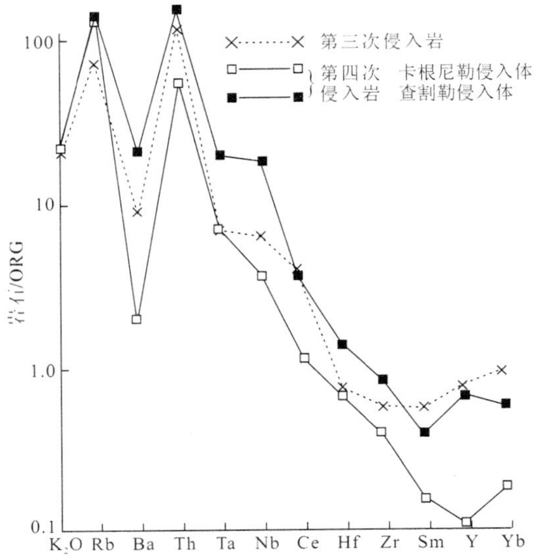

图3-71　郎那岩体第三、四次侵入岩地球化学型式图

2）微量元素特征

分析结果见表3-17。与花岗岩维氏平均值相比判别较大，具富 Co、Rb、Th、Hf，贫 V、Cr、Sr、Ba 的特点；K/Rb=105，Rb/Sr=39，与前人总结的"改造型花岗岩"接近。地球化学型式（图3-71）与 Pearce 等（1984）总结的"同碰撞花岗岩"接近。

3）稀土元素特征

分析结果及参数见表3-18，稀土配分模式见图3-72。轻重稀土分馏程度较小，曲线右端翘起，具强烈铕亏损，稀土总量相对偏低。

4. 第四次侵入岩（21^4）

分布于梅巴切勤西，由卡根尼勒、查割勒两个侵入体组成，面积约 $79km^2$。岩性为细粒含白云母二长花岗岩（$K_2\eta\gamma$）。现主要以卡根尼勒侵入体为例叙述如下。

（1）地质特征

呈岩株、岩瘤产出，脉动侵入本期第一、第二次正长花岗岩（图3-73），与第二次的斑状正长花岗岩界线截然明显并发育 1cm± 的冷凝边；与帕那组（E_2p）火山岩为喷发不整合接触关系，火山岩底部含有该侵入岩的角砾；侵入边界呈圆型、折线型；外接触变质作用强烈，变质带宽约 600m 以上，形成的岩石类型有大理岩、斜长透辉糜棱岩。

（2）岩石学特征

Q-A-P 图解见图3-61，在多阳离子 R_1-R_2 图解（图3-40）上位于碱性花岗岩区，二者稍有差别。

岩石呈白色，细粒花岗结构，块状构造，由钾长石（35%～40%，平均为36%）、斜长石（35%～45%，平均为41%）、石英（20%～25%，平均为22%）、白云母（1%）组成，副矿物为磁铁矿—白钛石；长石均呈半自形板柱状，0.4mm×0.3mm～2mm×1mm，其中钾长石具卡斯双晶、格子双晶，为微斜条纹长石，定量测试组成为 Or98Ab2（表3-4），斜长石主要为更长石，⊥（010）法测得 An=25～26，定量测试为 Ab98An2（表3-3）；石英：0.2～1mm，他形粒状；白云母：0.1mm，片状，晶体成分及化学式见表3-6。

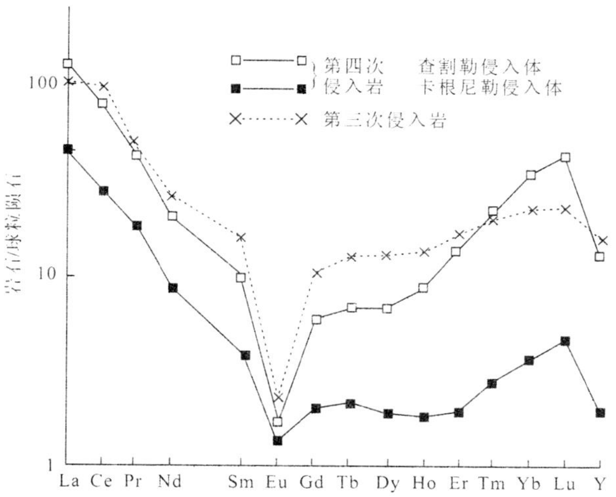

图 3-72　郎那岩体第三、四次侵入岩稀土元素配分模式

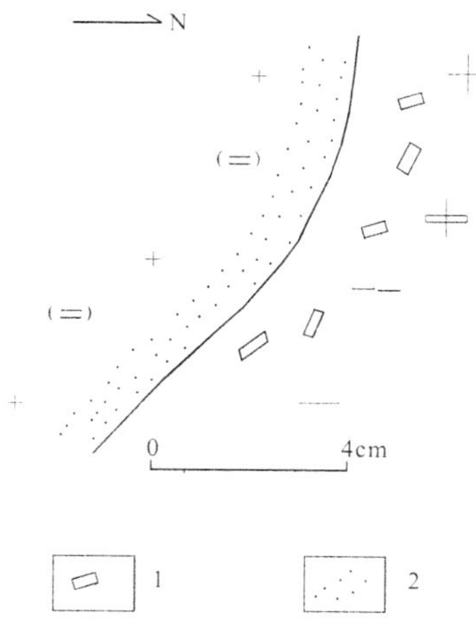

图 3-73　郎那岩体第四次形成的细粒含白云母二长花岗岩(左)脉动侵入第二次形成斑状花岗岩素描平面图

1. 钾长石斑晶；2. 冷凝边

该岩石中有时含少量钾长石斑晶，查割勒侵入体具灰红色外貌，钾长石相对含量稍高。

(3)岩石地球化学特征

1) 岩石化学特征

分析结果及参数见表 3-16。与中国二云母花岗岩的平均值相比差别较大，表现为 SiO_2 稍高而 Fe_2O_3、FeO、MnO、MgO、CaO 均低，为该岩石暗色矿物较少的正常体现。本岩石在硅-碱图上位于亚碱性系列区(图 3-41)，在 TFeO/MgO 与 SiO_2、TFeO 图解(图 3-42)上位于狭义钙碱性系列区，在 K_2O-SiO_2 图解(图 3-43)上位于高钾区，在 AR-SiO_2 图解(图 3-44)上位于碱性岩区，铝指数 A/CNK=1.09，出现白云母，故属莱特的碱性岩、高钾类型、过铝质岩石。

2) 微量元素特征

分析结果见表 3-17。与花岗岩维氏平均值相比差别较大，富 Co、Rb、Hf，贫 V、Cr、Sr、Ba；K/Rb、Rb/Sr 值与前人总结的"改造型花岗岩"接近；地球化学型式(图 3-71)强烈富集左侧不相容元素 K、Rb、Th，强烈亏损右侧相容元素。

3) 稀土元素特征

分析结果见表 3-18，稀土元素配分模式见图 3-72。属轻稀土富集型，具中等铕亏损，稀土总量相对偏低。

5. 第五次侵入岩

分布于复杂岩体的边部，主要见于东侧的那德一带，其他地方零星出露，面积约 $21km^2$，岩性为二长花岗斑岩($K_1\gamma\pi$)。

(1)地质特征

呈极不规则的带状岩株沿郎那复杂岩体与围岩的接触面分布，与石炭系围岩的侵入界线极度弯曲，局部呈岩枝状插入围岩，主体为折线型，局部略有圆滑，一般中等角度外倾。岩体与 E_2p 火山岩接触处具磁铁矿化。

(2)岩石学特征

矿物含量 Q-A-P 图解见图 3-61。岩石呈肉红色，斑状结构、基质细粒结构，块状构造；斑晶由钾长石(1%～5%，平均为 4%)、斜长石(0%～20%，平均为 6%)、石英(3%～5%)组成，基质由钾长石(20%～29%，平均为 25%)、斜长石(25%～50%，平均为 40%)、石英(17%～25%，平均为 21%)及少量黑云母组成；斑晶钾长石：半自形板柱状，2mm×1mm～5mm×8nm，其中钾长石边缘不规则，系条纹长石，斜长石粒度稍小于钾长石，为更长石；斑晶石英：2mm×2mm～3mm×3mm，呈熔蚀的粒状；基质长石：0.5mm

×0.2mm～1mm×0.8mm，半自形板柱状—粒状，其中斜长石微显双晶，个别钾长石显条纹结构；基质石英：0.3～1.5mm，他形粒状；黑云母：0.15～0.3mm，褐色片状。

6. 郎那亚带小结

(1)侵入深度、物理化学环境及剥蚀程度

1）压力及侵入深度

第一次侵入的江勒侵入体具中—粗粒结构，碱性长石具条纹结构，变质作用强，发生明显的矽卡岩化，岩体与围岩表现出不协调性，但走向与区域构造线一致，捕虏体为棱角状，从地质岩相特征看形成于浅带下部；第二次侵入的确角弄、戈沃侵入体具中粒结构，碱性长石具条纹结构，少数特征明显者可看出具格子双晶，相带发育，冷凝边中等宽度，岩体内部局部地段发育叶理，接触变质作用较强，接触变质带发生了一定程度的变形，与围岩呈协调—不协调双重特点，戈沃侵入体尚发育较多的棱角状捕虏体及较宽的矽卡岩带，从地质岩相学特征看具浅带下部特征；第三次侵入的百娃勒侵入体为细粒结构，热变质带及矽卡岩化带较宽，具浅带中部特征；第四次侵入的卡根尼勒侵入体具细粒结构，接触变质作用强、变质晕宽，碱性长石具格子双晶，具浅带中部特征。

第一次、第二次侵入岩在 Q－Ab－Or－P_{H_2O} 相图(图 3－74)上主体位于共结线的最低点处，显示压力为 1.2×10^8Pa、相应深度为 4km。第四次侵入岩投点均位于近最低点处，显示压力为 1×10^8Pa、相应深度为 3.3km。据与第四次侵入岩的关联性和相似性认为，第三次侵入岩的形成深度与其大体一致。

2）形成温度

第一、二次侵入岩依上述压力、据标准花岗岩始熔曲线与饱和水含量图解可知，最低点温度为 720℃，在 Q－Ab－Or 相图(图 3－75)上显示也为 720℃；第四次侵入岩依上述压力，其对应的最低点温度为 730℃，在 Q－Ab－Or 相图(图 3－75)上的温度为 740℃，考虑到该岩石组构与最低点稍有偏离，采用 740℃的温度值；第三次侵入岩据 Q－Ab－Or 相图(图 3－75)其温度为 795℃。

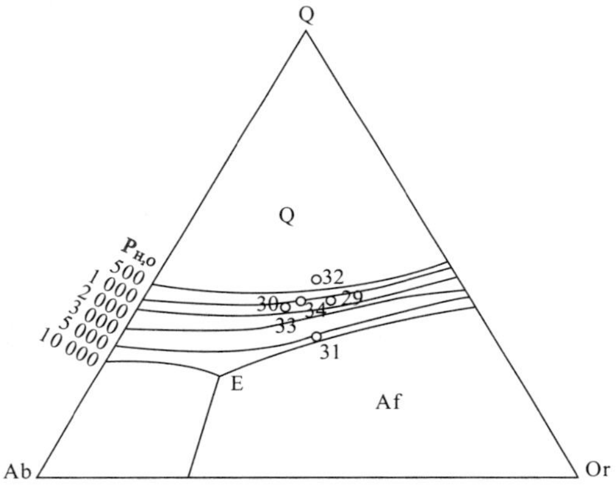

图 3－74 郎那岩体 Q－Ab－Or－P_{H_2O} 相图

(据 Tuttle 等，1958，编号同表 3－16)

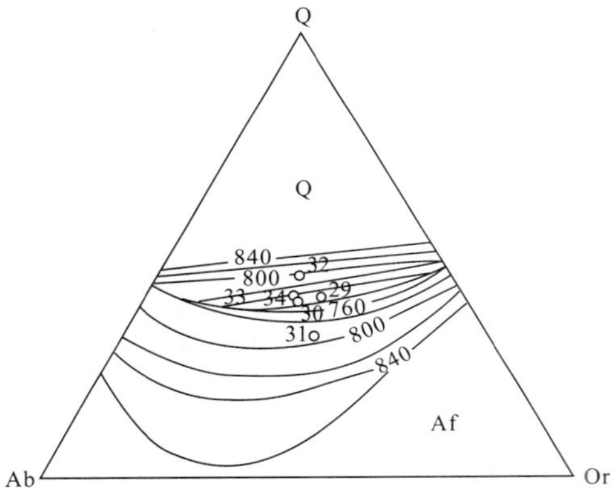

图 3－75 郎那岩体 Q－Ab－Or 相图

(据 Tuttle 等，1958，编号同表 3－16)

3）氧逸度估算

依据上述温度值及黑云母的 $\lg fo_2$－t－100Fe/(Fe+Mg)关系曲线图可知，第二次形成的戈沃侵入体的氧逸度为 10^{-11}Pa，第三次侵入的百娃勒侵入体的氧逸度为 10^{-16}Pa。

4）剥蚀程度

郎那岩体出露面积大，晚次侵入体也大面积出露，主体岩石的结构相对比较粗大，第二次侵入的确角弄侵入体已表现为中低角度内倾产状，故认为剥蚀程度深。

(2)各次侵入岩之间的关系

该亚带存在两类岩石，一类为早期的正长花岗岩，一类为晚期的二长花岗岩。从早至晚，SiO_2 含量及分异指数跳跃性增高，钾长石含量却跳跃性下降，稀土总量下降，重稀土分馏不明显，在 Rb－Sr－Ba 图解上沿 Rb－Ba 线总体向 Rb 端演化，稀土型式及微量元素型式存在着较大的差别，在微量元素协变图解(图 3－76)上相关性不强。上述说明它们之间并非同源岩浆演化产物。

第二次侵入的确角弄侵入体与戈沃侵入体在 La/Sm－La 图解(图 3－77)上不符合分离结晶趋势，在 Rb－Sr 图(图 3－76)上近似于混合型直线，在 Rb/Ba－Rb/Sr 图(图 3－76)上为曲线，在 Rb/Ba－Nb/Ba 图(图 3－76)上为直线，说明二者主要为岩浆混合程度不同所致。第一次侵入的江勒岩体在 La/Sm－La 图解(图 3－77)上与混合程度稍低的戈沃侵入体大致构成分离结晶趋势，在 Rb－Sr 图(图 3－76)上和 Rb/Ba－Rb/Sr 图(图 3－76)上二者构不成混合趋势线，仅在 Rb/Ba－Nb/Ba 图解(图 3－76)上显示出混合的直线关系；二者的稀土曲线、微量元素地球化学型式基本一致，从早至晚稀土总量降低，$\Sigma Ce/\Sigma Y$ 增加，铕亏损渐弱，相容元素含量变少，符合岩浆演化规律；故认为第一次侵入岩及第二次侵入岩中的戈沃侵入体主要为分离结晶形成，第二次侵入的确角弄侵入体叠加有较多的岩浆混合作用。

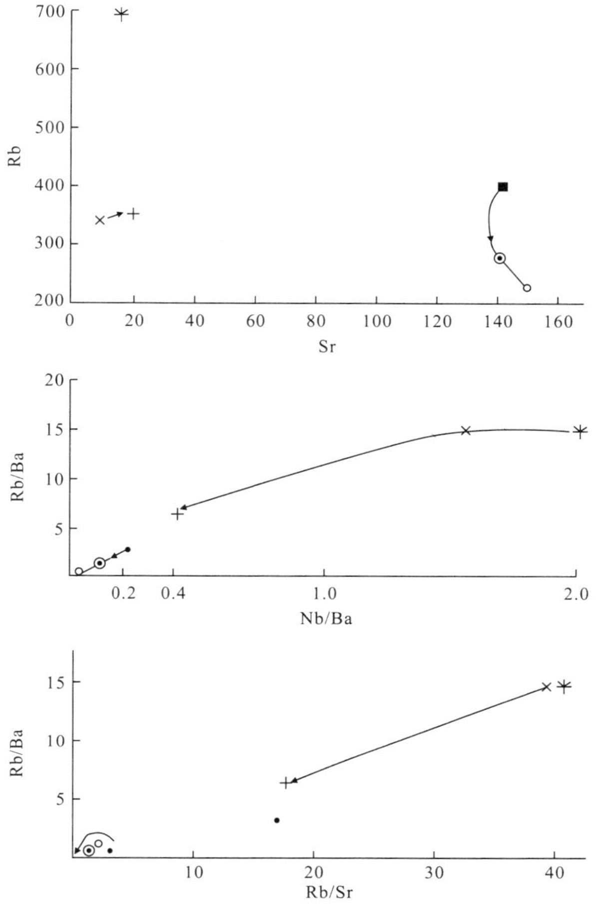

图 3－76　郎那岩体微量元素协变图解

■闪长质包体；●第一次侵入岩；第二次侵入岩：⊙戈沃侵入体；○确角弄侵入体；×第三次侵入岩；第四次侵入岩：＋卡根尼勒侵入体；□查割勒侵入体

第三次、第四次侵入的二长花岗岩，其矿物含量有所差别，前者的石英含量高、暗色矿物黑云母较高，后者仅含白云母，从早至晚稀土总量下降、$\Sigma Ce/\Sigma Y$ 渐增、铕亏损变弱、相容元素亏损变强，在 La/Sm－La 图解(图 3－77)上不符合分离结晶趋势，不是同源岩浆演化的产物。

(3) 就位机制概略分析

第一次形成的江勒侵入体形态极不规则，边界以折线状为主，边部具大型捕虏体，内部组构缺乏，围岩面理未受影响，说明主动膨胀机制很弱，主要以构造扩展或深部重熔与顶部岩石换位机制就位。

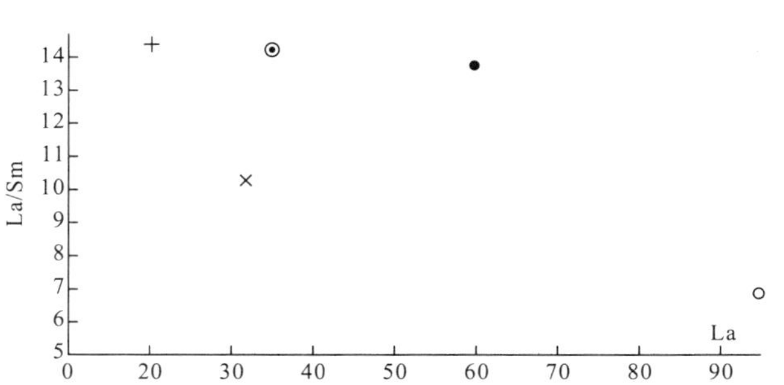

图 3－77　郎那岩体各次侵入岩 La/Sm－La 图解

• 第一次侵入岩；第二次侵入岩：○确角弄侵入体；⊙戈沃侵入体；×第三次侵入岩；＋第四次侵入岩

第二次侵入的确角弄、戈沃侵入体均产于复杂岩体的膨大部位，边界极度弯曲，既有圆滑型，也有折线型；二者内部均不同程度地发育定向组构，岩体边部具就位糜棱岩，围岩具就位形成的定向构造。上述说明岩体形成主要为主动膨胀机制，但从边界截切岩层产状看也有构造扩展、或深部重熔与顶部岩石换位机制存在。

第三次侵入岩其岩体小，内部有大型捕虏体，沿郎那岩体边部分布，围岩构造未受影响，可能为岩浆侵吞机制就位。

第四次侵入岩分布于岩体边部，形态大体规则，边界圆滑状、折线状均有体现，产于隐伏剪切带旁侧，我们认为，主要以构造扩展、主动膨胀的复合机制侵位。

最后形成的花岗斑岩分布于岩体接触面附近，边界折线状，系沿接触面薄弱带上侵就位。

(4)成因及构造背景分析

第一次侵入的正长花岗岩，铝指数 A/CNK＝1.09，暗色矿物仅含少量黑云母，副矿物为磁铁矿，TFeO/(TFeO＋MgO)＝0.84，接近于巴尔巴林的“富钾钙碱性花岗岩类”或“含堇青石过铝花岗岩类”。

第二次侵入的斑状花岗岩，铝指数 A/CNK＝0.99～1.06，暗色矿物富含黑云母，出现少量角闪石，发育较多闪长质包体，伴中基性岩脉，副矿物以磁铁矿—榍石为主，TFeO/(TFeO＋MgO)＝0.81～0.66，$Fe^{3+}/(Fe^{2+}+Fe^{3+})$＝0.61～0.5，较高，K/(K＋Na)＝0.55～0.46，较低，与巴尔巴林的“富钾钙碱性花岗岩”相当一致，而与其“过铝花岗岩类”有别。

第三次侵入的黑云母二长花岗岩，A/CNK＝1.13，暗色矿物仅为黑云母，TFeO＋MgO＋MnO 低，TFeO/(TFeO＋MgO)＝0.73<0.8，$Fe^{3+}/(Fe^{2+}+Fe^{3+})$＝0.33，与巴尔巴林的“含堇青石过铝花岗岩”相当，进一步看属强过铝花岗岩类。该种岩石主要来自于壳源沉积岩，多形成于“后碰撞”环境。在 CaO/Na_2O－Al_2O_3/TiO_2 图解(图 3－78)上，具典型的低 Cao/Na_2O 值，说明由不成熟的砂屑岩熔融而成；具低 Al_2O_3/TiO_2 值，说明熔融结晶温度相对稍高。第四次侵入的含白云母二长花岗岩属淡色花岗岩，TFeO＋MgO＋MnO 仅达 0.69，铝指数 A/CNK＝1.09，白云母虽小一些，但呈片状，未见被包裹，系原生白云母，TFeO/(TFeO＋MgO)＝0.71，$Fe^{3+}/(Fe^{2+}+Fe^{3+})$＝0，与巴尔巴林的“含白云母过铝花岗岩”大体相当；进一步看接近于“强过铝花岗岩”类；该岩石类型来自于壳源沉积岩，多形成于后碰撞环境。在 CaO/Na_2O－Al_2O_3/TiO_2 图解(图 3－78)上，具低 CaO/Na_2O 值，显示由不成熟的砂屑岩熔融而成，具中等 Al_2O_3/TiO_2 值，显示在相对中温环境下熔融结晶而成。

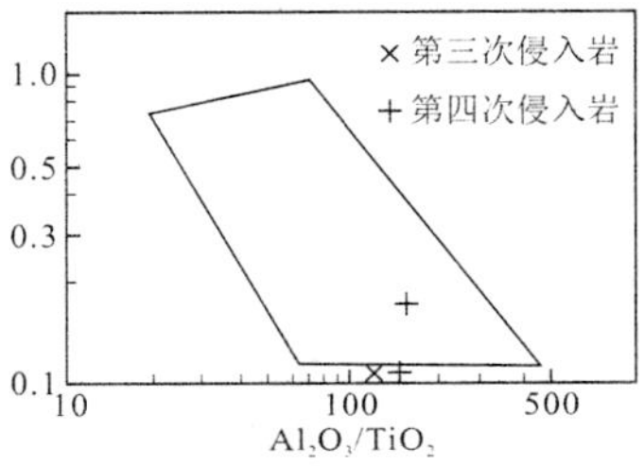

图 3－78　郎那岩体 CaO/Na_2O－Al_2O_3/TiO_2 图解

第一次侵入的正长花岗岩在 Maniar 的环境判别图(图 3－51)上位于“后造山”、“非造山”、“碰撞”三者重叠区，但 Na_2O/K_2O、Na_2O/CaO、MgO/TFeO、MgO/MnO 值及碱度与“碰撞花岗岩”一致，而与后造山、非造山、火山弧花岗岩均有出入；第二次侵入的斑状花岗岩在 Maniar 图解(图 3－51)上主体位于碰撞区，各种参数(表 3－16)及碱度与“碰撞花岗岩”一致，岩石类型及 Na_2O/CaO 值与“大陆弧花岗岩”不同，MgO/TFeO、Al_2O_3/K_2O+Na_2O 值与后造山、非造山花岗岩有别。上述两次侵入岩在 Rb－Yb＋Nb 和 Rb－Yb＋Ta 图解(图 3－47)上主体位于碰撞区，微量元素地球化学型式总体具碰撞花岗岩特点。第三、第四次侵入的二长花岗岩在 Maniar 的环境判别图(图 3－51)上均位于“碰撞区”，各种参数(表 3－16)与“碰撞花岗岩”一致，而与“后造山”、“非造山”有别；在 Rb－Y＋Nb 和 Rb－Yb＋Ta 图解(图 3－47)上黑云母花岗岩位于典型的碰撞区、白云母花岗岩位于碰撞与板内边界附近。结合其时代及当时的构造背景、所属的巴尔巴林的岩石类型等综合判断，郎那亚带形成于后碰撞环境。

(5)形成时代

本亚带侵入早白垩世麦弄岩体(麦弄岩体的白云母 K－Ar 年龄为 122Ma)，周围被林子宗群($E_{1-2}ln$)火山岩喷发覆盖；本次区调在第二次侵入的确角弄侵入体中采集了黑云母$^{39}Ar-^{40}Ar$ 年龄样，年龄谱稳定峰值积分年龄为(90.3±1.3)Ma，$^{40}Ar/^{36}Ar-^{39}Ar/^{36}Ar$ 具良好的相关性(图 3－79)；在第二次侵入的戈沃侵入体中获得的黑云母 K－Ar 年龄为 84.9Ma，根据封闭温度理论，黑云母$^{39}Ar-^{40}Ar$、K－Ar 年龄均偏低于岩体侵位年龄，岩体实际形成时代应为早白垩世末或晚白垩世早期。

(六)晚白垩世贡勒正长斑岩亚带

该亚带在图幅内仅出露贡勒简单深成岩体(编号 22)，分布于图幅西南，周围被林子宗群帕那组(E_2p)火山岩喷发覆盖，面积约 $5km^2$。经分析归属为后碰撞阶段第三期，仅有一次侵入，岩性为石英正长斑岩($K_2\xi o\pi$)。

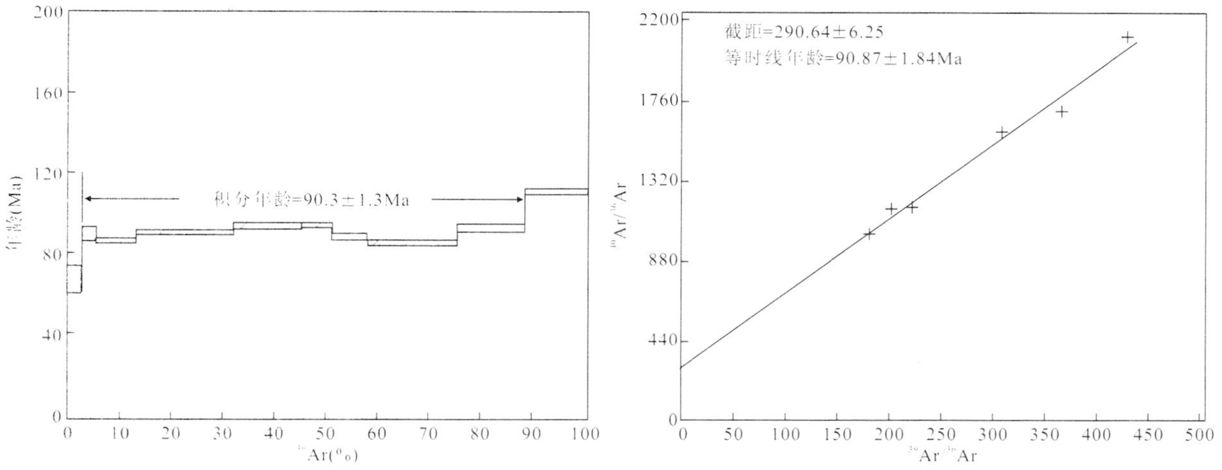

图 3-79 确角弄侵入体 ^{40}Ar-^{39}Ar 法年龄谱图及 ^{40}Ar/^{36}Ar-^{39}Ar/^{36}Ar 相关图

1. 岩石学特征

岩石呈灰红色，斑状结构、基质半自形细粒结构，块状构造。斑晶由斜长石（10%±）、钾长石（15%±）、少量黑云母组成，基质由斜长石（10%±）、钾长石（60%±）、石英（5%±）组成，副矿物为磁铁矿、石榴子石。斑晶长石：1mm×0.8mm～3mm×2.5mm，自形、半自形板柱状，其中斜长石主体为更长石，An=26～28，定量测试组成为 Ab74An26（表 3-3）；钾长石具卡斯双晶，包裹斜长石，定量测试组成为 Or 96.5 Ab 3.5（表 3-4）；黑云母：0.3～0.7mm，片状，大部分绿泥石化。基质长石：0.25mm×0.1mm～0.5mm×0.25mm，半自形板柱状；石英：0.05mm±，他形粒状；石榴子石为铁铝质钙铝榴石，其晶体成分及化学式见表 3-12。

本岩石在多阳离子 R_1-R_2 图解（图 3-40）上位于石英二长岩区，靠近石英正长岩的边界，与实际矿物的 Q-A-P 图解基本一致。

2. 岩石地球化学特征

（1）岩石化学特征

分析结果及参数见表 3-16。与中国正长岩—石英正长岩的平均值较为接近，具富 FeO、稍富 TiO_2、Na_2O，贫 MgO、CaO、P_2O_5 的特点。在硅-碱图（图 3-41）上位于亚碱性系列区，十分靠近碱性系列区边界，在 TFeO/MgO 与 SiO_2、TFeO 图解（图 3-42）上及 MgO-TFeO 图解（图略）上均位于狭义的钙碱性系列区，在 K_2O-SiO_2 图解（图 3-43）上位于钾玄岩区边界，故属狭义的钙碱性系列钾玄岩系；在 AR-SiO_2 图解（图 3-44）上位于碱性区，但稍靠左侧，里特曼指数 $\sigma=3.9$，故属莱特及里特曼的碱性岩（相当于皮科克的碱钙性岩）；铝指数 A/CNK=0.96，未出现霓石标准矿物，故属偏铝质类型。

（2）微量元素特征

分析结果及参数见表 3-17。与正长岩涂氏平均值相比十分接近，仅富 Cr、Sc，稍富 V、Ni、Th，贫 Nb、Ga。K/Rb=243.06，Rb/Sr=0.67，与前人的"同熔型"花岗岩一致。地球化学型式见图 3-80，强烈富集 K、Rb、Ba、Th，具 Ce 正异常，右侧相容元素中等程度亏损，具 Pearce 等（1984）总结的碰撞花岗岩特征，但右侧亏损范围窄、其他元素均不同程度富集的特征又与板内花岗岩有相似之处。

（3）稀土元素特征

分析结果及参数见表 3-18。稀土元素配分模式（图 3-81）为向右陡倾的平滑型式，稀土总量稍高，ΣREE=295.23×10^{-6}，轻重稀土比值较大，ΣCe/ΣY=6.27，轻稀土分馏明显，重稀土分馏不明显，具弱铕正异常。

3. 包体特征

岩体中发育较多的暗色闪长质包体，主要为近圆状、次为不规则状，大小一般为 1.5cm×2cm～2cm×

2cm，分布不均匀。

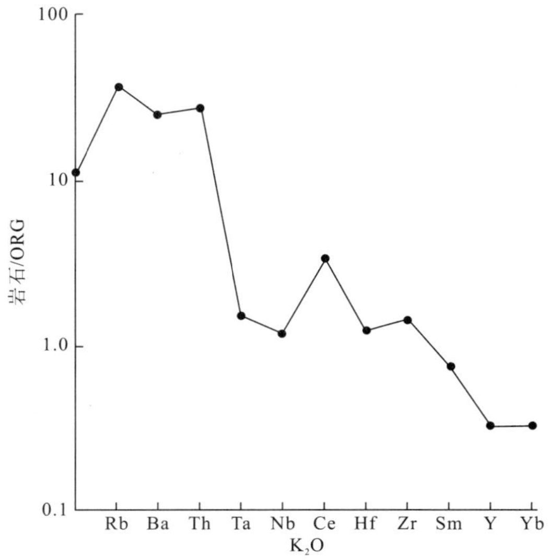

图 3-80　贡勒石英正长斑岩地球化学型式图

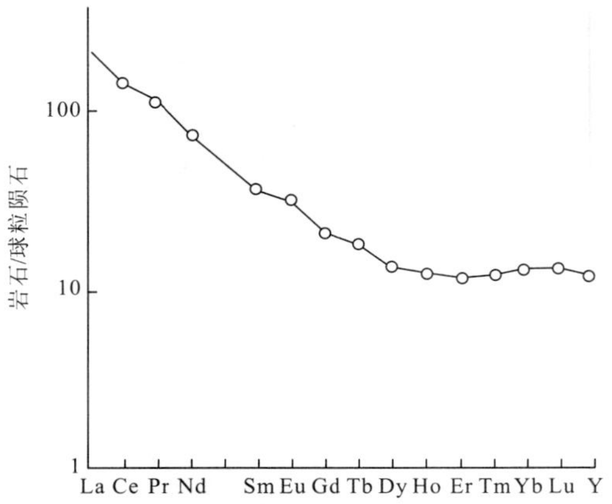

图 3-81　贡勒石英正长斑岩稀土元素配分模式

4. 岩体对比

该岩体与北邻尼码幅的折勒石英正长斑岩较相似，表现为岩石类型一致，仅该岩体钾长石含量偏低，氧化物含量及岩石化学基本一致，仅该岩体 SiO_2、分异指数、铝指数、K_2O、Fe_2O_3 稍低，FeO、MnO、MgO 高，微量元素地球化学型式大体一致，仅北部的折勒岩体具 Ba 的明显负异常及 Zr 的明显正异常，稀土曲线型态完全一致，仅该岩体稀土总量稍高，正铕异常稍弱，上述似乎可用折勒岩体分异程度较高来解释，但二者随着分异指数的增高，Ba/Sr 增高，Rb/Sr 下降，在 La/Sm-La 图解上不符合分离结晶规律，说明二者虽相似但并非同源。

5. 成因、构造背景分析及形成时代

该岩体含较多的暗色镁铁质包体，暗色矿物少且仅为黑云母，副矿物以磁铁矿为主，铝指数小于 1，TFeO/(TFeO+MgO)=0.73，An=26±，与巴尔巴林的“富钾钙碱性花岗岩”类吻合而与“含角闪石钙碱性花岗岩”类有别。该类岩石来自于壳幔混合源，与俯冲或构造体制转换有关。

在 Maniar 的环境判别图(图 3-51)上主要位于“火山弧—碰撞”区，个别位于非造山区；$Al_2O_3/Na_2O+K_2O=1.26$、$Na_2O/K_2O=1.04$、MgO/TFeO=0.37、MgO/MnO=11.75、碱度上相当于皮科克的碱钙性岩，这些特征与碰撞花岗岩一致，而与非造山、后造山、大陆弧差别较大。

在 Rb-Y+Nb 和 Rb-Yb+Ta 图解(图 3-47)上均落入弧区，地球化学型式主要显示为碰撞花岗岩特点，又有某些板内花岗岩特征。

前人通过对岩浆-构造-热事件序列的研究表明，无负铕异常的正长岩类为陆壳加厚作用之后的火成岩类。

该岩体的岩石类型、主元素、碱度、稀土总量具有“A 型花岗岩”的某些特征，与世界 A 型花岗岩、纽芬兰 A 型石英正长岩相比，Al、Mg 明显偏高而 Ti、Fe^{2+} 明显偏低，A 型花岗岩所普遍富含的高价阳离子 Ga、Y、Nb 在该正长岩中明显偏低，且比正长岩平均值(涂里千等，1961)尚低，A 型“花岗岩”所亏损的 V、Cr、Ni、Sc、Ba、Sr 元素在该正长岩中明显偏高，其中的 V、Cr、Ni、Sc 比正长岩平均值(涂里千等，1961)尚高；故认为该正长岩并非板内成因的“A 型花岗岩”。

综上所述，我们认为，该正长岩形成于后碰撞环境。

据岩体内部缺乏定向组构判断，该岩体以构造扩张或岩浆侵吞机制就位。

据后碰撞阶段岩浆活动的一般规律(早期为大规模的高钾钙碱性岩侵位，后期通常向钾玄岩过渡)，结合该岩体与郎那岩体紧密的空间关系，我们认为，其形成于郎那岩体侵位之后，故将其形成时代暂置于晚白垩世早期。

（七）晚侏罗世—晚白垩世公穷松多—郎那中酸性花岗岩带小结

该时期各阶段侵入岩从空间、时间、成因联系上自成体系，从空间上看沿构造线成带集中分布特征明显，从南往北、侵入活动由强趋弱，从时间成因上看构成了从晚侏罗世至晚白垩世俯冲、碰撞、后碰撞较为完整的造山旋回侵入岩序列，故我们将其归并为一个岩浆岩带。

俯冲阶段形成的侵入岩有鸭绒闪长岩亚带、公穷松多—苦热拉花岗岩亚带，前者属中钾钙碱性系列，后者属高钾钙碱性系列，二者形成深度明显不同，显示二者形成时代间隔较长，故将其作为两期。后碰撞阶段形成的各门斤亚带、郎那亚带二者同位素年龄不同，前者钾长石含量低、铝指数高、暗色包体稀少、属钙碱性岩，而后者中的同类侵入岩钾长石含量高、铝指数低一些、属碱性岩、暗色镁铁质包体多，故将其分为两期；后碰撞形成的贡勒石英正长斑岩与郎那亚带空间位置上相距甚近，但岩性明显不同，说明它们形成机制的不同，故作为两期。

该岩带大型岩体及大型侵入体较多，幔源岩浆混合作用贯穿始终，各期侵入岩内部多数为非分离结晶机制形成，从早至晚，石英、钾长石相对含量总体增高，SiO_2 含量、碱度明显增高（图 3 - 44），铝指数总体看具增高趋势，岩石类型从早期的中钾钙碱性岩向晚期的高钾钙碱性岩演化，早期出现少量含角闪石钙碱性花岗岩类，稍后出现富钾钙碱性花岗岩类，晚期出现大量的过铝花岗岩类和富钾钙碱性花岗岩类。稀土总量除鸭绒闪长玢岩、各门斤花岗岩亚带及郎那花岗岩亚带的含白云母过铝花岗岩较低外，其他差别不大。

该岩带主要侵入岩形成深度均位于地壳浅带的中—下部位，碰撞—后碰撞阶段的侵入岩多表现出一定程度的主动膨胀机制就位特点。

四、晚白垩世—始新世岗在—青都中酸性花岗岩带

分布于图幅的中部—东南部，而在东南部十分集中，北部以昂孜错—色热巴断裂为界，总体大致沿构造线呈 NWW—SEE 向展布，图内出露面积约 159km²。均侵位于冈底斯燕山—喜马拉雅期岩浆弧区，经分析，其形成与雅鲁藏布江缝合带的又一次闭合造山旋回有关，可划分为俯冲阶段第一期的晚白垩世岗在—边当中性岩亚带、第二期的始新世展把纳布二长岩亚带、第三期的始新世局章勒酸性斑岩亚带、碰撞阶段的始新世控热—英日花岗岩亚带、后碰撞阶段的始新世青都—那郎木布花岗岩亚带。

（一）晚白垩世岗在—边当中性岩亚带

分布于图幅的中部，出露面积约 9.5km²。由热布喀南的岗在简单岩体（编号 24）和梅巴切勤北的边当简单岩体（编号 25）组成。仅包含一次侵入活动，侵入体岩性为细粒黑云母石英斜长岩（$K_2 v\sigma o$）—黑云母石英闪长岩（$K_2 \delta o$）。

1. 地质特征

在冈底斯燕山—喜马拉雅期岩浆弧区沉降、隆起带中均有分布。边当岩体侵入周围石炭—二叠系，呈岩墙产出，岗在岩体被周围乌郁群（$N_2 wy$）火山岩喷发覆盖，产状不明。

2. 岩石类型及岩性特征

岗在岩体的岩性为细粒黑云母石英斜长岩。岩石呈灰白色，半自形细粒结构，块状构造，由斜长石（90%±）、石英（5%±）、黑云母（5%±）、少量角闪石及极少量钾长石组成。斜长石：1mm×0.5mm～3.8mm×1mm，板柱状，显聚片双晶；石英：0.25～1.2mm，粒状；黑云母：0.8～2mm，褐色片状，新鲜；角闪石：0.15mm×0.1mm～1.2mm×0.7mm，柱状。

边当岩体的岩性为细粒黑云母石英闪长岩。岩石呈灰绿色，由斜长石（80%）、石英（10%）、黑云母（7%）、角闪石（3%±）及少量钾长石组成。

二者的岩性差别不大，仅边当闪长岩粒度稍细、暗色矿物及石英稍高；斜长石均为中长石，⊥（010）法测得 An=30，定量测试 An=43～46（表 3 - 3）；钾长石组成为 Or90Ab10（表 3 - 4），黑云母属镁质黑云母

（表 3－5，图 3－6）；角闪石为钙角闪石组的镁角闪石（表 3－14）。

二者在多阳离子 R_1-R_2 图解（图 3－14）上均位于花岗闪长岩区，与实际矿物含量稍有差别。

3. 岩石地球化学特征

（1）岩石化学特征

分析结果及参数见表 3－16。与中国石英闪长岩相比差别较大，表现出富 SiO_2、稍富 K_2O、贫 TiO_2、Fe_2O_3、FeO、MnO、MgO、P_2O_5 的特点，除 K_2O 异常外，其他均为分异程度稍高所致。

在硅-碱图（图 3－41）上位于亚碱性系列区，在 TFeO/MgO 与 SiO_2、TFeO 图解（图 3－42）上均位于狭义的钙碱性系列区，在 K_2O-SiO_2 图解上位于高钾区（图 3－43），故属高钾钙碱性系列；在 AR－SiO_2 图解（图 3－44）上位于钙碱性岩区，里特曼指数 $\sigma=1.83$，故属莱特及里特曼的钙碱性岩；铝指数 A/CNK＝0.97，出现角闪石，属偏铝质类型。

（2）微量元素特征

分析结果及参数见表 3－17。

与闪长岩维氏平均值相比，铁族元素富 Co 而贫 V、Cr、Ni，造岩元素贫 Sr，稀有分散元素中富 Th、Sc、Hf。其地球化学型式见图 3－82，强烈富集 Rb、Th，大范围严重亏损右侧相容元素，具 Ce、Sm 弱隆起，与 Pearce 等（1984）总结的"火山弧花岗岩"型式一致。

（3）稀土元素特征

分析结果及参数见表 3－18，配分模式见图 3－83。稀土总量 $\Sigma REE=154.4\times10^{-6}$，介于中性岩与酸性岩之间，属轻稀土强烈富集型，轻重稀土比值 $\Sigma Ce/\Sigma Y=5.73$，具弱铕异常，$\delta Eu=0.83$。

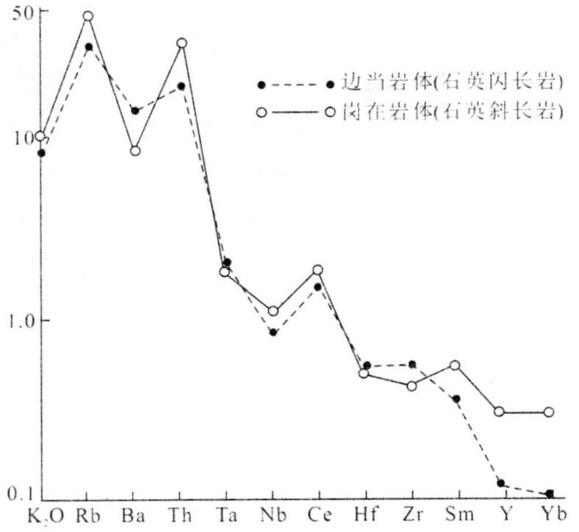

图 3－82　岗在—边当亚带地球化学型式图

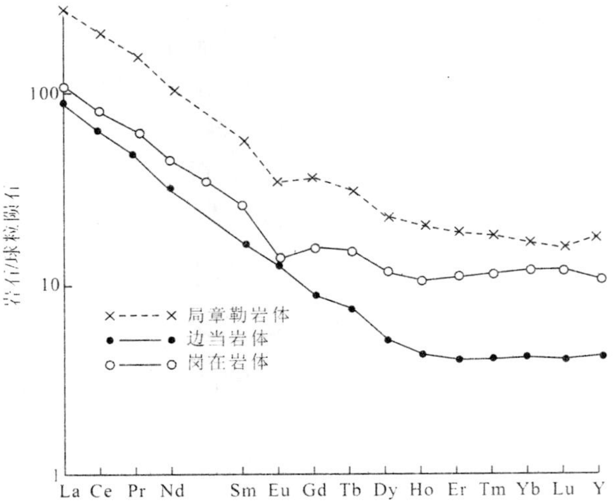

图 3－83　岗在—边当中性岩亚带、局章勒亚带稀土元素配分模式

4. 包体特征

该亚带发育 3 类包体。①围岩捕虏体：常见于边当岩体的边部；②细粒闪长质包体：广泛发育于两个岩体内部，密度不大，一般为 1cm×3cm～10cm×30cm，为镁铁质堆晶岩包体；③细粒黑云母花岗岩包体：零星见于边当岩体内部，系残浆包体或岩浆混合的酸性端员。

5. 接触变质作用及矿化

岗在岩体周围被覆盖，未见接触变质作用。边当岩体外接触变质作用较强烈，变质带宽达 300m，形成细粒大理岩、石榴石大理岩，产生褐铁矿化、孔雀石化、白云母化；另外在岩体附近的碎裂带中形成磁铁透闪石岩，该岩体与 Cu、Pb、Zn 多金属矿化有关。

6. 侵入深度及物理化学环境

该次侵入岩的各侵入体均为细粒，岩体规模小但接触变质晕较宽，岩体内部的捕虏体发育，从地质岩相学特征看形成于地壳浅带。

该侵入岩中的角闪石经 Ti－Si 图解（图略）判断系原生角闪石，钙质角闪石压力计得出边当岩体的形成压力为 1.68×10^8 Pa，岗在岩体为 0.5×10^8 Pa，利用角闪石和黑云母中铝的分配与压力关系图解(图 3－38)判断，边当岩体压力为 1×10^8 Pa，岗在岩体为 0.8×10^8 Pa，结合地质岩相学特征我们认为，分别采用 1×10^8 Pa 和 0.8×10^8 的压力值比较合适，其相应深度分别为 3.3km 和 2.64km。在黑云母和角闪石 Ti 的分配系数与温度关系图解(图 3－39)上显示边当岩体的形成温度为 770℃，岗在岩体的形成温度为 830℃。

在黑云母的 $\lg f_{O_2}$－t－100Fe/(Fe+Mg)图解上，边当岩体的氧逸度为 10^{-14} Pa，岗在岩体的氧逸度为 10^{-13} Pa。

7. 成因及构造背景分析

该亚带富含角闪石，斜长石牌号高，副矿物为磁铁矿，铝指数 A/CNK＜1，TFeO/(TFeO＋MgO)＝0.67，与巴尔巴林的“含角闪石钙碱性花岗岩”一致。该种成因类型显示，其岩浆来自于幔源为主的幔壳混合源，形成于俯冲环境。

在 Maniar 的环境判别图(图 3－84)上位于大陆弧花岗岩区(结合铝指数判断)，碱度、Na_2O/K_2O、Na_2O/CaO、MgO/TFeO、MgO/MnO 均与弧花岗岩的一致；在 Rb－Y＋Nb 和 Rb－Yb＋Ta 图解(图 3－85)上均位于火山弧区；微量元素地球化学型式图(图 3－82)与“火山弧花岗岩”的一致。

综上所述我们认为，该亚带形成于俯冲环境，物质来源为幔源为主的幔壳混合源。

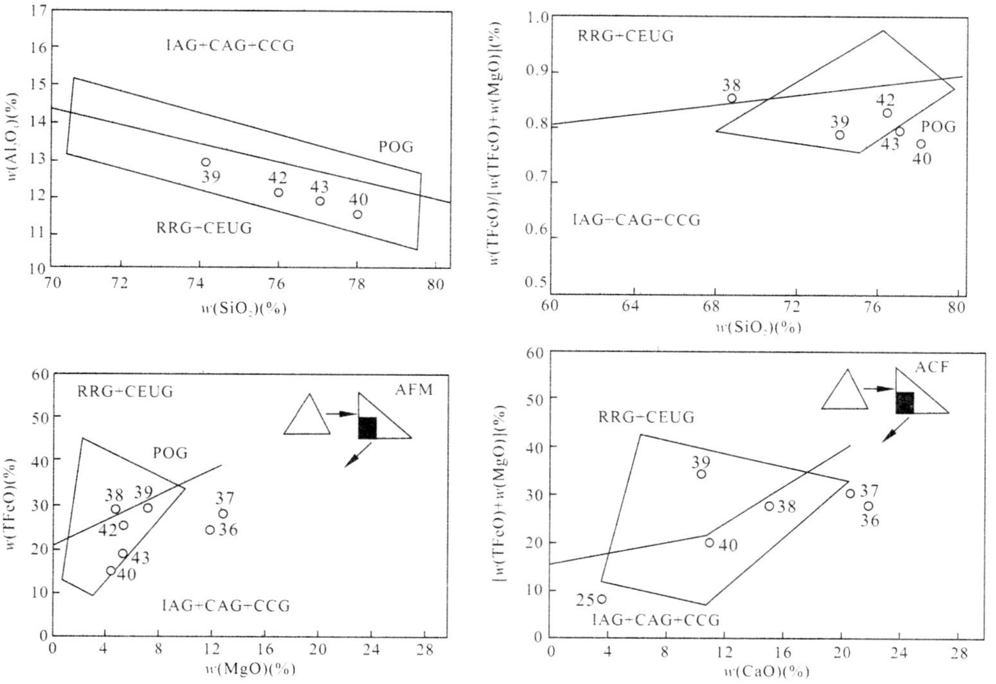

图 3－84　侵入岩的 Maniar 的主元素环境判别图解

(编号同表 3－16)

IAG＋CAG＋CCG. 岛弧、大陆弧、碰撞花岗岩；POG. 后造山花岗岩；RRG＋CEUG. 与裂谷、造陆抬升有关的花岗岩

8. 形成时代

本次工作在岗在岩体获得黑云母的 K－Ar 年龄为(72.99±1.11)Ma，岩石及其中的黑云母均新鲜，该岩体属浅成岩，该年龄值基本代表了其侵位年龄，故将其时代确定为晚白垩世晚期。

(二)始新世展把纳布二长岩亚带

分布于图幅东南部,出露面积约 9km²,仅有一个展把纳布简单岩体(编号 35),1∶100 万日喀则幅区调将其命名为"奶查仁莱岩体",仅有一次侵入活动,侵入体岩性为中粒黑云石英二长岩($E_2\eta o$)。

1. 地质特征

侵位于冈底斯燕山—喜马拉雅期岩浆弧区,呈岩瘤状侵入周围帕那组(E_2p)火山岩,岩体向边部粒度变细,暗色矿物增高,边部发育火山岩捕虏体,内部发育稀少的闪长质包体。

2. 岩石学特征

岩石呈灰色,中粒半自形粒状结构,块状构造,由斜长石(45%±)、钾长石(40%±)、石英(5%±)、黑云母(10%±)组成,副矿物为磁铁矿。长石:2mm×0.8mm～3.5mm×2.5mm,半自形板柱状、粒状,其中斜长石个别显聚片双晶,An=25,系更长石;钾长石部分显格子双晶,为微斜长石;石英:1～2mm,他形粒状,不均匀分布于长石粒间;黑云母:0.5～1mm,褐色片状。

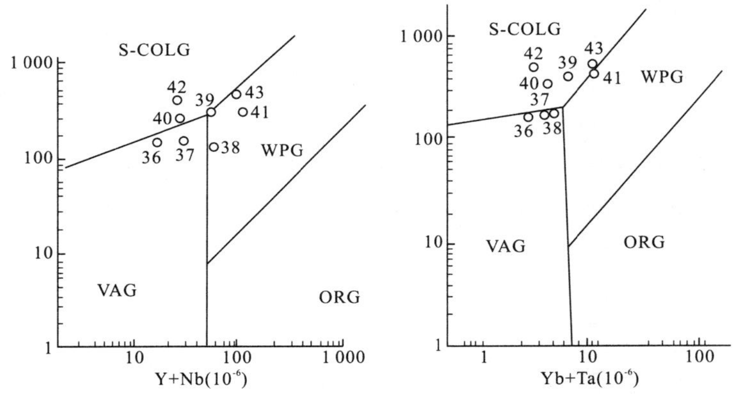

图 3-85　不同构造环境花岗岩的非活动性元素的判别图

(据 Pearce 等,1984,图内编号同表 3)

VAG.火山弧花岗岩;WPG.板内花岗岩;S-COLG.同碰撞花岗岩;ORG.洋中脊花岗岩

3. 微量元素特征

据光谱半定量结果,微量元素含量与中性岩维氏平均值相比差别不大,仅富 Y、Cr、Pb、稍贫 Ga。

4. 侵位深度

该岩体粒度稍粗,钾长石为微斜长石,岩体规模小,侵入林子宗群火山岩,向边部粒度显著变细,综合判断侵位深度位于浅带。从其形态、规模等判断很可能为顺空虚岩浆房侵位的中央岩株。

5. 成因、构造背景分析及形成时代

该岩体岩性为富钾的二长岩,周围伴酸性熔岩,内部有稀少的闪长质包体,暗色矿物仅为黑云母,副矿物为磁铁矿,这些特征均与巴尔巴林的"富钾钙碱性花岗岩"一致。经研究,该岩石类型的物质来源以壳源为主,混有少量幔源,与俯冲环境或构造体制转换有关,根据与林子宗群弧火山岩的密切空间关系,我们认为,该岩石形成于俯冲环境,根据侵入始新世帕那组火山岩及二者的密切共生关系,将该岩体时代置于始新世。

(三)始新世局章勒酸性斑岩亚带

分布于图幅北部的局章勒及西南角的湘多勒附近,由局章勒南、局章勒东、湘多勒 3 个小型简单岩体

组成，出露面积约 8.5km²。经分析归属为俯冲阶段第二期，仅有一次侵入活动，侵入体岩性为花岗斑岩（$E_2\gamma\pi$）—英安玢岩（$E_2\zeta\mu$）。

1. 地质特征

侵位于岩浆弧区沉降带之中，呈岩瘤状侵入周围的帕那组（E_2p）火山岩，平面形态呈不规则圆形或其他不规则形状，边界呈折线状，产状变化大，边缘局部地段发育几米宽的隐爆角砾岩带。

2. 岩石学特征

①花岗斑岩：为局章勒东侧岩体、湘多勒岩体的岩石类型。灰白色泛肉红色调，斑状结构、基质微粒结构，块状构造，斑晶由斜长石（10%±）、钾长石（5%±）、石英（5%±）及少量黑云母组成，基质由绢云母化长石（60%±）、石英（5%±）组成。斑晶斜长石呈半自形板柱状，1.3mm×0.5mm～4mm×1.4mm，An=26，属更长石；斑晶钾长石呈半自形板柱状，2mm×2mm～3.5mm×2mm；斑晶石英呈熔蚀粒状，0.5～3mm，裂纹发育，波状消光明显；斑晶黑云母呈片状，0.3～0.5mm；基质长石：0.05mm×0.02mm，全部变为绢云母，但仍具板柱状外形；基质石英：0.03mm，他形粒状。

②英安玢岩：为局章勒南侧岩体的岩石类型。灰白色泛肉红色调，斑状结构、基质粗显微晶质结构，块状构造，斑晶由斜长石（20%±）、石英（10%±）、黑云母（2%±）组成，基质由长英质组成，岩石中偶见铁铝质钙铝榴石。斑晶斜长石呈半自形板柱状，成分主要为更长石，局部出现拉长石，⊥(010)法测得 An=29，电子探针测试结果为 Or2Ab45An53（表 3-3）；斑晶石英呈熔蚀粒状，具波状消光特征；电子探针测试基质钾长石组成为 Or96Ab4（表 3-4）；电子探针测试基质斜长石组成为 Or4Ab92An4，显示局部已成为钠长石，石榴子石的电子探针定量测试结果见表 3-12。该英安玢岩在 R_1-R_2 图解上位于花岗闪长岩区，与斑晶组合所显示的岩石类型基本相同。

两种岩性的宏观区别在于花岗斑岩内部含较多的钾长石斑晶。除粒度稍粗外，均与周围的林子宗群火山岩在岩貌上很相似。

3. 岩石地球化学特征

（1）岩石化学特征

英安玢岩的分析结果及参数见表 3-16。与中国英安岩的平均值相比差别不大，具富 FeO、贫 Fe_2O_3、MgO、CaO、稍贫 TiO_2 的特点，除 FeO 异常外，其他均为分异程度较高所致。

该英安玢岩在硅-碱图（图 3-41）上位于亚碱性系列区，在 TFeO/MgO 与 SiO_2、TFeO 图解（图 3-42）上位于拉斑玄武岩系列区，在 K_2O-SiO_2 图解（图 3-43）上位于高钾区，在 AR-SiO_2 图解（图 3-44）上位于钙碱性岩区，里特曼指数 $\sigma=1.96$，在多阳离子 R_1-R_2 图解上位于花岗闪长岩区，拉斑系列岩浆演化不可能产生该岩石类型，故认为该英安玢岩属钙碱性系列，碱度上属莱特或里特曼的钙碱性岩，铝指数 A/CNK=1.12，为过铝质类型。

（2）微量元素特征

英安玢岩分析结果见表 3-17。与富钙酸性岩维氏克拉克值相比大体一致，具富 Cr、Zr、Ba、Th、Hf、贫 V、Sr 的特点。K/Rb=196、Rb/Sr=0.67，与前人总结的“同熔型”花岗岩一致。微量元素地球化学型式见图 3-86，强烈富集 Rb、Ba、Th、具 Ce、Sm 隆起，类似于 Pearce 等（1984）所总结的“火山弧—同碰撞花岗岩”型式，与林子宗群火山岩基本一致。

（3）稀土元素特征

英安玢岩分析结果及参数见表 3-18，稀土配分模式（图 3-83）为右倾不平滑曲线。稀土总量高达 412.83×10^{-6}，属轻稀土富集型，轻重稀土比值 $\Sigma Ce/\Sigma Y=5.49$，具中等铕亏损，铕异常系数 $\delta Eu=0.64$。

4. 侵位深度、形成温度及剥蚀程度

该类岩体规模小，具斑状结构、基质为微粒—微晶结构，与林子宗群火山岩共生，边部发育隐爆角砾岩，石英斑晶具熔蚀现象，表明为高位岩体；局章勒南侧的英安玢岩据 H_2O^+ 含量与侵入深度的关系估计

其侵入深度为1.3km±，石英斑晶中的岩浆包裹体测定的压力为$0.8\times10^8\sim1\times10^8$ Pa，岩体侵位深度应显著低于石英斑晶形成时的压力，结合地质岩相学特征，我们认为英安玢岩的形成深度不超过1.3km。

据石英斑晶中的岩浆包裹体测得的包裹体的均一温度为820～910℃，岩体就位时岩浆的温度应比此值要高，在0.5×10^8 Pa压力下，据斜长石阳离子分数法计算出的岩浆温度为936℃，我们认为此值基本代表了主体岩浆形成时的温度。

据岩体内部未捕虏体及顶垂体判断，其剥蚀程度较深。

5. 就位机制

该亚带的岩体均具有高位侵入体特征，岩体与围岩的边界呈折线状，内部定向组构缺乏，岩体与林子宗群火山岩的空间关系密切，故认为系火山口塌陷机制就位。

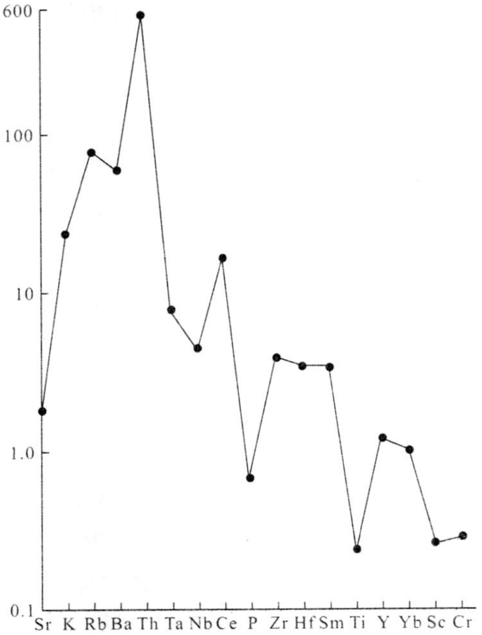

图3-86 局章勒南岩体地球化学型式图

6. 成因及构造背景分析

该亚带与酸性熔岩伴生，铝指数A/CNK=1.12，尚未发现暗色包体，暗色矿物仅为黑云母，TFeO/(TFeO+MgO)=0.85>0.8，与巴尔巴林的"富钾钙碱性花岗岩"的基本一致。经研究，该成因类型的物质来源以壳源为主，混有一定量的幔源，与板块俯冲作用或构造体制转换有关。

在Maniar的环境判别图(图3-84)上位于弧区、后造山区与板内区的接合部位；Na_2O/K_2O=1.01、Na_2O/CaO=1.61、MgO/TFeO=0.18，这些数值特征与"大陆弧花岗岩类"的一致，而与其"碰撞"、"板内"、"岛弧"花岗岩的均有差别；在Rb-Y+Nb和Rb-Yb+Ta图解(图3-85)上总体位于火山弧区。

结合其形成时代及当时的构造背景及与林子宗群弧火山岩的密切关系，我们认为其形成于俯冲环境。

7. 形成时代

本次区调在局章勒南岩体(英安玢岩)获得黑云母的K-Ar年龄为63.4Ma，该岩体属超浅成岩，其同位素值基本代表了侵位年龄，该类岩体普遍侵入始新世帕那组火山岩，与其空间关系密切，综合考虑将其时代置于始新世早期。

(四)始新世控热—英日花岗岩亚带

分布于图幅东南，由控热(编号29)、英日(编号30)、突格涧(编号31)、卡窝査(编号34)、查弄嘎尔母(编号33)5个中、小型岩体组成，图内出露面积约$59km^2$，包含3次侵入活动，第一次侵入为细粒二长花岗岩($E_2\eta\gamma$)，仅有1个侵入体，面积约$5km^2$；第二次为斑状中粒黑云母二长花岗岩，由4个侵入体组成，面积约$50km^2$；第三次为细粒含黑云母正长花岗岩($E_2\xi\gamma$)，由2个侵入体组成，面积约$4km^2$。

1. 地质特征

呈岩株、岩瘤状侵位于岩浆弧区隆起带内。侵入周围石炭—二叠系及林子宗群($E_{1-2}ln$)火山岩(图3-87)，边部普遍发育15～30m的细粒化带，内部各次侵入岩之间为脉动接触关系。岩体平面形态呈不规则带状，延伸方向大多与构造线一致，岩体边界一般呈圆滑弯曲状，平缓或中等角度外倾，岩体多为简单式、个别

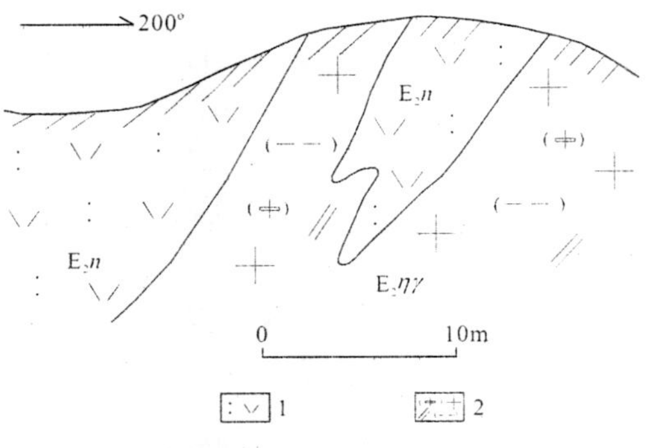

图3-87 英日岩体($E_2\gamma$)侵入年波组(E_2n)流纹质凝灰岩素描图

1.流纹质凝灰岩；2.含小斑中粒含黑云母二长花岗岩

呈复杂岩体，控热岩体发育最全，由上述3次侵入岩组成，各侵次呈套环或套叠式分布，英日、突格涧、查弄嘎尔母岩体仅包含第二次侵入的斑状花岗岩，卡窝查岩体在图内仅包含第三次侵入的细粒正长花岗岩。第二次侵入的岩石在控热和英日两个岩体中的岩性特征基本一致，第三次侵入形成的两个侵入体的岩性特征十分一致，现以控热、英日岩体为代表综合叙述如下。

2. 岩石类型及岩性特征

定名的Q－A－P图解见图3－88。

①第一次侵入的细粒二长花岗岩。岩石呈灰白色，细粒花岗结构，块状构造，由斜长石(49%±)、钾长石(29%±)、石英(20%±)、黑云母(2%)组成，含较多的褐铁矿。长石：1mm×0.5mm～1.8mm×0.6mm，其中斜长石为更长石；钾长石为微斜长石，且包裹斜长石；石英：0.4～1.5mm，他形粒状，具波状消光。

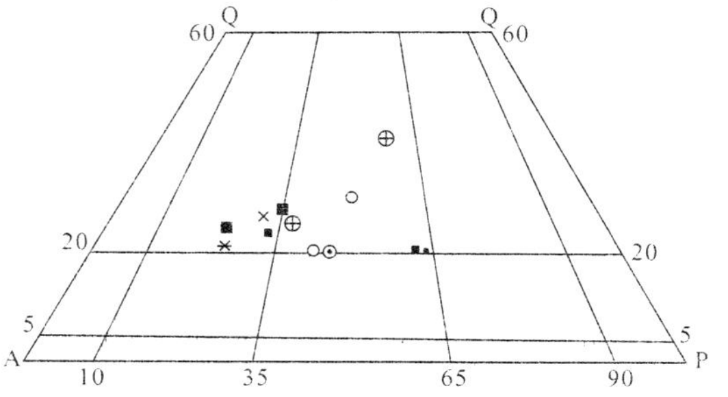

图3－88　控热—英日亚带、青都—那郎木布亚带Q－A－P图解

控热—英日亚带：●第一次侵入岩；第二次侵入岩：○控热岩体；⊙英日岩体；⊕突格涧岩体；◌查弄嘎尔母岩体；第三次侵入岩：×控热岩体；*卡窝查岩体；青都—那郎木布亚带：■第一次侵入岩；■第二次侵入岩

②第二次侵入的斑状中粒黑云母二长花岗岩。岩石呈淡灰色，似斑状结构、基质中粒花岗结构，块状构造，由钾长石(37%～44%，平均为41%)、斜长石(28%～34%，平均为31%)、石英(20%～30%，平均为23%)、黑云母(2%～9%，平均为5%)组成，副矿物为褐帘石—磁铁矿。斑晶钾长石：6mm×4.5mm～10mm×20mm，半自形板柱状，内部包有黑云母、斜长石，系条纹长石；基质长石：2mm×1.4mm～4mm×3mm，半自形板柱状，斜长石主要为更长石，自形程度较钾长石好，电子探针定量测试组成为Or12～3Ab77～89An11～8(表3－3)，钾长石为微斜条纹长石，定量测试组成为Or95Ab5(表3－4)；石英：0.5～3mm，他形粒状，波状消光明显，不均匀分布；黑云母：0.5～1mm，片状，大都变成绿泥石，仅残留少量。

控热岩体斑晶稍大、稍多(平均为15%±)，黑云母稍多，构成中斑状中粒黑云母二长花岗岩；英日岩体斑晶稍小、稍少(5%±)，黑云母稍少，构成含小斑中粒含黑云母二长花岗岩。

(3)第三次侵入的细粒含黑云母正长花岗岩。岩石呈浅肉红色，细粒花岗结构，块状构造，由斜长石(20%～25%，平均为22%)、钾长石(50%～60%，平均为55%)；石英(20%～25%，平均为23%)及少量黑云母组成。长石：0.9mm×0.5mm～2mm×1mm，一般为1mm×0.4mm～1.5mm×0.8mm，其中斜长石为更长石，钾长石为条纹长石，包裹斜长石；石英：0.4～1.5mm，他形粒状，不均匀分布；黑云母：0.2～2mm，褐色片状。

3. 岩石地球化学特征

(1)岩石化学特征

第二次、第三次侵入岩分析结果见表3－16。与中国黑云母花岗岩相比差别均较大，第二次侵入的斑状花岗岩富K_2O，稍富SiO_2，贫CaO、P_2O_5，稍贫Al_2O_3、Fe_2O_3、FeO、MnO、MgO、Na_2O；第三次侵入的正长花岗岩富SiO_2，稍富K_2O、TiO_2、Al_2O_3、Fe_2O_3、FeO、MnO、MgO、CaO、P_2O_5，稍贫Na_2O。本亚带各次侵入岩均具有富K、Si，贫Al、Fe、Mg、Ca、Na、Mn、Ti的特点，反映出分异程度较一般花岗岩高。

在硅-碱图(图3－41)上均位于亚碱性系列区，在TFeO/MgO与SiO_2、TFeO图解(图3－42)上位于狭义的钙碱性系列区，在K_2O-SiO_2图解(图3－43)上位于高钾区，在AR－SiO_2图解(图3－44)上位于钙碱性岩与碱性岩分界线附近，里特曼指数σ依次为2.25～1.85，铝指数A/CNK依次为1.06～1.04；综合判断该期侵入岩属高钾钙碱性岩，其中第三次侵入的正长花岗岩从碱度上看已向碱性岩转化，均属过铝质类型。

(2)微量元素特征

分析结果及参数见表3－17。本亚带各次侵入岩与花岗岩维氏平均值相比均具有富Co、Rb、Th，贫V、Cr、Ni、Sr的特点，第二次侵入的斑状花岗岩尚具富Hf特点，第三次侵入的正长花岗岩尚具贫Zr、Ba

的特点。

其地球化学型式见图 3-89，一般强烈富集 K、Rb、Th，具 Ba 的负异常及 Ce、Sm 的正异常，基本接近 Pearce 等(1984)所总结的"碰撞花岗岩"型式，仅斑状花岗岩相容元素基本不亏损，有板内花岗岩的某些特点。

(3)稀土元素特征

分析结果及参数见表 3-18，稀土元素配分模式见图 3-90。属轻稀土强烈富集型，轻重稀土比值 ΣCe/ΣY 依次为 4.30～4.39，具强烈铕亏损，铕异常系数依次为 0.38～0.20，稀土总量依次为 $342.2\times10^{-6}\sim162.7\times10^{-6}$，其中斑状花岗岩比花岗岩的典型值明显偏高，细粒正长花岗岩则稍低于花岗岩典型值。

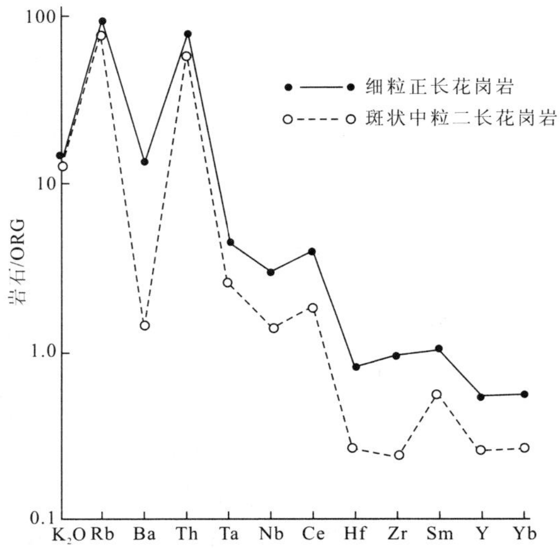

图 3-89　控热—英日花岗岩亚带地球化学型式图

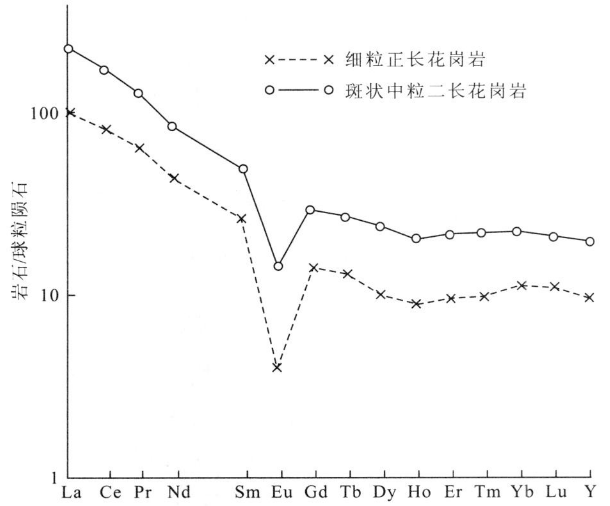

图 3-90　控热—英日亚带稀土元素配分模式图

4. 包体特征

该期岩体各次侵入岩包体稀少，仅见少量捕虏体，岩性主要为林子宗群火山岩，岩体边缘处稍多，规模也稍大，大者可达 7m×20m，有些应属顶垂体性质。

5. 接触变质作用及成矿性

该亚带周围接触变质作用发育，变质晕宽 50m，内部石炭—二叠系的灰岩形成细晶灰岩和矽卡岩化大理岩，并具矽卡岩型 Ag、Pb、Zn、Fe 矿化。

6. 侵入深度、形成温度及剥蚀程度

该亚带主体为第二次侵入岩，主要为中粒结构、个别为细粒结构，第一次、第三次侵入岩均为细粒结构；碱性长石一般为微斜条纹长石，有的岩体形态与区域构造线之间协调，有的不协调，岩体边界线基本圆滑，内部具少量大型捕虏体，接触变质作用较强，从这些地质岩相学特征看形成于浅带底部。在 Q-Ab-Or-P_{H_2O} 相图(图 3-49)上第二次侵入岩位于 2×10^8Pa 压力线上，第三次侵入岩位于 0.5×10^8Pa 压力线上，二者相差较大，第二次侵入的花岗岩具斑状结构，合理压力值应稍小于上述值，第三次侵入岩与其紧密相关，二者的形成深度应相近，故认为第二次侵入岩的形成压力大约为 1.5×10^8Pa±，第三次侵入岩大约为 1×10^8Pa±，相应深度分别为 5km、3.3km±，结合地质岩相学推测，第一次侵入岩应稍小于 5km。依照修正后的压力值，在标准花岗岩始熔曲线与饱和水含量图解上作图得出第二次、第三次侵入岩最低点的温度分别为 700℃、720℃，在 Q-Ab-Or 图解(图 3-50)上显示的温度均为 760℃；通过全岩阳离子数及斜长石号码法温度计得出的第二次侵入岩的最高温度为 680℃，综合认为，斑状花岗岩的形成温度为 700℃±，细粒正长花岗岩的形成温度为 720～760℃。

据岩体出露面积不大，尤其是晚期侵入体面积更小、外接触面较缓、内部具顶垂体等特征判断为浅剥蚀。

7. 岩体对比及各次侵入岩的演化关系

(1)岩体对比

第一次侵入活动仅1个侵入体；第二次侵入的斑状花岗岩共有4个侵入体，各侵入体特征见表3-20，可以看出彼此基本一致，仅矿物成分、结构稍有差别，控热、英日岩体特征基本一致，前已叙述。突格涧岩体基质粒度稍细，石英略高，构成含中斑细粒含黑云母二长花岗岩，卓弄嘎尔母岩体斑晶稍少、稍小，构成含小斑中—细粒含黑云母二长花岗岩，本次侵入岩的这些差异可能是分异程度、结晶过程、就位深度稍有不同所致；第三次侵入岩的两个侵入体特征很一致，前已综合叙述。

表3-20　控热—英日亚带第二次侵入岩对比表

地质特征＼岩体名称	控热	英日	突格涧	查弄嘎尔母
产状	带状岩株，延伸与构造线一致	带状岩株，延伸斜交构造线	大致呈长椭圆形，延伸与构造线一致	椭圆形
侵入的围岩特征	侵入石炭系及林子宗群，接触界线圆滑弯曲	侵入二叠系及林子宗群，界线圆滑弯曲	侵入林子宗群	侵入林子宗群
岩石类型	中斑状中粒黑云母二长花岗岩	含小斑中粒含黑云母二长花岗岩	含中斑细粒含黑云母二长花岗岩	含小斑中—细粒含黑云母二长花岗岩
颜色	淡灰色	淡灰色	灰红色	灰白色
结构构造	似斑状结构、基质中粒花岗结构，块状构造	似斑状结构、基质中粒花岗结构，块状构造	似斑状结构、基质细粒花岗结构，块状构造	似斑状结构、基质中—细粒花岗结构，块状构造
斑晶成分	钾长石：15%±，系条纹长石	钾长石：5%±、条纹长石	钾长石：3%±	钾长石：10%±
基质	钾长石：25%±，系微斜条纹长石；斜长石：29%±、更长石；石英：25%±，他形粒状，波状消光明显；黑云母：6%±	钾长石：39%±，系条纹长石；斜长石：34%±，钠—更长石；石英：20%±，他形粒状；黑云母：2%±	钾长石：24%±，系条纹长石；斜长石：35%±；石英：40%±，他形粒状，波状消光明显；黑云母：2%±	钾长石：38%±；斜长石：35%±；石英：25%±；黑云母：2%±
组构岩脉	无	无	无	无
包体	稀少捕虏体，主要为火山岩	稀少捕虏体及顶垂体，主要为火山岩	尚未发现任何包体	尚未发现任何包体

(2)各次侵入岩之间的演化关系

3次侵入岩从早至晚呈现规律性演化，石英、钾长石含量逐渐增高(图3-88)，SiO_2含量、分异指数DI、铝指数、Al、Fe、Mn、Mg、Ca、Ti、P依次下降，全碱含量、K/Rb值变化不大，Rb/Sr值依次增高，稀土总量渐降，铕亏损渐强，轻重稀土比值变化不大；在La/Sm-La图解(图3-91)上主要表现为分离结晶趋势特征。综合认为，该亚带的3次侵入岩总体为分离结晶形成，不排除有其他的岩浆演化作用存在。

8. 就位机制分析

该亚带的控热、突格涧岩体内部各次侵入岩具同心环状分布，延伸方向与区域构造线一致，边界圆滑弯曲，内部虽无定向组构但石英具明显的波状消光，捕虏体稀少，上述显示岩体的就位为主动膨胀机制，但不规则的长带状形态也暗示着有构造扩张或深部重熔与浅部换位机制的存在，结合当时区域应力场为南北向挤压分析，岩体的就位系主动膨胀与深部重熔换位机制形成。

该亚带的英日岩体的延伸方向斜交构造线，石英无波状消光，与围岩界线基本圆滑，边缘发育的大型捕虏体(或顶垂体)基本保持原有产状，我们认为，其主要系构造扩张就位，也包含有少量的主动膨胀机制。

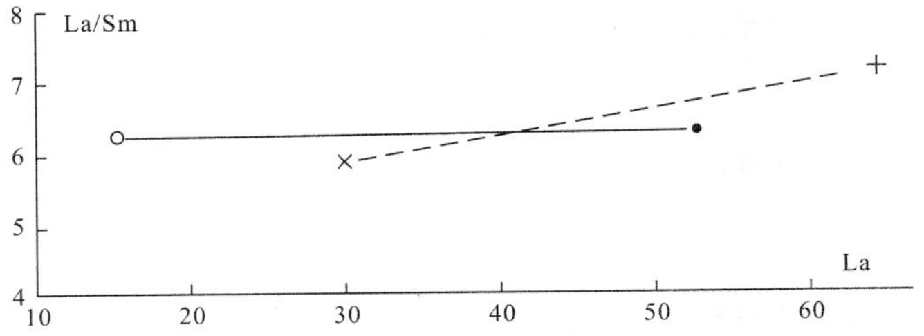

图 3-91　La/Sm-La 图解

控热—英日亚带：十第二次侵入岩；×第三次侵入岩；青都—那朗木布亚带：• 青都岩体；○那郎木布岩体

9. 成因及构造背景分析

该亚带暗色矿物为黑云母，尚未发现镁铁质包体，铝指数 A/CNK>1，TFeO/(TFeO+MgO)=0.80～0.78，与巴尔巴林的“含堇青石过铝花岗岩类”相当。经研究，该类岩石来自于壳源，一般形成于碰撞环境。

斑状花岗岩在 Maniar 的环境判别图(图 3-84)上落点性质不明确，但最接近后造山花岗岩区；Na_2O/K_2O、Na_2O/CaO、MgO/TFeO、MgO/MnO 特征与其“碰撞花岗岩”一致，与后造山、板内花岗岩不同。正长花岗岩在 Maniar 的环境判别图(图 3-84)上主体位于俯冲—碰撞区，岩石类型、Na_2O/K_2O、Na_2O/CaO、MgO/FeO(T)、MgO/MnO、碱度特征与”碰撞花岗岩”的一致，与火山弧、板内花岗岩差别较大。

该亚带在 Rb-Y+Nb 和 Rb-Yb+Ta 图解(图 3-85)上主体位于碰撞区，地球化学型式基本接近“碰撞花岗岩”型式。

综上所述，我们认为该亚带的花岗岩形成于碰撞环境。

10. 形成时代

本亚带岩体侵入始新世帕那组，结合其所处的构造阶段将其暂归始新世。

(五)始新世青都—那郎木布花岗岩亚带

分布于图幅东南部，由青都(编号 32)、那郎木布(编号 28)两个岩株组成，出露面积约 73km^2。经分析归属为后碰撞阶段，包含两次侵入活动，第一次侵入形成青都岩体，岩性为中粒正长花岗岩($E_2\xi\gamma$)，面积约 26km^2，第二次侵入形成那郎木布岩体，岩性为含中斑中粒正长花岗岩($E_2\xi\gamma$)，面积约 47km^2。

1. 第一次侵入的青都岩体

(1)地质特征

侵位于冈底斯燕山—喜马拉雅期岩浆弧区隆起带，侵入周围林子宗群火山岩(图 3-92)及二叠系，平面形态不规则，接触面向外陡倾及内倾，切割围岩层理。

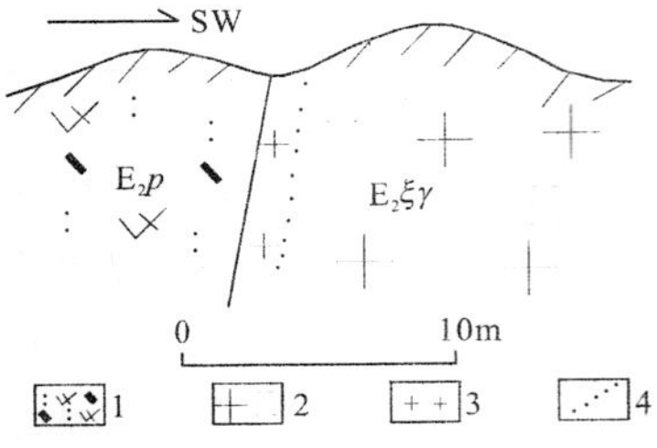

图3-92　青都岩体($E_2\xi\gamma$)侵入帕那组(E_2p)英安质晶屑凝灰岩素描图

1. 英安质晶屑凝灰岩；2. 中粒正长花岗岩；3. 细粒花岗岩；4. 脉动侵入界线

(2)岩石类型及岩性特征

Q-A-P 定名图解见图 3-88，在多阳离子 R_1-R_2 图解(图 3-40)上位于正长花岗岩与碱性花岗岩边界，二者定名基本一致，故岩石名称为中粒正长花岗岩。岩石呈浅肉红色，中粒花岗结构，块状构造，由钾长石(55%±)、斜长石(25%±)、石英(20%±)组成，基本不含暗色矿物。长石：1.8mm×1.5mm～2.5mm×5mm，半自形板柱状，斜长石成分为钠—更长石(表 3-3)，钾长石为微斜长石，定量测试组成为 Or83Ab17(表 3-4)；石英：0.5～2mm，他形粒状，具波状消光。

该岩体边部较普遍发育细粒边，宽 20～50m，岩性为灰黄色细粒含黑云母二长花岗岩，含黑云母 1%±。

(3)岩石地球化学特征

岩石化学、微量元素、稀土元素分析结果分别见表 3-16,表 3-8,表 3-9。

氧化物含量与其他各种花岗岩的平均值相比差别较大,而与二云母花岗岩接近,仅 K_2O 高,Al_2O_3、Fe_2O_3、MnO、MgO、CaO、Na_2O、P_2O_5 稍低,显示出该花岗岩分异程度相当高。在硅-碱图(图 3-41)上位于亚碱性系列区,在 TFeO/MgO 与 SiO_2、TFeO 图解(图 3-42)上位于狭义的钙碱性系列区,在 AR-SiO_2 图解(图 3-44)上位于碱性岩区,在 K_2O-SiO_2 图解(图 3-43)上位于高钾区,铝指数 A/CNK=1.09,故属莱特的碱性岩、高钾类型、过铝质岩石。

微量元素与贫钙花岗岩的平均值(涂里千等,1961)基本接近,仅 Cr、Rb、Th 高,V、Sr、Ba、Nb、Ta 低,地球化学型式见图 3-93,强烈富集 K、Rb、Th,大范围亏损右侧相容元素,Ce、Sm 正异常明显,与 Pearce 等(1984)所总结的"碰撞花岗岩"型式大体一致。

稀土元素配分模式见图 3-94。稀土总量 $\Sigma REE = 270.41 \times 10^{-6}$,与一般花岗岩含量相当,属轻稀土强烈富集型,轻重稀土比值 $\Sigma Ce/\Sigma Y = 5.94$,具强烈铕亏损,铕异常系数 $\delta Eu = 0.23$。

(4)包体特征

岩体的边部偶见二叠系围岩大型顶垂体。边部常有灰色细粒闪长岩大型块体,花岗岩呈不规则脉状穿插该包体,岩石呈半自形粒状结构,块状构造,由斜长石(70%,An=28~29)、角闪石(30%±)、少量他形粒状石英及黑云母组成,副矿物为黄铁矿,该包体的岩石化学、微量元素、稀土元素分析结果见表 3-16,表 3-8 和表 3-9,里特曼指数高达 4.39,属钙碱性系列钾玄岩系,碱度上属莱特的钙碱性岩(判别图见图 3-41 至图 3-44),偏铝质类型(A/CNK=0.77),微量元素地球化学型式(图 3-93)具板内花岗岩的特征,稀土元素配分模式见图 3-94,稀土总量高达 466×10^{-6},具中等铕亏损,轻重稀土分馏程度中等。

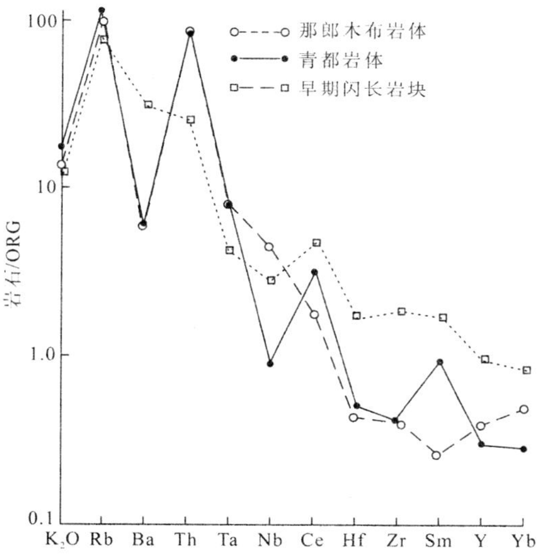

图 3-93 青都—那郎木布亚带地球化学型式图

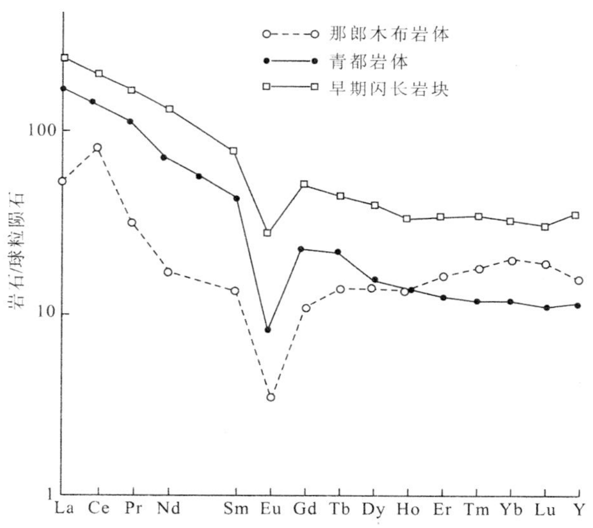

图 3-94 青都—那郎木布亚带稀土元素配分模式图

(5)接触变质作用

本岩体接触变质作用中等发育,变质晕宽 100m 以上,表现为附近下拉组灰岩形成大理岩、矽卡岩。

2. 第二次侵入的那郎木布岩体

(1)地质特征

侵位于冈底斯岩浆弧区隆起带或边缘,侵入周围二叠系及林子宗群帕那组火山岩,与乌郁群呈喷发不整合接触,平面形态不规则,边界切割围岩层理走向,发育岩枝插入围岩之中,边部常有围岩大小不等的棱角状捕虏体,其剖面见图 3-95。

(2)岩石学特征

Q-A-P 定名图解见图 3-88,在多阳离子 R_1-R_2 图解(图 3-40)上位于碱性花岗岩区,二者在定名

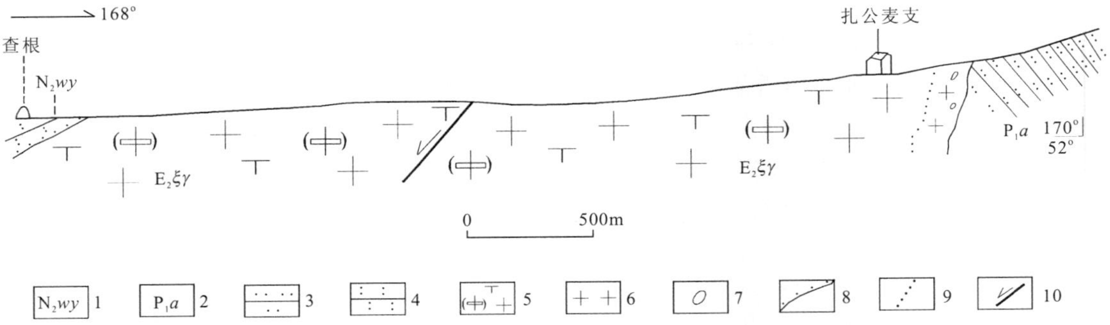

图 3-95　谢通门县青都乡查根—扎公麦支那郎木布岩体剖面图

1. 乌郁群；2. 昂杰组；3. 粉砂岩；4. 凝灰岩；5. 含中斑中粒正长花岗岩；6. 细粒花岗岩；7. 捕虏体；8. 沉积接触界线；9. 岩性渐变线；10. 正断层及运动方向

上稍有差别，最终定名为含中斑中粒正长花岗岩。

岩石呈浅肉红色，风化面呈灰白色，似斑状结构、基质中粒花岗结构，块状构造。斑晶为钾长石：10%±，7.5mm×2.5mm～15mm×8mm，半自形板柱状，边缘不规则，系条纹长石。基质由钾长石（40%～50%，平均为45%）、斜长石（20%～25%，平均为22%）、石英（20%～25%，平均为23%）及少量白云母组成，暗色矿物极少，副矿物为磁铁矿。长石：均呈半自形板柱状，1.5mm×1.5mm～4.5mm×2.5mm，其中斜长石为更长石，电子探针定量测试其组成为Or9Ab88An3（表3-3），钾长石组成为Or93Ab7（表3-4）；石英：0.8～4mm，他形粒状，裂纹发育，波状消光明显；白云母：0.25～1mm，片状，其晶体成分及化学式见表3-6。

该岩体的边部发育100m宽的细粒化带。

(3)岩石地球化学特征

岩石化学、微量元素、稀土元素分析结果分别见表3-16，表3-8和表3-9。

氧化物含量接近于中国二云母花岗岩的平均值，仅K_2O稍高，FeO、MnO、CaO低，MgO稍低，表明该花岗岩分异程度较高，该花岗岩岩石化学属莱特的碱性岩，高钾类型（图3-41至图3-44），铝指数A/CNK=1.15，出现白云母，属强过铝质岩石。

微量元素与贫钙酸性岩平均值（涂里千等，1961）相比，富Co、Rb、Th、、Nb，贫V、Cr、Sr、Ba，地球化学型式见图3-93，大体与Pearce等（1984）所总结的"碰撞花岗岩"型式接近。

稀土元素配分模式见图3-94，稀土总量较低，具强铕亏损，轻重稀土分馏不明显。

(4)接触变质作用

本岩体接触变质作用较强，与下拉组灰岩接触处形成矽卡岩，与昂杰组碎屑岩和林子宗火山岩接触处形成角岩；接触带附近具Fe、Pb、Zn矿化。

3. 侵入深度、形成温度及剥蚀程度

青都岩体侵入林子宗群火山岩，具中粒结构，碱性长石为微斜长石，变质晕中等发育，细粒边发育，岩体产状与区域构造线不协调，具浅带特征。该侵入岩不含斑晶，在Q-Ab-Or-P_{H_2O}图解（图3-74）上位于2×10^8Pa压力线上，接近于共结最低点，正确压力值应该等于或稍低于该压力值。第二次侵入的那郎木布岩体同样侵入林子宗群，具中粒结构，碱性长石为条纹长石，细粒化带中等发育，外接触变质作用较强，具浅带中部特征；在Q-Ab-Or-P_{H_2O}相图（图3-74）上位于最低点附近的0.5×10^8压力线上。综合认为，该亚带诸岩体形成的压力大致为1.5×10^8～1×10^8Pa、相应深度为5～3.3km。

Q-Ab-Or相图（图3-75）显示青都岩体的形成温度为740℃，那郎木布岩体为760℃。

两个岩体顶垂体及大型捕虏体总体看较少，青都岩体具陡倾—内倾产状，那郎木布岩体接触面产状不明，但出露面积较大。故认为二者同为中等剥蚀，那郎木布岩体剥蚀程度可能相对较深一些。

4. 两次侵入岩的演化关系

两次侵入岩特征十分相似，均为淡色中粒正长花岗岩，矿物含量及氧化物含量十分相似。从早至晚SiO_2含量、分异指数、铝指数略有增高，TFeO＋MgO＋MnO、CaO稍有下降，K/Rb变化不大，Rb/Sr、Ba/Sr增高，稀土总量迅速下降，轻重稀土分馏程度降低，不相容元素含量变化不大，相容元素有所下降，在La/Sm－La图解（图3－91）上构成分离结晶趋势，说明二者为岩浆分离结晶的产物，故我们将其划归为一期。

5. 就位机制分析

该期出露的两个岩体形态不规则，长轴方向不同程度地斜交构造线，岩体边界截切围岩层理走向，均发育细长岩枝贯入围岩，围岩层理即是靠近岩体边界也未见受干扰，边部常具围岩大小不等的棱角状捕虏体，岩体内部不发育定向组构，上述说明，该岩带的岩体主要以构造扩展或深部重熔与浅部地质体换位机制就位，据岩体周围断层、褶皱构造不发育推测，后者的可能性居大。

6. 成因及大地构造背景分析

该期两次侵入岩的SiO_2高达76%±，均为基本不含暗色矿物的淡色花岗岩，未见镁铁质包体及残留体，在第二次侵入的展把纳布岩体中含少量原生白云母，铝指数A/CNK＝1.09～1.15大于1，TFeO/(TFeO＋MgO)＝0.8±，斜长石牌号An＝10±，$Fe^{3+}/(Fe^{2+}+Fe^{3+})$依次为0.26～0.8，主体上与巴尔巴林的“含白云母—含堇青石过铝花岗岩类”具有一致性。经研究，该类型的岩浆主要来自于壳源，该岩石属强过铝花岗岩类，研究表明，大量的强过铝花岗岩是后碰撞环境产物，在CaO/Na_2O－Al_2O_3/TiO_2图解上具低Al_2O_3/TiO_2、低CaO/Na_2O特征，显示岩浆熔融结晶温度相对较高，由成熟度较高的泥质岩熔融而成。

在Maniar的环境判别图（图3－84）上，两次侵入岩均主体位于“俯冲-碰撞花岗岩区”，从MgO/TFeO＝0.22～0.258、Na_2O/CaO＝5.37～10.96、Al_2O_3/K_2O+Na_2O＝1.18～1.21、岩石类型、碱度（相当于皮科克的碱钙性）特征看与广义的“碰撞花岗岩”吻合，与“火山弧花岗岩”、“非造山花岗岩”有别。

在Rb－Y＋Nb和Rb－Yb＋Ta图解（图3－85）上主体均位于碰撞区，其地球化学型式大体与“碰撞花岗岩”型式一致；Zr＋Nb＋Y＋Ce、Ga/Al值均与A型花岗岩有显著不同。

结合岩体的形成时代及当时的区域构造背景，我们认为该亚带形成于后碰撞环境。

早期的闪长岩块在Rb－Y＋Nb和Rb－Yb＋Ta图解（图3－85）上位于板内区并接近碰撞区，地球化学型式具“板内”特征，地质特征表明该岩块明显早于主岩，它可能反映了地幔岩石圈发生的小规模熔融作用。

6. 形成时代

该亚带普遍侵入始新世帕那组火山岩，本次区调在青都岩体中获得全岩K－Ar年龄为39Ma，故将其置于始新世末期。

（六）晚白垩世—始新世岗在—青都中酸性花岗岩带小结

该岩带岩体规模均较小，岩带延伸方向略斜交测区主要构造线。各岩体空间分布虽然有些分散，但在图幅南部却显示出集中成带分布特点，该岩带包含了俯冲、碰撞、后碰撞3个阶段花岗岩，构成了一个较为完整的造山旋回岩浆序列，故将其归并为一个岩浆岩带。俯冲阶段划分为3期，早期的岗在一边当亚带的岩石类型与晚期岩石迥然不同，同位素年龄也与晚期岩石的差别较大，应单独作为一期，晚期的展把纳布亚带与局章勒亚带在岩石类型、结构方面差异也较大，暂作为两期。该岩带从早至晚，石英、钾长石相对含量呈明显增高趋势，暗色矿物含量逐渐减少，SiO_2含量、碱度（图3－44）、铝指数均逐渐增高，从高钾钙碱性岩演化到高钾碱性岩，从偏铝质演化到强过铝质。在该岩带的中、晚期，幔源岩浆活动极弱。

该岩带侵入岩的形成深度一般在3.3～5km，属地壳的浅带。

五、脉岩

图幅内脉岩中等发育，主要为酸性岩，次为中性岩，少量基性岩。脉岩主要受岩体节理、地层层理及次级断层控制，大部分分布于岩体内部及岩体周围的围岩中，属继承性脉岩，已在前面各岩体部分述及，少数与岩体没有直接关系，属区域性脉岩，该部分脉岩见表 3－21。

表 3－21　图幅内区域性脉岩一览表

岩类	岩石名称	产状	产地	结构	矿物成分	
					斑晶	基质
基性岩脉	角闪辉长岩	走向 ES，宽 30m，长 1km	昂孜错东南架查一带	细粒辉长结构，块状构造		斜长石：70%±；角闪石：30%±；黑云母少量
酸性岩脉	斑状细粒正长花岗岩	走向 EN，宽数米，长 1.5km	切琼东南一带	似斑状结构、基质细粒花岗结构，块状构造	钾长石 5%	钾长石：42%±；斜长石：25%±，An=62；石英：25%±；黑云母 3%
	花岗细晶岩脉	走向 SE	切琼东	细晶结构，块状构造		钾长石少量，斜长石：60%；石英：40%

辉长岩脉沿始新统帕那组（E_2p）火山岩层理面侵入，关系清楚，形成时代为始新世或始新世以后，该岩脉具黄铁矿化。

斑状细粒正长花岗岩脉分布于各门斤岩体周围的石炭系之中，沿岩层层理面侵入，常集中分布形成岩脉群，岩性与各门斤岩体相当，形成时代为早白垩世。

花岗细晶岩脉成群分布于上新统乌郁群火山岩之中，走向与火山岩层理一致，系沿层理面就位，时代为上新世或其后。

六、测区侵入岩综述

（一）时空分布特征

测区侵入岩的分布受造山运动所控制，形成一系列呈带状展布的旋回性岩浆岩带，新老旋回性岩浆岩带往往在同一构造单元上相互叠合从而构成带状分布的构造岩浆岩带。据地质构造背景、岩石组合、时空分布等特征，该图幅内以昂孜错—色热巴断裂为界可划分为南、北两个构造岩浆岩带，北部为格仁错—申扎构造岩浆岩带，南部为冈底斯构造岩浆岩带。格仁错—申扎构造岩浆岩带由中—晚侏罗世松木果—央雄勒强过铝花岗岩带、白垩纪色热巴—夏噶日中酸性花岗岩带组成；冈底斯构造岩浆岩带由晚侏罗世—晚白垩世公穷松多—郎那中酸性花岗岩带、晚白垩世—始新世岗在—青都中酸性花岗岩带组成，其中前者位于该构造岩浆岩带的南侧，后者主要位于该构造岩浆岩带的北侧。

（二）测区侵入岩的特征对比和演化特点

1. 测区侵入岩的特征对比

测区内闪长岩体规模均较小，不同岩体中的闪长岩有着不同的特征。鸭绒闪长玢岩以角闪石含量高、斜长石牌号高、稀土总量低为特点，央雄勒岩体内的细粒黑云母闪长岩块的暗色矿物以黑云母为主，稀土总量略高于鸭绒闪长玢岩，二者的共同特点是均属中钾钙碱性系列，无铕异常。纳巴乃嘎—安门亚带内的闪长玢岩的暗色矿物种类、含量与央雄勒岩体内的闪长岩块的一致，但二者时代不同。青都岩体内的闪长岩块以高碱、高钾、高稀土总量、高 Rb/Sr、高 Ba/Sr、铕亏损明显为特点。北邻尼玛区幅的马耳哥—我不途里闪长岩以石英含量高、属拉斑玄武岩系列为特点。

测区内不同岩体中的石英二长岩有着不同的特征，色热巴—碧尖勒亚带内的石英二长岩的暗色矿物以黑云母为主，少量角闪石，普遍含有钾长石斑晶，展把纳布石英二长岩的暗色矿物仅有黑云母，无钾长石斑晶，麦弄石英二长岩以发育白云母、黑云母为特点，三者内部均发育暗色镁铁质包体，主要造岩矿物含量及矿物学特征基本一致。

测区内各岩体中的黑云母二长花岗岩有共性也有差别。公穷松多—苦热拉亚带内的二长花岗岩与昂孜错—松木果亚带内的二长花岗岩较相似，二者均含有暗色包体，但松木果二长花岗岩斑晶较多，暗色矿物中出现较多的角闪石。色热巴—碧尖勒亚带内的黑云母二长花岗岩与郎那岩体内的黑云母二长花岗岩的特征也较相似，但后者石英含量高。控热—英日亚带中的二长花岗岩以淡灰色、不含暗色包体、似斑状结构、基质中粒结构为特征。

测区内各岩体中的白云母二长花岗岩较为接近，昂孜错—松木果亚带内的白云母二长花岗岩与央雄勒—曲松乃嘎亚带内的白云母二长花岗岩很相似，二者均含有黑云母，仅后者中的钾长石含量低，形成于相对低温的环境，郎那亚带中的白云母二长花岗岩以矿物颗粒细小、含少量白云母、不含黑云母为特征。

测区内各岩体中的正长花岗岩区别如下：各门斤岩体内的正长花岗岩以钾长石相对含量低、暗色包体稀少、铝指数高而与郎那岩体内的斑状正长花岗岩相区别，郎那亚带内的粗粒正长花岗岩与青都—展把纳布亚带内的正长花岗岩很相似，但前者中钾长石含量更高，富含黑云母，后者基本不含暗色矿物，属淡色花岗岩类。

2. 测区侵入岩的演化特点

测区复杂岩体内部各次侵入岩之间的形成演化既有同源岩浆分离结晶作用（如控热—英日亚带、青都—那郎木布亚带），又有部分熔融作用（如央雄勒—曲松乃嘎亚带、各门斤亚带）和岩浆混合作用（如色热巴—碧尖勒亚带），尚有一些复杂岩体（如郎那岩体、松木果岩体）的形成为部分熔融、分离结晶、岩浆混合共同作用的结果。从早至晚，各次侵入岩之间钾长石、石英含量一般来说具增高趋势，仅各门斤岩体、郎那岩体例外；微量元素 V、Cr、Ni、Sr、Ba、Zr 一般逐渐下降，Co、Rb、Hf、Nb 一般逐渐上升，仅色热巴岩体中的 Co、Ba、Zr、Hf、各门斤岩体中的 Hf、昂孜错—松木果亚带及控热—英日亚带诸岩体中的 Nb 出现反常现象。俯冲阶段形成的复杂岩体内部各次侵入岩之间从早至晚稀土总量逐渐增高，碰撞—后碰撞阶段形成的复杂岩体内部的各次侵入岩之间从早至晚稀土总量则逐渐下降。

测区侵入岩各岩带内部的各期复杂岩体之间从早至晚均表现出石英、钾长石相对含量逐渐增高、暗色矿物含量总体减少的特点，SiO_2、碱度、铝指数总体增高，从低、中钾的钙碱性岩演化至晚期的高钾碱性岩，微量元素 V、Cr、Ni、Sr、Ba 总体渐降，Co、Rb、Nb、Th 逐渐增高，铕亏损愈来愈强，稀土总量在色热巴—夏噶日岩带内从早至晚略有上升，公穷松多—郎那岩带内变化不大，岗在—青都岩带内出现早期渐高、晚期渐降的特点。

北部的格仁错—申扎构造岩浆岩带内的色热巴—夏噶日花岗岩带与南部的冈底斯构造岩浆岩带内的公穷松多—郎那岩带的时代相近，特征也相似，明显区别是前者早期幔源岩浆活动较强而晚期较弱。冈底斯构造岩浆岩带内部发育的南北两个岩带特征也很相似，均表现为从早至晚幔源岩浆活动趋弱特点。测区侵入岩普遍表现为 Co、Rb 较高，V、Sr、Ba、Zr 较低。

（三）测区侵入岩形成模式探讨

1. 中—晚侏罗世松木果—央雄勒强过铝花岗岩带的形成模式

中侏罗世末，测区北部处于后碰撞阶段，昂孜错—色热巴断裂带发生逆冲运动，产生的热量促使壳源岩石部分熔融，同时由于构造变动引起幔源岩浆大量导入，使壳源岩石进一步熔融并产生岩浆混合，岩浆顺着主断层旁侧的次生张裂隙侵位。早期，岩浆供应量相对较大，构造扩张相对较弱，形成昂孜错—松木果亚带第一、二次侵入岩以主动膨胀为主兼具构造扩张、岩浆侵吞机制的就位型式；晚期，幔源岩浆活动渐趋停止，但地温梯度仍然较高，断层富水效应使得岩石中含水量增加，壳源岩石进一步熔融，同时持续性的南北向挤压引起东西向的快速伸展，形成该亚带第三、四次侵入岩以构造扩张为特色的就位型式。

晚侏罗世，色热巴断裂转化为左行剪切，断裂旁侧派生出局部性的拉张环境，导致水分集聚，在剪切热的作用下壳源岩石发生低温熔融，岩浆沿拉张薄弱带就位，形成央雄勒—曲松乃嘎白云母花岗岩亚带的被动就位型式。

2. 白垩纪色热巴—夏噶日中酸性花岗岩带的形成模式

(1)早白垩世纳巴乃嘎—安门亚带的形成模式

早白垩世，测区北部进入俯冲构造阶段，产生了大规模的火山喷发，形成则弄群火山岩，其后，俯冲产生的以幔源为主的岩浆沿着火山喷发后的岩浆房空隙就位，从而形成了瘤状型态的哥雅岩体和卓觉怒弄勒岩体。

(2)早白垩世色热巴—碧尖勒亚带的形成模式

板块俯冲持续进行，上覆板块产生拉张，俯冲形成的以幔源为主的幔壳混合岩浆沿拉张薄弱带上侵，形成早期石英闪长岩就位。随着时间的推移，板块俯冲速度逐渐变慢，导入上地壳部分熔融带的幔源岩浆渐少，在幔源岩浆的热量作用下，两种岩浆对流并混合，形成含较多暗色包体的浆混石英二长岩就位。最后，俯冲及幔源岩浆活动均逐渐停止，形成壳源为主的少量二长花岗岩就位，由于该时期岩浆供应量很少，大部分岩体表现为构造扩展特点，仅色热巴岩体由于存在早期石英闪长岩的瓶塞作用，该时期表现出一定程度的主动膨胀特点。

3. 晚侏罗世—晚白垩世公穷松多—郎那中酸性花岗岩带的形成模式

(1)晚侏罗世鸭绒岩体及早白垩世公穷松多—苦热拉花岗岩亚带的形成模式

晚侏罗世末至早白垩世早期，测区南部处于俯冲构造阶段。早期俯冲速度较快，形成幔源为主的中钾钙碱性岩浆；晚期俯冲速度变慢，少量幔源岩浆导入上地壳部分熔融带，引起岩浆对流和混合，形成含暗色包体的高钾钙碱性岩浆，该岩浆沿构造薄弱带上升侵位，由于岩浆供应量总体偏少，形成构造扩张为特色的中、小型的公穷松多、苦热拉岩体。

(2)早白垩世麦弄岩体的形成模式

早白垩世早、中期，测区南部进入碰撞构造阶段，断裂活动强烈，构造导致岩石富水，在断裂活动摩擦热的作用下，砂质岩石发生部分熔融产生壳源岩浆，其后，少量幔源岩浆上侵贯入其中，由于主岩浆已较粘稠，造成岩浆混合程度较低，形成的混合岩浆沿构造薄弱带上侵，由于岩浆供应量较大，形成具主动膨胀特点的中温型白云母石英二长岩侵位。

(3)早白垩世各门斤复杂花岗岩体的形成模式

早白垩世末期，测区南部进入后碰撞环境。早期，剪切作用发育，断裂使壳源岩石逐渐富水，沉积岩石发生低温熔融并分凝出岩浆上侵，形成含白云母过铝花岗岩就位；晚期，岩石圈发生拆沉作用，幔源岩浆贯入地壳，引起富粘土的源岩大量熔融，岩浆通过与顶部地质体换位及主动膨胀机制获取空间，形成该复杂岩体第二次侵入岩就位。

(4)早白垩世郎那岩体的形成模式

后碰撞阶段表现为强烈的陆内俯冲。早期，在构造热及幔源岩浆的底侵热作用下，壳源岩石发生熔融成富钾岩浆，岩浆通过与顶部地质体换位或构造扩展的型式向上侵入，形成具被动就位特点的“富钾钙碱性花岗岩”(该岩石也可能相当于巴尔巴林的“含堇青石过铝花岗岩”)；其后，来自于深部的大量幔源岩浆向上贯入岩浆房，引发壳源岩石深度熔融，形成的巨量岩浆首先以底辟方式，后以主动膨胀及其与浅部岩石换位的机制向上运移开辟空间，在上升的过程中分为东西两支岩浆，东支岩浆较为粘稠，壳幔岩浆混合程度较低，形成戈沃侵入体，西支岩浆粘度较低，壳幔两种岩浆能够得以充分混合，形成混合特征十分明显的确角弄侵入体；晚期，已就位的巨大岩体产生冷缩作用，导致局部地段静岩压力降低，在幔源岩浆底侵热的作用下，周围砂屑岩石发生浅度熔融形成少量岩浆，岩浆沿薄弱带上侵，形成第三次侵入的黑云母花岗岩；末期，幔源岩浆活动停止，地壳地温梯度仍然较高，在剪切作用下砂屑岩石发生富水熔融形成岩浆并上侵，形成第四次侵入的“含白云母过铝花岗岩类”。

(5)晚白垩世贡勒岩体的形成模式

该岩体属后碰撞环境形成的钾玄岩系，前人研究认为该类岩石主要由新生地壳形成，受老地壳成分混染较少，根据岩体内部暗色镁铁质微粒包体较多，我们认为，该岩体的形成系幔源岩浆上涌使新生地壳中的含钾岩石发生熔融并混合而成。

4. 晚白垩世—始新世岗在—青都中酸性花岗岩带的形成模式

(1)晚白垩世岗在—边当亚带、始新世展把纳布亚带、局章勒酸性斑岩亚带的形成模式

研究表明,在晚白垩世—始新世早期,测区处于板块俯冲阶段。晚白垩世末期,俯冲形成的幔壳混合岩浆沿上覆板块构造薄弱带侵位,形成岗在—边当"含角闪石钙碱性花岗岩"类;古新世—始新世,测区发生了大规模的火山喷发作用,岩浆喷出后形成较多的空虚岩浆房,该时期形成的壳源为主的幔壳混合岩浆沿空虚岩浆房侵位,形成展把纳布、局章勒等一系列小型岩株,前者就位较深,后者明显为高位岩体。

(2)始新世控热—英日花岗岩亚带的形成模式

始新世中期,测区进入短暂的碰撞阶段,引起地壳增厚,下沉的地壳岩石温度逐渐增高,同时幔源岩浆底侵,底侵热使得地壳岩石发生"干深熔作用",形成的岩浆通过与浅部岩石换位及主动膨胀机制获取空间而就位,同时南北向的挤压引起东西向的伸展,部分岩浆顺扩张薄弱带上侵,形成构造扩展为主、兼具主动膨胀特点的就位型式。

(3)始新世青都—那郎木布花岗岩亚带的形成模式

始新世晚期,测区已进入后碰撞阶段,青都岩体中的少量闪长岩块体显示当时有幔源岩浆活动,在幔源岩浆的底侵热作用下,含少量水份的泥质岩发生熔融,形成强过铝、"高温"的岩浆,岩浆通过与顶部地质体换位获取空间而就位。

(四)对测区侵入岩形成的大地构造环境的一些总体认识

测区南部发育两条中酸性岩带,即晚侏罗世—晚白垩世早期公穷松多—郎那岩带和晚白垩世晚期—始新世岗在—青都岩带,二者自成旋回体系,说明该区发生了两次板块缝合作用。

测区北部发育松木果—央雄勒强过铝花岗岩带,内部发育大量富白云母花岗岩,无疑为后碰撞环境下的产物,岩石的一系列同位素年龄值显示其形成时代为中—晚侏罗世,说明测区北部在中—晚侏罗世以前存在一次板块俯冲作用。

测区北部的色热巴—碧尖勒亚带主体岩性为典型的岩浆混合成因,各项特征表明为巴尔巴林的"富钾钙碱性花岗岩类",该岩石形成于俯冲环境,同位素年龄显示其侵位时代为早白垩世中晚期,说明该时期存在板块俯冲作用。

(五)侵入岩与矿产的关系

测区与侵入岩有关的矿产较多,主要分布于南部的冈底斯杂岩带中,直接有关的矿种主要为铁、铜、铅、锌、银。

晚白垩世的边当岩体与铜、铅、锌多金属矿化有关,该矿化发育于岩体与二叠系灰岩的外接触带内或附近的断裂破碎带之中,伴生的蚀变有矽卡岩化、褐铁矿化、孔雀石化,矿床成因属矽卡岩型和热液型,岩体特点为规模小、深度浅,属钙碱性系列中性岩,与同类岩石相比 K_2O 较高,贫 Sr。始新世的控热—英日亚带与银、铅、锌、铁矿化有关,矿化发育于岩体与石炭—二叠系灰岩的外接触带内,矿化岩石为细晶灰岩和矽卡岩化大理岩,成因属矽卡岩型,复杂岩体中的末期侵入岩与矿化关系密切,含矿侵入岩的特点为 SiO_2 高、碱性程度较高、富 Rb、贫 Ba。始新世那郎木布岩体与铁、铅、锌矿化有关,矿化产于岩体与二叠系外接触带内,成因属矽卡岩型,该侵入岩属莱特的碱性岩,SiO_2 高达 76.4%,显著富 K,微量元素富 Rb、贫 Ba、Sr,岩石含白云母。

测区与侵入岩直接有关的矿化成因类型主要为矽卡岩型和热液型,与之有关的岩体一般为中小型,复杂岩体内的末期侵入岩与成矿关系最为密切,这些岩体的形成深度普遍较浅,具富 Rb、贫 Sr、贫 Ba 的特点,中性岩普遍富 K_2O,酸性岩普遍具高硅、高碱特征。

第二节 火山岩

测区火山岩广泛分布,出露面积约 6 500km^2,约占图幅总面积的 40%。为一套以爆发相、溢流相为主

的中性、中酸性、酸性火山岩系，出露层位有晚二叠世敌布错组、早白垩世则弄群、古—始新世林子宗群、上新世乌郁群等，其中以则弄群、林子宗群、乌郁群中最为发育，为本节讨论的重点。有些火山岩呈夹层产于地层中，如敌布错组的英安质岩层因其厚度小、变化大、分布有限，故未述及。

一、早白垩世则弄群火山岩

（一）火山地层

1. 概述

区内则弄群火山岩主要分布于尼玛县卓瓦—申扎县都布顶嘎—甲桑拉一带，平面上呈东西向延展的带状分布，长约120km，宽约20km，地表露头不连续，实际出露面积约1 100km^2。不整合覆盖于石炭系、二叠系地层之上，其上被始新世日贡拉组和第四系地层所覆盖。受东西向断层的控制和影响，厚度和岩性在空间上和时间上均有所变化，东部厚度相对较小，以溢流相熔岩为主，其岩性主要为安山岩和英安岩、流纹岩，中部厚度相对较大，也以溢流相熔岩为主，其岩性主要为（角砾）英安岩、流纹岩，东部厚度也较大，以爆发相的火山碎屑岩为主，其岩性主要为英安质、流纹质熔结凝灰岩、英安质角砾熔岩。自西由东火山活动由弱到强，岩性由中性向酸性演化。下部以岩浆的溢流为主，其岩性主要为英安岩、流纹岩，中部以爆发为主，英安质、流纹质火山碎屑岩发育，上部仍以喷溢为主，主要岩石类型有安山岩、英安岩、流纹岩，自下而上火山活动由强到弱，火山岩岩石组合为安山岩—英安岩—流纹岩，具弧火山岩组合特征。野外宏观观察结果表明，则弄群火山岩多呈层状、似层状产出，沉积夹层少见，表现为火山物质的正常堆积，地层结构为熔岩与火山碎屑岩的互层类型。

2. 火山喷发旋回

（1）韵律划分

则弄群的地层结构为熔岩与火山碎屑岩互层类型，物质成分、火山喷发方式、喷发强度的变化，均能反映其韵律特征。现以尼玛县昌翁—俄央剖面为例，介绍则弄群火山岩的韵律特征。

该剖面岩性主要由英安岩、流纹岩、角砾黑云母英安岩、含角砾黑云母流纹岩、英安质集块熔岩、英安质角砾熔岩和角闪英安质火山集块岩等组成。考虑到物质成分、岩石结构、火山活动方式、活动强度、熔结程度等多种因素，自下而上划分出5个韵律层，从流纹质开始到英安质结束，从强爆发开始到溢流结束，显示火山的物质成分由酸性向中酸性的演化规律（表3-22）和火山活动由强到弱的演化规律。

表3-22　昌翁—俄央剖面韵律划分表

韵律	厚度(m)	岩性	韵律结构特征	喷发强度
5	318.22	含角砾英安岩，英安质角砾熔岩，英安质复成分角砾熔岩	英安质角砾熔岩—英安岩	爆发—溢流
4	278.09	含角砾黑云母流纹岩，含角砾流纹岩，含角砾黑云母英安岩，角闪英安质火山集块岩	角闪英安集块岩—英安岩—流纹岩	爆发—溢流
3	42.69	复成分角砾英安岩，英安质集块熔岩	英安质集块熔岩—英安岩	爆发—溢流
2	91.1	黑云母英安岩，英安岩，流纹岩	流纹岩—英安岩	溢流
1	558	英安岩，含角砾英安岩，流纹岩，含角砾流纹岩，流纹岩	流纹岩—英安岩	溢流

韵律特征：① 流纹质—英安质岩石呈规律性出现，不同成分的岩石交替产出；② 英安质集块熔岩、英安质角砾熔岩等代表强烈爆发的岩石呈规律性产出，反映火山活动由强到弱的变化特征；③ 韵律结构类型：a. 流纹岩—英安岩；b. 火山碎屑岩—熔岩。

（2）旋回划分

根据对则弄群火山岩的地质接触关系、活动时限及火山岩岩石学特征、韵律特征等方面的综合研究，将测区内则弄群划分为一个旋回、两个亚旋回。下亚旋回厚554m，由2个流纹岩—英安岩的一元结构型韵律组成，火山岩的岩性由流纹岩向英安岩演化，岩石成分具反向演化的特征。上亚旋回厚639m，由3个英安质火山碎屑岩—英安岩—流纹岩的二元结构型韵律组成，岩石成分具正向演化的特征。

3. 火山活动时限

则弄群不整合覆盖于石炭系、二叠系地层之上，其形成时代应晚于二叠世。邻幅尼玛区幅则弄群的灰岩夹层中含圆笠虫化石，其时代为早白垩世。本次工作在阿央剖面则弄群下部流纹岩中取得全岩K-Ar同位素年龄为(83.35±1.33)Ma，前人在申亚乡南取得K-Ar同位素年龄为99Ma(西藏自治区地质局区域地质调查大队，1983)[3]。综合认为其时代应为早白垩世。据区域资料，向下可能跨晚侏罗世晚期。

(二)岩石类型及其基本特征

根据IUGS1999年发布的《火成岩石分类和命名方案》国家标准，区内则弄群火山岩划分为熔岩类、火山碎屑岩类等大类，并根据其成分、结构、构造特征进行细分，分述如下。

1. 熔岩类

区内则弄群中熔岩类较为发育，分布广泛，岩性以安山岩、英安岩、流纹岩为主，约占测区则弄群火山岩的45%。

(1)安山岩亚类

主要分布于尼玛县达觉莫、申扎县血弄等地的则弄群上部，由安山岩、黑云母安山岩、透辉石安山岩组成。

岩石呈灰绿色、暗灰色，斑状结构，块状构造，局部见气孔、杏仁构造，基质为玻璃交织结构、玻璃质结构。斑晶由斜长石、黑云母、透辉石组成。斜长石呈半自形板柱状，具聚片双晶，粒度约0.6mm×0.2mm～1.5mm×1mm，An=33～36(中长石)，含量约为10%；黑云母为褐色片状，大小为0.5mm×0.7mm，大部变成了绿泥石，含量小于5%；透辉石为柱状，大小为0.5mm×0.3mm～1.5mm×0.6mm，含量小于5%，气孔多呈椭圆状、不规则状，大小一般为4～6mm，被微粒石英、玉髓、绿泥石等充填、半充填形成杏仁。基质由玻璃质、斜长石、黑云母、透辉石组成。斜长石呈小板条状，大小为0.1～0.2mm，杂乱分布，在小板条之间分布着玻璃质。副矿物为磁铁矿等。

当岩石中的黑云母或透辉石的含量大于5%时，分别命名为黑云母安山岩和透辉石安山岩。

(2)英安岩亚类

区内则弄群中英安岩亚类分布比较广泛，由英安岩、角闪英安岩、黑云母英安岩、含角砾英安岩组成。

岩石呈浅灰、浅紫红、灰白色，斑状结构，块状构造，局部为流纹构造。基质具玻璃质结构、微晶结构。斑晶由斜长石、石英、角闪石、黑云母组成。斜长石呈半自形板柱状，大小为0.2～2mm，双晶多微有显示，个别清楚，An=24～26(更长石)，含量为10%～20%；石英呈熔蚀粒状，大小为0.3～1.5mm，裂纹发育，波状消光明显，含量为2%～10%；角闪石呈针柱状，大小为0.3～1.5mm，多被暗化，被绿泥石取代，含量一般为2%～5%；黑云母为片状，大小为0.4～1mm，具强烈淅铁现象，含量一般为2%～5%；钾长石零星可见，多为他形粒状的高温透长石。基质主要由斜长石、黑云母、微粒状长英矿物及玻璃质组成，玻璃质定向排列，形成流纹构造，脱玻化后被长英质矿物取代呈条带状分布。副矿物由磁铁矿等组成。

当岩石中的黑云母、角闪石含量大于5%时，分别命名为黑云母英安岩和角闪英安岩。

(3)流纹岩亚类

区内则弄群中流纹岩分布广泛，由流纹岩、黑云母流纹岩、含角砾流纹岩组成。

岩石呈灰白、紫红、灰紫色，斑状结构，块状构造、流纹构造，基质具玻璃质结构、似球粒结构。斑晶由斜长石、钾长石、石英、黑云母组成。斜长石呈半自形板柱状，大小为0.5～2mm，显聚片双晶，An=23～26(更长石)，含量为5%～15%，多发生轻微的绿帘石、黝帘石化；钾长石呈半自形板柱状，大小为0.5～2mm，含量为2%～10%；石英呈熔蚀粒状，大小为0.3～4mm，裂纹发育，波状消光明显，含量为2%～8%；黑云母为片状，大小为0.4～1.5mm，具强烈淅铁现象，变成绿泥石，含量为2%～5%。基质由玻璃质、隐晶质组成，玻璃质定向排列成流纹构造。脱玻化后被长英质矿物取代形成似球粒结构。副矿物由磁铁矿等组成。

当岩石中的黑云母含量大于5%时，命名为黑云母流纹岩。

2. 火山碎屑岩类

测区内则弄群火山碎屑岩发育，分布广泛，主要产于火山洼地、锥状火山、层状火山之中，由火山强烈爆发而成，根据其结构、构造特点、堆积环境及分布规律、胶结类型、成岩方式，按照火山碎屑岩的划分方案国家标准(1999)，可将区内则弄群的火山碎屑岩划分为碎屑熔岩、正常火山碎屑岩两大类。

(1)碎屑熔岩亚类

该类岩石区内则弄群中不发育。分布在火山通道附近或熔岩流的顶部，与熔岩呈渐变过渡关系。根据碎屑物的大小可分为集块熔岩、集块角砾熔岩和角砾熔岩。根据成分可分为英安质和流纹质火山碎屑岩，以英安质火山碎屑岩为主。

英安质集块熔岩：在则弄群中零星出露，仅在昌翁—俄央剖面上见到，其岩性为英安质集块熔岩，岩石呈浅灰色，碎屑物与胶结物成分相同，均为英安岩。集块成棱角状、次棱角状，个别为次圆状，大小一般为5cm×20cm，最大可达60cm，含量为30%～50%，表层多见一层不太明显的氧化薄膜，胶结物含量为50%～70%，具斑状结构，斑晶由斜长石、石英和少量的角闪石组成，在碎屑物周围定向排列显示流动构造，为爆发碎屑物被熔岩胶结而成。

英安质火山集块角砾熔岩：该类岩石在区内则弄群中分布较为零星，多与集块熔岩呈渐变过渡接触，其岩性特征除碎屑物较小外，其他特征与集块熔岩基本一致，在此不再赘述。

英安质火山角砾熔岩：区内则弄群中分布较少，出露于俄央山扎弄巴等地。岩石呈浅灰、灰白、灰紫色，角砾熔岩结构，块状构造。角砾和胶结物成分相同，多呈棱角状、次棱角状，大小一般为2～3cm，个别可达5cm，含量为50%～60%，杂乱分布，无定向排列。胶结物由熔岩组成，含量为40%～50%，具斑状结构，斑晶由斜长石、钾长石、石英、角闪石、黑云母组成，在碎屑物周围局部可见其定向排列显示流动构造，为爆发碎屑物被熔岩胶结而成。

(2)正常火山碎屑岩类

可分为熔结火山碎屑岩和普通火山碎屑岩两大类，二者在区内则弄群中均有分布，以熔结火山碎屑岩为主。

1) 熔结火山碎屑岩

熔结火山碎屑岩在区内则弄群中不太发育，岩石类型复杂。根据成分特征的不同可分为安山质、英安质和流纹质熔结火山碎屑岩；根据岩石中含碎屑物的种类和多少的不同可分为熔结角砾岩、熔结角砾晶屑凝灰岩、熔结岩屑凝灰岩和熔结凝灰岩等不同类型。现择主要的、常见的岩石类型简述如下。

安山质晶屑岩屑熔结凝灰岩：主要分布于测区东北角铃钦等地的则弄群下部，岩石呈浅灰、灰绿色，晶屑、岩屑熔结凝灰结构，块状构造，局部发育假流动构造，碎屑物含量一般在30%～60%之间，主要由岩屑、晶屑组成。晶屑由斜长石、透辉石、黑云母组成。斜长石晶屑呈棱角状，大小一般为0.2～1.9mm，个别显聚片双晶；透辉石晶屑呈柱粒状，大小为0.1～0.7mm；黑云母晶屑呈片状，大小为0.2～0.5mm。岩屑主要为安山岩，少量砂岩、泥岩，多呈棱角状、次棱角状，大小一般为0.3～1.8mm，个别大的可达4mm，形成角砾。胶结物为塑变浆屑和火山尘。

英安质岩屑晶屑熔结凝灰岩：主要分布于测区东北角的扎勒、嘎松多等地，岩石呈浅灰、灰褐色，岩屑、晶屑熔结凝灰结构，块状构造，发育假流动构造，新鲜面上往往不清楚，但在风化面上可见清楚而明显的塑变浆屑，具明显的定向性。碎屑物由晶屑、岩屑组成，含量在30%～50%之间。晶屑由斜长石、石英和黑云母组成，斜长石、石英均呈棱角状、次棱角状，大小为0.2～1.5mm，个别大的可达3mm；黑云母呈褐色片状，大小一般为0.3～0.6mm。岩屑主要为同源碎屑，零星可见灰、灰黑色砂岩、泥岩，多呈棱角状、次棱角状，大小一般为0.2～1.5mm，个别大的可达4mm，构成角砾。胶结物主要为玻屑和火山灰，属强熔结类型。

流纹质岩屑晶屑熔结凝灰岩：主要分布于测区东北角的甲桑拉、英地拉等地，岩石呈浅灰、灰白色，岩屑、晶屑熔结凝灰结构，块状构造，假流动构造。碎屑物由晶屑、岩屑组成，含量一般在30%～60%之间。

晶屑由斜长石、钾长石、石英组成，均呈棱角状，大小一般为0.05～1.7mm。斜长石已绢云母化，个别显聚片双晶，钾长石含量比斜长石少。岩屑主要为同源火山碎屑，大小一般为0.08～1.9mm，个别大的可达5mm，构成角砾，多呈棱角状、次棱角状。胶结物为塑变的玻屑和火山灰，其中浆屑含量约为30%～45%，镜下可见内部呈微晶状结构。该类岩石为强熔结类型。

2）普通火山碎屑岩

区内则弄群中相对发育，按照碎屑物的粒度大小可以划分为集块岩、火山角砾岩和凝灰岩。

A. 集块岩。区内则弄群中仅有零星分布，主要出露于昌翁、拉来乃嘎等地，根据碎屑物的成分可分为英安质集块岩和流纹质集块岩。现以英安质集块岩为例，介绍集块岩的特征。

岩石多呈灰、灰紫色，集块结构，碎屑物由英安岩、角闪英安岩组成，以英安岩为主，多呈棱角状、次棱角状，少部分呈次圆状，大小不一，一般为6～20cm，最大可达90cm以上，含量为50%～70%，粒径较小者为角砾；填隙物由晶屑、岩屑组成；胶结物主要由凝灰质及少量铁质组成，含量为20%～40%，胶结比较疏松，为压结成岩。

B. 火山角砾岩。区内则弄群中出露较少，与集块岩、凝灰岩共生，呈渐变接触关系。其岩性主要为流纹质火山角砾岩。

岩石呈灰白、浅灰色，角砾状结构，碎屑物主要为流纹质火山角砾，大小一般为2～5cm，大者可达10cm，形成集块，小的岩屑多呈棱角状、次棱角状、次圆状，含量在50%～70%之间，局部地方异源碎屑较多可变成复成分火山角砾，异源碎屑主要为砂岩、泥岩和灰岩；填隙物为晶屑和岩屑；胶结物由凝灰质及铁质组成，含量为30%～50%，为压结成岩。

C. 凝灰岩。区内则弄群中相对发育，主要分布于测区东南角阿昌、曲嘎等地，多数分布于离火山喷发中心较远的范围，呈层状及似层状产出，有时可见粗细粒度变化或晶屑、岩屑、角砾定向而显示的层理构造。根据成分特点可划分为安山质凝灰岩、英安质凝灰岩和流纹质凝灰岩；根据碎屑类型及含量的不同可以划分出角砾凝灰岩、角砾晶屑凝灰岩、岩屑晶屑凝灰岩、晶屑凝灰岩、凝灰岩等，现择其主要类型简述如下。

a. 英安质岩屑晶屑凝灰岩。岩石呈浅灰、青灰色，岩屑、晶屑凝灰结构，块状构造。岩屑的主要成分为英安岩，含量约为5%～15%，大小为0.05～1.9mm，个别大的可达4mm，形成角砾，多呈棱角状、次棱角状。晶屑由斜长石、石英、黑云母组成，含量约为10%～30%。晶屑斜长石、石英均呈棱角状，大小为0.2～1.9mm，斜长石有的显聚片双晶，An=24～27（更长石）；黑云母为褐色片状，大小一般为0.2～0.5mm。胶结物由火山灰组成，含量约为55%～85%之间，蚀变后被微粒长英质矿物取代，具压实固结成岩之特征。

b. 流纹质岩屑晶屑凝灰岩。岩石呈浅灰、灰白色，岩屑、晶屑凝灰结构，块状构造。岩屑主要为流纹岩，另外还有少量砂岩和泥岩，含量在5%～20%之间，多呈棱角状、次棱角状，微显定向排列。显示层理构造。晶屑由斜长石、钾长石、石英组成，含量在10%～30%之间，均呈棱角状、次棱角状，大小一般为0.5～2.5mm。胶结物由火山灰组成。

c. 英安质角砾岩屑凝灰岩。岩石呈浅灰、青灰色，角砾岩屑凝灰结构，块状构造。角砾或岩屑的成分主要为英安岩，另有少量砂岩、泥岩，含量在10%～30%之间，大小一般为0.05～1.9mm，为岩屑，少量大的可达275mm，形成角砾，多呈棱角状、次棱角状。胶结物为火山灰，含量为70%～90%。

d. 流纹质岩屑凝灰岩。岩石呈浅灰、灰白色，岩屑凝灰结构，块状构造。岩屑的主要成分为流纹岩，少量砂岩、泥岩，含量在10%～30%之间，多呈棱角状、次棱角状，大小一般为0.1～0.15mm，由于岩屑粗细的变化，微显层理。胶结物为火山灰，含量在70%～90%之间。

（三）火山岩岩石化学和地球化学

1. 岩石化学特征

则弄群火山岩的化学分析结果及它们相对应的标准矿物计算结果和各种参数见表3-23。

表 3-23　则弄群火山岩岩石化学成分、CIPW 标准矿物及相关参数

地层	序号	样号	岩石名称	化学成分(%)													
				SiO_2	TiO_2	Al_2O_3	FeO	Fe_2O_3	MnO	MgO	CaO	Na_2O	K_2O	P_2O_5	H_2O^-	CO_2	总量
则弄群	1	2025/1-1	流纹岩	75.27	0.17	12.84	0.58	1.04	0.03	0.44	0.47	2.99	4.63	0.03	1.20	0.04	99.73
	2	2026/20-1	流纹岩	66.02	0.52	15.2	1.88	2.23	0.06	1.73	3.88	3.26	3.17	0.11	1.71	0.60	100.37
	3	2026/25-2	含角砾英安岩	65.27	0.60	16.59	1.42	2.36	0.09	1.05	1.75	5.27	3.19	0.14	1.52	0.49	99.74
	4	2026/19-1	含角砾黑云英安岩	65.37	0.59	15.19	2.35	1.95	0.09	1.57	2.84	3.58	3.42	0.15	1.59	1.09	99.42
流纹质岩石均值				70.65	0.35	14.02	1.23	1.64	0.05	1.09	2.18	3.13	3.9	0.07	1.46	0.32	
英安质岩平均值				65.32	0.6	15.89	1.89	2.16	0.09	1.31	2.3	4.43	3.31	0.15	1.56	0.79	

地层	序号	样号	CIPW 标准矿物 (%)										相关参数							
			il	ap	mt	or	ab	an	c	di	hy	q	σ	AR	DI	τ	SI	Alk	Al/CNK	Na/K
则弄群	1	2025/1-1	0.32	0.07	1.29	27.35	25.3	2.14	2.13		1.46	38.43	1.799	2.63	91.08	57.94	4.55	7.62	1.19	0.65
	2	2026/20-1	0.99	0.25	2.9	18.73	27.58	15.55	0.70		5.75	24.98	1.796	2.07	71.29	22.96	14.13	6.43	1.03	1.03
	3	2026/25-2	1.14	0.32	2.88	18.85	44.59	7.77	1.62		3.46	17.10	3.214	2.71	80.53	18.87	8.13	8.46	1.08	1.65
	4	2026/19-1	1.12	0.35	2.83	20.21	30.29	13.11	0.79		5.81	22.6	2.19	2.27	73.09	19.68	12.2	7.00	1.03	1.05

(1)岩石化学分类

在李兆鼐等(1984)的火山岩硅-碱图解(图 3-96)上,则弄群火山岩投点落入Ⅰ、Ⅱ和Ⅲb 区,对照李兆鼐的基本类型图解后可知,落入Ⅰ区的应为流纹岩,落入Ⅱ区的为英安岩,落入Ⅲb 区的为石英安粗岩。

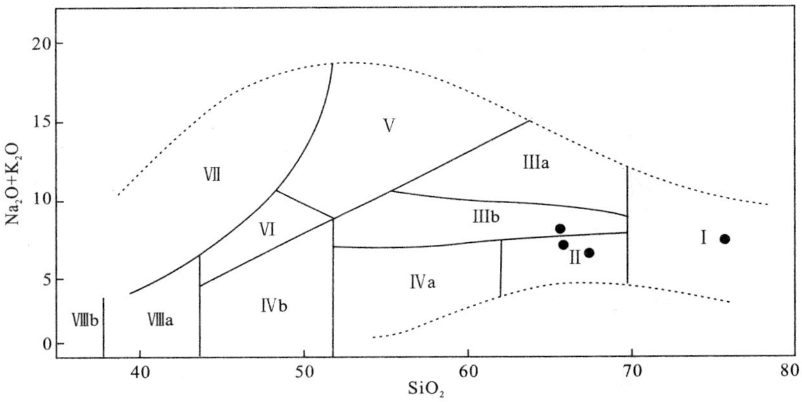

图 3-96　则弄群火山岩化学定量分类图解(基本大类名称)

(李兆鼐等,1984)

Ⅰ. 流纹岩类;Ⅱ. 英安岩类;Ⅲa. 粗面岩类;Ⅲb. 安粗岩类;Ⅳa. 安山岩类;Ⅳb. 玄武岩和碱性玄武岩类;Ⅴ. 响岩类;Ⅵ. 碱玄岩类;Ⅶ. 副长石岩类;Ⅷ. 超镁铁质岩类(点线为中国火山岩投影点的实际范围)

通过计算表明(表 3-23),则弄群火山岩的主要标准矿物为石英(q)、钾长石(or)、钠长石(ab)、钙长石(an)和少量的磁铁矿(mt)、钛铁矿(il)和磷灰石(ap),此外还出现了紫苏辉石(hy)、刚玉(c)。岩石类型为铝过饱和类型($Al_2O_3>CaO+K_2O+Na_2O$)。在 Q-A-P 分类图解(IUGS,1972)(图 3-97)中,区内则弄群火山岩投点落入 3b、4、9# 区,对应流纹岩、英安岩和石英粗安岩。

区内则弄群火山岩在 TAS 图解(Le Bas,等,1986;IUGS,1989)(图 3-98)上分别落入 T 区、O_3 区和 R 区,应属于英安岩、流纹岩和粗面英安岩,与前述硅-碱结果基本相同。

对落入 O_3 和 R 区的样品需运用硅-钾图解(Peceerillo,1976)进一步划分出高钾、中钾和低钾系列。投图结果表明,所有样品均落入到高钾英安岩及流纹岩系列(图 3-99)。

(2) 岩石系列划分

图 3-100 为则弄群火山岩硅(SiO_2)-碱(K_2O+Na_2O)成分(Irvine,1971)的投图结果,从图中可以看

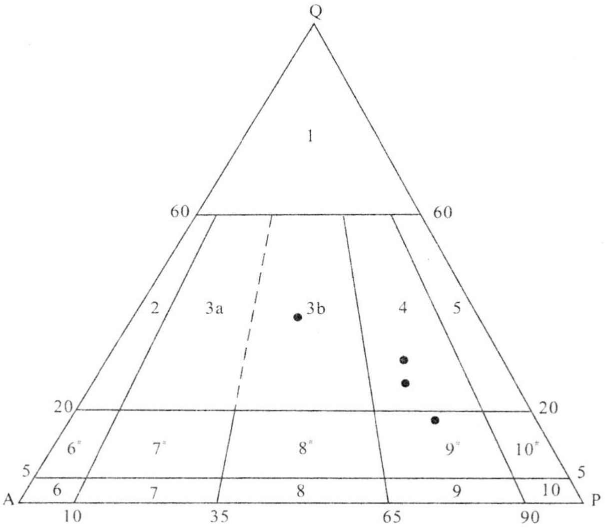

图 3-97　则弄群火山岩 Q-A-P 图

(IUGS,1972,1989)

1. 富石英流纹岩；2. 碱长流纹岩；3a、3b. 流纹岩；4、5. 英安岩；6⁼. 碱长石英粗面岩；7⁼. 石英粗面岩；8⁼. 石英安粗岩；9⁼. 石英粗安岩；10⁼. 石英安山岩；6. 碱长粗面岩；7. 粗面岩；8. 安粗岩；9. 粗安岩；10. 安山岩、玄武岩

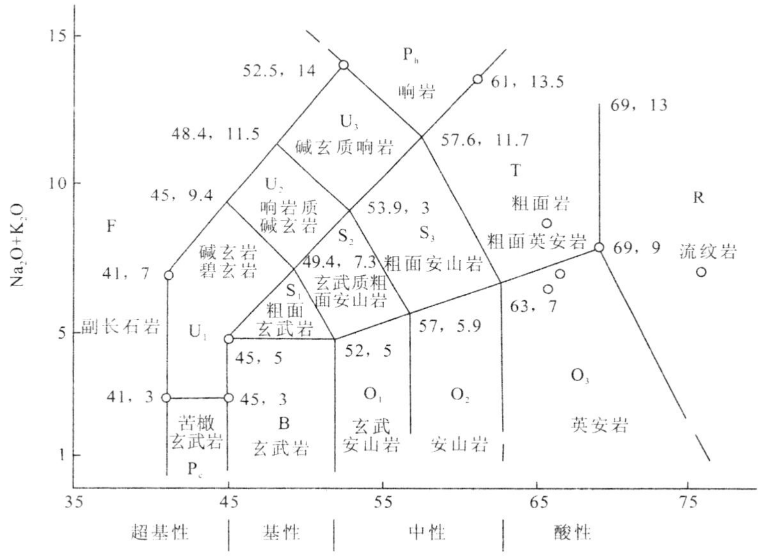

图 3-98　则弄群火山岩 TAS 图

(M. J. Le Bas 等,1986;IUGS,1989)

图中小圆圈为 Alk 和 SiO_2 坐标点,附有坐标值;O. SiO_2 过饱和;S. SiO_2 饱和;U. SiO_2 不饱和

出,则弄群火山岩属亚碱性系列。

对于亚碱性系列需要进一步划分出是拉斑玄武岩系列还是钙碱性系列。对于中酸性火山岩可以使用 A-F-M 图(Irvine,1971)来判断,如图 3-101 所示,所有的样品均落入到 C 区,说明则弄群火山岩属钙碱性系列。从区内则弄群从安山岩—英安岩—流纹岩的演化趋势来看也与钙碱性系列相符。

(3)岩石化学特征

区内则弄群英安岩的 SiO_2 含量为 65.32%,Na_2O+K_2O 为 7.74%,K_2O 与 Na_2O 大致相近,与中国(黎彤等,1962)和世界英安岩(LeMaitre,1976)的平均化学成分相比 K_2O、Na_2O 偏高,CaO、MgO 偏低,其他较为接近;流纹岩的 SiO_2 含量为 70.65%,Na_2O+K_2O 为 7.03%,K_2O 与 Na_2O 大致相近,与中国和世界流纹岩的平均化学成分相比 TiO_2、Al_2O_3、CaO、MgO 偏高,SiO_2、Fe_2O_3、FeO 偏低,其他较为接近。

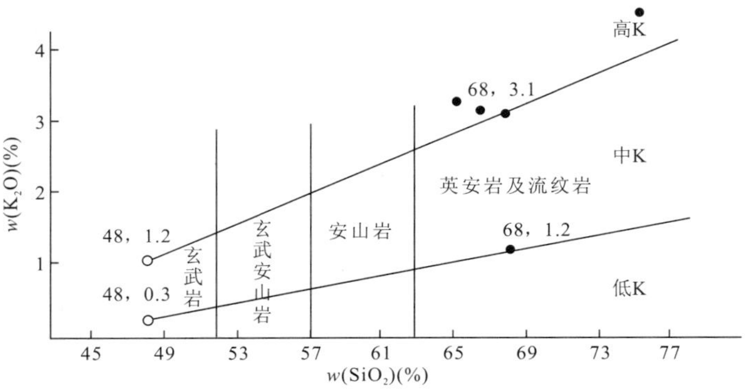

图 3-99 则弄群火山岩硅-钾图

（Pecerillo 等，1976；Ewart，1979；IUGS，1989）

图中 4 个点为 SiO_2 和 K_2O 含量的坐标点

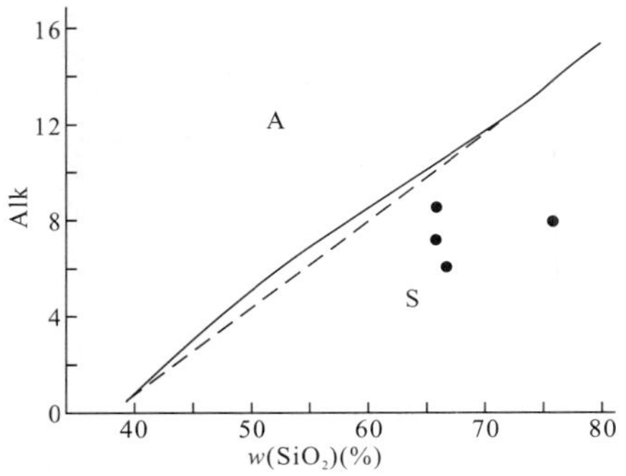

图 3-100 则弄群火山岩硅-碱图

（T. N. Irvine 等，1979）

A. 碱性系列；S. 亚碱性系列；实线为 Macdonakl (1968)；断线为 lrvine 等(1971)

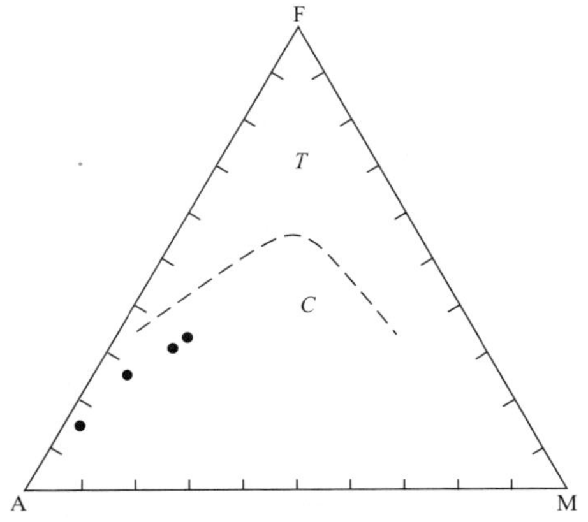

图 3-101 则弄群火山岩 A-F-M 图

（T. N. LrVine 等）

T. 拉斑玄武系列；C. 钙碱性系列

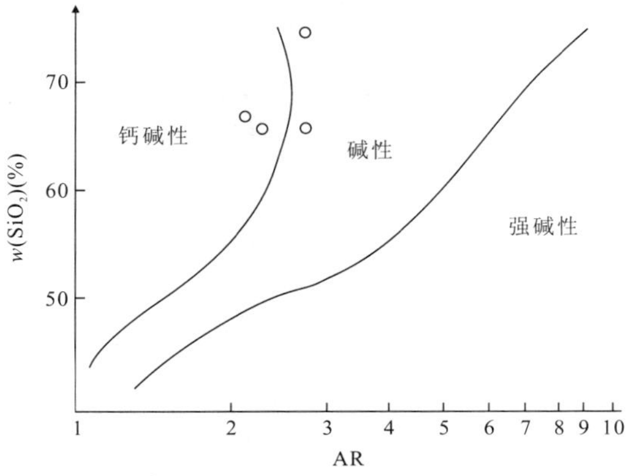

图 3-102 则弄群火山岩 AR-SiO_2 与碱度关系图

（J. B. Wright，1969）

则弄群火山岩的 σ 值为 1.796～3.214，变化范围不大，按照里特曼指数的二分法，属钙碱性系列。碱度率(AR)值为 2.07～2.63，通常用 SiO_2-AR 图解来确定岩石的碱性程度，研究岩系的演化。在图 3-102 上，则弄群火山岩样点位于碱性与钙碱性界线附近，表明则弄群火山岩为钙碱性火山岩且具有向碱性演化的特征。

测区内则弄群中英安岩的分异指数变化于 13.09～80.53，平均值为 76.81，流纹岩的分异指数变化于 71.29～91.08，平均值为 81.19。在分异指数(DI)-氧化物的变异图（图 3-103）上，测区则弄群火山岩随着分异指数(DI)的增加，SiO_2、Al_2O_3、Alk 也随之增加，TFeO 基本不变，CaO、MgO 降低，表明则弄群火山岩为正常的分离结晶作用的产物。

2. 地球化学特征

(1)稀土元素

稀土元素的分析结果及有关参数见表 3-24。从表中可以看出，测区内则弄群火山岩的稀土总量为 158.89×10^{-6}～189.16×10^{-6}，变化不大，$\delta Eu=0.54$～0.91，有轻度铕亏损；$\Sigma Ce/\Sigma Y$ 变化于 2.85～4.5 之间，$(La/Yb)_N$ 变化于 6.66～8.49 之间，表明稀土有轻度分异，轻稀土富集。稀土配分曲线如图 3-104，为右倾的平坦型。

(2)微量元素

微量元素分析结果及有关参数见表 3-25。

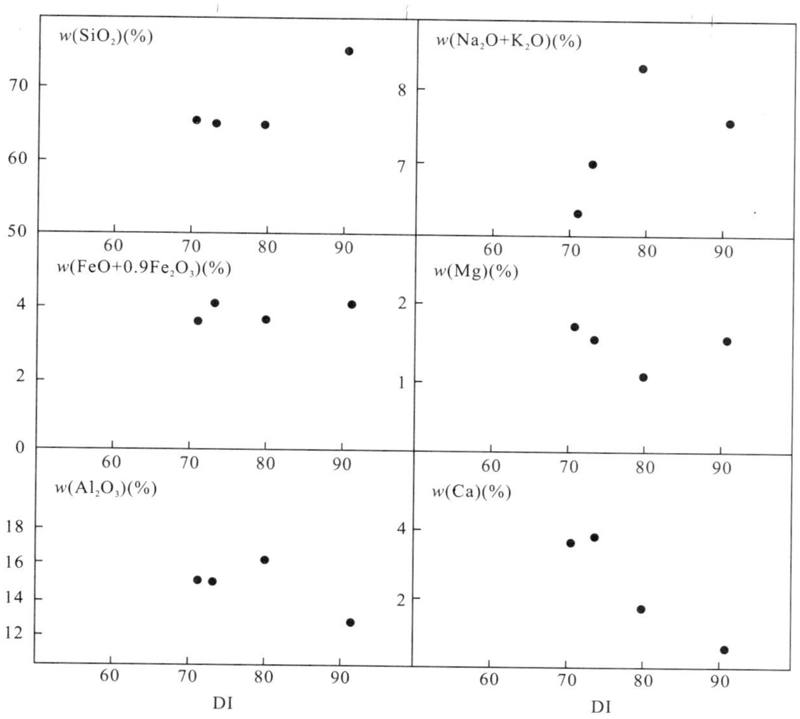

图 3－103　则弄群火山岩氧化物－DI 图

表 3－24　则弄群火山岩的稀土元素含量及相关参数一览表

地层	样号	岩石稀土元素含量(×10⁻⁶)																相关参数		
		La	Ce	Pr	Nd	Sm	Eu	Gd	Tb	Dy	Ho	Er	Tm	Yb	Lu	Y	ΣREE	ΣCe/ΣY	δEu	$(La/Yb)_N$
则弄群	2025/1-1	26.43	94.74	6.72	21.9	4.29	0.73	3.75	0.6	3.72	0.75	2.23	0.37	2.57	0.38	19.99	189.16	4.5	0.54	6.9
	2026/20-1	27.04	61.28	6.95	23.09	4.45	1.17	4.14	0.64	3.69	0.72	2.02	0.33	2.15	0.33	20.89	158.89	3.55	0.82	8.49
	2026/25-2	26.58	52.92	7.19	24.72	5.03	1.5	4.9	0.75	4.43	0.88	2.47	0.40	2.69	0.41	24.04	159.31	2.85	0.91	6.66
	2026/19-1	30.03	66.62	7.02	23.54	4.51	1.14	4.38	0.67	3.99	0.79	2.28	0.36	2.48	0.36	22.51	170.68	3.51	0.77	8.16

表 3－25　则弄群火山岩的微量元素含量及相关参数一览表

地层	样号	微量元素含量(×10⁻⁶)													相关参数		
		Nb	Sc	Ga	Zr	Th	Sr	Ba	V	Co	Cr	Ni	Rb	Ta	Hf	Rb/Sr	Ba/Sr	Zr/Hf
则弄群	2025/1-1	13.2	4.7	18.4	147	28.3	104	1178	14.8	26.0	27.7	11.7	165.5	2.4	5.7	1.59	11.33	25.79
	2026/20-1	11.7	10.9	19.3	179	19.4	213	558	75.0	17.1	28.0	15.4	143	1.6	5.7	0.67	2.62	31.4
	2026/25-1	14.2	12.5	21.8	248	16.1	249	660	53.6	10.1	8.5	11.1	123.8	3.0	7.6	0.50	2.65	32.67
	2026/19-1	12.1	11.6	20.9	176	19.1	226	685	81.6	13.2	16.3	11.0	141.5	1.5	6.7	0.62	3.03	26.27

从表 3－22 中可以看出，区内则弄群火山岩的微量元素含量与黎彤地壳的元素丰度值相比，Ga、Th、Zr、Ba、Cr、Ni、Rb、Ta、Hf 相对富集，Nb、Sc、Sr、V、Co 相对较低。与花岗岩维氏值(Виноградов，1962)相比，Sc、Th、V、Hf 富集，Ga 较为接近，其他偏低。Sr 的主要载体为斜长石，随着岩浆的演化，Sr 明显减小，Rb/Sr(0.5～1.59)增大，岩浆分离结晶特征明显。Ba/Sr、Zr/Hf 随着岩浆的演化，其比值应变小。从表 3－22 可以看出，二者变化不明显，说明有混染作用。

区内则弄群火山岩的微量元素含量蛛网图(图 3－105)与火山弧型钙碱性玄武岩类型相似，以明显富集 Sr、K、Rb、Th 并伴有 Ce 和 Sm 的富集为特征。Th 明显高出地壳丰度(5.8×10^{-6})和一般中酸性岩(7×10^{-6}～18×10^{-6})，这表明在岩浆活动过程中有壳层 Th 的参与并随岩浆的演化而富集。

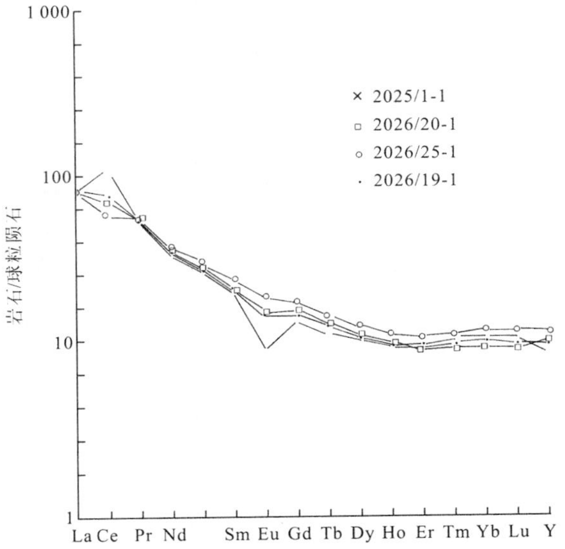

图 3-104　则弄群火山岩稀土元素配分曲线

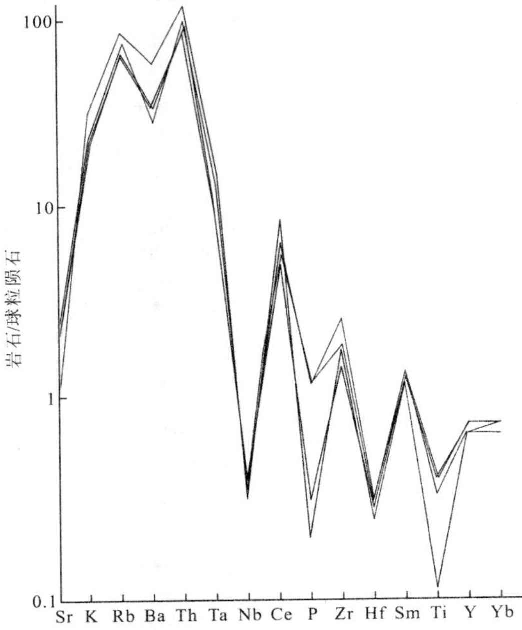

图 3-105　则弄群火山岩微量元素蛛网图

(四)火山构造及古火山机构

1. 火山岩相的划分及特征

按照地矿部 1987 年的《火山岩地区区域地质调查方法指南》(1∶5 万)的划分标准,将区内火山岩岩相分为爆发相、喷溢相、火山通道相 3 种基本岩相类型,在此基础上并在条件允许的情况下对火山岩相进行细分。区内则弄群的岩相分布不平衡,西部以喷溢相为主,东部以爆发相为主。

(1)爆发相

为区内则弄群的主要岩相之一,主要分布于测区东北角塞拉错和英地拉一带,熔结凝灰岩和与崩落堆积有关的火山角砾岩、火山集块岩等。

碎屑流堆积:包括密度流、涌流和灰流堆积,以前者为主。岩石中普遍含有压扁拉长的塑变浆屑和分布不均匀的火山角砾、集块等,塑变浆屑的长宽比多达 10 以上,假流动构造十分发育,有时可见流变褶皱状、纹层状,甚至交错层状,当有角砾集块时纹层状则绕过之。从角砾成分来看,均以同源火山岩为主,另有少量的异源角砾,多为刚性角砾,其成分多为砂岩、泥岩。角砾大小不一,棱角明显,在其周围常见浅色蚀变晕,说明其形成的温度较高。

崩落堆积:分布在火口附近,岩石类型为火山角砾岩、火山(角砾)集块岩及集块角砾熔结凝灰岩等。火山碎屑物较粗,所占比例较大,角砾、集块以同源火山岩为主,大小混杂,分选性差,棱角明显,胶结松散,无层理构造,多与晶屑凝灰岩等呈过渡关系。

(2)喷溢相

为则弄群的主要岩相之一,主要分布于测区北中部的几解乃嘎、日温一带。组成该岩相的岩石主要为安山岩、角闪英安岩、黑云母英安岩、英安岩、黑云母流纹岩和流纹岩等,其产状多为复式熔岩流,单式熔岩流次之。

熔岩流多围绕火山口呈环状、月牙状、舌状分布,有的相互交错或并列相互重叠产出。单个熔岩流规模一般较小,宽度从十几米到几公里,长可达几公里到几十公里,明显受古地形影响。安山质熔岩流中常常含有气孔和杏仁体,其拉伸和延展方向与岩流方向一致,一般喷发单层顶部气孔小而多,中部多而大,下部界于两者之间。英安质、流纹质熔岩流中流动构造发育,其延伸方向与流动方向一致,受古地形的影响,局部可见揉皱或涡流构造,其间普遍含有长石、石英斑晶,多显定向排列。在熔岩流的顶部或前锋往往出现同成分的自碎角砾熔岩。

(3)火山通道相

该相在区内则弄群火山岩中少见,位于火山喷发中心,仅在昌翁、英地拉、甲本等地见到。通道平面形态多为圆形、椭圆形,大小不一,大者可达几百平方米,小的数十平方米,剖面形态多为筒状,充填其中的岩石主要有熔岩和碎屑熔岩两种。熔岩构成的火山颈内的岩石呈致密块状,具明显的分带性,边部较细,局部为玻璃质,向中心逐渐变粗。角砾集块熔岩筒内碎屑成分复杂,以同源碎屑为主,另有少量的异源碎屑,形态不规则,无定向排列。

综上所述,区内则弄群火山岩以喷溢相和爆发相为主,火山通道相少见。岩相分布不平衡,西部以溢流相为主,东部以爆发相为主,根据这些特点我们推断,测区则弄群火山活动特点为西弱东强,活动频繁,堆积厚度大,这与岩浆自身的条件和区域构造条件有密切的关系。

2. 火山构造及火山机构

据地矿部区域地质矿产地质司(1987)的《火山岩地区区域地质调查方法指南》(1∶5 万)所推荐的划分方案,区内则弄群火山岩涉及到Ⅲ、Ⅳ、Ⅴ级火山构造,其中Ⅲ级火山构造指格仁错—卓尼乡火山喷发带;Ⅳ级火山构造指确登火山洼地和英地拉锥状火山群;Ⅴ级火山构造涉及到区内则弄群中的各类火山机构。

区内则弄群火山岩属格仁错—卓尼火山喷发带的一部分,分布于测区北部,尼玛县卓尼乡—申扎县都布顶嘎—碧尖勒一带,呈近东西向带状展布,长约 100km,宽约 20km,按火山机构的分布特征,火山机构类型、岩石组合、岩性特征,自西向东划分出 2 个Ⅳ级火山构造,分别为确登火山洼地和英地拉复式锥状火山群。

测区早白垩世的火山活动以中心式喷发为特征,参照《火山岩地区区域地质调查方法指南》(1∶5 万)中心式火山机构的划分方案,划分为穹状火山、破火山和锥状火山。

(1)确登火山洼地

确登火山洼地位于测区北部,尼玛县卓瓦乡—确登—申扎县的下过乡一带,区内出露大部,另一部分出露于 1∶25 万尼玛区幅。受北西、南东向两组断裂的控制,平面形态呈近东西向延伸的椭园形,长约 60km,宽约 20km,在地貌上构成一个四周高、中间低凹的椭圆形凹地。洼地四周石炭系、二叠系继续分布。洼地内岩性、岩相复杂,既有火山通道相、近火山通道相和远离火山通道相的火山物质,又有湖相沉积物的存在,其岩性既有安山岩、英安岩、流纹岩等熔岩,又有熔结集块岩、火山角砾岩和凝灰岩等火山碎屑岩,火山岩地层产状具围斜内倾的特征,从其地貌、边界断裂、岩相、岩层产状来看,均较好地反映了这一火山构造的特征。

1) 岩相特征

依据火山构造洼地南部昌翁—俄央剖面的地层层序及各层岩性(详见第二章地层部分)、火山产物在火山构造洼地内的空间分布及形成方式等,大体上可划分为早期的爆发-沉积相、爆发-喷溢相、喷溢相和晚期喷溢相、火山通道相、沉积相 6 个岩相带。

A. 早期爆发-沉积相。该相带只在洼地的西部有所出露,图区内未见火山岩,在北邻 1∶25 万尼玛区幅中可见到,区内主要为一套内陆河湖相沉积的紫红色砂岩,粉砂岩夹少量砾岩,覆盖于石炭系、二叠系之上。

B. 早期喷溢相。该相带主要分布于洼地西部及南北两侧的最外部,以喷溢为主,从昌翁俄央剖面来看,其岩性主要为(含角砾)流纹岩、英安岩,并由这两种岩性组成喷发韵律,每种岩性都为多次喷溢的产物,其表现特征为每次溢流在地貌都形成一个小陡坎,且具有“绿底”、“红顶”之特征。

C. 爆发-喷溢相。该相带分布于外带的内侧,呈半环状分布,从昌翁—俄央剖面来看,其岩性主要为英安质集块岩、英安质角砾熔岩、含角砾英安岩、含角砾流纹岩,由火山碎屑岩与熔岩组成喷发韵律。

D. 喷溢相。该相带主要分布于洼地内侧,主要由安山岩、英安岩、流纹岩组成。

E. 沉积相。该相带分布于火洼地的内侧,为一套内陆湖泊沉积的浅红色砂岩、粉灰岩。具层状构造。

F. 火山通道相。洼地内火山通道相不发育,仅在甲本、昌翁等地可见,分布于洼地边部,应为寄生火山通道，平面上呈椭圆状，出露面积约几百平方米，其岩性主要为英安质集块熔岩、角砾集块熔岩、角砾或集块碎屑物，以同源火山碎屑为主，呈棱角状、次棱角状，大小混杂，无定向排列。

2）围斜产状特征

火山构造洼地内，火山岩层产状向内倾斜，呈围斜特征，边部产状较陡，倾角一般为20°～40°，向内岩层相对平缓。

3）环状及放射状断裂

火山构造洼地内放射状和环状断裂发育，从其分布来看，主要围绕日温（高地名）和热马果沉积盆地分布，其表现形式主要为放射状水系和环状水系的发育。

从确登火山构造活动洼地内部的放射状断裂和环状断裂的分布、岩相分布特征综合分析，该洼地内有两个大的火山机构，其一是热马果破火山；其二是日温穹状火山。

从以上岩相、岩性及其分布特征来看，确登火山构造洼地的活动过程大致经历了下述4个阶段。①断陷-沉积阶段。进入早白垩世后，伴随着北西、南东向断裂活动的加剧，形成确登断陷盆地，在盆地边缘石炭系和二叠系地层之上沉积了一套内陆河湖相紫红色砂岩、泥岩夹少量砾岩。②喷发阶段。该阶段早期以岩浆的多次溢流为主，形成流纹岩、英安岩，岩浆大规模溢出后，残留在岩浆房中的熔浆挥发组分含量增高，产生猛烈的火山爆发，形成了英安质、流纹质火山碎屑岩，爆发作用后期，因熔浆内挥发组分大量溢出，内压降低，岩浆转为溢流形成英安岩、流纹岩。③破火山形成阶段。经过岩浆的多次强烈爆发、溢流之后，由于岩浆物质被大量抛出，岩浆房空虚，在上覆火山生成物的重力作用下，产生大规模塌陷，并形成了破火山口周围的放射状断裂或裂隙，使基底岩层及火山喷发物产状皆向内倾。热马果破火山即为此阶段的产物。④穹状火山的形成阶段。由于大规模的岩浆喷发和破火山口塌陷，剩下的岩浆处于压力—温度不平衡状态，岩浆发生对流，对流上升的蔓延及由起泡作用引起的扩展，形成穹状构造，然后火山物质沿隆起轴部发生喷溢作用，形成了下部为安山岩、上中部为英安岩、流纹岩夹少量流纹质火山碎屑岩的日温穹状火山。

火山爆发-喷溢结束后，经过长期剥蚀和后期构造影响，形成了现今确登火山构造洼地之面貌。

(2)英地拉锥状火山群

位于测区东北部尼玛县塞拉错—英地拉一带，平面形态为不规则带状，呈北西、南东向展布，出露面积约250km^2，出露岩性以火山碎屑岩为主，主要为英安质、流纹质角砾熔岩、岩屑晶屑熔结凝灰岩、（岩屑）熔结凝灰岩、角砾岩、岩屑晶屑凝灰岩、岩屑凝灰岩和安山质岩屑熔结凝灰岩、凝灰岩，其次为熔岩，主要有安山岩、英安岩、流纹岩。其岩相有爆发相、溢流相、火山通道相和少量喷发沉积相，已发现出露较好的火山机构只有一个，即英地拉火山，根据地貌、岩性、岩相特征应为复式锥状火山，现以英地拉复式锥状火山为例介绍英地拉复式锥状火山群中火山机构的特征，探索火山活动规律。

英地拉复式锥状火山位于测区的东北部，申扎乡下过乡东南约30km的英地拉一带，呈不规则的扇形分布，出露面积约50km^2，中央山峰高耸，南东和北东为石炭系、二叠系的基底地层，火山碎屑岩、熔岩环绕火山喷发中心呈扇形环状分布，由爆发-喷溢相、喷溢相、爆发相、火山通道相岩石组成。

爆发-溢流相：该岩相主要分布于英地拉复式火山锥的外围，构成第一环带，直接覆盖于石炭系的砂岩、泥岩之上。主要由溢流相的英安岩和爆发相的英安质熔结晶屑凝灰岩组成，二者互层产出。

溢流相：该岩相带主要分布于英地拉复式火山锥外围，构成第二个环带，以复式熔岩流为主，由安山岩、英安岩、流纹岩组成，以安山岩、英安岩为主。

爆发相：该岩相带分布于火山机构内侧，构成第三个环带，产状外倾，倾角在40°～60°之间，由流纹质晶屑岩屑凝灰岩与英安质角砾熔结凝灰岩、英安质晶屑岩屑熔结凝灰岩与中酸性凝灰岩互层同英安质角砾熔结凝灰岩交替出现组成。

火山通道相：平面上呈圆状，直径约300m，充填其中的岩石为角砾集块熔岩，胶结物为浅灰色，角砾集块成分复杂，既有安山质、英安质、流纹质等同源碎屑，也有砂岩、灰岩等异源碎屑，大小一般为5～20cm，个别大的可达70cm，小的2mm，多呈棱角状、次棱角状，部分呈次圆状，个别为浑圆状，大小混杂，无序排列，胶结物为流纹岩。

从以上岩性、岩相特征可以看出，英地拉复式锥状火山的火山活动过程大致经历了下述3个阶段。

①爆发-溢流阶段。英地拉复式锥状火山以强爆发开始，形成英安质集块岩、角砾集块岩、晶屑熔结凝灰岩，爆发作用后期，因熔浆由挥发组分大量溢出，内压降低，转化为溢流，形成英安岩、流纹岩，这种爆发、喷溢经过多次转化。② 溢流阶段。经过多次爆发和短暂的溢流，熔浆内挥发组分含量较低，内压变小，表现为溢流，形成了安山岩、英安岩。③ 强爆发阶段。火山经过多次溢流之后，由于岩浆向酸性演化，挥发组分大量聚集，便产生了再次强烈爆发，大量的火山碎屑和炽热的火山灰流被抛出，形成了一套以英安质、流纹质为主的火山碎屑岩。强爆发之后，随着火山作用的减弱，能量的衰减，火山通道中碎屑物被熔岩胶结，形成角砾集块熔岩。

火山爆发-喷溢活动结束后，经过长期的剥蚀和后期构造影响，构成了英地拉复式锥状火山岩现今之面貌。

根据对区内则弄群中火山构造及火山机构岩性、岩相及活动历程的研究认为，区内则弄群火山岩受基底断裂控制，火山活动大致经历了 4 个阶段。早期为断裂-沉陷阶段，受北西、南东向断层的作用，形成确登断陷沉积盆地，在盆地边缘沉积了一套内陆河湖相砂、砾岩。随着断裂活动进一步加强，进入到火山活动的第二个阶段，即火山主要喷发阶段，该阶段早期以岩浆的溢流为主，形成了分布于火山构造洼地边部英安岩、流纹岩及少量火山碎屑岩。该阶段中期随着岩浆的大规模溢出，留在岩浆房中的熔浆，挥发组分含量增高，火山猛烈爆发，形成了火山碎屑岩，该阶段后期，由于熔浆内挥发组分大量溢出，内压降低，岩浆转为溢流，形成英安岩、流纹岩。经过岩浆的多次强烈爆发、喷溢作用之后，进入到该区则弄群火山活动的第三个阶段——破火山形成阶段。由于岩浆物质被大量抛出，岩浆房空虚，在上覆火山生成物的重力作用下，产生大规模塌陷，形成破火山口，在破火山口内沉积了现今看到的日贡拉组河湖相砂岩、粉砂岩、泥岩。由于大规模的岩浆喷发和火山塌陷，进入到区内则弄群火山活动的最后阶段，即穹状火山和锥状火山的形成阶段。大规模的岩浆喷发和破火山塌陷剩余的岩浆处于压力—温度不平衡状态，岩浆发生对流，对流上升的蔓延及由起泡作用引起的扩张，形成穹窿状构造，火山物质沿隆起轴部发生喷溢和爆发，形成了以安山岩、英安岩、流纹岩等熔岩为主夹少量火山碎屑岩的日温穹状火山和以火山碎屑岩为主的英地拉复式锥状火山群。

（五）火山活动的构造环境

将区内则弄群火山岩 σ、τ 取对数值投到图 3-106 中，样点均落入 B 区，即属造山带（或活动陆缘、闭合边缘的岛弧）的构造环境。

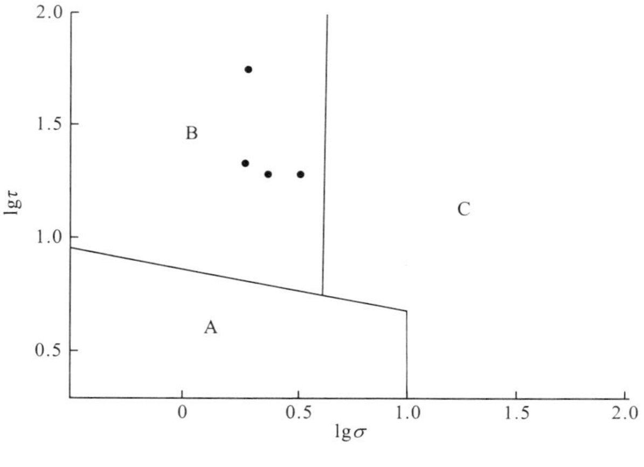

图 3-106　则弄群火山岩 lgτ-lgσ 图
（A. Rittmann，1970）

康迪（1986）利用稀土元素、微量元素来判断不同环境的长英质火山岩，图 3-107 为区内则弄群火山岩的投图结果，从中可以看出在 Yb-La/Yb 图上大部分点落入弧火山岩区，在 Zr-Hf 图解上大部分点落在弧火山岩及伸展盆地火山岩的复合部分，综合判断应属弧火山岩。

图 3-108 为区内则弄群火山岩 Rb-（Yb+Nb）和 Rb-（Yb+Ta）的判别结果（Pearce 等，1984），从图中可知，全部点落入 VAG 区，属火山弧构造环境。

区内则弄群火山岩以英安岩、流纹岩和相应的碎屑岩为主，岩石的 SiO_2 含量变化于 65.27%～75.27%，平均值为 68%，TFeO/MgO 为 2.24～3.4，K_2O/Na_2O 为 0.6～1.54，属钙碱性的中酸性岩系，岩石组合、地球化学特征与活动陆缘火山岩特征相似。

综上所述，区内则弄群火山岩的形成环境为火山弧构造环境。

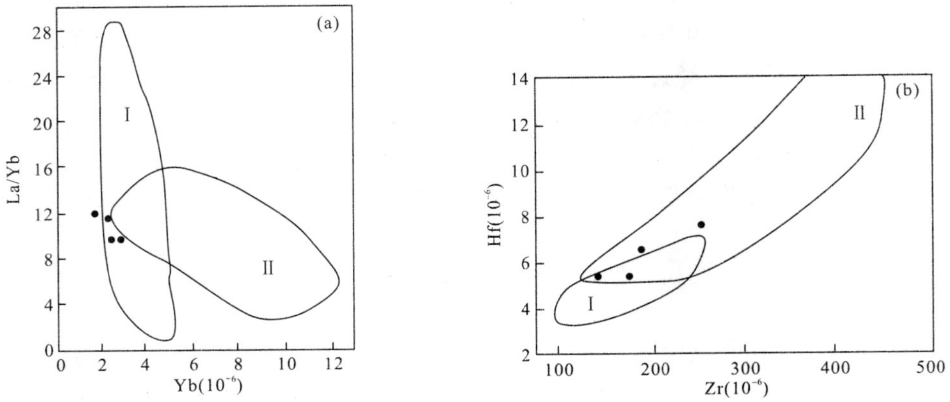

图 3-107　则弄群长英质火山岩的构造环境判别图

I. 弧火山岩；II. 伸展盆地（包括大陆壳内或在大陆附近的大陆裂谷和弧后盆地）火山岩

（据 Condie，1986）

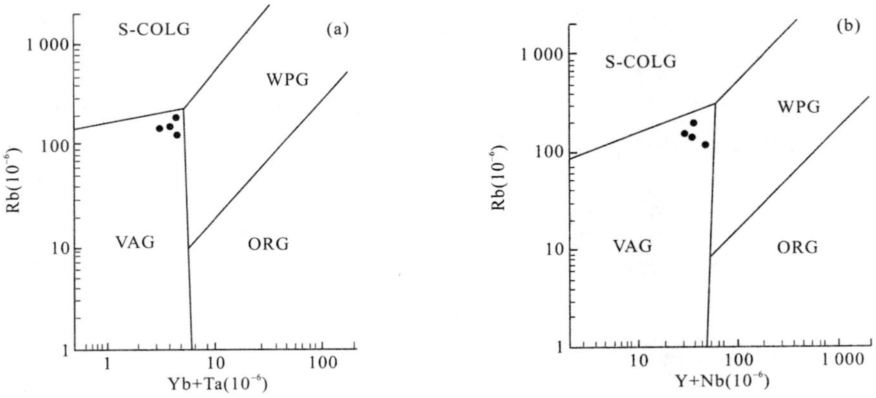

图 3-108　则弄群火山岩 Rb-(Yb+Ta)和 Rb-(Y+Nb)判别图

VAG. 火山弧花岗岩；WPG. 板内花岗岩；S-COLG. 同碰撞花岗岩；ORG. 洋中脊花岗岩；A-ORG. 异常洋中脊花岗岩

二、古—始新世林子宗群火山岩

（一）火山地层

1. 概述

林子宗群在测区内广泛分布，出露面积约 4 800km^2，不整合覆盖于石炭系、二叠系之上，其上被渐新统日贡拉组、上新统乌郁群及第四系覆盖。林子宗群火山岩为陆相火山喷发。东西方向上岩性及厚度变化不大，南北方向上变化较大，自北向南可分为 3 个带：北带位于吉瓦—桑脚—卢拉垓嘎一带，火山岩厚度较大，以酸性溢流相岩石为主，爆发相岩石次之；中带位于研夺—黑龙—沙波一带，火山厚度较小，主要为喷溢相的酸性岩石；南带位于湘多勒—青都一带，厚度较大，以爆发相的酸性岩石为主，溢流相的岩石次之，并以沉积夹层的相对发育为特征。从时间上看，下部以爆发相和溢流相的岩石互层为特征，主要岩石类型有英安质晶屑凝灰岩、流纹质含角砾晶屑凝灰岩、晶屑凝灰岩、安山岩、英安岩、流纹岩；中部以爆发相和沉积相的发育为特征，其岩石类型有火山角砾岩、英安岩或流纹质含角砾晶屑凝灰岩、英安质玻屑凝灰熔岩、含砾杂砂岩、杂砂岩、细砂岩；上部以爆发和溢流相的岩石为主，分为上、下二段，下段以火山碎屑岩为主，其岩石类型有英安质火山角砾岩、英安质晶屑玻屑凝灰岩、凝灰岩和流纹质晶屑凝灰熔岩；上段以熔岩为主，次为火山碎屑岩和沉积岩，其岩石类型有似球粒流纹岩、流纹质晶屑凝灰岩、硅质岩，自下而上火山活动具有由弱到强再到弱的演化特征。岩石组合为安山岩-英安岩-流纹岩，具有弧火山岩特征。野外宏观观察结果表明，林子宗群火山岩多呈层状、似层状产出，沉积夹层较少，表现为火山物质的正常堆积，地层结构主要为熔岩与火山碎屑岩互层类型。

2. 火山喷发旋回

(1)韵律划分

林子宗群的地层结构为熔岩与火山碎屑岩互层类型，火山喷发方式、喷发强度的周期性变化或喷发间断均能反映其韵律特征。现以昂仁县越玛各林子宗群剖面和申扎县唐久拉帕那组剖面为例，介绍林子宗群火山岩的韵律特征。

1）昂仁县越玛各林子宗群火山岩剖面的韵律划分及特征

A. 韵律划分。越玛各林子宗群剖面主要有英安岩、流纹岩、火山角砾岩、英安质、流纹质晶屑凝灰熔岩、晶屑凝灰岩、凝灰岩和含砾杂砂岩、杂砂岩、砂岩组成。根据火山活动方式、活动强度及具有间歇性的特点和岩石结构的变化自下而上划分出 11 个韵律(表 3-26)。

表 3-26 越玛各林子宗群剖面韵律划分表

旋回	亚旋回	韵律	厚度(m)	岩性	韵律结构特征	喷发强度
林子宗旋回	帕那亚旋回	11	209.26	流纹质晶屑凝灰熔岩；英安质火山角砾岩	火山角砾岩→晶屑凝灰熔岩	强爆发
		10	66.05	晶屑凝灰岩；英安质凝灰岩；晶屑玻屑凝灰岩；英安质凝灰岩；紫红色角砾状凝灰岩夹英安质凝灰岩；复成分角砾岩	复成分角砾岩→角砾凝灰岩→凝灰岩	强爆发
	年波亚旋回	9	31.66	含砾杂砂岩、杂砂岩、细砂岩互层；英安质晶屑凝灰岩；英安质玻屑凝灰岩	英安质晶屑凝灰岩→沉积岩	强爆发→沉积
		8	104.5	英安质玻屑凝灰熔岩；英安质凝灰岩；流纹质含角砾晶屑凝灰岩；火山角砾岩；英安质含角砾晶屑凝灰岩；流纹质含角砾晶屑凝灰岩	含角砾晶屑凝灰岩→凝灰岩→凝灰熔岩	强爆发→爆发
	典中亚旋回	7	68.84	流纹岩；流纹质晶屑凝灰岩	流纹质晶屑凝灰熔岩→流纹岩	强爆发→喷溢
		6	79.21	流纹岩；流纹质含角砾晶屑凝灰熔岩	流纹质含角砾晶屑凝灰熔岩→流纹岩	强爆发→喷溢
		5	69.1	英安岩；火山角砾岩	火山角砾岩→英安岩	强爆发→喷溢
		4	51.35	英安岩；含火山弹英安岩	含火山弹英安岩→英安岩	爆发→喷溢
		3	43.31	英安岩；英安质岩屑凝灰熔岩	英安质岩屑凝灰熔岩→英安岩	爆发→喷溢
		2	9.44	英安岩；英安质火山角砾岩	英安质火山角砾岩→英安岩	强爆发→喷溢
		1	2.01	英安岩；流纹质含角砾晶屑凝灰岩	流纹质含角砾晶屑凝灰岩→英安岩	强爆发→喷溢

B. 韵律特征。a. 火山角砾岩、含角砾火山碎屑熔岩等强爆发相的岩石呈规律性产出，反映火山活动由强到弱的特征。b. 杂砂岩、砂岩的产出，反映火山活动具有间歇性特征。c. 英安岩、流纹岩规律性产出，反映火山岩岩性由中酸性向酸性演化。

C. 韵律结构类型。a. 火山碎屑岩→熔岩；b. 火山碎屑岩→沉积岩；c. 粗火山碎屑岩→细火山碎屑岩。

2）唐久拉林子宗群帕那组韵律划分及特征

A. 韵律划分。唐久拉剖面其组成岩性主要为流纹岩、英安岩、流纹质晶屑凝灰岩、硅质岩。根据成分及间歇性喷发特征，自下而上划分为 5 个韵律(表 3-27)。

B. 韵律特征。a. 英安岩、流纹岩呈规律性交替产出；b. 火山碎屑岩与硅质岩呈规律性产出，反映了火山活动具有间歇性喷发的特征。

表 3-27　唐久拉林子宗群帕那组韵律划分表

旋回	亚旋回	韵律	厚度(m)	岩性	韵律结构特征	喷发强度
林子宗旋回	帕那亚旋回	5	39.51	硅质岩;流纹质晶屑凝灰岩	流纹质晶屑凝灰岩→硅质岩	强爆发→沉积
		4	51.81	硅质岩;流纹质晶屑凝灰岩	流纹质晶屑凝灰岩→硅质岩	强爆发→沉积
		3	460.53	流纹岩;英安岩	英安岩→流纹岩	溢流
		2	210.84	流纹岩;含角砾英安岩	含角砾英安岩→流纹岩	溢流
		1	360.5	似球粒流纹岩	似球粒流纹岩	溢流

C. 韵律结构类型。a. 似球粒流纹岩(未见下部英安岩);b.(含角砾)英安岩→流纹岩;c. 流纹质晶屑凝灰岩→硅质岩。

(2)旋回划分

通过对区内林子宗群火山地层剖面的岩石学特征、韵律特征、物质成分变化以及火山喷发方式、喷发强度等综合研究发现,林子宗群火山岩自下而上具有由英安岩向流纹岩演化的特征,火山活动具有由强爆发—溢流—间歇性喷发演变规律,据此将林子宗群火山活动划分为一个完整的喷发旋回。根据火山活动方式,喷发强度和沉积岩的发育特征划分为 3 个亚旋回,这 3 个亚旋回基本上与林子宗群中的 3 个组对应。典中亚旋回厚 323.3m,由 7 个火山碎屑岩-熔岩二元结构型韵律组成,自下而上韵律层逐渐变厚,且具有由英安岩向流纹岩变化的演化特征和由爆发相的火山碎屑岩向溢流相熔岩演化的特征,反映火山活动由强到弱的特征;年波亚旋回厚 136.2m,由 2 个火山碎屑岩—沉积岩(凝灰熔岩)二元结构型韵律组成,火山岩的岩石结构变细且具有由正常火山碎屑岩类向火山碎屑熔岩类或沉积岩演化的特征,反映火山活动由强到弱的变化规律,物质成分由流纹质向英安质演化,具反向演化特征;帕那旋回厚 1 398.5m,由 2 个火山角砾岩—凝灰岩(或凝灰熔岩)组成的一元结构型韵律及 2 个流纹质晶屑凝灰岩-硅质岩组成的二元结构型韵律组成,自下而上,由火山碎屑岩向熔岩-火山碎屑岩-沉积岩互层演化,反映火山活动由强转弱、最后停止的演化过程,物质成分由英安质岩石向流纹质岩石变化,反映了岩石由中酸性向酸性演化的特征。

3. 火山活动时限

林子宗群不整合覆盖于石炭系、二叠系之上,其上被上新世乌郁群不整合覆盖。本次工作在越玛各剖面林子宗群下部取得全岩 K-Ar 同位素年龄值为 53.8Ma,在唐久拉剖面林子宗群帕那组取得全岩 K-Ar 同位素年龄值为 65.57Ma,结合区域上林子宗群火山岩的形成时代,应为古—始新世。

(二)岩石类型及基本特征

测区内林子宗群火山岩岩类齐全,可分为熔岩、火山碎屑岩、潜火山岩三大类,现按不同的岩石类型特征分述如下。

1. 熔岩类

该类岩石在区内林子宗群中比较发育,在林子宗群所含的 3 个组中均有出露。按照岩石化学成分分类,可分为安山岩、英安岩、流纹岩三大类,现按不同类型分述如下。

(1)安山岩亚类

该类岩石在区内林子宗群中出露较少,主要分布于尼玛县的下而马、昂仁县的确母拉、申扎县的昌穷等地,由安山岩、斜方辉石安山岩、角闪安山岩、黑云母安山岩及角砾斜方辉石安山岩组成。

岩石呈灰绿色、暗灰色,斑状结构,块状构造,局部见气孔、杏仁构造,基质为玻璃交织结构、玻璃质结构。斑晶由斜长石、黑云母、角闪石、斜方辉石组成,斜长石呈半自形板柱状,显聚片双晶,An=31~36(中长石),大小一般为 0.5mm×0.24mm~3mm×1.8mm,含量变化于 5%~20%;黑云母多呈褐色片状,大小为 0.3~0.7mm,含量一般小于 5%;角闪石呈柱状,大小一般为 0.6mm×0.3mm~2mm×1mm,含量一般小于5%；斜方辉石呈柱状，C∧Ng=38°，大小一般为0.8mm×0.4mm～0.4mm×0.1mm，含量一般低于5%，此外，局部尚可见到少量的石英，呈熔蚀粒状，大小为0.3～0.5mm。气孔多呈椭圆状、不规则状，大小一般为4～6mm，被微粒石英、玉髓、绿泥石等充填、半充填形成杏仁体。基质由玻璃质、斜长石、黑云母、角闪石、斜方辉石等组成，斜长石呈小板条状，大小为0.1～0.5mm，杂乱分布，在小板条之间分布着玻璃质。副矿物主要为磁铁矿。

当岩石中的黑云母、角闪石、斜方辉石含量超过5%时，分别命名为黑云母安山岩、角闪安山岩和斜方辉石安山岩。

(2)英安岩亚类

区内林子宗群中英安岩亚类分布比较广泛，在林子宗群的3个组中均有出露，由英安岩、黑云母英安岩、角闪英安岩、含角砾英安岩组成。

岩石呈浅灰、灰紫、灰白色，斑状结构，块状构造，局部为流纹构造，基质具玻璃质结构、微晶结构。斑晶矿物由斜长石、石英、角闪石、黑云母组成，斜长石呈半自形板柱状，大小为0.4mm×0.2mm～2.5mm×1.2mm，聚片双晶多不清楚，含量为5%～10%；石英呈熔蚀粒状，大小为0.3～1.2mm，裂纹发育，含量小于8%；角闪石为柱粒状，大小为0.5mm×0.25mm～0.8mm×0.4mm，C∧Ng=20°，含量一般不超过5%；黑云母为褐色片状，大小为0.3～1.2mm，个别向绿泥石变化，含量一般小于5%，当大于5%时参加岩石命名；钾长石零星，多为他形粒状的高温透长石。基质由斜长石、黑云母、微粒状长英矿物及玻璃质组成。局部可见玻璃质流动形成的流纹构造，脱玻化后被长英矿物取代呈条带状分布。副矿物由白钛石、磁铁矿等组成。

(3)流纹岩亚类

区内林子宗群中流纹岩分布广泛，在林子宗群的每个组中均有出露，由流纹岩、黑云母流纹岩、石泡流纹岩、珍珠岩、含角砾流纹岩组成。

岩石呈灰白、紫红、灰紫色，斑状结构，块状构造、流纹构造。基质具玻璃质结构、似球粒结构。斑晶由斜长石、钾长石、石英、黑云母组成，斜长石呈半自形板柱状，粒径为1mm×0.3mm～2mm×1.2mm，含量为5%～15%；钾长石呈半自形板柱状，棱角状，粒径为1mm×0.7mm～2.5mm×2.5mm，个别显卡斯双晶，含量为3%～10%；石英呈熔蚀粒状，粒径为0.3～1.5mm，裂纹发育，含量为5%～15%；黑云母多呈褐色片状，片径为0.4～1.7mm，含量一般较少，当含量大于5%时参加岩石命名，为黑云母流纹岩。基质由玻璃质、隐晶质组成，玻璃质定向排列形成流纹构造。隐晶质、霏细状长英质矿物组成球粒，当这种球粒无内部构造、单偏光下无明显界线的称为假球粒；当显同心层构造时构成石泡，石泡大小一般为0.8～6.5mm，层间空隙或核心多被次生石英充填。副矿物由磁铁矿、褐铁矿等组成。

2. 火山碎屑岩类

区内林子宗群中火山碎屑岩比较发育，类型齐全，既有向熔岩过渡的碎屑熔岩亚类，也有正常火山碎屑岩亚类和向沉积岩过渡的沉积火山碎屑岩和火山碎屑沉积岩亚类，其中以碎屑熔岩亚类和正常火山碎屑岩亚类最为发育，现分述如下。

(1)碎屑熔岩亚类

在区内林子宗群中此类岩石比较发育，按照成分特征的不同可分为英安质和流纹质火山碎屑熔岩；根据岩石含碎屑的大小和多少的不同可分为集块熔岩、集块角砾熔岩、角砾熔岩、晶屑岩屑凝灰熔岩、凝灰熔岩等，现择主要的简述如下。

① 英安质集块角砾熔岩。多分布于火山口附近，零星出露。岩石呈灰、紫灰色，集块角砾熔岩结构，集块、角砾多为英安岩，可见少量流纹岩、砂岩，偶尔可见花岗岩，大小一般为2～10cm，以4～5cm者居多，多呈棱角状、次棱角状，少部分呈次圆状或浑圆状，无分选性，大小混杂，含量一般为10%～30%，局部可达50%。基质为英安岩，斑状结构，斑晶由斜长石、黑云母和少量石英组成。在碎屑物周围定向排列显示流动构造，为爆发碎屑物被熔岩胶结而成。

② 流纹质集块角砾熔岩。在区内林子宗群中零星出露，多分布于火山口附近，岩石呈浅灰、灰白色，流纹质集块角砾熔岩结构。集块角砾主要为流纹岩，大小一般为3～15cm，以3～6cm者居多，多呈棱角

状、次棱角状，少部分呈次圆状或浑圆状，无分选性，大小混杂，胶结物为流纹岩，斑状结构；斑晶由斜长石、钾长石、黑云母和石英组成。

③ 英安质角砾熔岩。主要分布于火山口附近，尤其是测区东部的火山口附近最为常见。岩石呈浅灰、灰紫色，角砾熔岩结构、斑状结构，块状构造。角砾碎屑以英安岩为主，可见少量的砂岩、泥岩和灰岩，大小一般为1～4cm，小的因小于2mm而称岩屑，多呈棱角状、次棱角状，大小混杂，无分选性，含量一般为20%～40%；胶结物为英安岩，含量为60%～80%；斑晶由斜长石、黑云母和少量石英组成，在碎屑物周围定向排列显示流动构造，为爆发碎屑物被熔岩胶结而成。

④ 流纹质角砾熔岩。在区内北中部林子宗群帕那组中常见。岩石呈浅灰、灰白色，角砾熔岩结构，块状构造。角砾、碎屑以流纹岩为主，含量为30%～50%，多呈棱角状、次棱角状，大小混杂，无分选性，另外可见少量异源碎屑，多为砂岩、泥岩，多呈棱角状、次棱角状，局部富集形成复成分角砾熔岩；基质为流纹岩，斑晶由斜长石、钾长石、石英组成。

⑤ 英安质(含角砾)晶屑凝灰熔岩。主要分布于测区中部和东部。岩石呈浅灰、灰红、灰紫色，(角砾)晶屑凝灰熔岩结构，块状构造。碎屑物由晶屑、角砾和岩屑组成，含量一般为20%～50%。角砾和岩屑多为英安岩，少量英安岩、砂岩、泥岩、灰岩，含量为5%～15%，角砾大小为2～12mm，岩屑大小为0.1～1.8mm，多呈棱角状、次棱角状，局部呈定向排列；晶屑由斜长石、黑云母和石英组成，含量为15%～35%，斜长石、石英均呈棱角状，粒径为0.2～1.6mm，黑云母为褐色片状，片径为0.3～0.7m；基质为英安岩，含量为50%～80%，斑状结构，斑晶由斜长石、黑云母和少量石英组成。

⑥ 流纹质(含角砾)晶屑凝灰熔岩。主要分布于测区中部和东部。岩石呈浅灰、灰白、灰紫色，(角砾)晶屑凝灰熔岩结构，块状构造。碎屑物由晶屑、角砾和岩屑组成，含量一般为20%～50%。角砾和岩屑多为流纹岩，角砾大小为2～8mm，岩屑大小为0.2～1.8mm，多呈棱角状、次棱角状，局部呈定向排列；晶屑由斜长石、钾长石、黑云母和石英组成，长石、石英均呈棱角状，粒径为0.1～1.6mm，黑云母为褐色片状，片径为0.2～0.5mm。胶结物为流纹岩，含量为50%～80%，斑状结构，斑晶由斜长石、钾长石、黑云母和少量石英组成，基质为玻璃质。

(2)正常火山碎屑岩亚类

可分为熔结火山碎屑岩和普通火山碎屑岩两大类型。二者在区内林子宗群中均有大面积分布。

① 熔结火山碎屑岩。在区内林子宗群中熔结火山碎屑岩发育，主要分布于测区东南角青都、当扎松那一带。根据成分特征的不同可分为英安质和流纹质熔结火山碎屑岩；根据岩石含碎屑的种类和多少的不同分为熔结角砾晶屑凝灰岩、熔结晶屑凝灰岩和熔结凝灰岩等不同的类型，现择主要的、常见的岩石类型简述如下。

英安质(含角砾)晶屑熔结凝灰岩：岩石呈灰、深灰色，角砾晶屑熔结凝灰结构，块状构造、假流动构造。新鲜面上往往不清楚，但在风化面上可见清楚而明显的塑变浆屑，具明显的定向性。碎屑物由砾屑和晶屑组成，含量在30%～60%之间，砾屑成分复杂，主要由英安岩、流纹岩组成，另外还有少量的砂岩、泥岩和硅质岩，同源碎屑多呈拉长透镜状、椭圆状，大小一般为1mm×8mm，定向分布，构成假流动构造；异源碎屑多呈棱角状、次棱角状，大小一般为1～3mm。晶屑由斜长石、石英、黑云母组成，斜长石晶屑呈棱角状，大小为0.2～1.8mm，个别显聚片双晶An=23～27(更长石)；石英晶屑呈棱角状，裂纹发育，波状消光明显，大小一般为0.15～1.8mm；黑云母为褐色片状，大小一般为0.2～0.7mm。胶结物为火山灰和玻屑。

流纹质含角砾晶屑熔结凝灰岩：岩石呈灰、灰红色，角砾晶屑熔结凝灰结构，块状构造，发育假流动构造。除晶屑中钾长石含量比英安质含角砾晶屑熔结凝灰岩中的高外，其他特征与英安质含角砾晶屑熔结凝灰岩基本相同。

流纹质玻屑晶屑熔结凝灰岩：岩石呈浅灰、灰白色，玻屑玻晶屑熔结凝灰结构，块状构造、假流动构造。碎屑物由玻屑和晶屑组成，含量为10%～50%，玻屑大小一般为0.2～1.8mm，多呈镰刀状等不规则状；晶屑由斜长石、钾长石、石英组成，大小一般为0.1～1.5mm，多成棱角状、次棱角状。胶结物为塑变的玻屑和火山灰，该类岩石为强熔结类型。

② 普通火山碎屑岩。普通火山碎屑岩在区内林子宗群中比较发育，根据成分特征可分为英安质和流纹质火山碎屑岩；根据岩石中含碎屑物的种类和多少的不同可分为集块岩、集块角砾岩、角砾岩、角砾晶屑

岩屑凝灰岩、晶屑岩屑凝灰岩、晶屑凝灰岩、凝灰岩等不同类型，现择主要的、常见的岩石类型简述如下。

流纹质集块岩：在区内林子宗群中该类岩石不太发育，仅在寨弄黎、江古等地有所出露，多分布于火山喷发中心或火山口附近，为火山崩落堆积而成。岩石多呈灰白、灰紫、浅灰等色，集块结构。集块成分复杂，以流纹质岩石为主，另外可见到少量的英安质岩石、砂岩等，多呈棱角状、次棱角状、次圆状，大小不一，一般为 6～20cm，最大的可达 70cm 以上，混杂堆积，含量为 50%～80%，粒径较小者为角砾。胶结物主要由凝灰质及少量铁质组成，含量为 20%～50%，胶结比较疏松，为压结成岩。

流纹质集块角砾凝灰岩：在区内林子宗群中该类岩石不发育，仅在江古、日啊普曲等地见及，多分布于火山喷发中心或火山口附近，为火山崩落堆积而成。岩石多呈浅灰、灰白色，碎屑物成分复杂，以同源英安质、流纹质岩石为主，少量砂岩，大小变化较大，既有大于 6cm 的集块，也有 0.2～6cm 的角砾，含量为 10%～40%，局部火山角砾集中形成火山角砾岩。胶结物为火山灰，含量为 40%～90%，胶结疏松，为压结成岩。

英安质晶屑凝灰岩：该类岩石在测区内林子宗群中分布广泛，岩石呈浅灰、灰紫、灰白色，凝灰结构，块状构造。碎屑物由晶屑、玻屑、岩屑组成，含量一般为 30%～50%，以晶屑为主，晶屑由斜长石、石英、黑云母组成。晶屑斜长石、石英均呈棱角状，大小一般为 0.2～1.3mm，斜长石有的显聚片双晶，An＝24～27（更长石）；黑云母为片状，大小为 0.2～0.8mm。岩屑主要为英安岩、英安质凝灰岩等，少数可达到角砾级。胶结物为火山尘，含量为 50%～70%，脱玻化后被微粒长英矿物取代，具压实固结成岩之特征。

流纹质晶屑凝灰岩：该类岩石在区内林子宗群中分布广泛，岩石呈浅灰、灰紫、灰白色，晶屑凝灰结构，块状构造。碎屑物含量一般在 15%～60%之间，主要为晶屑和岩屑。晶屑由斜长石、钾长石、石英、黑云母组成，晶屑除黑云母为褐色片状外，其他均呈棱角状、次棱角状，大小一般为 0.1～1.8mm。岩屑以同源流纹质岩石为主，少量异源角砾，主要为砂岩、泥岩，大小一般为 0.3～1.5mm，呈棱角状、次棱角状。胶结物为火山灰和铁质，含量为 40%～85%，火山灰多发生脱玻化呈霏细状，并有少量绢云母产出。

英安质角砾凝灰岩：该类岩石主要分布于测区中部的桑脚、南部的荣热等地，产于年波组及帕那组中。岩石呈浅灰、灰白色，角砾凝灰结构，块状构造。碎屑物由角砾、岩屑及晶屑组成，含量约为 30%～50%，角砾主要为英安岩，含量一般为 10%～25%，大小一般为 1～3cm，个别大的可达 5cm，其次为硅质岩，含量一般为 5%～15%，大小一般为 0.2～1cm。无论英安岩角砾还是硅质岩角砾，均呈棱角状、次棱角状，个别呈浑圆状，略具定向排列。岩屑的成分与角砾成分相同，多呈棱角状、次棱角状，含量为 2%～5%，晶屑主要为斜长石，多呈棱角状，含量为 5%～10%。胶结物为火山灰和铁质，含量为 50%～70%。

3. 火山-沉积碎屑岩类

区内林子宗群火山—沉积碎屑岩类不发育，主要分布于测区南部的越玛各、岳波拉、拿弄拉等地，产于典中亚旋回与年波亚旋回之间，其岩石类型以沉积火山碎屑岩为主，火山碎屑沉积岩少见。

沉积火山碎屑岩中碎屑物以火山物质为主，根据火山碎屑物的大小、成分、含量可划分为如下几种类型。

沉火山集块角砾岩：仅在越玛各等地见及，岩石呈紫红、灰绿色，集块、角砾的成分复杂，以英安岩、流纹岩为主，另有少量砂岩、泥板岩、硅质岩，含量为 40%～60%，集块、角砾呈棱角状、次棱角状、次圆状，大小一般为 2～50mm，个别大的可达 150mm，不具分选性，混杂堆积。填隙物为火山细碎屑砂，胶结物为砂泥质。

沉流纹质火山角砾岩：该类岩石分布于越玛各、扎个江一带，岩石呈灰紫色，角砾状结构，碎屑物由火山角砾及凝灰岩屑组成，含量为 70%～90%。火山角砾与岩屑的岩性均为霏细岩，主要由霏细状的长英质矿物组成，多呈棱角、次棱角状，部分为次圆状，个别呈浑圆状，角砾大小一般为 2～30mm，凝灰岩屑为 0.4～1.9mm，角砾、岩屑杂乱分布。胶结物为铁质，含量为 10%～30%。

沉流纹质晶屑岩屑凝灰岩：该类岩石分布于越玛各、荣热等地年波组上部。岩石呈灰红色，沉晶屑岩屑凝灰结构，层状构造。碎屑物由晶屑、岩屑组成，含量为 80%～90%，晶屑由斜长石、钾长石、石英组成，含量为 20%～40%，多呈棱角状、次棱角状，大小为 0.1～1mm；岩屑为流纹岩，含量为 50%～60%，多呈次棱角状、次圆状。胶结物由硅质和铁质组成，含量为 10%～20%，硅质已重结晶为微粒石英。

火山碎屑沉积岩在区内林子宗群中不发育，仅在越玛各、荣热等地年波组顶部有所出露，其岩性有含砾杂砂岩、杂砂岩、细砂岩，由含砾杂砂岩、杂砂岩、细砂岩组成向上变细韵律。

（含砾）杂砂岩：岩石呈紫红色，中细粒砂状结构，层状构造。碎屑物由石英、斜长石、英安岩组成，含量为70%～85%，其中石英含量为50%～60%，长石为5%～15%，英安岩为20%～30%。碎屑物均呈棱角状、次棱角状，大小一般为0.15～0.5mm。局部英安岩碎屑变粗达2～4cm，且相对富集，形成含砾杂砂岩。胶结物为钙质和铁质，含量为15%～30%，钙质已变为晶粒方解石。

（三）火山岩岩石化学和地球化学

1. 岩石化学特征

表3-28列出了林子宗群火山岩的化学分析结果及它们相对应的标准矿物计算结果和各种参数，现根据这些资料对林子宗群火山岩的岩石化学特征进行探讨。

（1）岩石化学分类

在李兆鼐（1984）的硅-碱图（图3-109）上，测区内林子宗群火山岩绝大部分落入Ⅰ区，仅有1个落入Ⅳa区，对照李兆鼐的基本类型图解后可知，落入Ⅰ区的为碱长流纹岩、流纹岩，落入Ⅵa区的为安山岩。

通过CIPW标准矿物计算，测区内林子宗群火山岩的主要标准矿物为石英（q）、钾长石（or）、钠长石（ab）和钙长石（an），少量磁铁矿（mt）、钛铁矿（il）和磷灰石（ap），此外还出现了刚玉（c）、紫苏辉石（hy）和透辉石（di），岩石类型为正常类型（$CaO+Na_2O+K_2O>Al_2O_3+Na_2O$）和铝过饱和类型（$Al_2O_3>K_2O+Na_2O+CaO$），以前者为主。将CIPW标准矿物计算结果投入Q-A-P分类图中，测区内林子宗群火山岩主要落入3b区，主要对应流纹岩大类，其次落入1、2、4区，分别对应富石英流纹岩、碱长流纹岩和英安岩（图3-110）。

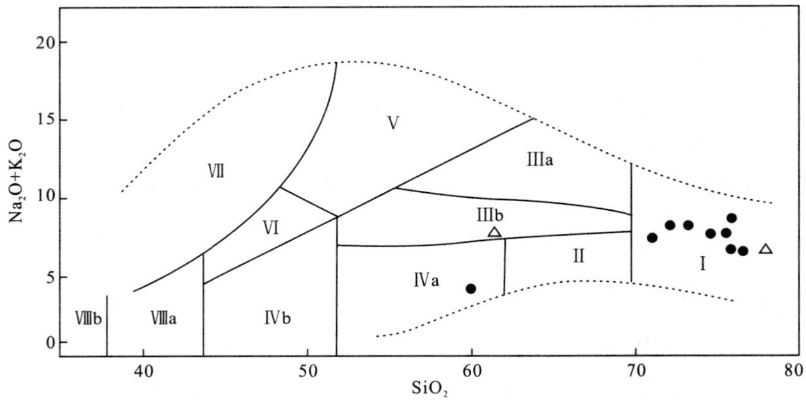

图3-109 林子宗群、乌郁群火山岩化学定量分类图解（基本大类名称）
（李兆鼐等，1984）
Ⅰ.流纹岩类；Ⅱ.英安岩类；Ⅲa.粗面岩类；Ⅲb.安粗岩类；Ⅳa.安山岩类；Ⅳb.玄武岩和碱性玄武岩类；V.响岩类；Ⅵ.碱玄岩类；Ⅶ.副长石岩类；Ⅷ.超镁铁质岩类（点线为中国火山岩投影点的实际范围）；●林子宗群；△乌郁群

测区内林子宗群火山岩在TAS图解（Le Bas等，1986；IUGS，1989）（图3-111）上主要落入R区，仅有1个样品落入O_2区，表明区内林子宗群火山岩主要属于流纹岩类型，落入O_2区的安山岩与前述硅-碱图上结果相同。

对于落入到TAS图中O_3和R区的样品需运用硅-钾图解进一步划分出高钾、中钾、低钾系列。在该图（图3-112）上，绝大部分样品落入高钾的流纹岩区，仅一个样品落入中钾的安山岩区，故测区内林子宗群火山岩应属高钾的流纹岩系列。

（2）岩石系列划分

区内林子宗群火山岩为中酸性的火成岩。图3-113为区内林子宗群火山岩硅（SiO_2）-碱（K_2O+

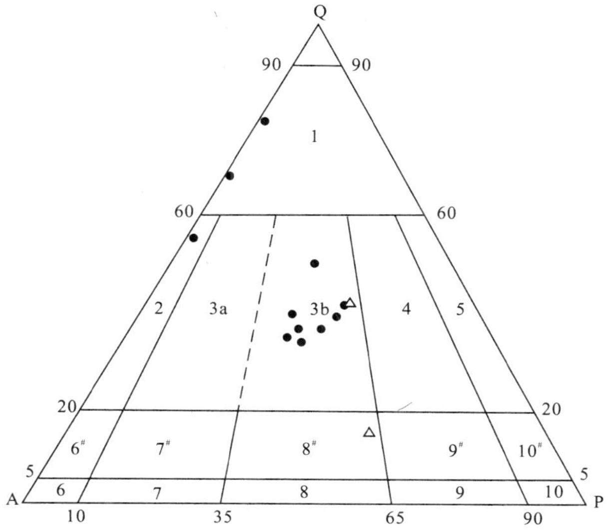

图 3-110 林子宗群、乌郁群火山岩 Q-A-P 图

(IUGS 1972,1989)

1. 富石英流纹岩;2. 碱长流纹岩;3a、3b. 流纹岩;4、5. 英安岩;6#. 碱长石英粗面岩;7#. 石英粗面岩;8#. 石英安粗岩;9#. 石英粗安岩;10#. 石英安山岩;6. 碱长粗面岩;7. 粗面岩;8. 安粗岩;9. 粗安岩;10. 安山岩、玄武岩;●林子宗群;△乌郁群

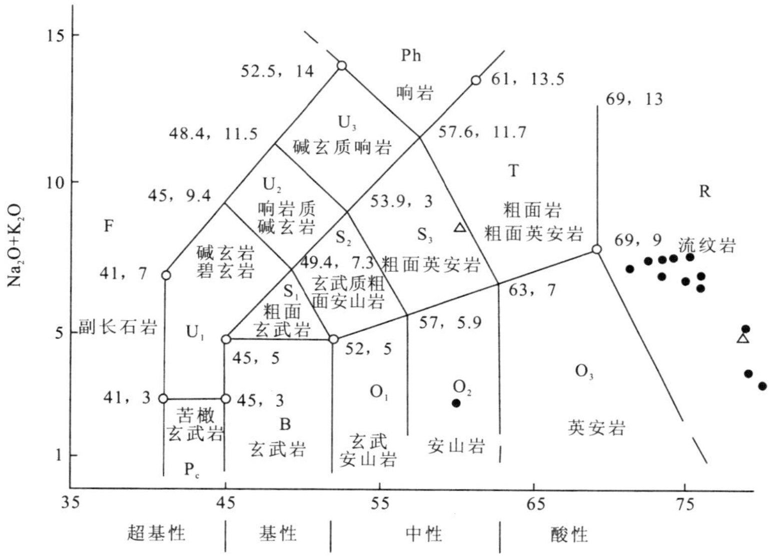

图 3-111 林子宗群、乌郁群火山岩 TAS 图

(M. J. Le Bas 等,1986;IUGS,1989)

图中小圆圈为 Alk、SiO_2 坐标点,附有坐标值;O. SiO_2 过饱和;S. SiO_2 饱和;U. SiO_2 不饱和;●林子宗群;△乌郁群

Na_2O)成分的投图结果,从图中可以看出,区内林子宗群火山岩属亚碱性系列。

对于亚碱性系列需要进一步划分出拉斑玄武岩系列、钙碱性系列,对于中酸性火山岩可以用 A-F-M 图来判别。如图 3-114 所示,区内林子宗群火山岩的所有样品均落入到 C 区,说明区内林子宗群火山岩属钙碱性系列。

(3)岩石化学特征

林子宗群各类火山岩的化学成分平均值见表 3-28。

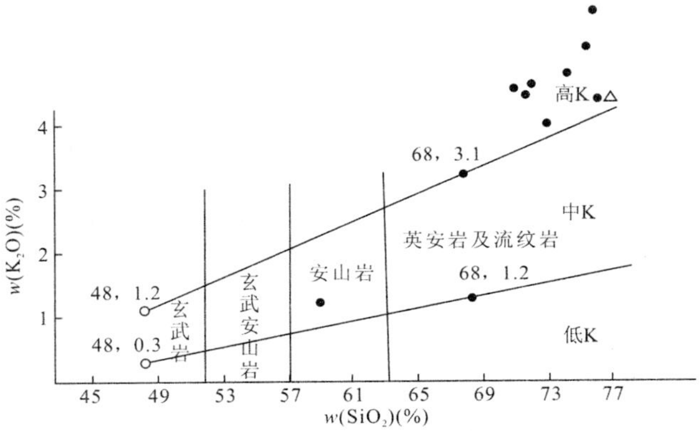

图 3-112　林子宗群、乌郁群火山岩硅-钾图

（Pecerillo 等，1978；Ewart，1979；IUGS，1989）

图中 4 个点为 SiO_2、K_2O 含量的坐标点；• 林子宗群；△乌郁群

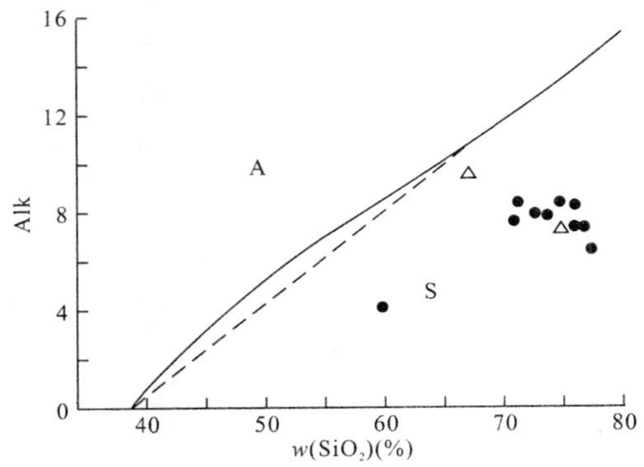

图 3-113　林子宗群、乌郁群火山岩硅-碱图

（T. N. Irvine 等，1971）

A. 碱性系列；S. 亚碱性系列；实线为 Macdonald(1968)；断线为 lrvine 等(1971)；• 林子宗群；△乌郁群

表 3-28　林子宗群、乌郁群火山岩岩石化学成分、CIPW 标准矿物及相关参数

地层		序号	样品号	岩石名称	岩石化学成分(%)													
					SiO_2	TiO_2	Al_2O_3	FeO	Fe_2O_3	MnO	MgO	CaO	Na_2O	K_2O	P_2O_5	H_2O^-	CO_2	总量
乌郁群		1	31091/1	英安岩	77.69	0.16	12.49	0.57	0.38	0.01	0.18	0.4	2.79	4.0	0.03	1.07	0.02	
乌郁群		2	1403/13-1	角闪安山岩	61.01	0.94	16.81	4.6	1.78	0.1	1.35	1.7	4.23	4.28	0.29	2.18	0.51	
林子宗群	帕那组	3	31657/1	流纹岩	76.68	0.27	12.45	0.37	1.12	0.01	0.29	0.34	2.55	4.17	0.06	1.45	0.02	
林子宗群	帕那组	4	31658/1	含角砾流纹岩	73.82	0.28	13.14	1.57	0.85	0.06	0.54	1.28	3.54	3.53	0.07	1.02	0.06	
林子宗群	帕那组	5	1402/1-1	似球粒流纹岩	81.34	0.05	11.90	0.32	0.27	0.02	0.16	0.11	0.06	3.21	0.03	1.30	0.26	
林子宗群	帕那组	6	1402/4-1	似球粒流纹岩	76.44	0.26	13.03	0.5	0.81	0.01	0.37	0.18	0.22	6.35	0.05	0.67	0.10	
林子宗群	帕那组	7	1402/9-1	流纹岩	80.62	0.16	10.83	0.53	0.79	0.01	0.22	0.19	0.43	4.27	0.03	1.61	0.14	
林子宗群	帕那组	8	32193/1	流纹岩	75.48	0.12	12.95	0.38	1.07	0.04	0.29	0.33	2.65	5.61	0.02	0.72	0.21	
林子宗群	帕那组	9	3425/15-1	流纹质晶屑凝灰熔岩	72.09	0.23	14.23	0.52	1.73	0.03	0.23	1.05	3.53	4.64	0.02	1.01	0.46	
林子宗群	帕那组	10	31199/1	英安岩	74.95	0.12	12.92	0.82	0.86	0.04	0.16	1.14	3.59	4.73	0.02	0.41	0.08	
林子宗群	帕那组	11	35125/1	安山岩	59.88	0.87	15.66	4.53	2.08	0.09	2.56	5.88	2.83	1.32	0.14	2.63	1.34	
林子宗群	典中组	12	3425/5-1	英安质晶屑凝灰熔岩	71.33	0.41	14.08	0.92	1.88	0.05	0.48	0.91	3.01	4.61	0.12	1.33	0.29	

地层		序号	样品号	CIPW 标准矿物(%)										相关参数							
				il	ap	mt	or	ab	an	c	di	hy	q	σ	AR	Di	τ	SI	Alk	Al/Nck	Na/k
乌郁群		1	31091/1	0.3	0.07	0.55	23.63	23.61	1.79	2.91		0.94	44.9	1.33	2.53	92.14	60.63	2.27	6.79	1.30	0.70
乌郁群		2	1403/13-1	1.78	0.67	2.58	25.29	35.79	6.54	2.82		8.97	12.64	1.04	2.68	73.71	37.71	8.31	8.51	1.21	0.99
林子宗群	帕那组	3	31657/1	0.51	0.14	1.14	24.64	21.58	1.30	3.26		0.87	44.84	1.34	2.33	91.05	36.67	3.43	6.72	1.34	0.61
林子宗群	帕那组	4	31658/1	0.53	0.16	1.23	20.85	29.95	5.89	1.33		3.18	35.54	1.62	2.92	86.35	34.29	5.38	7.07	1.10	1.00
林子宗群	帕那组	5	1402/1-1	0.09	0.02	0.39	18.96	0.51	0.48	8.15		0.72	68.13	0.28	1.75	87.6	236.8	3.98	3.27	3.16	0.02
林子宗群	帕那组	6	1402/4-1	0.49	0.07	1.01	37.52	1.86	0.70	5.54		1.04	49.96	1.29	2.98	89.34	49.27	4.49	6.57	1.72	0.03
林子宗群	帕那组	7	1402/9-1	0.3	0.07	0.97	25.23	3.64	0.75	5.22		0.92	60.97	0.59	2.49	8984	65.0	3.53	4.70	1.91	0.1
林子宗群	帕那组	8	32193/1	0.23	0.05	1.17	33.14	22.42	1.51	1.96		1.05	37.37	2.1	2.33	92.93	85.83	2.9	8.27	1.23	0.47
林子宗群	帕那组	9	3425/15-1	0.44	0.05	1.76	27.41	29.87	5.08	1.54		1.05	31.05	2.30	2.72	88.33	46.5	2.16	8.17	1.12	0.76
林子宗群	帕那组	10	31199/1	0.23	0.05	1.25	27.94	30.37	5.17		0.31	0.92	33.12	2.17	3.09	91.44	77.75	1.58	8.32	0.99	0.76
林子宗群	帕那组	11	35125/1	1.65	0.32	3.02	7.8	23.94	26.13		1.75	10.05	20.38	1.02	1.48	52.13	14.75	19.22	4.15	0.93	2.14
林子宗群	典中组	12	3425/5-1	0.78	0.28	2.15	27.24	25.47	3.73	3.17		1.74	33.62	2.05	2.28	86.32	27.98	4.40	7.62	1.25	0.65

由表可知，林子宗群火山岩的 SiO_2 含量变化于 59.88%～81.34%之间，K_2O+Na_2O 为 3.27%～8.32%；Na_2O/K_2O 为 0.93～3.16，Na_2O、K_2O 含量多数比较接近。CaO 为 0.11%～5.88%，具有随着 SiO_2 含量的增高而减少的特征。为了便于对比，将区内林子宗群各类火山岩的化学成分平均值列于表 3－29，特点简述如下。

表 3－29　林子宗群火山岩岩石化学成分平均值　w_B(%)

地层	岩石名称	岩石化学成分													样品数
		SiO_2	TiO_2	Al_2O_3	FeO	Fe_2O_3	MnO	MgO	CaO	Na_2O	K_2O	P_2O_5	H_2O^-	CO_2	
林子宗群	流纹岩	75.65	0.19	13.06	0.48	1.19	0.02	0.27	0.48	2.28	4.72	0.03	1.18	0.2	8
	英安岩	73.14	0.27	13.7	0.87	1.37	0.05	0.31	1.03	3.3	4.67	0.07	0.87	0.18	2
	安山岩	59.88	0.87	15.66	4.53	2.08	0.09	2.56	5.88	2.83	1.32	0.14	2.63	1.34	1

安山岩的 SiO_2 含量为 59.88%，K_2O+Na_2O 为 4.15%，$Na_2O>K_2O$。与中国安山岩的平均化学成分相比 SiO_2、FeO 含量较高，TiO_2、Na_2O 较为接近，其他偏低，与世界安山岩的平均化学成分相比，SiO_2 含量偏高，K_2O 较为接近，其他偏低。

英安岩的 SiO_2 含量为 73.14%，K_2O+Na_2O 为 7.97%，二者含量比较接近。与中国和世界英安岩的平均化学成分相比，SiO_2、K_2O 含量较高，Na_2O 较为接近，其他偏低。

流纹岩的 SiO_2 含量为 75.65%，K_2O+Na_2O 为 7%，$K_2O>Na_2O$。与中国和世界流纹岩的平均化学成分相比 SiO_2 含量较高，Al_2O_3、K_2O、Na_2O 较为接近，其他偏低。

区内林子宗群火山岩组合指数(σ)值为 0.28～2.17，变化范围不大，按照里特曼指数的二分法，属钙碱性系列。碱度率(AR)变化于 1.75～3.9，在图 3－115 上区内林子宗群火山岩均落在钙碱性、碱性的界线附近，表明区内林子宗群火山岩为钙碱性火山岩，且具有由钙碱性向碱性演化的特征。分异指数(DI)变化于 52.13～92.93，其中安山岩为 52.13；英安岩为 86.32～91.44，平均值为 88.88；流纹岩为 86.35～92.93，平均值为 89.42。从安山岩到英安岩、流纹岩 DI 值依次增大，反映区内林子宗群火山岩具明显岩浆分异作用特征。此外从表 3－25 可以看出，随着岩浆的演化，固结指数(SI)由大变小，也同样反映出林子宗群火山岩为岩浆分异结晶作用的产物。

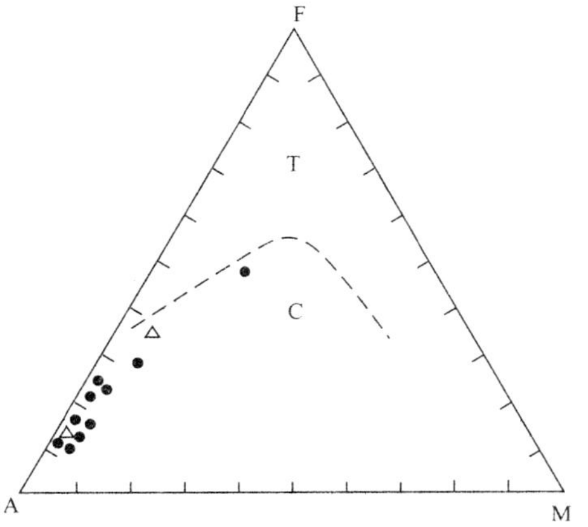

图 3－114　林子宗群、乌郁群火山岩 A－F－M 图

T. 拉斑玄武岩系列；C. 钙碱性系列；

●林子宗群；△乌郁群

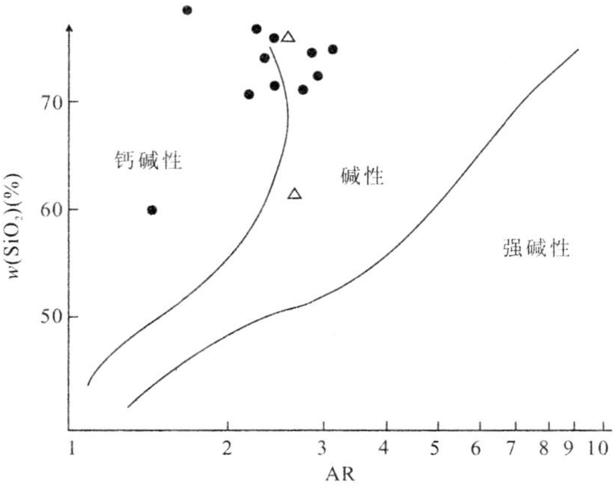

图 3－115　AR－SiO_2 与碱度关系图

(J. B. Wright, 1969)

●林子宗群；△乌郁群

在分异指数(DI)对氧化物的变异图(图 3－116)上，区内林子宗群火山岩的投点分布表明，随着 DI 值增大，SiO_2、K_2O+Na_2O 含量则增大，TFeO、Al_2O_3、MgO、CaO 含量变小，说明区内林子宗群火山岩为正常的分离结晶作用的产物，同化混染轻微。

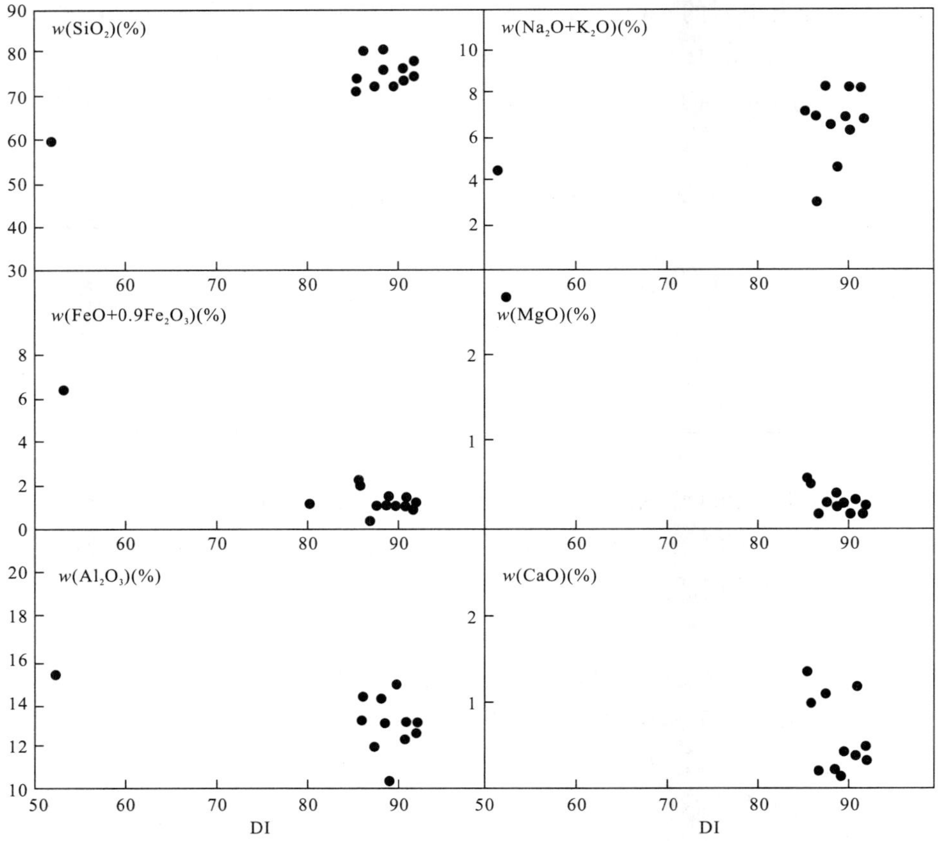

图 3-116　林子宗群火山岩氧化物-DI图解

2. 地球化学特征

(1)稀土元素

稀土元素的分析结果及有关参数见表 3-30。

表 3-30　林子宗群火山岩稀土元素分析结果及特征参数一览表

地层		序号	样品号	稀土元素含量(10^{-6})																特征参数		
				La	Ce	Pr	Nd	Sm	Eu	Gd	Tb	Dy	Ho	Er	Tm	Yb	Lu	Y	ΣREE	ΣCe/ΣY	δEu	$(La/Yb)_N$
乌郁群		1	31091/1	78.04	128	17.37	62.15	12.73	1.29	11.66	1.91	10.7	2.02	5.93	0.92	6.17	0.89	48.39	388.18	3.38	0.32	8.53
		2	1403/13-1	56.6	110.5	14.06	48.91	10.08	2.05	8.74	1.41	7.41	1.48	4.18	0.68	4.34	0.63	36.87	307.94	3.68	0.65	8.79
林子宗群	帕那组	3	31657/1	32.59	65.36	6.92	24.24	4.55	0.89	4.10	0.66	3.74	0.77	2.23	0.37	2.49	0.38	22.42	171.71	3.62	0.61	8.82
		4	31658/1	31.53	53.77	6.32	21.4	3.94	0.82	3.77	0.62	3.7	0.76	2.28	0.37	2.46	0.39	21.72	153.85	3.26	0.64	8.64
		5	1402/1-1	1.37	14.95	0.89	3.38	2.71	0.04	4.25	1.11	7.54	1.52	4.82	0.84	6.04	0.89	40.85	91.22	0.43	0.04	0.15
		6	1402/4-1	41.5	72.22	9.49	32.06	6.47	0.83	5.53	0.96	4.92	1.51	2.83	0.47	3.08	0.46	27.52	209.36	4.09	0.41	9.08
		7	1402/9-1	46.4	86.07	10.89	37.68	7.17	0.84	5.78	0.97	5.34	1.07	3.26	0.51	3.29	0.47	25.98	235.45	4.04	0.39	9.45
		8	32193/1	48.55	93.11	10.95	37.79	6.42	0.38	4.95	0.87	4.7	0.95	2.97	0.51	3.45	0.5	28.76	240.88	4.05	0.2	9.49
		9	3425/15-1	47	83.74	9.8	32.36	5.89	1.02	4.67	0.74	3.97	0.78	2.21	0.37	2.36	0.35	20.44	215.69	5.01	0.58	13.43
		10	31199/1	39.28	78.53	9.26	34.24	7.68	1.07	6.92	1.21	6.8	1.32	3.95	0.65	4.27	0.62	33.05	228.83	2.89	0.44	6.2
		11	35125/1	33.56	63.63	7.75	28.8	5.99	1.38	5.10	0.83	4.33	0.86	2.3	0.36	2.26	0.32	21.04	178.5	3.77	0.75	10.01
	典中组	12	3425/5-1	49.08	86.49	9.83	32.08	5.75	0.87	4.34	0.69	3.59	0.74	2.18	0.35	2.38	0.35	20.04	218.76	5.44	0.54	13.43

由表 3-30 可知,测区内林子宗群火山岩的稀土总量变化于 $91.22\times10^{-6}\sim240.88\times10^{-6}$之间,其中

英安岩为 $222.26\times10^{-6}\sim228.83\times10^{-6}$，平均值为 215.69×10^{-6}；流纹岩为 $91.22\times10^{-6}\sim240.88\times10^{-6}$，平均值为 188.30×10^{-6}。δEu 变化于 0.04～0.61 之间，具中等一强烈铕亏损，造成 δEu 明显异常的原因可能是早期晶出的斜长石以晶屑的形式较多地分布于火山碎屑岩中。ΣCe/Σy 主要变化于 2.89～5.44 之间，且都比较接近，表明稀土有轻度分异，轻稀土富集。

图 3－117、图 3－118 为区内林子宗群各类火山岩的稀土配分模式，从图中可以看出林子宗群火山岩稀土配分模式属于右倾型，各类岩石的曲线基本相似。

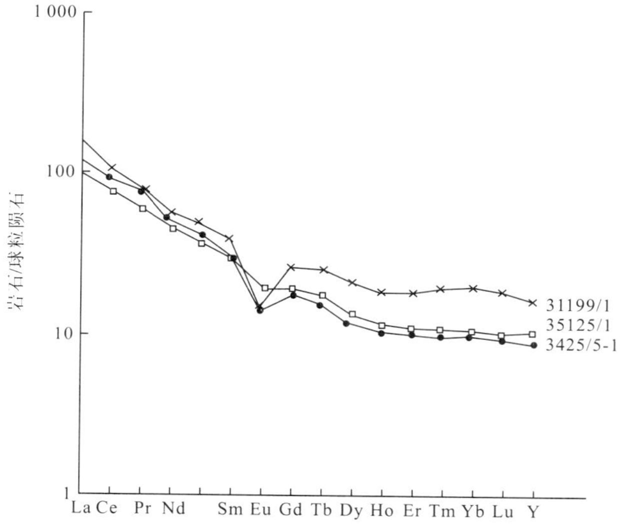

图 3－117　林子宗群安山质、英安质岩石稀土元素配分模式

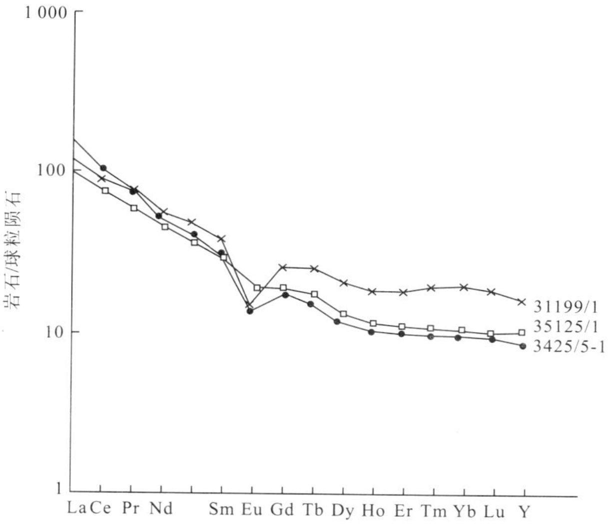

图 3－118　林子宗群安山质、英安质岩石稀土元素配分模式

(2)微量元素

微量元素分析结果及有关参数见表 3－31。

表 3－31　测区内林子宗群、乌郁群微量元素含量及相关参数一览表

地层	序号	样品号	微量元素含量(10^{-6})														相关参数		
			Nb	Sc	Ga	Zr	Th	Sr	Ba	V	Co	Cr	Ni	Rb	Ta	Hf	Rb/Sr	Ba/Sr	Zr/Hf
乌郁群	1	31091/1	21.9	6.1	16.5	239	39.1	420	823	9.8	13.7	<3	3.7	224	2.0	7.2	0.53	1.96	33.19
	2	1403/13-1	26.4	18.1	26.3	652	22.2	205	815	84.45	8.8	33.7	9.6	209	2.5	14.1	1.0	4.0	46.2
林子宗群	3	31657/1	11.5	6.4	13.2	140	21.4	85	790	21.9	16.8	16.2	3.6	173.5	1.2	4.3	2.04	9.3	32.56
	4	31658/1	10.6	6.4	15.9	134	21.7	131	740	23.1	19.7	19.9	3.3	132.4	1.6	4.9	1.0	5.65	27.35
	5	1402/1-1	41	6.2	19.4	94	43.7	9	314	6.2	9.6	3.0	2.0	265	5.4	4.9	29.4	34.89	19.18
	6	1402/4-1	12	4.3	14	169	26.2	31	1116	18.5	19.9	3.9	4.1	350	1.7	5.1	11.29	36	33.14
	7	1402/9-1	14.4	4.7	11.8	173	27.1	16	608	11.6	14.7	<3.0	3.1	190	1.7	5.2	11.88	38	33.26
	8	32193/1	17.8	3.8	14.5	163	35.3	35	159	12.6	16.1	4.6	4.7	299	2.5	4.7	8.5	4.5	34.68
	9	3425/15-1	10.6	6.6	11.2	243	21.2	103	911	16.6	4.9	<3	4.5	220	1.3	6.0	2.4	8.8	40.5
	10	31199/1	13.5	6.3	18.1	289	39.7	59	552	9.8	13.7	<3	6.0	273	1.5	7.8	4.6	9.4	37.05
	11	35125/1	10.0	22.4	19.2	181	14.9	331	385	162.1	19.2	34.3	14.2	65	<0.5	5.5	0.2	1.16	32.91
	12	3425/5-1	11.1	5.5	17.4	239	21.8	132	925	16.4	16.5	3.9	4.6	168	1.0	5.8	1.27	7.0	41.21
地壳元素丰度值			19	18	18	130	5.8	480	390	140	25	11	8.9	78	1.6	1.5			

从表 3－31 中可以看出，区内林子宗群火山岩微量元素含量与黎彤地壳元素丰度值相比，Zr、Th、Ba、Rb、Ta、Hf 相对富集，Nb、Sc、Ga、Sr、V、Cr、Ni 相对较低，与花岗岩维氏值相比，Sc、Th、Co、Hf 较富集，Zr

较为接近，其他偏低。随着岩浆的演化Rb/Sr值变大(1.0～29.4)，Ba/Sr(1.06～38)、Zr/Hf(19.18～4.05)值变小，岩浆分离结晶特征显著。

从图3-119中可以看出，林子宗群火山岩的微量元素蛛网图与火山弧型钙碱性玄武岩相似，以明显富集K、Rb、Ba、Th，并伴有Ce、Zr、Sm的富集为特征，即具有富集大离子亲石元素、亏损高场强元素的特征。林子宗群火山岩明显高Th，各岩类均高出地壳丰度(5.8×10^{-6})和一般中酸性岩($7\times10^{-6}\sim18\times10^{-6}$)，这表明在岩浆活动过程中有壳层Th的参与并随岩浆的演化而富集，不同的岩性微量元素含量变化呈现同步消长趋势，说明其为同源岩浆分异作用的产物。

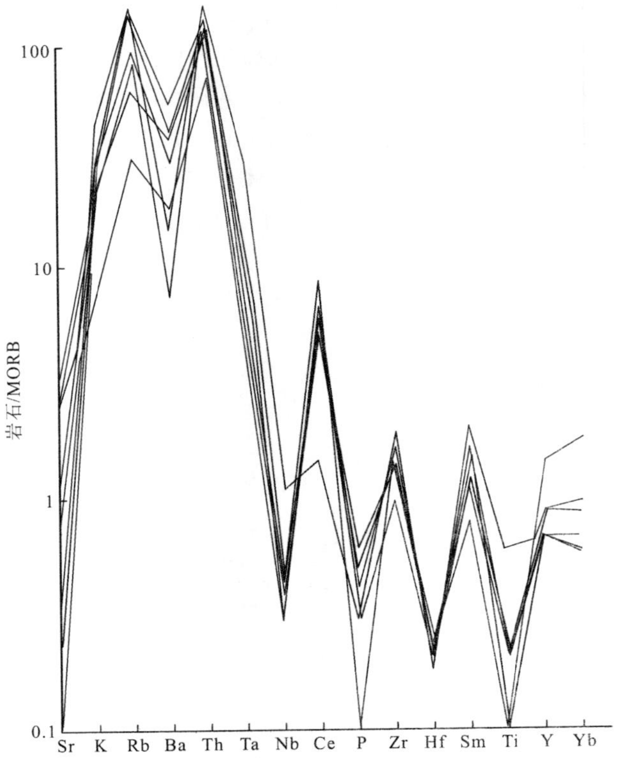

图3-119 林子宗群火山岩微量元素蛛网图

(四)火山构造及古火山机构

1. 火山岩相的划分及特征

据《火山岩地区区域地质调查方法指南》(1∶5万)的划分方案，将区内林子宗群火山岩的岩相划分为爆发相、喷溢相、喷发-沉积相和火山通道相，现将不同岩相的地质特征分述如下。

(1)爆发相

为区内林子宗群火山岩的主要岩相之一，按照火山堆积物的堆积方式，可分为空落堆积、崩落堆积和碎屑流堆积。

空落堆积主要指分布于火山斜坡及远火山口地段的凝灰岩、沉火山碎屑岩。在横向上，细岩屑和晶屑含量由喷发中心或火山口向外减少，玻屑含量增加；在纵向上，同一个堆积层内，下部比重较大的暗色矿物和晶屑含量远比上部单元的要多。降落在水体中堆积形成的火山碎屑—沉积岩层层理清楚，自下而上岩石结构变细。

崩落堆积主要指分布在火山喷发中心或火山口附近的火山角砾岩、火山(角砾)集块岩及集块角砾熔结凝灰岩等。火山碎屑物较粗，所占比例较大，角砾、集块以同源火山岩为主，大小混杂，棱角明显，胶结疏松，无层理构造，多与晶屑凝灰岩等呈过渡关系。

碎屑流堆积包括密度流、涌流和灰流堆积，以前二者为主。区内林子宗群密度流堆积的岩石以英安质、流纹质(角砾)熔结凝灰岩为主，含有压扁拉长的塑变浆屑和分布不均匀的火山角砾、集块等。塑变浆屑的长宽比多达10以上，假流动构造十分发育，有时可见流变褶皱、纹层甚至交错层，当有角砾、集块时纹层绕过之；从角砾的成分来看，以同源火山岩为主，多为塑变角砾，多呈拉长椭圆状，定向明显，另有少量的异源角砾，其成分以砂岩、泥岩、硅质岩为主，多为刚性角砾，呈棱角状、次棱角状，其周围多见浅色蚀变晕，说明其形成时温度较高，应为火山斜坡上角砾的卷入，基质中含有较多的浆屑、玻屑。

涌流堆积的岩石以英安质、流纹质含角砾晶屑凝灰岩、岩屑晶屑凝灰岩为主夹熔结凝灰岩。岩层中普遍含有较少同源塑性火山岩角砾，角砾多有烧结边，局部由于火山角砾显示定向排列或火山碎屑粗细变化显示假层理构造。

(2)喷溢相

为区内林子宗群的主要岩相之一，组成该岩相的岩石主要为安山岩类、英安岩类、流纹岩类。以多次喷溢形成的复式熔岩流为主，单式熔岩流次之。

熔岩流多围绕火山口呈环状、月牙状分布，有的呈带状分布，有的相互交错或并列、重叠产出，单个熔岩流规模一般较小，宽度从几十米到几百米，长可达几公里至几十公里，厚度不大，多在几十厘米到几十米，明显受古地形影响。安山质熔岩流中多含有气孔和杏仁体，其拉伸和延展方向与岩流方向一致，每个喷发单层中，一般顶部气孔小而多，中部多而大，下部界于两者之间。英安质、流纹质熔岩流中流动构造发育，其延伸方向与流动方向一致，受古地形的影响，局部可见揉皱或涡流构造，在熔岩流的顶部或前锋往往出现同成分的自碎角砾熔岩或集块熔岩。

(3)喷发-沉积相

在区内林子宗群中喷发沉积相不发育，多为零星出露，主要分布于测区南部的越玛各、荣热等地，由沉火山集块角砾岩、沉火山角砾岩、沉晶屑岩屑凝灰岩与含砾杂砂岩、杂砂岩、细砂岩组成，二者多呈渐变过渡关系，为火山物质空落到水中搬运沉积形成的火山碎屑沉积岩，多呈层状、似层状产出，发育粒序层理、平行层理，构成一个韵律或亚旋回的顶部。

(4)火山通道相

在区内林子宗群中较常见，位于喷发中心，平面形态多为圆形、椭圆形，大小不一，充填其中的岩石主要有熔岩、碎屑熔岩和熔结火山碎屑岩 3 种，以碎屑熔岩为主，其岩性主要为集块熔岩、角砾集块熔岩、角砾熔岩。角砾或集块多为同源碎屑，有少量的异源碎屑，大小混杂，形态不规则，无定向排列。

综上所述，测区林子宗群火山岩以爆发相、溢流相为主，爆发相空落堆积、崩落堆积、碎屑流堆积均较发育，溢流相多呈层状、似层状产出，火山通道相常见，火山喷发沉积相不发育。根据这些特点推断，区内林子宗群火山活动的特点为能量大、活动频繁、堆积厚度大，这与岩浆的自身条件和区域构造有密切关系。

2. 火山构造及火山机构

本报告按照《火山岩地区区域地质调查方法指南》(1：5 万)所推荐的划分方案进行划分。林子宗群火山机构主要涉及到Ⅲ、Ⅳ、Ⅴ级火山构造。其中Ⅲ级火山构造自北向南有卢拉垓嘎—吉瓦乡火山喷发带、研夺—沙波火山喷发带和青都—湘多勒火山喷发带；Ⅳ级火山构造为Ⅲ级火山构造中的所有火山群或火山盆地等，共有 8 个；Ⅴ级火山构造指区内林子宗群中所有的火山机构，共 36 个。

本次工作根据火山机构影像特征、地貌特征以及平面形态、岩性、岩相、火山通道的形状、火山活动特点综合分析，认为区内林子宗群中的火山机构以中心式火山为主。参照《火山岩地区区域地质调查方法指南》(1：5 万)中心式火山机构的划分方案，将区内林子宗群的火山机构划分为层状火山、穹状火山、锥状火山和破火山 4 种类型。

(1)卢拉垓嘎—吉瓦乡火山喷发带

分布于测区北中部、申扎县的卢拉垓嘎—尼玛县的桑脚—吉瓦乡一带，呈西宽东窄北西—南东向不规则带状展布，长约 140km，最宽处达 50km，一般为 20～30km。按火山机构的分布、火山机构类型、岩石组合、岩性、岩相特征自东向西划分出 3 个Ⅳ级火山构造，分别为卢拉垓嘎火山盆地、桑脚火山盆地和电拉雄火山盆地。不同火山盆地的岩性、岩相特征及火山活动历程基本相同，现以电拉雄火山盆地为例，介绍卢拉垓嘎—吉瓦乡火山喷发带的特征及火山活动历程。

电拉雄火山盆地：位于测区的西北角，尼玛县克弄列嘎、电拉雄、吉瓦乡一带，平面上呈圆状，直径约为 50km，周围为环形山，中心为锅状洼地，中央为一穹状山。放射状水系发育，四周环形水系环绕。出露的岩性有安山岩、英安岩、流纹岩、角砾流纹岩、角砾英安岩、英安质、流纹质角砾熔岩、集块岩、火山角砾岩、火山弹角砾岩、英安质、流纹质晶屑凝灰岩、凝灰岩等，其岩相有火山通道相、爆发相、溢流相、喷发-沉积相和少量潜火山岩相、侵出相。共发现 8 个火山机构，除电拉雄火山机构外，其他火山机构多呈串珠状分布，应为裂隙式火山喷发的产物。根据以上地貌、岩性、岩相、火山机构的分布，电拉雄火山盆地应为复活破火山，现将其主要特征简述如下。

①火山地层。破火山的基底为中生界石炭系、二叠系砂岩、泥岩、灰岩。破火山口内部火山岩地层自下而上大体上可分为 4 个段：一段由流纹质晶屑凝灰岩、英安岩、含角砾英安岩、流纹岩、含角砾流纹岩组成；二段由英安质、流纹质角砾熔岩、凝灰熔岩、晶屑凝灰岩等组成；三段由砾岩、砂岩、泥岩组成；四段主要由含角砾英安岩、流纹岩组成。

②岩相特征。根据喷发产物在破火山口中的产出部位及形成方式，大体上分为下述 5 种岩相。

爆发-喷溢相：该岩相是破火山口早期喷发阶段的产物，呈环状分布于破火山口外侧，不整合覆盖于火山岩基底的不同层位之上，由多次爆发-喷溢作用形成，其岩性主要为流纹质晶屑凝灰岩、英安岩、含角砾英安岩、流纹岩、含角砾流纹岩，局部可见到沉火山碎屑岩夹层。

爆发相：该岩相带主要分布于破火山口的中部，覆盖于爆发-喷溢相之上，主要由英安质、流纹质角砾熔岩、凝灰熔岩、晶屑凝灰岩等组成。岩石中含有大量的塑变浆屑，同源火山角砾、塑变浆屑多呈长条状、细纹状，具定向分布，形成假流动构造，火山角砾多呈椭圆状，局部可见其上面有晶屑的嵌入。另外还见有少量砂岩、泥岩等异源碎屑，多呈棱角状、次棱角状，其周围可见浅色蚀变晕。

喷发-沉积相：主要分布于破火山口中部内侧，出露较少，主要岩性为砾岩、砂岩、泥岩，层理清楚，韵律明显，具有湖泊沉积特征。

火山通道相：在破火山口内较发育，共见有8个火山通道，平面上多呈圆状、椭圆状，出露面积多为数百平方米，主要由集块岩、角砾集块熔岩、集块角砾熔岩、角闪安山岩组成。集块角砾岩筒中的集块、角砾成分复杂，总体上以同源火山碎屑为主，异源火山碎屑较少，大小一般介于2～80cm之间，多呈棱角状、次棱角状，大小混杂，无序排列；熔岩构成的火山岩颈其岩石结构具有明显的分带性，边部较细，局部为玻璃质，向中心逐渐变粗。

晚期溢流相：分布于破火山口中心，为破火山口末期的产物，覆盖于湖相沉积层之上，由角砾英安岩、角砾流纹岩组成。岩石中的角砾多为同源碎屑，多呈椭圆状定向分布，大小一般为3mm×15mm～7mm×30mm，含量为5%～10%。

③环状、放射状断裂及脉岩。破火山口周围环状断裂发育，主要表现为环状水系串珠状寄生火山锥的出现；放射状断裂在破火山口中部主要表现为放射状水系发育，边部较少，仅在破火山口的西部、北部见到，其中沿西部的放射状断裂也发育有串珠状火山机构。

在破火山口的西北部见有放射状脉岩分布，有石英脉、花岗斑岩脉等，这些脉岩的产出及分布是电拉雄复式破火山构造特征的又一表现形式。

④ 产状特征。破火山口内岩层产状由四周向中心倾斜，具内倾围斜特征。边缘岩层倾角较陡，一般为30°～40°，中心部分产状较缓，一般为10°～20°。

从以上岩性、岩相特征来看，该破火山的活动过程大致经历了下述5个阶段。a. 爆发-喷溢阶段：进入始新世后，伴随着北西、南东向断裂活动的加剧，在北西向和北东向断裂的复合交切部位，发生了猛烈的火山爆发，形成了流纹质晶屑凝灰岩。强爆发之后，熔浆内的挥发组分降低，内压降低，由强爆发转变为溢流，形成英安岩、流纹岩、含角砾的英安岩、流纹岩。这种爆发-喷溢活动在破火山口经历了数次。b. 爆发阶段：岩浆大规模溢出后，残留在岩浆房中的熔浆、挥发组分含量增大，火山猛烈爆发，形成了英安质、流纹质角砾熔岩、凝灰熔岩、晶屑凝灰岩等，爆发作用后期，因熔浆内挥发组分大量溢出，内压降低，形成流纹岩。c. 破火山口沉降阶段：经过岩浆的多次强烈爆发、喷溢作用之后，由于岩浆物质被大量抛出，岩浆房空虚，在上覆火山生成物的重力作用下，产生大规模的塌陷并形成了破火山口周围的环状及放射状断裂，使基底岩层和喷发物产状皆向内倾。d. 沉积阶段：破火山口塌陷之后的时期是一个极度不平衡时期，陡而不稳的破火山口四壁发生陷落、崩塌和重力滑动，此时在破火山口底板上开始形成湖泊，并沉积了一套以砾岩、砂岩、泥岩为主的碎屑岩，具有较好的层理构造和韵律特征。e. 穹状火山及裂隙式火山的形成阶段：由于大规模的岩浆喷发和破火山口塌陷剩余的岩浆处于压力—温度的不平衡状态，岩浆发生对流，对流上升的蔓延及由起泡作用引起的扩张，导致破火山口底板的构造穹起，形成穹状构造，然后火山物质沿隆起轴部发生喷溢作用，形成透辉石安山岩，随着岩浆的分异形成含角砾英安岩、含角砾流纹岩，且后二者经过了多次喷溢形成韵律。经过多次喷溢之后，岩浆物质向酸性演化，挥发组分大量聚集，发生强烈爆发，形成了火山口边部的流纹质晶屑熔结凝灰岩。经过强爆发之后，火山能量衰减，变为溢流，后期上升的角闪安山岩充填火山口，火山活动结束。

同期由于岩浆的对流，岩浆沿着火山口塌陷形成的环状断裂上升爆发形成了阿检列嘎、巴弄列嘎、七里拉、木札小型层状火山，沿放射状断裂形成了巴勒、寨弄黎、地庆等小型层状火山。

火山爆发-喷溢作用之后，经过长期剥蚀和后期构造影响，形成了电拉雄火山盆地现今之面貌。

(2)研夺—沙波火山喷发带

分布于测区的中南部，申扎县的研夺—尼玛县的黑龙、沙波一带，平面上呈弧形带状展布，长约147km，宽一般为10km，最宽处达20km。共识别出10个火山机构，根据火山机构的分布、火山机构的类型、岩石组合、岩性、岩相特征自东向西划分为2个Ⅳ级火山构造和3个独立火山机构，2个Ⅳ级火山构造分别为子萨拉火山群和苦热拉火山群。

① 子萨拉火山群。位于测区中南部，谢通门县切琼东北约15km的黑龙、子萨拉一带(图版Ⅴ-4)，平面上呈北东—南西向带状展布，出露面积约240km^2。出露岩性主要为英安质、流纹质晶屑岩屑熔结凝灰岩、熔结凝灰岩、凝灰岩，其岩相有火山爆发相、火山通道相、溢流相，现发现出露较好的火山机构有3个，分别为子萨拉、阿如拉和敌占火山，根据地貌、岩性、岩相特征均为锥状火山，现以子萨拉火山机构为例，介绍子萨拉火山群中火山机构的特征。

位于谢通门县切琼东北约15km的子萨拉山口一带，平面上呈近东西向展布，椭圆状，出露面积约40km^2。现将其岩相特征简述如下。

火山通道相：平面上为椭圆状，直径约300m；充填岩性为英安质集块角砾熔岩、流纹质集块角砾熔岩，异源碎屑砂岩、泥岩少量，多呈棱角状、次棱角状，少部分为次圆状、浑圆状，大小混杂，无序排列。

爆发相：为该火山机构的主要岩相，自中心向外依次为英安质、流纹质含角砾晶屑熔结凝灰岩、熔结凝灰岩、凝灰岩，呈半环状围绕火山喷发中心分布。a. 英安质、流纹质凝灰岩：分布于外围，仅在火山机构北部出露，构成第一环带，岩石呈浅灰色、灰白色，由外向内岩屑的含量逐渐增加，每个喷发单层中，自下而上粒度变细，为空落堆积的产物。b. 英安质、流纹质熔结凝灰岩：分布于火山喷发中心外围内侧，呈半环状展布，构成第二个环带，岩石呈灰绿色、浅灰色，岩层中普遍含有少量的同源塑变角砾，角砾多呈椭圆状，具明显的烧结边，局部呈现定向排列，以弱熔结为主，呈现涌流特征。c. 英安质、流纹质含角砾晶屑岩屑熔结凝灰岩：分布于火山喷发中心内侧，呈环状分布，构成第三个环带，岩石呈浅灰色，角砾晶屑岩熔结凝灰结构。岩石中含有大小不一并定向排列的塑变浆屑，呈长条状，假流动构造发育，有时呈流变褶皱状、纹层状，当有角砾时，纹层绕过之，另有少量的刚性异源碎屑，多呈棱角状、次棱角状，其成分以砂岩、泥岩为主，在其周围常见其浅色蚀变晕，说明其形成温度较高，具密度流堆积的特征。

喷溢相：分布较少，围绕火山口不连续分布，直接覆盖在粗粒火山碎屑岩之上，底部出现冷凝边。岩性为流纹岩。

根据以上岩性、岩相特征分析，子萨拉锥状火山大致经历了早期火山强烈爆发阶段后期的岩浆溢流阶段，随着火山作用的减弱、能量的衰减，溢流熔岩胶结堆积于火山通道中的岩石，堵塞火山口，火山活动进入休眠状态。

火山喷发活动结束后，经长期的剥蚀和后期的构造影响，构成了子萨拉锥状火山现今之面貌。

② 苦热拉层状火山群。位于测区中南部，谢通门县切琼西北约20km的苦热拉、卡个尖一带。平面上呈北西、南东向带状展布，出露面积约280km^2。出露的岩性主要为英安岩角砾英安岩、英安质集块角砾熔岩、角砾熔岩、含角砾晶屑凝灰岩等，岩相有火山爆发相、溢流相和火山通道相。已发现出露较好的火山机构有4个，分别为日啊个日、沙里西勒、苦热拉、姐扬火山，根据地貌、岩相、岩性特征均为层状火山，现以苦热拉火山机构为例，介绍苦热拉火山群的火山特征。

苦热拉层状火山位于谢通门县切琼西北约45km的苦热拉一带，平面上呈不规则近东西向椭圆状展布，出露面积约25km^2，现将其岩相特征简述如下。

火山通道相：位于火山喷发中心，平面上呈不规则椭圆状，直径约500m，充填其中的岩石为英安质集块角砾熔岩、角砾熔岩，集块、角砾以同源火山碎屑为主，多呈棱角状、次棱角状，大小混杂，无序排列，熔岩胶结。

溢流相：分布于该火山机构的外围，形成第一个环带，由英安岩组成，岩石呈浅灰色、绿色，斑状结构，局部可见斑晶定向排列。根据岩石色调不同的变化，应为熔浆多次喷溢的产物。

爆发相：分布于该火山机构的南部，形成第二个环带，由英安质含砾晶屑凝灰岩组成，厚层状。角砾以同源火山碎屑为主，多呈次棱角状，另有少量灰岩砾石呈圆状、次圆状，大小一般为4～10mm，局部富集，形成复成分砾岩。

爆发-喷溢相：分布于该火山机构的内侧，由英安岩和英安质角砾熔岩组成。英安岩特征同前溢流相。英安质角砾熔岩呈浅灰绿色，角砾熔岩结构，塑性浆屑发育，多呈扁带状和扁透镜体状，定向排列，形成假流动构造。

根据以上岩性、岩相特征分析，苦热拉火山大致经历了3个阶段。早期以火山强爆发开始，形成英安质含砾晶屑凝灰岩；中期由于熔浆内挥发组分大量溢出，能量衰减转为溢流，形成英安岩；经过早、中期火山大规模爆发和溢流，后期转变为短暂爆发与溢流反复，火山作用逐渐减弱，能量衰减，最后熔浆胶结火山口火山碎屑物，堵塞火山口，火山活动进入休眠状态。

火山喷发活动结束后，经过长期的剥蚀和后期的构造影响，形成了苦热拉层状火山现今之面貌。

(3)青都—湘多勒火山喷发带

分布于测区南部谢通门县的青都—昂仁县的湘多勒一带，平面上呈东西两端宽、中间相对较窄的哑铃状分布，长约140km，宽10～30km。东部为一推测的大型层状火山，自中心向外，其岩性为英安质含角砾熔结凝灰岩、英安岩、英安质晶屑凝灰岩、流纹质晶屑凝灰岩、流纹质角砾熔结凝灰岩、含角砾流纹岩、流纹岩。根据岩性分布，该火山应为具反向演化特征的层状火山。西部火山机构较发育，共发现8个，多呈串珠状分布，不同岩相具有带状分布特征，应为裂隙式火山。单个火山机构根据其地貌、岩性、岩相、火山规模均为锥状火山。统划为确姆拉火山群，现以确姆拉火山为例，简述确姆拉火山群火山机构岩性、岩相特征和火山活动历史。

确姆拉锥状火山位于测区西南角，平面上呈圆状，直径约4km，中央山峰高耸，火山碎屑环绕火山喷发中心呈环状分布。火山通道相位于火山喷发中心，平面上为不规则椭圆状，充填岩石为角闪安山岩，岩石呈灰黑色、斑状结构，中心边部岩石结构较细，局部为玻璃质，向中心逐渐变粗。爆发相为该火山机构的主要岩相，其组成岩性为流纹质凝灰岩、英安质与流纹质熔结凝灰岩、集块岩。流纹质凝灰岩分布于该火山机构的外侧，形成第一个环带，为空落堆积。英安质流纹质晶屑熔结凝灰岩分布于该火山机构的外侧，组成第二个环带，具密度流堆积的特征。集块岩构成该火山机构的内环带。

根据以上岩性、岩相特征分析，确姆拉锥状火山大致经历了两个时期，早期为火山强烈爆发阶段，后期为岩浆溢流阶段，随着火山作用的减弱，能量的衰减，溢流熔浆堵塞火山口，火山进入休眠状态。从以上岩性变化还可以看出，该火山岩性具有反向演化的特征。

火山喷发活动结束后，经过长期的剥蚀和后期构造影响，构成了确姆拉火山现今之面貌。

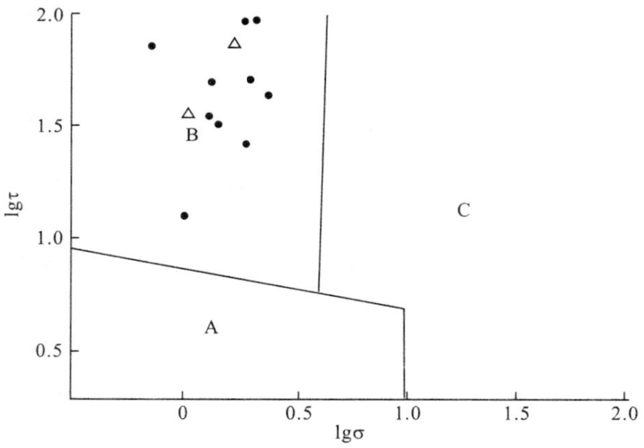

图3-120　林子宗群、乌郁群火山岩 lgτ - lgσ 图

(A. Rittmann, 1970)

●林子宗群；△乌郁群

综合以上特征可以看出，测区林子宗群火山岩明显受基底断裂的控制，自北向南划分为3个火山喷发带。北带以复活破火山的发育为特征，火山活动大致经历了5个阶段，分别为强爆发阶段、爆发-喷溢阶段、火口塌陷阶段、沉积阶段、穹状火山和裂隙式火山的形成阶段。中带以小规模层状火山和锥状火山的发育为特征，火山活动大致经历了3个阶段，分别为强爆发阶段、爆发-喷溢阶段和溢流阶段，其中中东部的子萨拉火山群缺失第二个阶段。南带以大型层状火山和裂隙式火山的发育为特征，其岩性具反向演化特征，火山活动大致分为两个阶段，早期为强爆发，晚期为溢流，其中东部火山经历了爆发-溢流的反复作用。

(五)火山活动的构造环境

在戈蒂尼—里特曼 lgτ - lgσ 图解(1970)(图3-120)上，区内林子宗群火山岩样品投点均落在B区，属造山带(或活动陆缘、闭合边缘)的构造环境；在康迪(1986)长英质火山岩的构造环境判别图(图3-121)上，大部分样品落入弧火山岩区，属火山弧构造环境。

Jakes(1972)等研究认为，活动陆缘火山岩的 $w(SiO_2)=56\%\sim75\%$，$TFeO/MgO>2.0$，$K_2O/Na_2O>0.6$；岛弧的 $w(SiO_2)=50\%\sim66\%$（多数小于 56%），$TFeO/MgO<2.0$，$K_2O/Na_2O<0.6$。区内林子宗群火山岩以英安岩、流纹岩及相应的火山碎屑岩为主，岩石的 SiO_2 含量变化位于 59.88%～81.34%之间，平均值为 73.76%，TFeO/MgO 为 2.5～4.75，均大于 2，K_2O/Na_2O 为 0.47～53.5，平均值为 1，与活动陆缘火山岩特征相近。

区内林子宗群火山岩中 SiO_2 含量变化位于 59.88%～81.34%之间，属钙碱性中酸性岩系，岩石组合、岩石地球特征具有弧火山岩特征，与上述判别结果一致。

综上所述，区内林子宗群火山岩的形成环境为活动大陆边缘环境，为雅江缝合带第二次向北俯冲形成的产物。

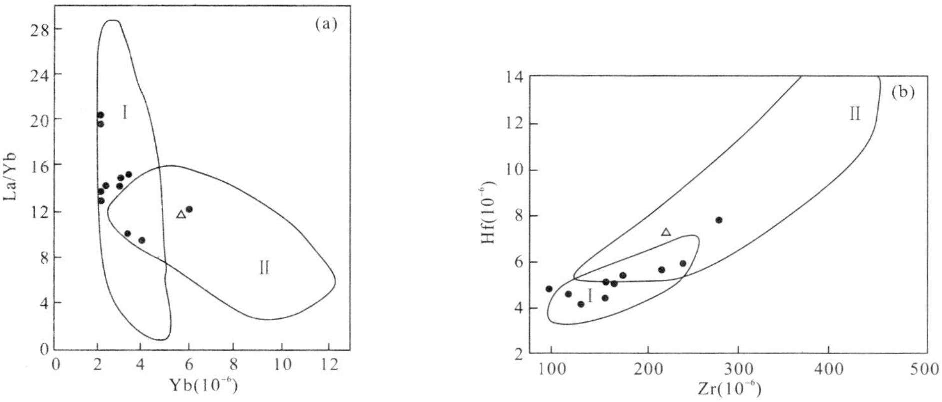

图 3-121　林子宗群、乌郁群长英质火山岩的构造环境判别

Ⅰ.弧火山岩；Ⅱ.伸展盆地（包括大陆壳内或在大陆附近的大陆裂谷和弧后盆地）火山岩

（据 CoⅡdie，1986）

●林子宗群；△乌郁群

三、上新世乌郁群火山岩

（一）火山地层

1. 概述

乌郁群零星分布于测区中南部，谢通门县的中中割布、研夺、尼玛县的杜弄勒等地，平面上呈不连续的带状、环状、不规则椭圆状展布，不整合覆盖于始新统林子宗群、渐新世日贡拉组之上，其上为第四系的松散沉积物所覆盖，出露面积约 $450km^2$。火山堆积物多呈带状、环状分布，为一套以爆发相、溢流相为主体的中酸性岩系，岩石组合为安山岩-英安岩-流纹岩。野外宏观观察乌郁群火山岩多呈层状、似层状产出，其间多有河湖相的沉积夹层，其地层结构为火山岩与沉积岩互层类型。

2. 火山活动时限

乌郁群不整合覆盖于渐新统日贡拉组之上，其上为更新统松散沉积覆盖。乌郁群沉积夹层中产有高山针叶林孢粉化石，其时代为上新世。综上所述，乌郁群火山活动时限为上新世。

（二）岩石类型及其基本特征

区内乌郁群火山岩岩石类型齐全，可分为熔岩、火山碎屑岩、潜火山岩三大类。

1. 熔岩类

主要分布于杜弄勒—麦朵勒一带，可分安山岩、英安岩、流纹岩三大类，现将不同的岩石类型特征分述如下。

(1)安山岩亚类

该类岩石在区内乌郁群相对发育，主要分布于杜弄勒—麦朵勒一带及呼它戈空马、唐久拉等地乌郁群底部，由安山岩、角闪安山岩组成。

岩石呈灰绿色、褐色，斑状结构，块状构造，局部见气孔、杏仁构造，基质为玻晶交织结构、玻璃质结构。斑晶由斜长石、黑云母、角闪石组成，斜长石呈半自形板柱状，具聚片双晶，An＝32～35(中长石)，大小一般为0.8mm×0.3mm～2.5mm×1mm，含量一般为10%～30%；黑云母为褐色片状，大小为0.5～0.7mm，含量一般小于5%；角闪石呈针柱状，大小一般为0.5mm×0.5mm～2mm×0.6mm，有的已向绿泥石转化，含量一般为2%～8%，当超过5%时参加岩石命名。基质由斜长石、角闪石、黑云母和玻璃质组成，斜长石呈小板条状，大小为0.1～0.2mm，杂乱分布于玻璃质中，副矿物为磁铁矿等。气孔大小为1～4mm，多为微粒石英、绿泥石充填、半充填形成杏仁体。

(2)英安岩亚类

该类岩石在乌郁群不发育，仅在杜弄勒等地有所出露，由英安岩、角砾英安岩组成。岩石呈浅灰、灰白色，斑状结构，块状构造，基质具玻璃质结构。斑晶由斜长石、石英组成，斜长石呈半自形板柱状，大小一般为0.2～2.5mm，含量为10%～20%；石英呈熔蚀粒状，大小为0.3～1.5mm，含量为2%～10%；钾长石零星可见，多为他形粒状的高温透长石。基质由斜长石、石英、微粒状长英矿物及玻璃质组成，含量为70%～90%。副矿物由磁铁矿等组成。

(3)流纹岩亚类

该类岩石在乌郁群中也不发育，仅在杜弄勒等地有所出露，由流纹岩、角砾流纹岩、珍珠岩组成。岩石呈浅灰红、灰白色，斑状结构，块状构造、珍珠构造，局部为流纹状构造，基质具玻璃质结构。斑晶由斜长石、钾长石、石英组成，斜长石呈半自形板柱状，大小为1～2mm，显聚片双晶，An＝24～26(更长石)，含量为3%～20%；钾长石呈半自形板柱状，大小为0.5～2mm，含量为2%～10%；石英呈熔蚀粒状，大小为0.3～1.5mm，含量为2%～8%。基质由玻璃质组成，玻璃质定向排列形成流纹构造。副矿物由磁铁矿等组成。

2. 火山碎屑岩类

区内乌郁群中该类岩石较为发育，根据其结构、构造、胶结类型、成岩方式，按照1999年实施国标《火成岩岩石分类和命名方案》(1∶5万)火山碎屑岩的划分方案，将区内乌郁群的火山碎屑岩划分为碎屑熔岩、正常火山碎屑岩和火山-沉积碎屑岩三大类。

(1)碎屑熔岩亚类

区内乌郁群中该类岩石不发育，仅在测区东部的荣褥、扎弄两地有少量出露，其岩性为流纹质角砾晶屑凝灰熔岩和晶屑凝灰熔岩、凝灰熔岩。

流纹质角砾晶屑凝灰熔岩：岩石呈浅灰、灰白色，角砾晶屑凝灰熔岩结构，块状构造。碎屑物由角砾和晶屑组成，角砾为同源角砾，大小一般为4～7mm，个别大的为1.5cm，多为棱角状、次棱角状，往往具有定向性，含量一般为6%～10%；晶屑由斜长石、钾长石、石英和黑云母组成，大小一般为0.2～1.8mm，除黑云母为褐色片状外，其他均呈棱角状，含量约为20%～30%。胶结物为流纹岩，含量约为70%～80%，斑状结构，斑晶由斜长石、钾长石、石英和黑云母组成，基质由玻璃质组成，玻璃质多发生轻微的脱玻化，形成了一些长英矿物微晶。

流纹质晶屑凝灰熔岩、凝灰熔岩除角砾和晶屑变少外，其他特征与流纹质角砾晶屑凝灰岩相同。

(2)正常火山碎屑岩

又可分为熔结火山碎屑岩和普通火山碎屑岩两大类，二者在乌郁群中均有分布。

① 熔结火山碎屑岩。根据成分特征的不同可分为安山质、英安质、流纹质熔结凝灰岩；根据岩石中含碎屑物的种类和多少的不同可分为熔结角砾晶屑凝灰岩、熔结晶屑凝灰岩、熔结凝灰岩等不同类型，常见的岩石类型如下。

英安质角砾熔结凝灰岩：岩石呈灰、深灰色，角砾熔结凝结构，块状构造，假流动构造发育。碎屑物含量为20%～40%，主要由同源角砾和斜长石、石英、黑云母晶屑组成。角砾呈棱角状、次棱角状，大小一般为2～5mm，个别大的可达4cm，多显定向性；斜长石、石英晶屑呈棱角状，大小一般为0.15～1.8mm；黑云母呈褐色片状，大小为0.2～0.6mm。胶结物为火山灰和玻屑，属强熔结类型。

流纹质晶屑熔结凝灰岩：岩石呈浅灰、灰白色，晶屑熔结凝灰结构，块状构造、假流动构造，新鲜面上往往不清楚，但在风化面上可见清楚而明显的塑变浆屑，多呈长条状定向排列。岩石中含有较多的斜长石、钾长石和少量的黑云母晶屑，该类岩石为强熔结类型。

英安质熔结凝灰岩：岩石呈浅灰、灰白色，熔结凝灰结构，块状构造、假流动构造，风化面上多见塑变的浆屑，以褐色为主，多呈细纹状、条带状，晶屑含量较少，以斜长石为主，属强熔结类型。

② 普通火山碎屑岩：区内乌郁群中该类岩石不太发育，主要分布于麦朵勒、昂木雄等地，按照碎屑物的粒度大小可划分为集块岩、火山角砾岩、角砾凝灰岩、凝灰岩。

集块岩：仅在昂木雄、麦朵勒等地见到，分布于火山喷发中心周围，为火山崩落堆积而成，根据碎屑物的成分可分为安山质集块岩、英安质集块岩。以安山质集块岩为例，简述其特征如下。岩石呈浅灰、灰绿色，集块结构，集块成分多为安山岩，少量英安岩，呈棱角状、次棱角状，个别为次圆状，大小不一，一般为6～20cm，最大的可达60cm以上，含量为50%～80%，粒径较小者为角砾，向火山角砾岩过渡。填隙物由晶屑、岩屑组成。胶结物主要由凝灰质及少量铁质组成，含量为20%～50%，胶结比较松，为压结成岩。

角砾凝灰岩：主要分布于中中割布、麦朵勒、独弄等地，根据成分可分为流纹质、英安质角砾凝灰岩，以流纹质角砾凝灰岩为例，简述其特征如下。岩石呈浅灰、灰白色，角砾凝灰结构，块状构造。角砾成分多为流纹岩，大小为0.3～1.5cm，多呈次棱角状、次圆状，含量为5%～20%，其中在中中割布一带含量可达40%～60%，形成凝灰角砾岩，另有少量的斜长石、黑云母晶屑。胶结物为火山灰，含量为80%～90%。胶结松散，为压结成岩。

凝灰岩：主要分布于新恰勒、中中割布等地，其岩石特征除角砾含量较少外，其他特征与角砾凝灰岩基本一致。

(3) 火山-沉积碎屑岩类

测区乌郁群中该类岩石不发育，仅在新恰勒有少量出露。其岩性主要为沉火山集块角砾岩。岩石呈灰红色，角砾结构，层状构造。碎屑物主要为英安岩、流纹岩，少量硅质岩，大小一般为5～10cm，个别大的可达15cm，多呈棱角状、次棱角状，杂乱分布，含量为50%～70%。胶结物为泥、砂质，含量为30%～50%，局部粗碎屑较少，形成泥质粉砂岩，发育水平层理、交错层理等沉积构造。

3. 潜火山岩

潜火山岩区内不发育，仅在拉丁有所出露，其岩性为细晶花岗岩，详见侵入岩部分。

(三) 火山岩岩石化学和地球化学

1. 岩石化学特征

乌郁群火山岩的化学分析结果及对应的标准矿物计算结果和各种参数见表3-28。

(1) 岩石化学分类

用李兆鼐等(1984)的火山岩化学定量分类硅-碱图解进行投图，如图3-109。区内乌郁群火山岩落入Ⅰ、Ⅲb区，为安粗岩类和流纹岩类，对照其基本岩石名称图解后可知，落入Ⅰ区的为流纹岩，落入Ⅲb区的为安粗岩。

由表3-28知，用岩石化学成分计算出的区内乌郁群火山岩的主要标准矿物为石英(q)、钾长石(or)、钠长石(ab)和钙长石(an)，少量磁铁矿(mt)、钛铁矿(il)和磷灰石(ap)，此外还出现了紫苏辉石(hy)、透辉石(di)，岩石类型为正常类型($CaO+Na_2O+K_2O>Al_2O_3>K_2O+Na_2O$)。用标准矿物在Q-A-P图上投影(图3-110)，样点落入3b和8#区，应为流纹岩和石英安粗岩。

在TAS图解(图3-111)上，乌郁群火山岩样品投点落入S_3区和R区，应属粗面安山岩和流纹岩。对于落入R区的样品需进一步在硅-钾图解上划分出高钾、中钾、低钾系列。投图结果表明，该样品落入高钾的流纹岩系列区(图3-112)。

(2)岩石系列划分

图3-113为区内乌郁群火山岩硅(SiO_2)-碱(K_2O+Na_2O)成分的投图结果,从图中可以看出,区内乌郁群火山岩属亚碱性系列,需进一步使用A-F-M图来判别是拉斑玄武岩系列还是钙碱性系列,从图3-114可以看出,区内乌郁群的样品投点落入到C区,应属钙碱性系列。

(3)岩石化学特征

从表3-28可以看出,乌郁群火山岩的SiO_2含量变化于61.01%~77.69%,K_2O+Na_2O为6.79%~8.51%,Na_2O/K_2O为0.7~0.99,二者的含量比较接近。CaO含量为0.4%~1.7%,MgO含量为0.81%~1.35%,CaO、MgO含量具有随着SiO_2含量的增高而减少的特征。角闪安山岩SiO_2的含量为61.01%,K_2O+Na_2O为8.51%,二者含量比较接近。与中国角闪安山岩的平均化学成分相比SiO_2、TiO_2、FeO偏高,Al_2O_3、Na_2O较为接近,其他偏低,与世界角闪安山岩的平均化学成分相比TiO_2、CaO、K_2O偏高,SiO_2、Al_2O_3、Na_2O较为接近,其他偏低。英安岩的SiO_2含量为77.69%,K_2O+Na_2O为6.79%,$K_2O>Na_2O$,与中国和世界英安岩的平均化学成分相比SiO_2、K_2O偏高,其他均偏低。

乌郁群火山岩的σ值为1.04~1.33,变化范围不大,按照里特曼指数的二分法,属钙碱性系列;AR值为2.53~2.68,在火山岩AR-SiO_2碱度关系图(图3-115)上落入碱性岩区,靠近钙碱性分界线,属弱碱性岩石系列;角闪安山岩的分异指数(DI)为73.71,固结指数(SI)为8.31,英安岩的分异指数(DI)为92.14,固结指数(SI)为2.27,反映出乌郁群火山岩为正常岩浆分异结晶作用的产物。

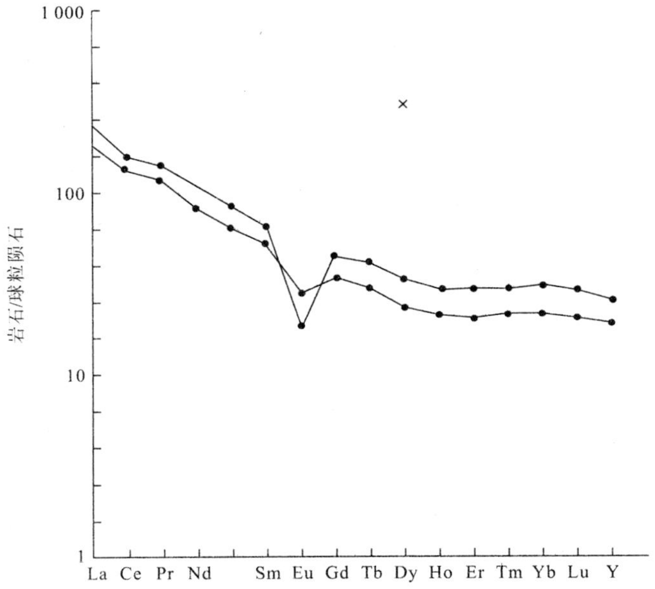

图3-122 乌郁群火山岩稀土元素配分曲线

2. 地球化学特征

(1)稀土元素

稀土元素分析结果及有关参数见表3-30。

由表3-30可知,区内乌郁群火山岩的稀土总量为307.94×10^{-6}、388.18×10^{-6}。$\Sigma Ce/\Sigma Y$为3.38、3.68,$(La/Yb)_N$为8.53、8.79,表明轻稀土较富集。$\delta Eu=0.32$、0.56,铕中等亏损。图3-122为乌郁群火山岩稀土配分模式图,从图中可以看出,不同岩性稀土配分曲线特点相似,均为具明显铕异常的右倾型。

(2)微量元素

微量元素分析结果及有关参数见表3-31。

从表3-31中可以看出,角闪安山岩的微量元素含量与维氏闪长岩相比Nb、Sc、Ga、Th、Ba、Rb、Ta、Hf相对富集,其他偏低;英安岩与维氏花岗岩相比Nb、Sc、Zr、Sr、Co、Rb、Hf相对富集,其他偏低。角闪安山岩的Rb/Sr、Ba/Sr、Zr/Hf比值均大于英安岩的,岩浆分离结晶特征显著。

从图3-123可以看出,乌郁群火山岩的微量元素蛛网图与火山弧型钙碱性玄武岩相似,以富集大离子亲石元素、亏损高场强元素为特征,明显高Th,均高出地壳丰度(5.8×10^{-6})和一般中酸性岩(7×10^{-6}~18×10^{-6}),壳源特征明显。

(四)火山构造及火山机构

1. 火山岩相的划分及特征

按照《火山岩区区域地质调查方法指南》(1∶5万)的划分标准,将区内乌郁群火山岩的岩相划分为爆发相、喷溢相、喷发-沉积相、火山通道相和潜火山岩相,分述如下。

(1)爆发相

按照火山碎屑物的堆积方式可分为空落堆积、崩落崩积和碎屑流堆积，后二者最为常见。

崩落堆积分布于火山口周围，呈环状、半环状分布，由火山(角砾)集块岩、火山角砾岩等组成，火山碎屑物较粗，所占比例大，角砾、集块以同源火山岩为主，大小混杂，棱角明显，胶结疏松，无层理构造，多与岩屑晶屑凝灰岩呈过渡关系。

碎屑流堆积包括密度流、涌流和灰流堆积，以前者为主。密度流堆积的岩石以英安质熔结凝灰岩为主，含有压扁拉长的塑变浆岩和分布不均匀的火山角砾、集块等，塑变浆屑的长宽比多达10以上，假流动构造发育。从角砾的成分来看，以同源角砾为主，异源角砾少量。

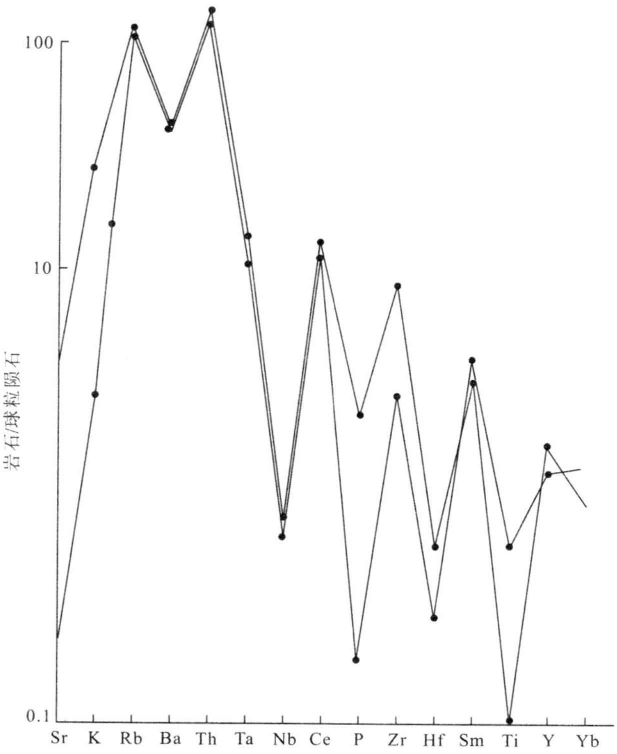

图 3-123　乌郁群火山岩微量元素蛛网图

(2)喷溢相

在乌郁群中该相多见，组成该岩相的岩石有安山岩、英安岩、流纹岩，以多次喷溢形成的复式熔岩流为主。

熔岩流多围绕火山口呈环状、带状分布，有的相互交错或并列重叠产出。安山岩中多含有气孔和杏仁状，其拉伸和延展方向与岩流方向一致，在每个喷发单层中，一般顶部气孔小而多，中部多而大，下部界于二者之间；安岩质、流纹岩质熔岩流中流动构造发育，其延伸方向与流动方向一致，受古地形的影响，局部可见揉皱或涡流构造。

(3)喷发-沉积相

区内乌郁群中该相不发育，仅在新恰勒一带有所出露，主要由沉火山角砾岩组成，为火山物质空落到水中搬运沉积形成的火山碎屑沉积岩，多呈层状、似层状产出。

(4)火山通道相

区内乌郁群中该相不发育，仅在昂木雄、麦朵勒等地见到，位于喷发中心，平面上呈椭圆状，充填其中的岩石为角砾集块熔岩和角砾熔岩，集块或角砾大小混杂，形态不规则，无序排列。

(5)潜火山岩

仅在拉丁火山机构中见到，其岩性为细粒花岗岩，岩石明显具有熔岩外貌，与围岩界线明显。

2. 火山构造及火山机构

按照《火山岩区区域地质调查方法指南》(1：5万)推荐的划分方案，乌郁群火山构造主要涉及到Ⅳ、Ⅴ级火山构造；Ⅳ级火山构造有3个，分别为杜弄勒构造火山洼地、昂木雄火山盆地、中中割布火山盆地，Ⅴ级火山构造即火山机构已发现的有4个，全部为中心式火山，可分为锥状火山和盾状火山两种类型。

(1)杜弄勒构造火山洼地

位于测区中部，尼玛县杜弄勒—麦朵勒一带，平面上呈东西向延伸的带状分布，长约38km，宽一般为3km，最宽处10km，窄处2km。四周均为高山，中部下洼，洼地北部以火山岩为主夹少量正常沉积的砂岩；南部火山岩与沉积岩互层。产状围斜内倾，边部较陡，一般为40°～50°，中心相对较缓，一般为20°～30°。洼地内火山岩东部由英安质角砾凝灰岩、安山岩组成，西部由英安岩、流纹岩及少量相应成分的角砾熔岩组成。其岩相主要为爆发相、溢流相，仅在麦朵勒、杰杨勒两地见有少量近火山通道相集块岩、集块角砾岩，未发现典型的火山机构。

(2)昂木雄火山盆地

位于测区中南部，谢通门县的呼它戈空马—昂木雄一带，平面上围绕石炭系呈半环状分布，宽约

4km。盆地内以中酸性火山碎屑岩为主，中酸性的熔岩相对较少，有爆发相、喷溢相、火山通道相和潜火山岩相。已发现昂木雄、拉丁两个火山机构，根据其地貌、岩性、岩相特征均为层状火山，现以拉丁层状火山机构为例，介绍该火山盆地内火山机构特征。

拉丁层状火山位于谢通门县拉丁—昌穷一带，平面上呈南北向延展的椭圆状分布，出露面积约 $15km^2$。火山碎屑岩、熔岩交互产出，环绕潜火山岩相分布。

潜火山岩相位于火山喷发中心，平面呈半椭圆状，长轴长约 500m，短轴长约 300m，岩性为细粒花岗岩，自边部向中心结构变粗，与围岩界线清楚。爆发相位于该火山机构的外围并环绕潜火山岩相分布，构成第一、三环带，其岩性为英安质熔结凝灰岩，具有密度流堆积特征。溢流相位于该火山机构外围内侧，呈半环状分布，构成第二环带，其岩性为安山岩，为复式熔岩流，每个喷发单层上部多呈红色，含有小而多的气孔，中部气孔大而多，下部气孔多为绿泥石充填、半充填，表面看来其颜色呈现绿色。

根据以上岩性、岩相特征分析，拉丁层状火山大致经历了两个活动阶段，早期从强爆发开始，形成了分布于火山机构外围的英安质熔结凝灰岩，随着熔浆内挥发组分大量溢出，转化为溢流形成第二环带的安山岩，经过早期的爆发溢流，岩浆向酸性演化，挥发组分再次聚集，又一次形成猛烈爆发，形成了第三环带的英安质熔结凝灰岩，随着熔浆内挥发组分再一次大量溢出，火山作用减弱，能量衰减，溢流熔浆堵塞火山口，火山活动进入休眠状态。

(3)中中割布火山盆地

位于测区的中西部申扎县的研夺—中中割布一带，平面上呈南北向延展的不连续带状展布，区内出露面积约 $150km^2$，盆地内火山岩主要为一套以空落堆积为主的酸性火山碎屑岩，其岩性为凝灰质砾岩、沉火山角砾岩、英安岩、流纹质晶屑凝灰岩，多呈层状、似层状产出。

综合以上特征，区内乌郁群火山岩，不同盆(洼)地内具有不同的特征，从火山机构相对发育的昂木雄火山盆地中的火山活动历史来看，乌郁群火山活动大致经历了早期的爆发、喷溢其岩性具有反向演化的特征和晚期的爆发、溢流(潜火山岩)，以正常岩浆演化为特征。

(五)火山活动的构造环境

康迪利用稀土元素来判断不同环境的长英质火山岩，图 3-121 为区内乌郁群火山岩的投图结果，从中可以看出乌郁群火山岩属伸展盆地型火山岩。

在火山岩 Rb-(Yb+Ta)和 Rb-(Y+Nb)判别图(Pearce 等，1984)(图 3-124)上，乌郁群火山岩投点全部落入 WPG 区，属板内环境。

综上所述，乌郁群火山岩形成的环境为大陆板内，为陆内俯冲作用的产物。

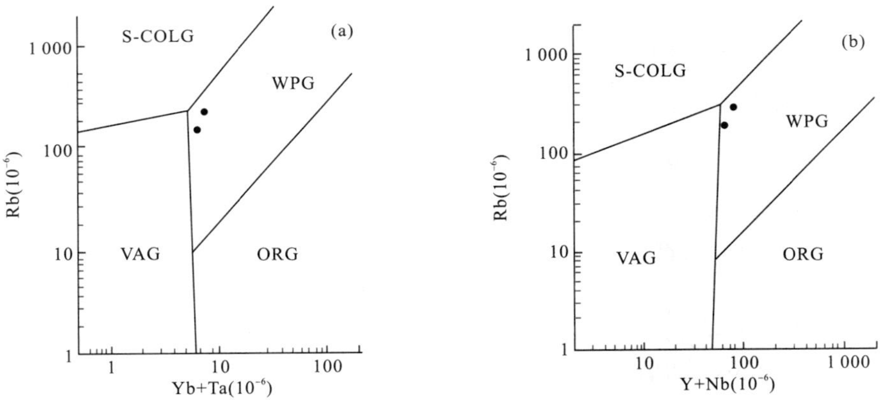

图 3-124 乌郁群火山岩 Rb-(Yb+Ta)(a)和 Rb-(Y+Nb)(b)判别图

VAG. 火山弧花岗岩；WPG. 板内花岗岩；S-COLG. 同碰撞花岗岩；ORG. 洋中脊花岗岩；A-ORG. 异常洋中脊花岗岩

(据 Pearce 等，1984)

第四章　变质岩

测区变质岩主体为浅变质岩石，中深变质岩很少，呈不规则带状分布于北部纳波拉—卡乡、南部厄容—青都等地。

依据变质作用类型，参考长春地质学院《变质岩岩石学》(贺同兴等，1988)中变质岩石分类方案，将区内变质岩分为区域变质岩、动力变质岩及接触变质岩3类。岩石类型以区域变质岩为主，动力变质岩次之，接触变质岩仅在岩体边缘附近有少量分布(图4-1)。

第一节　区域变质岩

测区遭受区域变质作用的岩石主要是前震旦纪、石炭纪与二叠纪地层。

一、岩石类型及特征

根据长春地质学院的变质岩石分类方案，参考程裕祺(1984)的变质岩石分类方案，结合测区变质岩石的结构、构造、矿物成分、变质程度及实际分布特点，将测区区域变质岩分为5类(表4-1)。

(一)轻微变质岩类

该类岩石是测区分布最广的区域变质岩，主要分布于石炭纪—二叠纪地层中。主要岩石类型有变砂岩、板岩等。

1. 变石英砂岩

主要分布于永珠组、拉嘎组中。由于岩石变质轻微，原生沉积组构保留较好。碎屑物主要为石英，常具次生加大边缘，但原始的次圆状碎屑形态清晰可辨；另有少量长石及黑云母，黑云母多变化为绿泥石。胶结物为硅质，大部分已结晶为微晶石英。

2. 变石英杂砂岩

主要分布于拉嘎组中，永珠组也有少量分布。岩石多为灰红色，变余砂状结构，变余层状构造。碎屑物主要为石英，呈次棱角状、次圆状，具次生加大边；杂基为泥质及粉砂，泥质物绝大部分已变成了绢云母，微定向分布。

3. 变质粉砂岩

在永珠组、拉嘎组中均有分布。岩石多为深灰或灰黑色，变余粉砂状结构，变余层状或微定向构造。石英粉砂呈不规则粒状；胶结物已全部变成了鳞片状绿泥石，不均匀定向分布；微量矿物白钛石呈土状不均匀散布。

4. 泥质板岩

广泛分布于石炭系永珠组及二叠系昂杰组中，拉嘎组中也有少量分布。岩石为灰黑色，多具变余泥质结构，少部分为鳞片变晶结构，原生成分纹层常保留较好。岩石组分以泥质为主，普遍有含量不等的石英粉砂。泥质物大部分已变化为细小的鳞片状绢云母，并定向分布；石英粉砂多为原始的次棱角状碎屑形

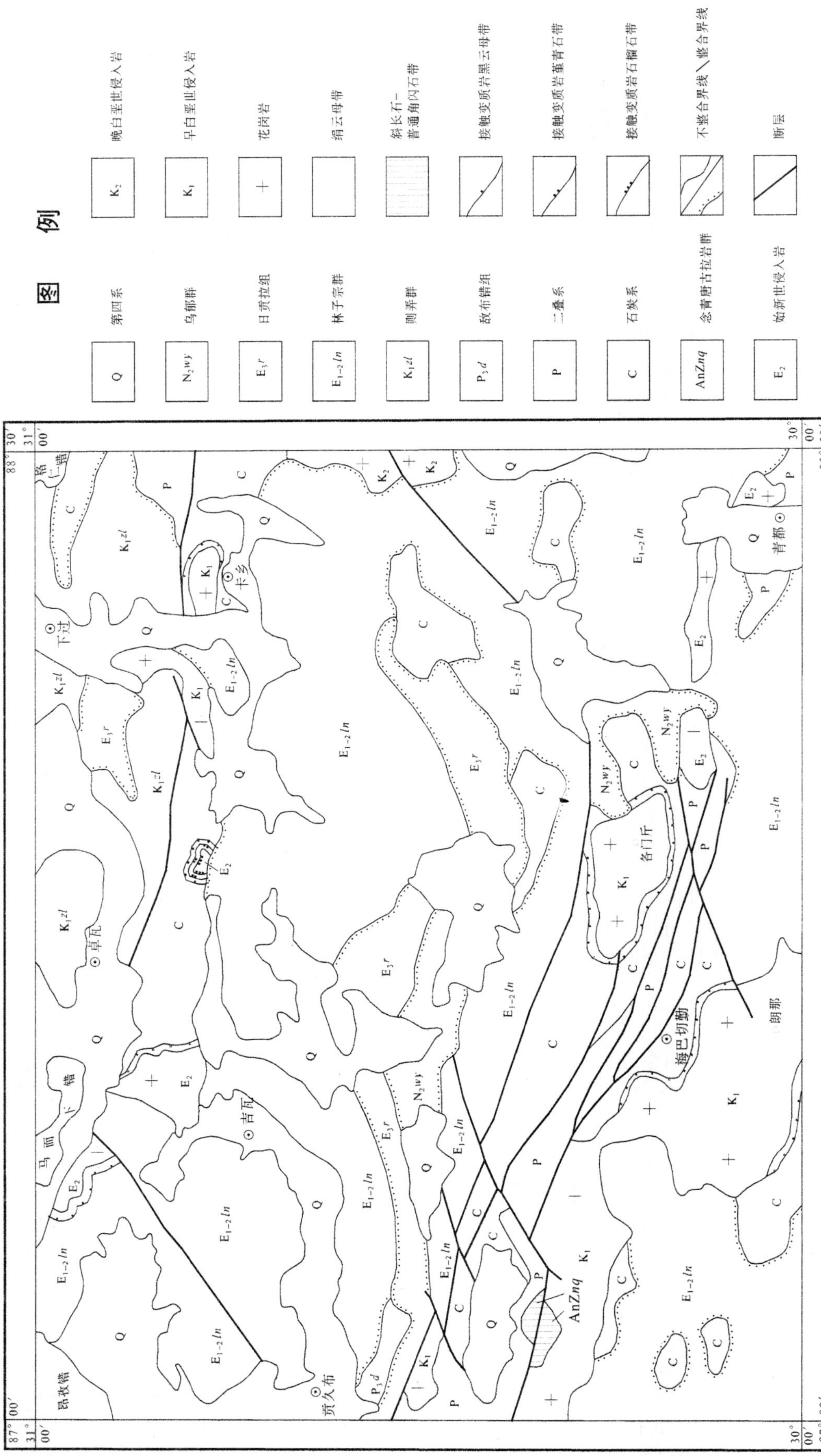
图 例
Q 第四系
K2 晚白垩世侵入岩
N2wy 乌郁群
K1 早白垩世侵入岩
E3r 日贡拉组
花岗岩
E1-2ln 林子宗群
绢云母带
K1zl 则弄群
斜长石-普通角闪石带
P3d 敌布错组
接触变质岩黑云母带
P 二叠系
接触变质岩堇青石带
C 石炭系
接触变质岩石榴石带
AnZnq 念青唐古拉岩群
不整合界线\整合界线
E2 始新世侵入岩
断层
格仁错
卡乡
下过
卓瓦
吉瓦
昂孜错
贡久布
青都
各门斤
梅巴切勤
朗那
0 10 20km

图4-1　变质地质图

表 4-1　测区区域变质岩岩石特征一览表

岩类	岩石名称	分布层位	结构	构造	主要矿物含量(%)	次要矿物含量(%)	副矿物
轻微变质岩类	变石英砂岩	$C_{1-2}y$ C_2P_1l	变余砂状结构	变余层状构造	石英 90～95	斜长石 2～5；黑云母 1～2；白云母 1～2	
	变石英杂砂岩	$C_{1-2}y$ C_2P_1l	变余砂状结构	变余层状构造	石英 70～75；绢云母 20～25	黑云母 0～5	
	变质粉砂岩	$C_{1-2}y$ C_2P_1l	变余粉砂状结构	变余层状构造，微定向构造	石英 70～85；绢云母 25～30		白钛石
	泥质板岩	$C_{1-2}y$ P_1a C_2P_1l	变余泥质结构，鳞片变晶结构	板状构造	泥质 50～75；石英 5～25；绢云母 20～50	硅质 0～5；铁质 0～2；钙质 0～5	
	含炭质泥质板岩	$C_{1-2}y$	变余泥质结构	板状构造	泥质 30～40；绢云母 40～60	炭质 5～10；石英 2～5	磁铁矿
	粉砂质板岩	$C_{1-2}y$	变余粉砂状结构	板状构造	石英 50～75；绢云母 10～25	泥质 5～10；铁质 5；黑云母 0～5	
	绢云母板岩	$C_{1-2}y$	粒状鳞片变晶结构	板状构造	绢云母 75～90；石英 10～20	铁质 1～5	磁铁矿
片岩类	黑云斜长片岩	$AnZnq$	鳞片粒状变晶结构	片状构造	石英 35；斜长石 20；黑云母 40	白云母 5	磁铁矿
	二云石英片岩	$AnZnq$	鳞片粒状变晶结构	片状构造	石英 70；黑云母 30；白云母 20		磁铁矿
	白云石英片岩	$AnZnq$	鳞片粒状变晶结构	片状构造	石英 70；白云母 20	斜长石 10	磁铁矿
	二云母片岩	$AnZnq$	粒状鳞片变晶结构	片状构造	白云母 20；黑云母 30；石英 40	石英 10	
	黑云母片岩	$AnZnq$	粒状鳞片变晶结构	片状构造	黑云母 60；石英 35	白云母 5	
长英质粒岩类	浅粒岩	$AnZnq$	粒状变晶结构	块状构造	长英质微晶矿物 85～95	斜长石 3～5；石英 2～10；黑云母 0～5；钾长石 0～3；角闪石 0～3	磁铁矿、白钛石
	石英岩	$AnZnq$	粒状变晶结构	块状构造	石英 100		磁铁矿
斜长角闪岩类	斜长角闪岩	$AnZnq$	粒状变晶结构	块状构造	角闪石 85～90	斜长石 10；石英 0～10；黑云母 0～5	磁铁矿、榍石
	斜长角闪片岩	$AnZnq$	粒状纤状变晶结构	定向构造	角闪石 80；斜长石 20		榍石
	角闪片岩	$AnZnq$	粒状纤状变晶结构	定向构造	角闪石 80；石英 10	斜长石 5；黑云母 5	磁铁矿
大理岩类	大理岩	$AnZnq$	粒状变晶结构	块状构造	方解石 98	白云母 2	黝帘石

态，有时聚集成条，定向分布。在永珠组中还见有少量含炭质泥板岩，其中炭质呈尘状分布。

5. 绢云母板岩

主要分布在永珠组中，具粒状鳞片变晶结构，板状构造，沿板理面可见丝绢光泽。岩石由绢云母及少量石英、炭质组成。绢云母呈细小鳞片状，波状消光，定向分布；石英呈次棱角状、次圆状碎屑形态，不均匀分布；炭质呈尘状较均匀散布。

（二）片岩类

该类岩石仅在前震旦系念青唐古拉岩群中有少量分布。主要岩石类型有黑云斜长片岩、二云石英片岩、白云石英片岩等。

1. 黑云斜长片岩

岩石一般呈深灰色、灰黑色，似层状延伸。鳞片粒状变晶结构，片状构造。岩石主要由石英、黑云母及少量白云母、斜长石组成，微量矿物为磁铁矿。石英、斜长石呈不规则粒状，不均匀定向分布；云母类呈片状，常聚集，在石英颗粒间呈连续的定向分布，少数黑云母向绿泥石变化；磁铁矿呈粒状，大多向褐铁矿变化，零星分布。

2. 二云石英片岩

岩石一般呈灰色,似层状延伸。具鳞片粒状变晶结构,片状构造。主要由黑云母、白云母、石英组成,微量矿物为磁铁矿。石英呈不规则粒状,不均匀定向分布;黑云母、白云母为片状,二者分别聚集,相间分布,多数黑云母向绿泥石变化;磁铁矿为不规则粒状,零星分布。

3. 白云石英片岩

岩石为白色,似层状展布,具鳞片粒状变晶结构,片状构造。岩石主要由石英、白云母及斜长石组成,微量矿物为磁铁矿。石英、斜长石呈不规则粒状,不均匀定向分布;白云母为片状,在长英质矿物颗粒间呈不均匀的连续定向分布;磁铁矿呈粒状,多向褐铁矿变化,星散分布。

(三)长英质粒岩类

1. 浅粒岩

分布在前震旦系念青唐古拉岩群中,是十分发育的岩石类型,由于受后期动力变质作用的叠加影响,岩石已糜棱岩化。主要由微晶长英质矿物组成,几乎无暗色矿物,并有少量颗粒较大的斜长石及石英形成碎斑,微晶长英质矿物围绕碎斑定向分布。

2. 石英岩

分布于前震旦系念青唐古拉岩群中,常与片岩互层产出。岩石一般呈灰白色,具粒状变晶结构,块状构造。石英是岩石的主要成分,呈不规则粒状,裂纹发育,波状消光。副矿物磁铁矿呈不规则粒状,大多向褐铁矿变化。

(四)斜长角闪岩类

是组成前震旦系念青唐古拉岩群的主要岩石类型。该类岩石一般呈暗绿色,面状展布或与片岩、长英质粒岩呈互层产出。

1. 斜长角闪岩

岩石具粒状变晶结构,块状或弱定向构造。主要矿物为角闪石和斜长石,柱状角闪石微定向分布,部分向绿泥石变化,微量矿物磁铁矿常被榍石包裹,呈不均匀的定向分布。

2. 斜长角闪片岩

岩石具粒状纤状变晶结构,定向构造。主要矿物为角闪石和斜长石,纤柱状角闪石呈连续的定向分布;斜长石部分已变成了绿帘石。

3. 角闪片岩

岩石具粒状纤状变晶结构,定向构造。主要由角闪石及少量斜长石、石英、黑云母组成,纤柱状角闪石定向分布,部分轻微绿帘石化;斜长石、石英呈不规则粒状与片状黑云母一起定向分布;副矿物磁铁矿呈粒状,零星分布。

(五)大理岩

见于前震旦系念青唐古拉岩群中,为片岩中的夹层,出露较少。岩石呈白色,具粒状变晶结构,块状构造。岩石主要由方解石组成,次要矿物为白云母、黝帘石。方解石呈不规则粒状,相互结合分布;白云母为片状,局部分布;黝帘石为板柱状、粒状,零星分布。

二、主要变质矿物特征

（一）石英

是分布最广泛的矿物。在轻微变质岩中有两种形态：原生石英，一般为次棱角状、次圆状，保留碎屑形态，具明显的变晶增大边缘；由硅质结晶形成的石英常是微晶状。在片岩中为不规则粒状，并呈不均匀定向分布。在长英质粒岩中石英颗粒较大，常形成透镜状、眼球状碎斑，不均匀定向分布，裂纹发育，波状消光明显。

（二）斜长石

是长英质粒岩类及斜长角闪质岩石中的主要组成矿物，常具聚片双晶，双晶纹细而密，近平行消光，An=26，为更长石。在长英质粒岩中常形成碎斑，呈次圆状、透镜状，裂纹发育，部分可见双晶发生错位；在斜长角闪质岩石中呈不规则粒状，部分向绿帘石或绢云母变化，呈不均匀定向分布。

（三）绢云母

分布广泛，均为细小鳞片状，常聚集成条片状，沿面理定向分布。有时向白云母过渡。

（四）白云母

主要分布于片岩中，为鳞片状、条片状，多聚集，定向分布，常与黑云母相伴。

（五）黑云母

分布较广，褐色片状、鳞片状，多聚集，平行面理分布，部分向绿泥石变化。

（六）角闪石

是斜长角闪质岩石的主要组成矿物。墨绿色—黑色纤柱状，定向排列，单偏光下呈蓝绿色，多色性、吸收性明显，$C\wedge Ng=20°\sim25°$。

（七）方解石

是大理岩的主要组成矿物，一般呈他形粒状，部分双晶发育，可见两组解理，解理夹角为65°±。

三、岩石化学特征

区内斜长角闪片岩及浅粒岩与临区尼玛帮勒一带的同类岩石宏观特征一致，变质程度相当，本章中的岩石化学、地球化学数据均采用帮勒一带的样品分析结果。

斜长角闪片岩及浅粒岩硅酸盐分析结果、P 尼格里参数及 ACF、A′KF 参数值见表 4-2、表 4-3。

表 4-2 区域变质岩岩石化学分析结果

w_B(%)

序号	样品编号	岩石名称	层位	SiO_2	Al_2O_3	TiO_2	Fe_2O_3	FeO	MgO	MnO	CaO	Na_2O	K_2O	P_2O_5	H_2O^+	CO_2	合计
1	Gs2022/1	斜长角闪片岩	AnZ*nq*	52.11	12.15	2.12	5.33	9.90	3.81	0.20	8.48	1.29	1.55	0.34	2.45	0.02	99.75
2	Gs2022/2	浅粒岩	AnZ*nq*	74.43	11.98	0.42	0.79	1.70	0.61	0.05	0.53	1.69	6.32	0.07	1.05	0.06	99.7
3	Gs2022/3	浅粒岩	AnZ*nq*	80.92	10.59	0.17	0.19	0.43	0.29	0.01	0.49	5.28	0.83	0.03	0.54	0.09	99.86

注：本表为帮勒一带的样品数据

（一）斜长角闪片岩

斜长角闪片岩中 FeO=9.9%、Mg=3.81%、CaO=8.48%、Al_2O_3=12.15%，表明岩石富铁、镁、钙，而低铝；qz=17.4，SiO_2过饱和，t<0，在 Si-t 图解（图 4-2）上落入基性岩系列；al>alk，属碱金属不饱和

类型。

表 4-3　区域变质岩尼格里参数值及 ACF、A′KF 数值表

序号	样品编号	岩石名称	层位	al	fm	c	alk	si	ti	k	mg	qz	t	A	C	F	A′	K	F
1	Gs2022/1	斜长角闪片岩	An*Znq*	19.52	49.43	24.90	6.15	142.4	4.27	0.44	0.32	17.4	−11.53	23.28	28.95	47.77			
2	Gs2022/2	浅粒岩	An*Znq*	43.51	18.25	3.50	34.73	456.9	1.85	0.71	0.30	218	5.28	38.16	9.21	52.63	15.08	53.17	31.75
3	Gs2022/3	浅粒岩	An*Znq*	46.85	6.80	4.10	42.3	588	0.9	0.09	0.47	319	0.45	36.67	20.00	43.33	8.33	37.50	54.17

注：本表为帮勒一带的样品数据

(二)浅粒岩

浅粒岩中 SiO_2＝74.43%～80.92%，qz＝218～319，表明岩石极富 SiO_2，属 SiO_2 过饱和型；t＞0，属铝过饱和系列，在 Si－t 图解(图 4－2)上落入长英质系列；al＞alk，属碱金属不饱和类型。

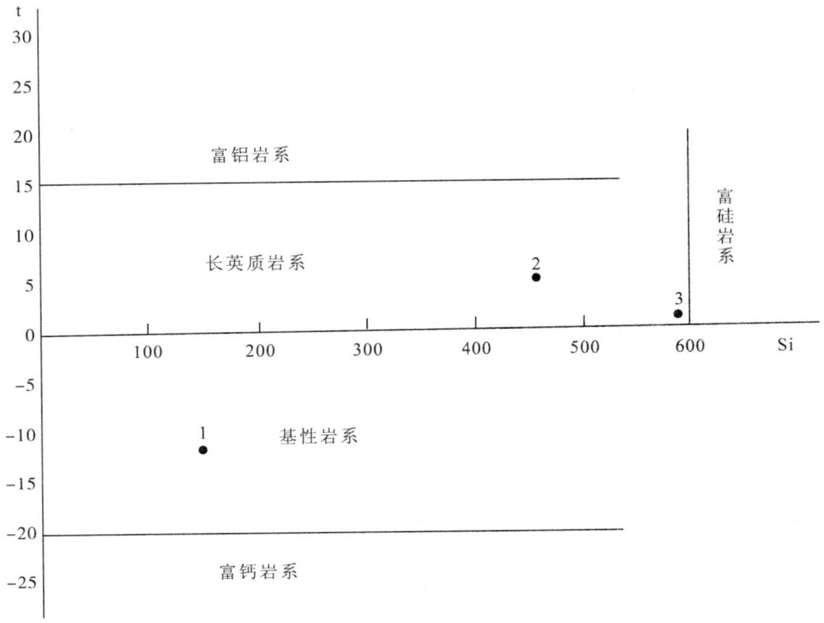

图 4－2　测区变质岩 Si－t 图解

(序号同表 4－2)

四、微量元素特征

测区斜长角闪片岩及浅粒岩的微量元素含量见表 4－4，有如下特点。

表 4－4　区域变质岩微量元素含量

序号	样品编号	岩石名称	层位	V	Cr	Ni	Rb	Sr	Zr	Ba	Th	Sc	Hf	Nb	Co	Ta	Ga
1	W2022/1	斜长角闪片岩	An*Znq*	471.2	34.0	26.5	143.3	154	192	253	6.9	37.9	5.8	10.5	41.4	0.5	19.7
2	W2022/2	浅粒岩	An*Znq*	29.7	21.8	3.8	251	97	248	135	23.4	7.8	9.0	16.2	9.8	3.4	13.1
3	W2022/3	浅粒岩	An*Znq*	14.9	33.1	4.3	24.8	40	139	291	15.8	3.9	5.2	8.9	11.9	2.7	5.6
地壳元素丰度(泰勒 964)				135	100	75	90	375	165	425	9.6	22	3	20	25	2	15
岩石微量元素丰度(涂和魏 1961)		玄武岩		250	170	130	30	465	140	130	4	30	2	19	48	1.1	17
		砂岩		20	35	2	60	20	220		1.7	1	3.9		0.3		12

注：本表为帮勒一带的样品数据；各元素含量单位为 10^{-6}

(一)斜长角闪片岩

与涂和魏(1961)玄武岩中的微量元素对比,V、Rb、Zr、Ba、Hf 明显高于平均值,Cr、Ni、Sr、Nb、Co、Ta 低于平均值,其他元素与平均值较为接近。与地壳元素丰度(泰勒,1964)对比,V、Rb、Zr、Sc、Hf、Co、Ga 富集,Th、Nb、Ta 略低,Cr、Ni、Sr、Ba 贫乏。

(二)浅粒岩

该类岩石与涂和魏(1961)砂岩中的微量元素相比,Rb、Sr、Th、Sc、Hf、Co 明显偏高,其他元素则与平均值接近或略低。与地壳元素丰度(泰勒,1964)对比,Hf、Ta 较高,Th、Nb、Co 稍低,V、Cr、Ni、Sr、Ba、Sc 明显贫乏。

五、稀土元素特征

测区斜长角闪片岩及浅粒岩的稀土元素含量及特征参数见表 4-5。

表 4-5 区域变质岩稀土元素含量及特征参数

序号	样品编号	岩石名称	层位	La	Ce	Pr	Nd	Sm	Eu	Gd	Tb	Dy	Ho
1	XT2022/1	斜角闪片岩	AnZ*nq*	21.22	49.47	5.91	24.21	5.73	1.86	7.74	1.17	7.72	1.53
2	XT2022/2	浅粒岩	AnZ*nq*	21.49	62.97	5.72	19.00	4.00	0.67	3.76	0.65	3.93	0.81
3	XT2022/3	浅粒岩	AnZ*nq*	14.67	41.08	3.49	10.75	2.33	0.25	2.15	0.40	2.48	0.55
22 个球粒陨石平均值(赫尔曼,1971)				0.32	0.94	0.12	0.60	0.20	0.073	0.26	0.05	0.32	0.073
序号	样品编号	岩石名称	层位	Er	Tm	Yb	Lu	Y	ΣREE	ΣCe/ΣY	δEu	Eu/Sm	$(La/Yb)_N$
1	XT2022/1	斜角闪片岩	AnZ*nq*	4.77	0.70	4.92	0.69	48.73	186.37	1.39	0.85	0.32	2.91
2	T2022/2	浅粒岩	AnZ*nq*	2.54	0.42	2.98	0.44	25.4	154.69	2.79	0.52	0.17	4.86
3	XT2022/3	浅粒岩	AnZ*nq*	1.85	0.32	2.26	0.34	15.85	98.77	2.77	0.34	0.11	4.38
22 个球粒陨石平均值(赫尔曼,1971)				0.21	0.033	0.19	0.031	1.96					

注:本表为帮勒一带的样品数据;各元素含量单位为 10^{-6}

(一)斜长角闪片岩

岩石的稀土元素总量为 186.37×10^{-6},轻重稀土比值为 1.39,轻稀土富集而重稀土亏损;δEu 为 0.85,显示轻微铕负异常;Eu/Sm 为 0.32,稍低于大洋拉斑玄武岩的 Eu/Sm 值 0.44(赵振华,1974);分馏程度 $(La/Yb)_N$ 为 2.91。稀土元素配分模式(图 4-3)显示轻稀土向右缓倾,重稀土平坦的形态。

(二)浅粒岩

该类岩石的稀土总量为 98.77×10^{-6}~154.69×10^{-6},轻重稀土比值为 2.77~2.79,轻稀土富集,而重稀土亏损;δEu 为 0.34~0.52,显示铕负异常;Eu/Sm 为 0.11~0.17,与沉积岩 Eu/Sm 值 0.2(赵振华,1974)相近,分馏程度为 4.38~4.86,稀土元素配分模式(图 4-3)为轻稀土富集、右倾较陡,重稀土较为平坦的形态。

六、原岩恢复

依据岩石的岩性、产状、组构特征、岩石的共生组合、副矿物特征、结合岩石化学和地球化学等特征,将测区区域变质岩各主要岩石类型的原岩恢复如下。

(一)轻微变质岩类

主要有变砂岩、粉砂质板岩、泥板岩、绢云母板岩等。该类岩石中的砂级、粉砂级碎屑物多数呈次棱角状、次圆状的原始形态,变余组构发育,空间上呈层状展布,常与石英砂岩或含化石的灰岩互层产出。该类

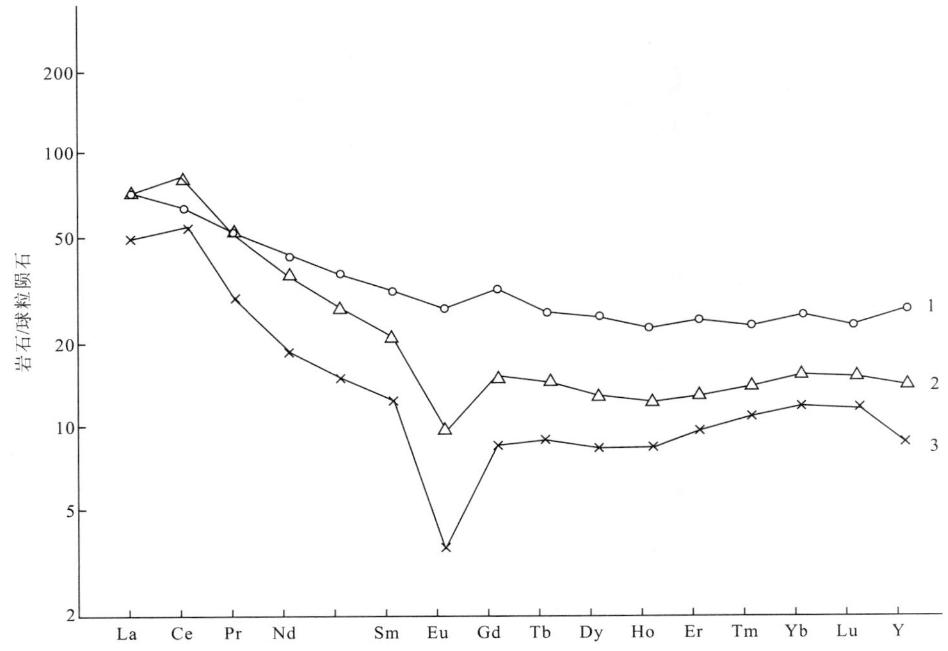

图 4-3　斜长角闪片岩及浅粒岩的稀土元素配分模式

（序号同表 4-4）

岩石的原岩应为正常沉积的碎屑岩，主要是砂岩、杂砂岩、粉砂岩及泥岩。

（二）片岩类

主要有黑云斜长片岩、二云石英片岩、白云石英片岩。该类岩石中部分石英颗粒保留了变余碎屑形态，空间上呈层状分布，常与特殊岩石（石英岩、大理岩）呈互层产出，表明其原岩应为正常沉积的泥岩或泥质粉砂岩。

（三）长英质粒岩

1. 石英岩

空间上呈层状展布，并与片岩类相伴或互层产出，岩石中部分石英颗粒保留了变余碎屑形态，其副矿物主要为磁铁矿，表明其原岩应为石英砂岩。

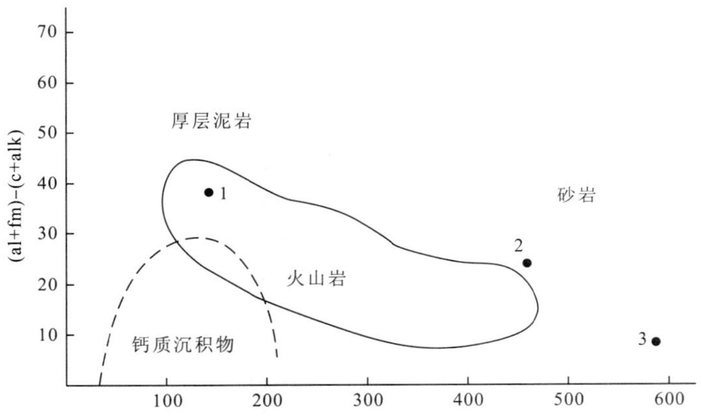

图 4-4　西蒙南图解

（据 Simonen A. 1953，简化；序号同表 4-3）

2. 浅粒岩

该类岩石空间上分布稳定，呈层状大面积出露，其间常见有副变质岩夹层，宏观上排除了其为侵入岩的可能性。稀土元素的 Eu/Sm 为 0.11～0.17，与沉积岩的 Eu/Em 比值 0.2（赵振华，1974）接近；在岩石化学方面，其铝饱和系数 $t>0$，亦说明了其沉积岩的特点；在西蒙南图解（图 4-4）上，落入砂岩区；在 Al_2O_3 -（K_2O+Na_2O）图解（图 4-5）上，落入长石砂岩区，在（$Al_2O_3+TiO_2$）-（SiO_2+K_2O）- Σ 其余组分图解（图 4-6）上亦落入长石砂岩区，说明长英质粒岩类原岩为长石砂岩。

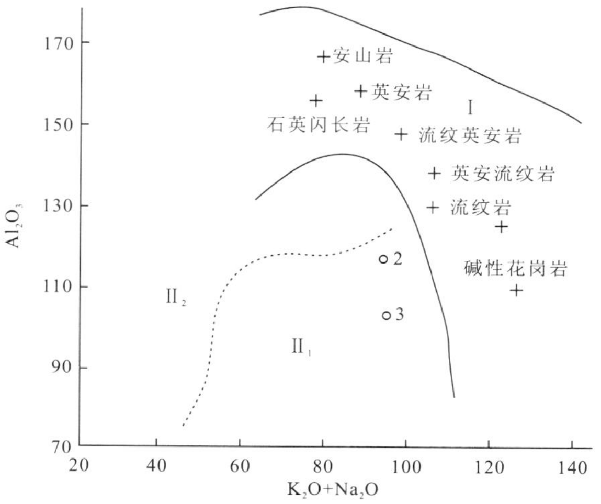

图 4-5　Al_2O_3-(K_2O+Na_2O)(分子数)图解

(лреовскии, A. A., 1980, 略有简化, 序号同表 4-2)

Ⅰ. 中酸性岩浆岩区；Ⅱ₁. 长石砂岩区；Ⅱ₂. 次岩屑砂岩区

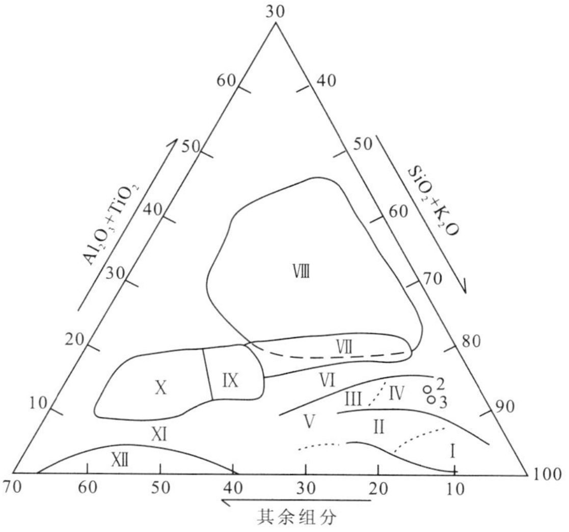

图 4-6　($Al_2O_3+TiO_2$)-(SiO_2+K_2O)-∑其余组分图解

(据涅洛夫, 1974, 略简化, 序号同表 4-2)

Ⅰ. 石英砂岩、石英岩；Ⅱ. 单成分砂岩、石英岩质砂岩；Ⅲ. 复成分砂岩；Ⅳ. 长石砂岩；Ⅴ. 钙质砂岩、铁质砂岩；Ⅵ. 化学分异微弱的沉积物；Ⅶ. 化学分异中等的粘土；Ⅷ. 潮湿气候化学分异强烈的粘土；Ⅸ. 碳酸岩粘土；Ⅹ. 泥灰岩；Ⅺ. 硅质泥灰岩；Ⅻ. 铁质石英岩

(四) 斜长角闪岩类

该类岩石常呈大面积出露，空间上分布稳定，其间常见有副变质岩夹层或与副变质岩(长英质粒岩)互层产出。稀土元素 Eu/Sm 为 0.32，与大洋拉斑玄武岩的 Eu/Sm 值 0.44(赵振华，1974)接近，Cr/Ni > 1，在西蒙南图解(图 4-4)上落入火山岩区，在 A-C-F 图解(图 4-7)上落入玄武质岩和安山质岩区。说明该类岩石原岩应为玄武质熔岩。

(五) 大理岩

测区大理岩呈层状夹于片岩中间，其成分几乎全为方解石，其原岩应为较纯的灰岩。

七、变质相带划分

以变质原岩为基础，结合区内区域变质岩的矿物共生组合特征，以特征变质矿物的首次出现为依据，将测区区域变质岩划分为绢云母带及斜长石-普通角闪石带；以变质带的划分为基础，以变质矿物共生组合为依据，将测区区域变质岩石划分为低绿片岩相与高绿片岩相。

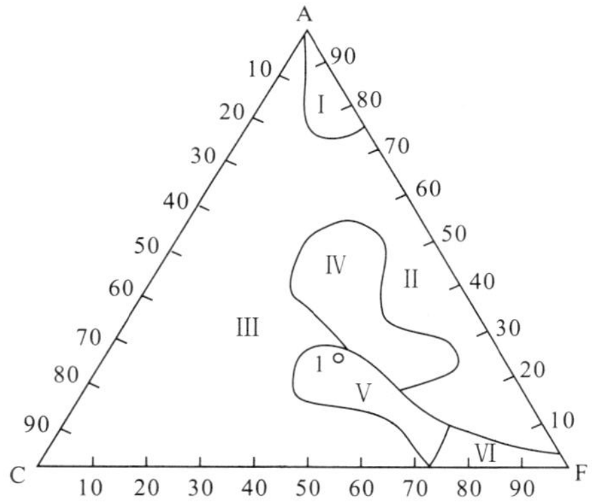

图 4-7　A-C-F 图解

(据温克勒, 1976, 序号同表 4-3)

Ⅰ. 富铝粘土和页岩；Ⅱ. 粘土和页岩；Ⅲ. 泥灰岩；Ⅳ. 杂砂岩；Ⅴ. 玄武质岩和安山质岩；Ⅵ. 超镁铁质岩

(一) 低绿片岩相绢云母带

主要分布于测区石炭系—二叠系地层中，空间上与地层展布一致。岩石类型主要为变砂岩、板岩等。其矿物共生组合为：绢云母+石英、绢云母+绿泥石+石英。

以变泥砂质岩中有细小鳞片状绢云母大量出现为特征，说明该变质带以特征变质矿物绿泥石—绢云母为主，变质程度较低。据绢云母的出现推测其温压条件为：P=0.2～0.5 GPa；T=400～500℃。

(二) 高绿片岩相斜长石-普通角闪石带

分布在测区念青唐古拉岩群中，与地层分布范围相当。主要岩石类型为二云石英片岩、长英质粒岩、斜长角闪岩、大理岩等。变质矿物共生组合为：泥砂质岩石：白云母＋黑云母＋石英、白云母＋黑云母＋石英＋斜长石、斜长石＋石英；基性岩：斜长石＋角闪石、斜长石＋角闪石＋石英＋黑云母；碳酸盐岩：方解石＋白云母。

斜长石-普通角闪石带，以变质基性岩石中斜长石的大量出现为标志。在该变质带中，斜长石牌号 An＝26，为更长石；角闪石 $C \wedge Ng=20°\sim25°$，具蓝绿色多色性，属高绿片岩相。据更长石的出现和角闪石显蓝绿色多色性，推测其形成的温压条件为：$P=0.2\sim0.6$GPa，$T=500\sim575$℃。

八、区域变质作用及变质作用期

区内低绿片岩相变质的岩石，其岩石类型以变砂岩、板岩为主，常呈大面积或带状分布，无递增变质带，板劈理极为发育，表明岩石形成于强应力和均匀的较低温条件下，属区域低温动力变质作用。区内高绿片岩相变质岩的岩石，其岩石类型有片岩、浅粒岩、斜长角闪岩等，受后期构造影响，呈较小的不规则面状分布，局部片理发育。据区域资料显示，该期变质作用还伴有混合岩化作用，表明岩石形成于较强应力和较高温度的条件下，应为区域动力热流变质作用。

以区域地质构造演化特征为基础，结合变质年龄资料，将测区区域变质作用划分为 2 期。

(一)元古期变质作用

新元古期变质作用发生在 800～600Ma(《西藏自治区区域地质志》，1993)，是西藏元古代基底的固结阶段。变质作用属中压区域动力热流变质作用，受其影响，测区念青唐古拉岩群岩石变质，变质程度达单相高绿片岩相。对这次变质作用产生的构造背景还不太清楚，它可能是冈瓦纳大陆泛非事件的一个重要组成部分。

(二)华力西期变质作用

华力西期晚期，古特提期海封闭引起了碰撞造山作用，出现了大面积的区域低温动力变质作用，影响到的地层为石炭系、二叠系，形成了低绿片岩相的变质岩石。

第二节　动力变质岩

测区北侧发育有昂孜错—色热巴断裂带，中南部有江章—马弄拉断裂带，规模较大，次级断裂也较发育，且具多期活动的特点，因而形成了类型齐全的动力变质岩系列。

一、岩石类型及特征

以中国地质大学(武汉)1988 年动力变质岩分类方案为准则，结合测区动力变质岩的结构构造、碎裂程度及其形成时的动力性质和应力强度，将测区动力变质岩分为脆性动力变质岩和韧性动力变质岩。以脆性动力变质岩为主，韧性动力变质岩较少。

(一)脆性动力变质岩

测区各断裂内均有分布。

1. 构造角砾岩

多数规模较大的断裂中均有分布，尤以北东向断裂中最为发育。岩石呈角砾状结构，块状构造、微定向构造。角砾含量为 35%～80%，大多为棱角状、次棱角状，少量为尖棱角状、椭圆状，角砾成分与围岩一致，有砂岩、粉砂岩、灰岩、花岗岩、火山岩等，大小混杂，大多杂乱分布，部分具微定向排列，大小悬殊，为 2～200mm 或更大，角砾中的石英颗粒多具波状消光。胶结物为 20%～65%，多为次生石英、方解石及铁质，少量硅质、泥质，部分胶结物为岩石碎裂过程中形成的碎粉状石英、方解石。该类岩石沿其裂隙有大量后期石英脉、方解石脉呈网脉状穿插。

2. 碎裂岩

区内较常见，大多数断裂均有发育。区内的主要岩石类型有碎裂砂岩、碎裂板岩、碎裂泥岩、碎裂灰岩、碎裂火山岩等。岩石具碎裂结构，块状构造。大部分岩石原岩结构、构造得以保留，少部分岩石由于破碎强烈，原岩结构、构造消失。碎块为50%～80%，大小为2～50mm，个别达100mm。碎块中的长石、方解石双晶纹普遍弯曲、断裂，部分颗粒定向拉长。石英碎裂纹发育，强烈波状消光。云母片具波状消光。双晶纹具弯曲、褶皱、拉开等现象。碎块边缘碎粒化明显，裂隙中为磨碎的微粒石英、方解石与重结晶的石英、方解石及铁质等分布，并被石英、方解石、褐铁矿细脉穿插。

3. 碎斑岩

多分布于近东西向的断裂带中。岩石由碎斑和碎基两部分组成，岩石的碎粒化作用形成了碎基，碎裂化作用形成了碎斑。岩石类型有花岗质碎斑岩、长英质碎斑岩、灰岩质碎斑岩等。具碎斑结构，块状构造。碎斑大小为0.5～2mm，边缘碎粒化，为岩石或矿物碎屑，其成分主要为方解石、长石、石英等，含量为30%～50%，石英具强烈的波状消光，无流变特征。长石、方解石双晶纹弯曲，云母扭折。碎基为50%～70%，大小为0.01～0.1mm，少量微粒石英、方解石有重结晶现象，局部有方解石细脉穿插。

4. 碎粒岩

多分布于近东西向的断裂带中，分布局限。岩石破碎强度比碎斑岩更强，大部分矿物破碎为碎粒、碎粉，原岩结构已全部破坏。岩石具碎粒结构，块状构造。碎粒大小为0.1～0.5mm，碎斑较少，碎基占50%～80%。碎粒较均一，且趋于圆化，其中可见塑性变形现象。依所产围岩，岩石类型有长英质碎粒岩、钙质碎粒岩等。

5. 碎粉岩(断层泥)

测区发育极少。岩石破碎强度进一步加强，形成0.01～0.05mm的细小颗粒，杂乱分布，无定向显示，原岩结构、构造全部消失。胶结疏松时为断层泥。

（二）韧性动力变质岩

区内在嘎架忍—马杰力断裂带及色热巴断裂东段均见有分布。

1. 初糜棱岩及糜棱岩化岩石

主要分布于嘎架忍断裂带，在色热色断裂东段也有少量分布。岩石由碎斑和碎基组成，碎斑一般占50%～90%，由石英、长石等矿物及岩石碎块组成，多被压碎拉长呈长条带状、眼球状、透镜状，定向分布，大小为0.5～2mm，石英碎斑强烈波状消光，方解石、长石碎斑双晶纹弯曲。碎基为10%～50%，为矿物或岩石微粒，组成条纹状构造，条纹绕过碎斑。

2. 糜棱岩

主要分布于嘎架忍断裂，在色热巴断裂东段也有少量分布。岩石类型主要为长英质糜棱岩。岩石具糜棱结构，眼球纹理构造、条带状构造。碎斑为10%～30%，为长石及石英，大小为0.1～0.8mm，呈次圆状、眼球状，沿长轴方向定向分布，碎斑裂纹发育，波状消光，斜长石双晶发生错位，部分具核幔构造。基质为70%～90%，大多为重结晶的长英质微晶矿物，常聚集成条纹绕碎斑分布。

二、主要动力变质带的岩石组合特征

(一)昂孜错—色热巴断裂带

位于测区北部，沿昂孜错—松木果—叶野错—色热巴一带呈南东东向展布，是隆格尔—南木林地层分区与班戈—八宿地层分区的边界断裂。该断裂带发生于燕山中晚期，喜山早期又有继承性活动，断层性质也由早期的向北逆冲性质转变为晚期的张性正断性质，具多期次、多性质的活动特点。石炭系、二叠系、白垩系及央雄勒岩体、色热巴岩体等均受到影响，故而形成了类型齐全的动力变质岩。断裂带内以脆性动力变质岩为主，碎裂岩为其主要类型，有碎裂板岩、碎裂火山岩、碎裂砂岩、碎裂灰岩、碎裂花岗岩等，构造角砾岩、碎粒岩、碎粉岩等少量分布。断裂带自边部到中心依次为构造角砾岩、碎裂岩、碎斑岩、碎粒岩、碎粉岩，但这几种岩石也常常一起相伴分布。韧性动力变质岩仅分布在断裂带东段外围，有长英质糜棱岩、花岗质糜棱岩及糜棱岩化岩石。

(二)江章—马弄拉断裂带

位于测区中部，沿江章—拉巴拉—马弄拉一线呈南东东向展布，是热布喀沉降带与念青唐古拉隆起带的边界断裂。受影响的地层有石炭系、二叠系及古近系。该断裂主活动期为喜山早期，具向北逆冲的特点，次级断裂发育。受其影响，形成的岩石破碎带宽10～30m不等。带内以碎裂岩为主，有碎裂砂岩、碎裂板岩、碎裂火山岩等，中心部位发育有碎斑岩、碎粒岩、碎粉岩；构造角砾岩较少见。

(三)也桑弄巴—扎西各断裂带

位于测区南部，沿也桑弄巴—巴社达嘎—扎西各一带，呈北西—南东向展布。该断裂带由数条规模不等且近于平行的脆性断层组成，受影响的地层有石炭系、二叠系、古近系等。断裂带内发育有大量碎裂砂岩、碎裂板岩、碎裂灰岩、碎裂火山岩等，碎粒岩、碎粉岩、构造角砾岩也较常见，常常一起相伴分布。

(四)嘎架忍—马杰力断裂带

位于测区西南，由于受后期断裂及岩体破坏，出露规模较小，在嘎架忍—马杰力一带呈弧形展布。该断裂带具多期次活动的特点，早期以前震旦系向北逆冲推覆到石炭系、二叠系之上的韧性动力变质为主，晚期的继承性活动则以脆性动力变质岩为主。在前震旦系一侧主要分布的是长英质糜棱岩，糜棱岩带宽约2.5km，糜棱岩化作用由南向北增强；在石炭系、二叠系一侧，主要分布的是碎裂砂岩、碎裂灰岩等，构造角砾岩、碎粉岩极少。

第三节　接触变质岩

测区接触变质岩出露较少，主要分布在松木果岩体、卓觉怒弄勒岩体、央雄勒岩体、色热巴岩体、郎那岩体等与石炭纪、二叠纪地层接触部位。以热接触变质为主，局部可见气—液交代现象。

一、热接触变质岩岩石类型及特征

(一) 斑点板岩

在大多数岩体与石炭系的外接触带上均有分布，是测区热接触变质岩的主要岩石类型，分布面积最广。岩石一般为黑色，具鳞片粒状变晶结构、变余泥质结构，板状构造、斑点状构造。岩石中的泥质物(60%～75%)大部分已变成细小鳞片状绢云母和少量黑云母；石英(25%～40%)部分为粉砂状砂屑，部分为重结晶形成的微晶颗粒。部分绢云母、黑云母常与石英粉砂聚集在一起，形成斑点，不均匀分布。

(二) 石榴石绢云母板岩

分布在卓觉怒弄勒岩体与石炭系的外接触带上。岩石为灰色，具鳞片粒状变晶结构、变余粉砂状结构，板状构造。石英(72%)大部分已变质为细晶粒状石英，少量为次圆状粉砂砂屑；绢云母(20%)为鳞片状，大小为0.05～0.1mm，不均匀定向分布；黑云母(5%)为片状，大小为0.2～0.44mm，部分已变成了绿泥石，杂乱分布；石榴石(3%)呈棕色，等轴粒状，大小为0.25～0.3mm，呈变斑晶产出。

（三）红柱石角岩

分布在松木果岩体与石炭系的外接触带上。岩石为黑色，具角岩结构、残余粉砂状结构，块状或斑点状构造。岩石中的泥质物大部分已变成鳞片状绢云母，杂乱分布；石英粉砂呈次圆状，一般小于0.05mm，不均匀星散分布；红柱石5%～10%，呈半自形—自形粒状，有的粒面弯曲、波状消光，大小为0.5mm×2mm，不均匀无定向分布。

（四）堇青石黑云母角岩

分布于卓觉怒弄勒岩体的外接触带上。岩石为黑色，具角岩结构，块状构造。石英(65%)呈次圆状，一般小于0.05mm，显示了粉砂的特点，杂乱分布；黑云母(20%)、白云母(5%)均为鳞片状，鳞片大小为0.05mm，杂乱分布；堇青石(10%)为等轴粒状，大小为0.2～0.3mm，内部包裹有少量黑云母，石英＞N＞树胶，二轴晶、正光性，不均匀分布。

（五）长英质角岩

主要分布于卓觉怒弄勒岩体及央雄勒岩体的外接触带上。岩石为灰黑色，具角岩结构，块状构造。石英为30%～60%，大部分已重结晶为晶粒状，少部分为次圆状粉砂形态；钠长石为5%～50%，不规则粒状，具聚片双晶，N＜树胶，二轴晶、正光性；角闪石为2%～20%，柱状，大小为1.5mm×0.5mm～3mm×0.7mm，$C\wedge Ng=24°$呈变斑晶出现；阳起石为0～15%，柱状，大小为0.1mm×0.3mm～0.8mm×0.2mm，单偏光镜下呈淡淡的绿色，$C\wedge Ng=17°$；黑云母为2%～20%，片状，大小为0.05～0.3mm。另外，局部地段岩石中还见有石榴石、绢云母等矿物，石榴石为等轴粒状，大小为0.8～1mm，常包裹有石英。副矿物为榍石、磁铁矿。岩石中片状矿物不均匀，无定向杂乱分布。

（六）大理岩

在围岩为下拉组的边当岩体、青都岩体的外接触带上有少量分布。岩石为白色，具粒状变晶结构，块状构造。方解石为其主要组成矿物，含量达80%～95%，呈不规则粒状，大小为1～2mm；钙铁榴石为2%～18%，等轴粒状，大小为0.5～2mm，单偏光下无色，裂纹发育；透闪石为2%，纤柱状，$C\wedge Ng=17°$，聚集成脉状定向分布。岩石中还有少量柱状透辉石及片状黑云母。

二、气—液交代变质岩岩石类型及特征

该类岩石在测区分布极少，一般在小型岩体的外接触带上零星出露。

（一）石榴石-辉石矽卡岩

在那郎木布岩体、青都岩体的外接触带上呈囊状零星分布，主要由二叠系下拉组灰岩受岩体影响变质而来。岩石呈灰褐色，具纤柱状变晶结构，块状构造。主要由透闪石、透辉石、钙铁榴石、纤闪石、斜长石等组成。透闪石、纤闪石呈粒状、纤状集合体在岩石中杂乱分布；透辉石呈半自形粒状，具两组近于正交的解理，局部富集，钙铁榴石呈不规则粒状，斜长石内部多发生绢云母化。

（二）绿帘阳起矽卡岩

在松木果岩体南侧边部有少量出露。岩石为黄绿色，具次生纤状结构，块状构造。由阳起石(70%)、绿帘石(30%)组成。阳起石为纤柱状，大小为0.1～0.3mm，单偏光下呈淡绿色，多色性不太明显，$C\wedge Ng=17°$，不均匀分布；绿帘石为柱粒状，大小为0.05～0.3mm，多呈脉状分布。

（三）黄铁绢英岩

分布于色热巴岩体南侧，沿色热巴断裂边部有少量出露。变质热液由动力变质作用产生。岩石受热液作用而蚀变，原岩结构已破坏，岩石为浅灰色，具次生粒状鳞片结构，块状构造。主要由绢云母(75%)、

石英(20%)、黄铁矿(5%)组成。绢云母为小于0.1mm的鳞片状，集合体呈粒状，部分集合体显斜长石板粒柱状假象；石英为细小粒状，一般小于0.05mm，较均匀分布；黄铁矿呈次生粒状，且大部分已向褐铁矿变化。

三、变质相带划分

测区热接触变质岩，大多分布在石炭系、二叠系与岩体接触部位，岩石类型以斑点板岩为主，变质带宽一般为几米至十几米。松木果岩体外接触带上分布的红柱石角岩，变质带宽仅5m；央雄勒岩体外接触带上分布有长英质角岩，变质带较宽，一般10～50m。变质程度普遍较低，且递增变质作用不明显，大多只能划分为一个变质带，即黑云母—红柱石带，均为纳长绿帘角岩相变质。只有卓觉怒弄勒岩体外侧的接触变质岩较为典型，递增变质作用明显。以下详细介绍卓觉怒弄勒岩体的接触变质晕情况。

（一）变质带

在卓觉怒弄勒岩体外围，围岩距岩体由远而近，接触变质由弱到强，以特征接触变质矿物的首次出现为依据，将其划分为黑云母带、堇青石带及石榴石带(图4-1)。

1. 黑云母带

该带宽约500m，以泥砂质岩石中有黑云母、绢云母大量出现为特征。其矿物共生组合为：黑云母+绢云母+石英。

2. 堇青石带

分布于黑云母带的内侧，宽约300m，以泥、砂质岩石中有大量堇青石出现为特征。其矿物共生组合为：黑云母+白云母+堇青石+石英；黑云母+绢云母+堇青石+石英。

3. 石榴石带

靠近岩体分布，宽约50～100m，以泥、砂质岩石中有石榴石出现为特征。其矿物共生组合为：黑云母+绢云母+石榴石+石英；绢云母+角闪石+斜长石+石榴石+石英。

（二）变质相

根据特纳的接触变质岩变质相划分方案，结合测区实际情况，将测区接触变质岩划分为两个变质相。

1. 钠长绿帘角岩相

分布范围与黑云母带及堇青石带的范围相当，是接触变质岩的主体，展布最宽，离岩体较远。其岩石组合为斑点板岩、变质粉砂岩，堇青石黑云母角岩、堇青石绢云母板岩等。据其特征变质矿物及矿物共生组合，推测其形成温度为350～400℃。

2. 普通角闪石角岩相

与石榴石带的分布范围大致相当，紧靠岩体，出露较窄。其岩石组合为长英质角岩、石榴石绢云母板岩等。据其矿物共生组合及特征变质矿物，推测其形成温度为400～650℃。

第五章　地质构造及构造演化史

测区是一个经历了多期、多层次复杂构造变形的年轻造山带，大地构造位置属于冈瓦纳北缘特提斯构造域，主体位于班公湖—怒江结合带与雅鲁藏布江结合带之间，属冈底斯—拉萨—腾冲陆块（Ⅱ）。根据沉积建造、岩浆活动、变质作用、构造事件的差异性，又进一步划分为 2 个次级构造单元（表 5-1，图 5-1），昂孜错—色热巴断裂以北为革吉—申扎燕山期岛弧（$Ⅱ_1$），以南大部为冈底斯—拉萨—腾冲燕山期—喜山期岩浆弧（$Ⅱ_2$）。

表 5-1　测区构造单元划分简表

<table>
<tr><td rowspan="4">冈底斯—拉萨—腾冲陆块（Ⅱ）</td><td colspan="2">革吉—申扎燕山期岛弧（$Ⅱ_1$）</td></tr>
<tr><td rowspan="3">冈底斯燕山期—喜山期岩浆弧（$Ⅱ_2$）</td><td>纳玻拉隆起带（$Ⅱ_2^1$）</td></tr>
<tr><td>热布喀沉降带（$Ⅱ_2^2$）</td></tr>
<tr><td>念青唐古拉隆起带（$Ⅱ_2^3$）</td></tr>
</table>

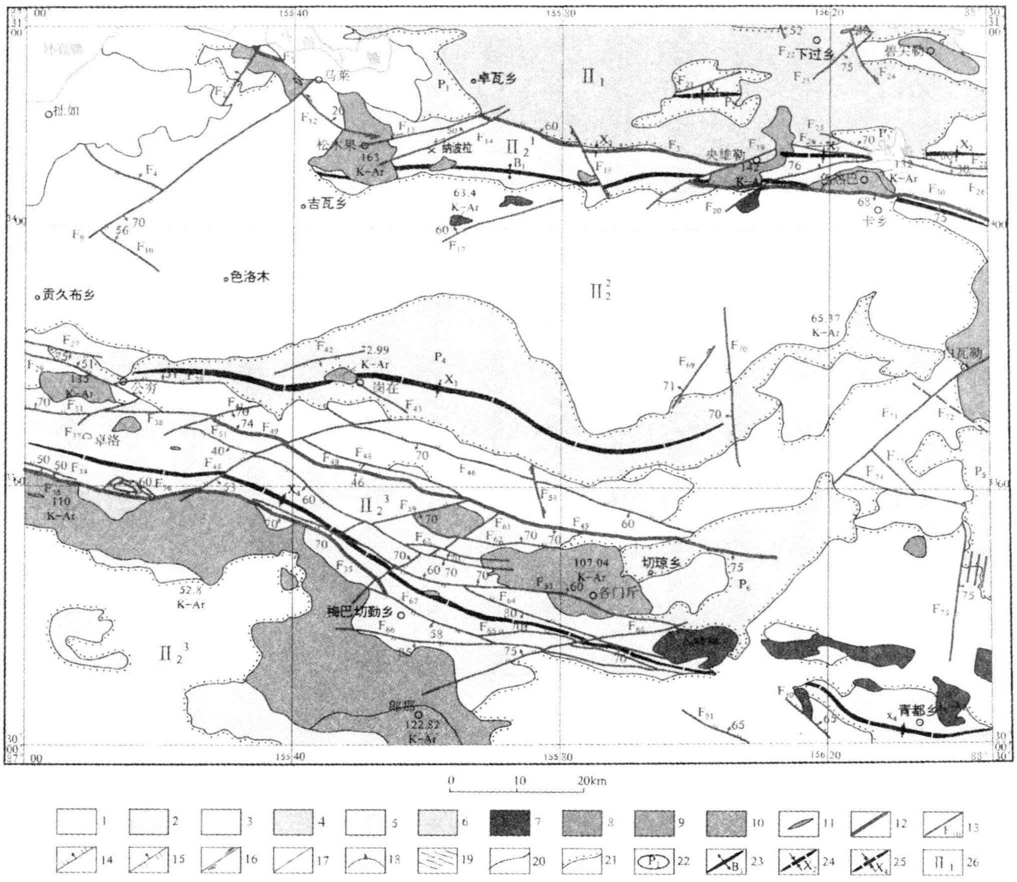

图 5-1　热布喀构造纲要图

1. 第四系；2. 古近系—新近系（陆相红层）；3. 古近系（火山弧）；4. 白垩系（岛弧火山岩）；5. 石炭二叠系；6. 前震旦系；7. 喜山期酸性侵入岩；8. 喜山期中性侵入岩；9. 燕山期酸性侵入岩；10. 燕山期中性侵入岩；11. 燕山期中性岩脉；12. 区域性断裂带；13. 断层及编号；14. 正断层；15. 逆断层；16. 平移断层；17. 性质不明的断层；18. 逆冲推覆构造；19. 韧性变形带；20. 实测地质界线；21. 不整合界线；22. 陆相盆地及编号；23. 背斜及编号；24. 向斜及编号；25. 复式向斜及编号；26. 构造单元编号

第一节 主要边界断裂构造特征

图幅内作为二级构造单元划分标志的边界断裂，有昂孜错—色热巴断裂，作为三级构造单元划分标志的边界断裂为江章—马弄拉断裂，以下分别叙述。

一、昂孜错—色热巴断裂(F_3)

(一)分布形态及空间展布

该断裂是革吉—申扎燕山期岛弧($Ⅱ_1$)与冈底斯—拉萨—腾冲燕山期—喜山期岩浆弧($Ⅱ_2$)之分界。大体沿昂孜错—松木果—叶野错—色热巴一带呈近东西向展布，并于纳玻拉附近折转向北呈北西西向延伸。该断裂向东延出图外，向西没入昂孜错湖区。区内全长约110km，宽60～300m。该断裂卫星影像特征及地貌特征明显，通过地区多为冲沟、垭口、陡崖及河流的拐点等。沿断裂两侧分布一系列大小不同的湖泊，如马而下错、马尔果错、叶野错、共者错、孔错、次里错等。这些湖泊的长轴方向总体与断裂方向一致或斜交。航磁调查显示，该断裂为一条线状延伸的串珠状磁异常，断裂南北的重力异常特征也不相同，较低的几个重力异常团块集中分布在断裂南侧，而北侧重力值场相对较高，总体反映出该断裂为一深大断裂。区域上沿该断裂有零星的基性、超基性岩分布。该断裂不但控制早白垩世则弄群火山岩的南界，同时也控制了古近系林子宗群的北界；断裂带附近断续分布一系列大型的燕山期白云母花岗岩体及一些中、基性岩脉或花岗岩脉、伟晶岩脉等。断裂带内发育一系列近东西走向的小型韧性剪切断裂，并被后期北东向、北东东向断裂截切。主断裂带内的变形岩层主要为石炭—二叠系。

(二)变形特征及运动学标志

昂孜错—色热巴断裂是一个长期、多期活动的断裂，在宽约60～300m的破碎带内及断裂两侧发育一系列不同时期、不同规模、不同样式的构造变形形迹。

1. 褶皱

在断裂带内及断裂带南侧发育一系列褶皱轴线走向近东西、轴面南倾的紧闭同斜褶皱，规模较大的可波及2～4km，使地层发生倒转(图5-2)，指示了在南北向挤压机制下，由南向北的逆冲推覆作用。

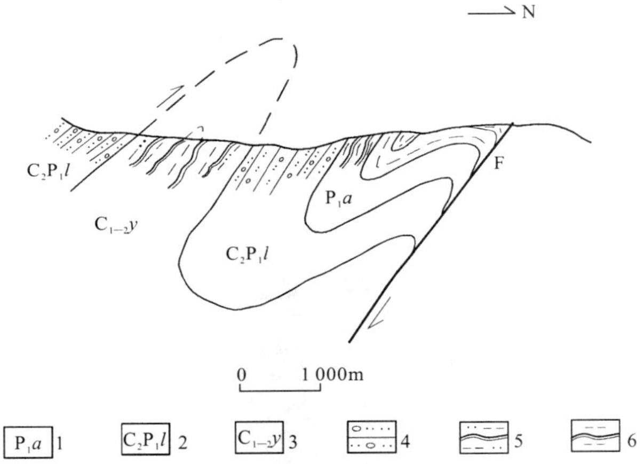

图5-2 尼玛县青勒—布扎一带倒转褶皱形态特征及指向意义(由南向北逆冲)

1. 下二叠统昂杰组；2. 拉嘎组；3. 永珠组；4. 含砾粉砂岩；5. 粉砂质泥板岩；6. 泥板岩

2. 构造片理

片理化带宽约200m，主要发育在石炭—二叠系中，片理南倾(165°)，倾角中等或陡(65°)。片理具挠曲或褶皱，其褶皱或挠曲均为轴面南倾的紧闭同斜褶皱构造，指示由南向北逆冲过程中岩石发生片理化，同时片理发生变形。

3. 地层错动效应

地层的错动表现有两种形式，在东部次里错一带表现为断裂面向南陡倾(190°∠75°)，上盘(南盘)上升，下盘(北盘)下降，永珠组($C_{1-2}y$)压盖于拉嘎组(C_2P_1l)之上，为由南向北逆冲特征；在中部叶野错一带表现为断裂面向北陡倾(0°∠60°)，上盘(北盘)下降，南盘上升，为正断层特征。

4. 变形脉体

在断裂带内及两侧发育的石英脉、花岗岩脉、辉绿岩脉、闪长玢岩脉等均有不同程度的变形，有的指示了南北向挤压时由南向北逆冲作用特征（图 5－3），有的指示了东西向走滑剪切特征，东西向走滑剪切又有右旋（图 5－4）、左旋（图 5－5，图 5－6）两种形式。

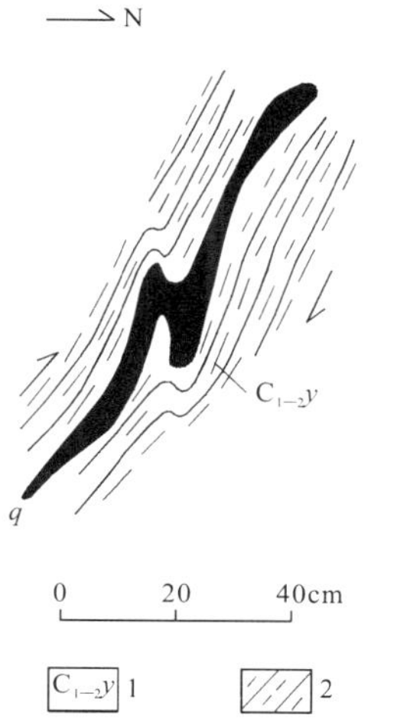

图 5－3 永珠组内石英脉（q）变形素描图及指示由南向北逆冲特征

1. 石炭系永珠组；2. 泥质板岩

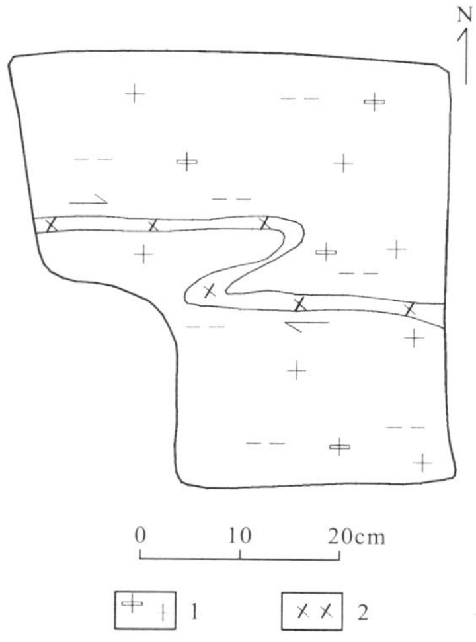

图 5－4 松木果岩体内的辉绿岩脉变形形态素描图及指向意义

1. 花岗岩；2. 辉绿岩脉

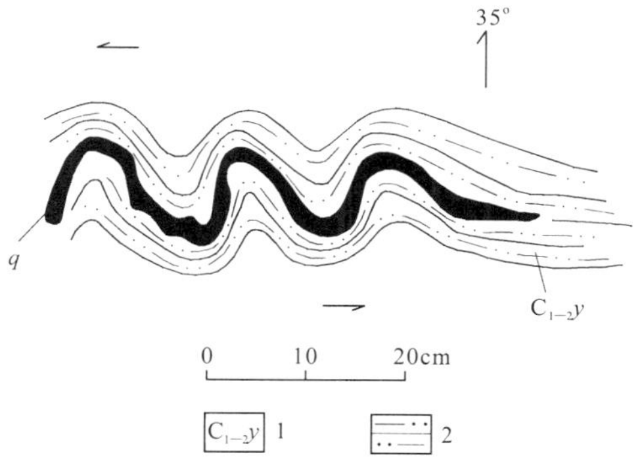

图 5－5 纳玻拉附近永珠组及其石英脉（q）变形特征素描图及指示左旋剪切特征

1. 永珠组；2. 粉砂质泥岩

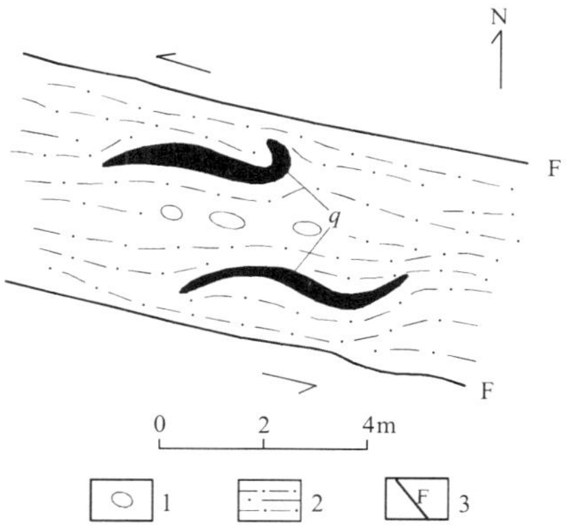

图 5－6 松木果岩体内小型韧性剪切带内石英脉"S"型构造素描图及指向特征

1. 碎斑；2. 糜棱面理；3. 断层

5. 糜棱岩化

在断裂带内局部发育糜棱岩化，糜棱岩化的岩石主要有白云母二长花岗岩、泥质板岩、粉砂质板岩及变质砂岩。糜棱面理多向南陡倾，有时可见走向近东西向的拉伸线理和碎斑的定向排列特征（图 5－6）。

6. 节理

沿断裂带发育 SN 向、320°、40° 3 个方向的节理，尤以 40°方向的节理发育。节理延伸远，节理面平直，局部可见擦痕，并沿节理充填石英脉、花岗岩脉等，其走向与主断裂呈锐角相交，指示了北盘西移、南盘东移的走滑剪切特征。最为明显的为央雄勒白云母二长花岗岩体，岩体长轴走向 40°，边缘整齐，为被动就位，可能与 40°走向的大型节理有关。

7. 角砾岩、碎裂岩等

沿断裂带发育大量的角砾岩、碎裂岩，局部可见碎粉岩。其主要构造岩岩石类型有石炭—二叠系板岩、变质砂岩、灰岩和松木果白云母二长花岗岩、央雄勒白云母二长花岗岩、曲松乃嘎白云母二长花岗岩及早白垩世火山岩、古近纪火山岩等，明显叠加于早期构造之上。

(三)变形期次划分

根据以上变形特征可以看出，该断裂至少有3期主要活动期。

第一期主断面南倾(190°～193°)，倾角较陡(60°～75°)，伴生一系列轴向近东西向、轴面南倾的紧闭同斜褶皱和强片理化带、碎裂岩带及地层重复等现象，为由南向北的逆冲作用。该期变形作用表现最强，并造成白云母二长花岗岩沿该断裂呈带状分布。花岗岩多就位于逆冲断裂的上盘石炭—二叠系之中。根据该期变形主体为石炭—二叠系和花岗岩的同位素年龄(松木果岩体为163Ma，央雄勒为142Ma，曲松乃嘎岩体为132Ma)及花岗岩的成因类型(后碰撞型)等特征，推断该逆冲断裂发生的时间应在中晚侏罗世。

第二期仍是主断面向南(180°～188°)陡倾(60°～68°)，以发育糜棱岩化、拉伸线理、碎斑及剪切褶皱和伴生的张节理等为特征，主体显示为近东西向的左旋走滑剪切，局部有右旋走滑剪切的特点。该期变形作用较弱，既未发现地质体的明显错移，也未发现明显的糜棱岩带，仅在石炭—二叠系中发育小型的剪切褶皱，在松木果岩体中发育小型的韧性剪切带(0.5～4m)，央雄勒岩体仅有少量的糜棱岩化和碎裂岩化，据此判断东西向的走滑剪切可能是北向逆冲期的晚期效应，是在南北向挤压机制下的东西向伸展效应。

第三期主断面北倾，倾角较陡(60°)，以发育断层角砾岩、碎裂岩为特征，破坏改造前期变形形迹，上盘下降，下盘上升，造成部分地层缺失，并明显控制一些古近纪小型陆相断陷盆地(日贡拉组)的边界。其主体活动时间应在古近纪。

(四)与矿产的关系

昂孜错—色热巴断裂带普遍具有硅化、褐铁矿化、金矿化，尤其在崩纳藏布一带金矿化明显，岩金品位平均在1 g/t左右，并沿崩纳藏布形成较大型砂金矿床，是寻找岩金的有利地段，具有重要找矿意义。

二、江章—马弄拉断裂(F_{49})

(一)分布形态和空间展布

该断裂作为次级构造单元热布喀沉降带与念青唐古拉隆起带的边界断裂，总体走向285°，大体沿江章—拉巴拉—它龙玛仁—马弄拉—结弄一带呈折线状展布，向西被断裂F_{41}截切，向东被第四系覆盖。区内全长约82km，宽约5～20m。主断面总体南倾(187°～197°)，倾角中等—陡(46°～75°)，局部断面向北(0°～20°)陡倾(60°～74°)。该断裂卫星影像特征及地貌特征明显，通过地区多为冲沟、垭口、陡崖(坎)及河流拐点等，局部可见断层三角面。它所影响到的地层有$C_{1-2}y$、C_2P_1l、E_2p、N_2wy。被NE向断裂F_{41}、F_{45}截切，同时截切断裂F_{59}、F_{48}、F_{61}。与断裂F_{29}、F_{46}、F_{51}、F_{35}、F_{53}等可能为一组平行断裂。

(二)变形特征及运动学标志

沿断裂发育有5～20m宽的破碎带，破碎带内发育断层角砾岩、碎裂岩和碎粉岩，并沿破碎带充填有石英脉，具褐铁矿化、硅化等。其上盘(南盘)上升，下盘(北盘)下降，$C_{1-2}y$、C_2P_1l向北压盖于E_2p之上，显示出由南向北的逆冲特征(图5-7)，局部断面上具明显擦痕，擦痕也反映了由南向北的逆冲特征。此外，在该断裂的西段，主断面向北(0°～20°)陡倾(60°～74°)，并发育有牵引褶皱(图5-8)，指示了上盘下降、下盘上升的正断层特征。

(三)变形期次的划分

根据以上所述及的区域特征，该断裂至少有两期活动。前期为南北向张性正断层期，控制了断裂南侧

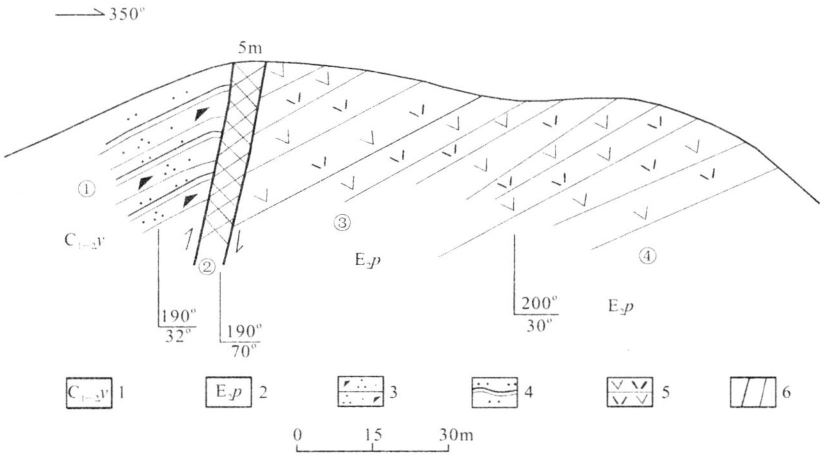

图 5－7　切琼乡扎西仲南断裂 F_{19} 特征素描图

1. 永珠组；2. 帕那组；3. 细粒岩屑石英砂岩；4. 粉砂质板岩；5. 英安岩；6. 断裂带及形成的碎粉岩

念青唐古拉隆起带的隆升和北侧热布喀沉降带的断陷特征。此期活动最早发生的时间应在晚白垩世晚期或古近纪早期，但由于古近纪火山岩也受正断层影响而发生破碎、蚀变，同时又多被后期逆断层破坏掩盖，说明在古近纪火山岩形成时，该期活动仍在持续，显示出同沉积断裂的特点。后期主要为由南向北的挤压逆冲期，它不但掩盖了早期正断层的变形形迹，还把古生代石炭—二叠纪地层逆冲压盖到新生代古近纪火山岩之上，同时又切割了新近纪乌郁群（N_2wy）火山—碎屑岩，它所发生的时间应在新近纪晚期，此时南北大陆已拼贴一起成为统一大陆，为板块内部挤压时形成。

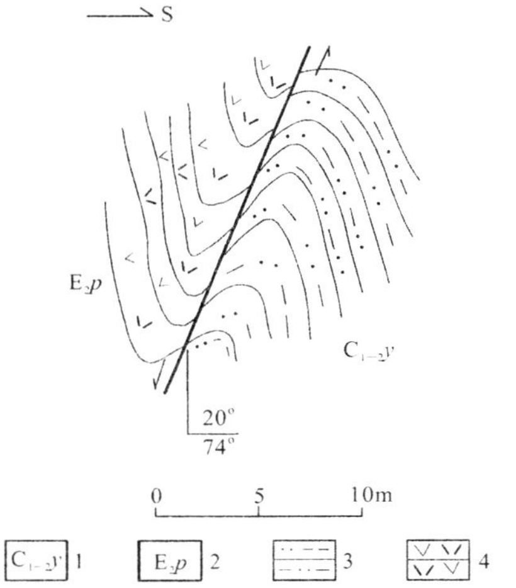

图 5－8　江章西断裂（F_{19}）牵引褶皱形态素描图

1. 永珠组；2. 帕那组；3. 粉砂质泥岩；4. 英安岩

第二节　各构造单元特征

一、革吉—申扎燕山期岛弧

位于图幅北部，昂孜错—色热巴断裂以北，大致沿卓瓦—下过一带呈东西向带状分布，夹持于得尔东—碧尖勒隆起带和纳玻拉隆起带之间，图幅内长约 110km，宽约 10～20km，向北延入尼玛区幅、向东延出图外。区内主要沉积地层有古生代石炭—二叠系稳定浅海的碎屑岩—碳酸盐岩、中生代早白垩世则弄群岛弧火山岩和古近系日贡拉组红色碎屑岩，三者之间均为角度不整合接触。

该区内变质作用以区域低温动力变质作用为主，主要发生在古生代地层之中，以发育板岩、变质砂岩、结晶灰岩为特征。此外，还有少量的接触交代变质作用和动力变质作用。接触交代变质作用以形成矽卡岩化为特征，动力变质作用以形成角砾岩、碎裂岩为特征。早白垩世则弄群火山岩仅有少量的绿泥石化、绿帘石化等。

该区岩浆活动强烈，除大面积分布的早白垩世岛弧火山岩外，另有少量的花岗岩体侵入。规模稍大的有俯冲型国布勒、碧尖勒、色热巴石英二长岩；后碰撞型央雄勒、曲松乃嘎二长花岗岩，岩体多沿隆起带或隆起带边缘分布。

（一）褶皱特征

该区褶皱不发育，仅在古生界石炭—二叠系地层和中生代则弄群火山岩中见有小型紧闭同斜褶皱（图版Ⅴ-8)。而在新生代日贡拉组中则有明显的向斜构造,在此以冲那木拉—达日向斜为例作以详述。

冲那木拉—达日向斜(X_1)位于申扎县下过乡西冲那木拉—达日一带,因后期抬升剥蚀和第四系松散沉积物覆盖出露不全。总体走向近东西向—北东东向,图幅内全长约20km,宽约2~9km。主要由古近系日贡拉组红色碎屑岩和则弄群火山岩组成。它的南翼产状北倾(335°~355°),倾角一般在20°~35°之间;北翼产状南倾,倾角一般在20°~30°之间,两翼基本对称,总体为一轴线近东西向,轴面近直立的平缓开阔向斜构造。北翼有与之平行的次级背斜、向斜构造,在其次级向斜核部伴有与褶皱轴线近平行的脆性断层。

该向斜构造以直立平缓开阔为特征,其下伏地层早白垩世则弄群中也发育有与其相似的褶皱样式,说明该向斜构造不属于同沉积构造,而为后期构造改造所致,其发生的时代应在古近纪之后。

(二)断裂特征

该区断裂不发育,仅有少量浅层次的脆性断裂。本次工作共填绘出具不同规模、不同样式、不同时期、长度大于500m的断裂15条,其中与总体构造线相一致的近东西向—北西西向断裂5条、北东东走向(70°±)断裂5条、北东走向(45°±)断裂1条、北西走向断裂(340°±)3条、近南北向断裂1条。这些断裂多集中分布于构造单元的东部,且多数沿隆起带(得尔东—碧尖勒隆起带和纳玻拉隆起带)或隆起带边缘分布。以下就岭穷断裂(F_{24})和孔错—巴弄断裂(F_{25})作以详述,其余见表5-2。

表5-2 申扎燕山期岛弧主要断裂特征一览表

编号	名称	规模及产状				主要特征	矿化蚀变	性质	时代
		长度(km)	宽度(m)	倾向及倾角	走向				
F_{21}	巴鲁巴—鱼如勒断裂	8.5			NEE70°±	发育碎裂岩,通过地方多为冲沟、垭口或河流拐点		不明	喜山期
F_{22}	翁钦东断裂	2	30	85°∠52°	SN	发育角砾岩、碎裂岩,向北延出图外,在断裂东侧有早白垩世俯冲型闪长玢岩体被断层破坏,向南被第四系覆盖		正断层	燕山期
F_{23}	钦弄断裂	10	10~100	138°∠75°或北西倾、倾角50°	NE45°±	发育角砾岩、碎裂岩或碎粉岩,具磨光面和擦痕,擦痕在北盘具上细下粗特征,被断裂F_{24}错断	高岭土化、碳酸盐化	逆断层	早白垩世
F_{24}	岭穷断裂	8.5	50	70°∠40°	NW340°±	发育角砾岩、碎裂岩,具擦痕,错断断裂F_{23}、被早白垩世晚期俯冲型花岗岩岩体破坏		多期	早白垩世
F_{25}	孔错—巴弄断裂	21	15~20	335° ∠80°, 15° ∠70° 北倾、倾角50°	EW-NWW 280°±	发育角砾岩、碎裂岩,断层泥及碎粉岩,具牵引褶皱和阶步,并沿断裂带及两侧发育一组节理(45°∠75°),与主断裂呈锐角相交,与F_{26}为平行断层	铜矿化	正断层	渐新世
F_{26}	央弄—嘎惹断裂	22.5		北倾陡直	EW-NWW 270°~280°	发育角砾岩、碎裂岩,切割地层C_2P_1l、P_1a、P_2x、K_1zl,截切断裂F_{20},与F_{25}为一组平行断层	硅化	正断层	渐新世

1. 岭穷断裂(F_{24})

位于图幅东北角西列东—岭穷—塞拉错一带,向北被国布勒石英二长岩岩体破坏,向南没入塞拉错湖盆区,全长约8.5km,总体走向NW340°±,其断面向东倾(70°±),倾角中等(40°),航空影像特征和地貌特征明显,通过地区多为冲沟、垭口、陡坎(崖)等。

该断裂破碎带宽约50m,破碎带内以发育碎裂岩为主,可见角砾岩及碎裂岩化,碎裂岩以英安岩、粉砂质板岩及变石英砂岩为主,沿断层面发育擦痕及小陡坎,地层错移明显。根据擦痕及地层叠置关系、位移特征及断层交切关系可以判断该断裂至少有两期活动。第一期活动表现为右旋平移,东盘地层南移、西盘地层北移，并错断北东向断裂 F_{23}，根据断裂 F_{23} 的位移特征，推测其最大位移量在 0.9m 左右。该期断裂活动影响到的地层有 $C_{1-2}y$、C_2P_1l、K_1zl，同时又被早白垩世俯冲型国布勒石英二长花岗岩岩体破坏，其形成时间应在早白垩世早中期，稍后第二期活动就已开始，表现为改造第一期活动构造形迹，断面东北倾斜，上盘上升，下盘下降，为逆断层特征，同时在上盘断面上形成擦痕，擦痕侧伏向为 120°，侧伏角为 32°，指示了上盘有向西北方向斜冲的左旋特征。该期活动影响到的地层仍为 $C_{1-2}y$、C_2P_1l、K_1zl，也被国布勒俯冲型花岗岩岩体破坏，其形成时间应在早白垩世中期，与永珠—格仁错"洋"向南俯冲碰撞过程相伴产生。

2. 孔错—巴弄断裂(F_{25})

位于绒休—孔错—尼来—巴弄一带，向西在绒休附近被第四系覆盖，向东延出图外，图幅内全长约 21km，宽约 15～20m，断续出露，总体走向近东西向—北西西向(NWW280°±)，其主断面平直，断面总体北倾(330°～15°)，倾角较陡(50°～80°)。航空影像特征及地貌特征明显，沿断裂有湖泊和沼泽分布，通过地区多为冲沟、垭口、陡崖及河流拐点等，局部可见断层三角面，并形成一条直线状延伸的凹形白色条带。

该断裂破碎带宽约 15～20m，破碎带内以发育断层角砾岩、碎裂岩、断层泥等为主，有少量的碎粉岩，并发育较多的方解石脉和石英脉，石英脉具铜矿化。在断裂两侧发育有牵引褶皱(图 5-9)，指示了上盘

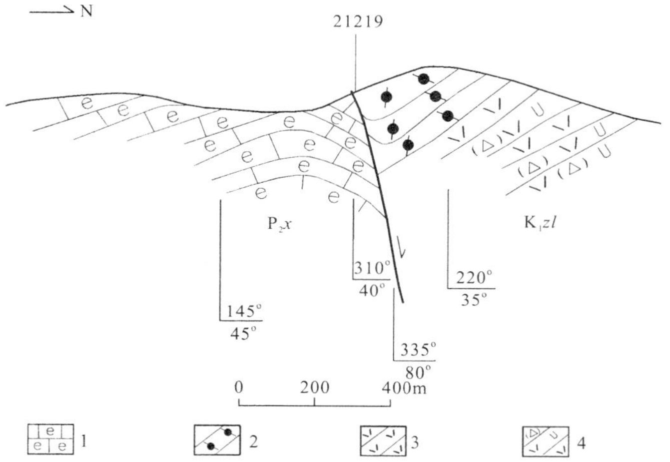

图 5-9　申扎县巴弄西一带断裂 F_{25} 及牵引褶皱形态素描图

1. 灰黑色生物碎屑泥晶灰岩；2. 灰白色松脂岩；3. 黄色或绿色流纹岩；4. 肉红色流纹质含角砾熔岩

(北盘)下降、下盘(南盘)上升的正断层特征。在破碎带内可见断层磨光面，断层面上发育阶步坎(图 5-10)在断层上盘的下面其阶步坎面向上，阶步坎面向南侧伏，侧伏角为 30°±，指示了下盘(南盘)上升、上盘(北盘)下降的正断层特征。在断裂带内及其两侧发育一组节理，把岩石切割成角砾状块体。节理面多平直，延伸较远，节理面向北东倾斜(45°)，倾角陡直(75°)。节理多成组出现，间隔约 50cm 左右，有些节理较宽，岩石破碎严重而演化成 20cm 宽的次级断裂(图 5-10)，节理与主断裂呈锐角相交，在剖面图上显示为上盘下降、下盘上升的正断层特征。

断裂切割地层 C_2P_1l、P_2x 及 K_1zl，并控制古近纪晚期陆相断陷盆地日贡拉组红色碎屑岩的边界，其形成时代应为古近纪晚期。

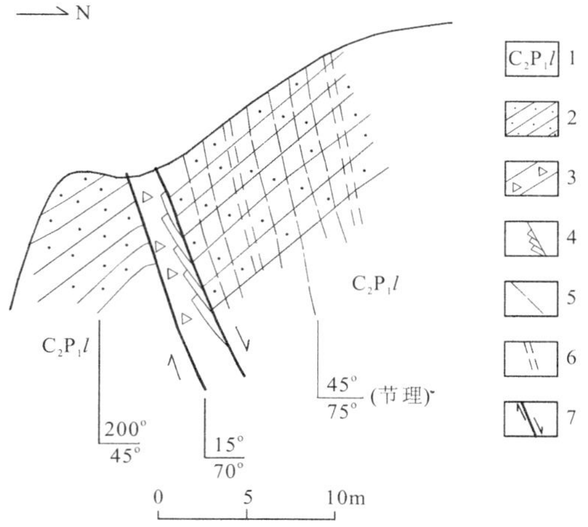

图 5-10　申扎县孔错西断裂 F_{25} 特征及其与节理、次级断裂关系素描图

1. 拉嘎组；2. 细粒砂岩；3. 断层角砾岩；4. 阶步；5. 节理；6. 次级断裂；7. 断裂

(三)断陷盆地

在革吉—申扎燕山期岛弧内断续分布有古近系陆相红色碎屑岩,它们均为断陷盆地成因。区内可明显划分为3个断陷盆地,由西向东依次为马而下错断陷盆地(P_1)、达日断陷盆地(P_2)、孔错断陷盆地(P_3),其中马而下错断陷盆地明显受昂孜错—色热巴断裂(F_3)控制,孔错断陷盆地明显受孔错—巴弄断裂(F_{25})控制,达日断陷盆地与断裂无明显关系。这些断陷盆地呈东西向带状分布,其沉积物古近系日贡拉组红色碎屑岩,以角度不整合覆盖于石炭—二叠系地层或早白垩世则弄群火山岩之上,并都发生褶皱变形,多为平缓开阔的直立向斜构造,有时可见有平行的次级背向斜构造。根据沉积类型、沉积结构构造特征和变形褶皱特征及分布特征等,可明显看出这3个小型断陷盆地应为一个统一的大型断陷盆地,其盆地南边缘受同一条断裂昂孜错—色热巴断裂的控制,边界断裂向北陡倾,具正断层特征。多发生在隆起带的边缘。古近纪晚期,图幅内大面积抬升遭受剥蚀,出现南北向的拉张作用,这些断陷盆地正是在地壳拉张过程中逐步发展起来的。各断陷盆地的主要特征见表5-3。

表5-3　革吉—申扎燕山期岛弧带内主要断陷盆地一览表

编号	名称	规模			边界断裂及类型	主要特征	变形作用	矿化	时代
		长度(km)	宽度(km)	厚度(m)					
P_1	马而下错盆地	15	7	>20	昂孜错—色热巴正断层	沉积物以紫红色细粒岩屑长石砂岩、粉砂质泥岩为主,局部含泥砾,以角度不整合覆盖于K_1zl之上,多被第四系覆盖	具褶皱变形,多为平宽开阔的直立褶皱	玛瑙	喜山期(E_3)
P_2	达日盆地	20	2~8	>238		沉积物以紫红色细粒岩屑长石砂岩、粉砂岩、粉砂质泥岩为主,局部含泥砾,以角度不整合覆盖于K_1zl之上	具平缓开阔的直立褶皱并伴有与褶皱轴向一致的脆性断层		喜山期(E_3)
P_3	孔错盆地	10	2~4		孔错—巴弄正断层	沉积物以红色细粒岩屑长石砂岩、含砾砂岩、粉砂岩、粉砂质泥岩为主,以角度不整合覆盖于C_2P_1l、K_1zl之上,多被第四系覆盖	平缓开阔的直立褶皱	铜矿化	喜山期(E_3)

(四)小结

该区沉积地层有石炭—二叠纪浅海碎屑岩—碳酸盐岩及冰水沉积、早白垩世则弄群火山岩和古近系日贡拉组红色碎屑岩,缺失晚二叠世、三叠世、侏罗系。区内以发育与区域上主构造线基本一致的近东西向—北西西向的断裂和褶皱为基本面貌。褶皱以紧闭同斜和直立平缓开阔褶皱为特征,前者不发育,仅在石炭、二叠系和则弄群中见到,后者普遍发育在则弄群和日贡拉组中。断裂以近东西向—北西西向、北东向为主,次为北西向、北东向和近南北向断裂,这些断裂多集中分布于该区东部,且多数沿隆起带或隆起带边缘分布。断裂的形成时间多为喜山期,部分为燕山期。喜山期断裂多为正断层型,燕山期断裂以正断层型为主,部分为逆断层或平移断层。

二、冈底斯燕山期—喜山期岩浆弧

该区指图幅南部的广大地区,北以昂孜错—色热巴断裂为界与革吉—申扎燕山期岛弧相邻。根据带内沉积作用、岩浆活动及变质变形作用、构造事件的差异性可将该带划分为3个次级构造单元,由北向南依次为纳玻拉隆起带($Ⅱ_2^1$)、热布喀沉降带($Ⅱ_2^2$)、念青唐古拉隆起带($Ⅱ_2^3$)。隆起带与沉降带呈东西向带状依次相间排列。隆起带是该带内主要岩浆侵入活动的场所,也是断裂集中发育的地带,其变质变形作用在隆起带上也表现得最为明显。

区内的主要沉积建造有前震旦系念青唐古拉岩群（AnZ*nq*）、石炭—二叠系碎屑岩—碳酸盐岩、古近纪林子宗群火山岩夹碎屑岩及古近系日贡拉组碎屑岩和新近系乌郁群碎屑岩—火山岩。念青唐古拉群呈零星的岛状分布，为一套变质地层，是图幅内最老的结晶基底；石炭—二叠系 $C_{1-2}y$、C_2P_1l、P_1a、P_2x 为一套稳定的浅海沉积，且在晚石炭世—早二叠世普遍发育一套冰水沉积物。少量出露的 P_3d 为一套海陆交互相沉积，反映了测区在晚二叠世时逐渐隆升的特征。石炭—二叠系多呈近东西向或北西西向带状展布，多在隆起带上出露；古近系林子宗群火山岩—碎屑岩分布广泛，以角度不整合覆盖于下伏地层之上；古近系日贡拉组红色碎屑岩及新近系乌郁群火山岩—碎屑岩则为陆相断陷盆地沉积，以角度不整合覆盖于林子宗群火山岩或其他地层上。

该区的变质作用除前震旦系念青唐古拉岩群结晶基底已达高绿片岩相外；石炭—二叠系地层则以区域低温动力变质作用为主，形成板岩、变质砂岩、结晶灰岩等特征；古近系火山岩基本未变质，仅有少量的绿泥石化、绿帘石化、脱玻化、高岭土化和浅层次的动力变质作用，局部可见热接触变质作用。岩体周围多发育接触变质作用，以形成大理岩及矽卡岩化为特点。动力变质岩主要沿断裂带分布，以发育角砾岩、碎裂岩、糜棱岩化岩石、片理化岩石、及碎粉岩等为特征。

区内岩浆活动强烈，侵入活动明显，从晚侏罗世—古近纪均有，以中酸性岩为主，零星分布基性岩，岩体多沿隆起带分布，长轴大体呈近东西向或北西西向带状分布，具有由北向南，由西向东逐渐变新的特征。古近系林子宗群喷发、喷溢火山岩几乎覆盖整个岩浆弧带上；少量出露的新近系乌郁群火山岩仅分布在小型陆相断陷盆地内。岩浆活动与班公湖—怒江带、永珠—格仁错带及雅鲁藏布江带的俯冲、碰撞有关。

（一）褶皱特征

该带内褶皱呈近东西向—北西西向展布。北侧主要为石炭—二叠系组成的马而下错—孔错向斜（X_2）及纳玻拉—卡乡背斜（B_1），南侧为石炭—二叠系组成的霞勇—青都复式向斜（X_4）。两大向斜之间发育古近系陆相断陷盆地（P_4），其内日贡拉组组成公穷—压穷拉向斜（X_3）。石炭—二叠系组成的褶皱中次级褶皱极为发育，可见紧闭同斜褶皱。古近系—新近系组成的褶皱则较为宽缓。

1. 马而下错—孔错向斜（X_2）

位于图幅北部、昂孜错—色热巴断裂附近，向东延出图外，向西被早白垩世火山岩及古近系火山岩或红层覆盖，其轴线近东西向或北西西向。核部位于马而下错—热布卓—日布龙—孔错—索热一线，卷入地层主要为下拉组灰岩，核部下拉组灰岩在东侧孔错—索热一带保存较为完整，在孔错以西零星出露。向斜北翼大部被早白垩世则弄群火山岩及古近系日贡拉组碎屑岩和第四系覆盖，出露地层主要为拉嘎组（C_2P_1l）、昂杰组（P_1a），产状向南中等倾斜，倾角一般在 40°～50°之间。其南翼发育多个与之平行排列的背向斜构造，规模稍大的有纳玻拉—卡乡背斜构造。局部受后期断裂改造地层倒转，并形成轴面南倾的同斜褶皱构造。

该向斜构造受东西向和北东向、北西向断裂及侏罗纪—白垩纪花岗岩体破坏严重，特别是在南翼表现最为明显，但总体上仍可看出其具体形态应为一个轴线近东西向、轴面略南倾的斜歪开阔向斜构造。

该向斜构造影响到的地层仅为石炭—二叠系地层，而早白垩世则弄群火山岩则覆盖其上。侵入破坏该向斜构造的最早花岗岩体为松木果岩体，其同位素年龄为 163Ma，为中侏罗世。同时破坏改造该向斜构造的断裂为昂孜错—色热巴断裂的早期活动，时间为中晚侏罗世（见第一节边界断裂），表现为由南向北的逆冲，使向斜构造发生倒转。根据上述事实，结合区域构造事件的发生背景可以判断，该向斜构造可能与班公湖—怒江带向南俯冲、碰撞有关，其形成时代应在早侏罗世末期。

2. 纳玻拉—卡乡背斜（B_1）

该背斜位于昂孜错—色热巴断裂南侧纳玻拉隆起带上，其东侧延出图外，西侧被松木果岩体破坏及古近系林子宗群覆盖。轴线近东西向，核部位于纳玻拉—扎龙—日阿汝—卡乡—卓哪一线，卷入地层为石炭—二叠系永珠组（$C_{1-2}y$）、拉嘎组（C_2P_1l）。背斜的北翼与马而下错—孔错向斜的南翼相连，出露地层为拉嘎组、永珠组，产状向北中等倾斜，倾角一般在 40°～59°之间，发育有与之平行的次级褶皱；南翼出露地层也为永珠组、拉嘎组，其产状向南中等倾斜，局部稍陡，倾角一般在 25°～55°之间，多被古近系林子宗群火山岩覆盖。

该背斜构造同样遭受东西向、北西向或北东向断裂及花岗岩体的破坏，特别是沿背斜核部多有花岗岩分布。该背斜构造与马而下错—孔错向斜构造平行排列，其发生的时间与后期构造叠加特征一致。

3. 霞勇—青都复式向斜（X_4）

该向斜构造位于图幅南部念青唐古拉隆起带上，其上多有古近系—新近系火山岩及碎屑岩不整合覆盖，向东、西两侧均延出图幅。轴线呈北西西向，核部位于霞勇—吐克普—切惹拉—白约—扎武玛垭—青都一线，卷入地层主要为下拉组（P_2x）、敌不错组（P_3d），在向斜核部发育有次级的背斜构造而出露少量的昂杰组或拉嘎组碎屑岩，使该向斜构造核部呈“W”型褶皱形态。向斜北翼被古近系—新近系火山岩或碎屑岩不整合覆盖，出露地层主要有石炭—二叠系永珠组、拉嘎组、昂杰组，产状向南中等倾斜，倾角一般为 40°左右，在北翼发育有与主向斜构造平行排列的次级背向斜构造多个，并可见到轴面南倾的紧闭同斜褶皱和“Z”型或反“Z”型 褶皱（图 5－11，图版Ⅴ－6，图版Ⅴ－7）及扇状褶皱（图 5－12）。向斜的南翼多被花岗岩岩体破坏及古近系林子宗群火山岩—碎屑岩不整合覆盖，出露地层主要有石炭—二叠系永珠组、拉嘎组、昂杰组及下拉组，总体产状北倾，倾角一般在 30°～50°之间，发育一系列与该向斜构造平行的次级背向斜构造。

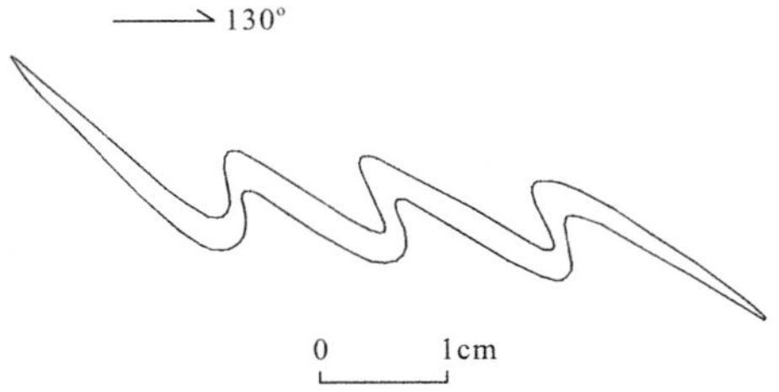

图 5－11　霞勇—青都向斜构造北翼拉嘎组含砾粉砂岩产生的反“Z”型褶皱形态素描图

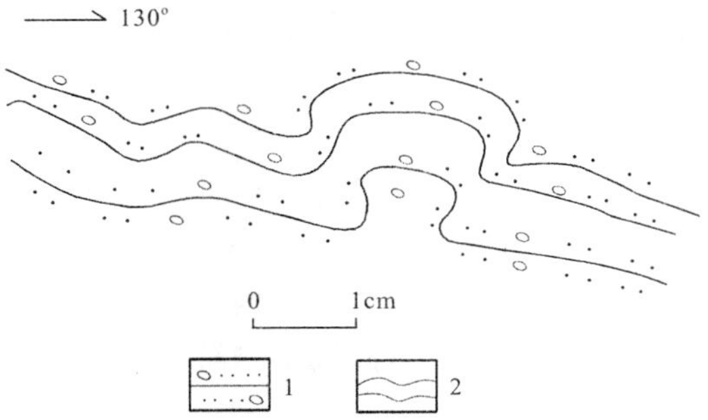

图 5－12　霞勇—青都向斜北翼拉嘎组扇型褶皱形态素描图

1. 含砾粉砂岩；2. 层理褶曲

该向斜构造受后期北西西向、北东向断裂破坏严重，常将地层切割成菱形块状，同时也使地层产状混乱，但总体仍能看出复式向斜构造的总体轮廓（图 5－13），只是由于受断裂破坏及大量花岗岩体的侵入破坏和古近系火山岩的覆盖，向斜构造的边缘轮廓不齐、不清。该向斜中的古生代地层中轴面劈理发育（图版Ⅴ－5），劈理多北倾，产状为 15°∠45°。

卷入该向斜构造的地层仅有石炭—二叠系地层，多被古近系—新近系地层覆盖，遭受早白垩世碰撞型—后碰撞型花岗岩岩体侵入破坏，其生成时代应在早白垩以前，结合区域上构造事件的发生期次，可以推断，该复式向斜的主体形态是在班公湖—怒江带南向俯冲时形成的。

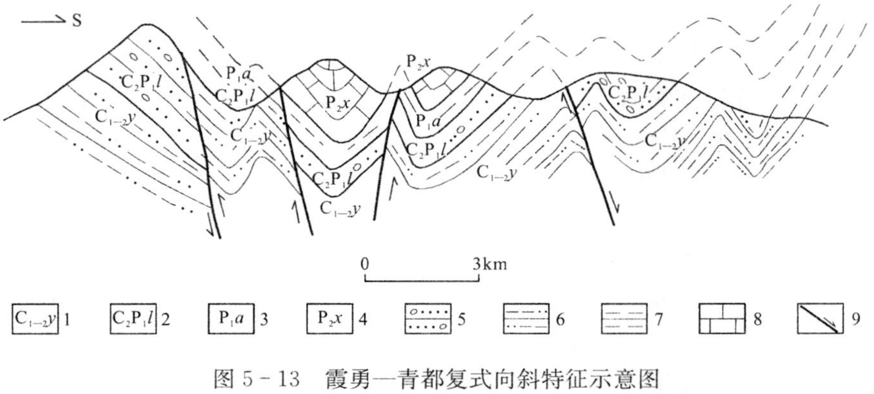

图 5－13　霞勇—青都复式向斜特征示意图

1. 永珠组；2. 拉嘎组；3. 昂杰组；4. 下拉组；5. 含砾粉砂岩；6. 粉砂质泥岩；7. 泥岩；8. 灰岩；9. 断层及运动方向

4. 公穷—压穷拉向斜(X_3)

位于图幅中部的热布喀沉降带，靠近念青唐古拉隆起带一侧，主要由日贡拉组组成。核部位于公穷—力措嘎—麦多—山北拉一线，其轴线近东西向。两翼基本对称，其北翼产状向南缓倾，倾角一般在 15°～32°之间，局部稍陡。南翼产状向北缓倾，倾角一般在 15°～40°之间。有时在两翼可形成一些平缓的褶曲。

该向斜构造被新近系乌郁群角度不整合覆盖，具向形状，但乌郁群并未参与褶皱，其形成时间应为上新世。

（二）断裂特征

该区断裂发育，多集中分布在北部纳玻拉隆起带和南部念青唐古拉隆起带上。最为发育的近东西向—北西西向断裂与区域构造线相一致，构成该区基本构造格局。北东向断裂也较发育，常与北西西向断裂一起将该带切割为块体。另有少量的南北向断裂，常构成新近系断陷盆地的边界断裂。本次工作在该区内共填绘出具不同模式、不同样式、不同时期、长度大于 500m 的断裂 77 条，其中 EW—NWW 向断裂 42 条，NE—NEE 向断裂 25 条，NS 向断裂 7 条，NW 向断裂 3 条。以下就各方向具代表性的几条断裂作以详述，其余见表 5-4。

1. 嘎架忍逆冲断层(F_{36})

位于嘎架忍—马杰力一带，东西两端均被朗那花岗岩体破坏，图幅内全长约 10km，总体走向近东西向。在宽约 2.5km 的范围内有 4 个逆冲断面，每个断面总体向南缓倾(140°～200°)，倾角在 25°～30°之间，由南向北依次可见前震旦系念青唐古拉群压盖在下拉组之上，下拉组压盖在念青唐古拉群之上、念青唐古拉群又压盖在永珠组之上、永珠组压盖在下拉组之上，为一系列由南向北的低角度逆掩断层(图 5-14)。在推覆构造内，尤其在每个次级推覆面附近发育有碎裂岩、糜棱岩，糜棱岩中长石、石英碎斑具圆化、拉长和定向排列特征。在下拉组灰岩中灰岩层间常有明显的碳酸盐化现象，标志着具有层间滑动。念青唐古拉岩群变质岩系内发育糜棱岩和滑石片岩，而下拉组灰岩则仅发育碎裂岩的特征，说明该逆掩断层的上盘主体为念青唐古拉群，下盘为下拉组灰岩，为逆冲断层。

表 5-4 冈底斯燕山期—喜马山期岩浆弧带断裂一览表

编号	名称	规模及产状				主要特征	矿化蚀变	性质	期次时代
		长度(km)	宽度(m)	倾向倾角	走向				
F_1	昂孜错南断裂	2	250	80°∠50°～70°	NW340°	发育角砾岩、碎裂岩，具断层面，有阶步、角砾具旋转现象，有牵引褶曲和花岗岩脉侵入，切割地层 E_2p，北端没入湖盆区，向南被第四系覆盖	褐铁矿化	逆断层	喜山期
F_2	布穷—电拉雄东断裂	11		295°∠87°	NE30°	向北没入马而下错湖盆，向南被第四系覆盖，发育角砾岩、碎裂岩及断层磨光面、断崖，沿线发育近南北向的节理，节理中充填细晶岩脉，与断裂呈锐角相交，指示上盘下降。切割地层 C_2P_1l、P_1a、P_2x、E_2p 及松木果岩体	绿帘石化	正断层	喜山期
F_1	差果错—索黎北断裂	14	10～70	15°∠60°	NWW 295°	向西被第四系覆盖，向东被 F_9 截切，发育角砾岩、碎裂岩，角砾具旋转现象(左旋)，上盘发育牵引背斜褶曲、切割 E_2p 被 F_7、F_8 错断	褐铁矿	逆断层	喜山期
F_5	巴勒断裂	5		180°∠60°	EW	向西被第四系覆盖，向东被 F_7 截切，发育角砾岩、碎裂岩、切割地层 E_2p	硅化	不明	喜山期
F_6	我弄北断裂	2.5		北东倾	NWW 290°	向西延出图外，向东被第四系覆盖，发育角砾岩、碎裂岩，切割地层 E_2p		不明	喜山期

续表 5-4

编号	名称	规模及产状				主要特征	矿化蚀变	性质	期次时代
		长度(km)	宽度(m)	倾向倾角	走向				
F_7	央弄勒断裂	8.5	0.5～1	北西陡倾	NE30°	向北被第四系覆盖,切割地层 E_2p,发育角砾岩、碎裂岩,下盘中具牵引小背斜褶曲,截切 F_5,错断 F_4,平行 F_8		正断层	喜山期
F_8	邦弄断裂	4.5			NE30°	向北被第四系覆盖,发育角砾岩、碎裂岩,错断 F_4,平行 F_7,切割地层 E_2p		不明	喜山期
F_9	舍弄拉断裂	41	5～20	140°∠70°	NE50°	向南、北两侧均被第四系覆盖,发育角砾岩、碎裂岩及石英脉,截切 F_4、F_{10}、F_{12},切割地层 E_2p 及松木果岩体	褐铁矿化	正断层	喜山期
F_{10}	扯不勒断裂	7.5	1.5	40°∠60°	NWW 305°	向东、西两端分别被 F_9、F_{11} 截切,发育角砾岩、碎裂岩,切割地层 E_2p		不明	喜山期
F_{11}	弄清杰勒断裂	2	10～30	140°∠75°	NE 50°	向南、北两端均被第四系覆盖,发育角砾岩、碎裂岩,断层泥(5～20cm)和石英脉、铁质脉及方解石脉(0.05～1cm),切割地层 E_2p,截切 F_{10},平行 F_9	褐铁矿化	正断层	喜山期
F_{12}	木拉列嘎断裂	5	20	10°∠20°	NWW 300°	向西被 F_9 截切,向东延入松木果体内,发育角砾岩、碎裂岩及石英脉,石英脉呈反“S”型变形弯曲,显示左旋特征。在该断裂北侧见有小型韧性剪切带,据矿物拉长、定向及石英脉褶皱变形等显示有右行走滑的特征	硅化	左旋走滑	燕山期—喜山期
F_{13}	种弄列嘎—俄容乃嘎断裂	22			NE 70°	发育碎裂岩,向北东被第四系覆盖,向南西延入松木果岩体内,切割地层 $C_{1-2}y$、K_1zl,截切 F_3,平行 F_{14}		左旋平移	燕山期
F_{15}	俄弄勒断裂	3	15	0°∠85°	EW	发育角砾岩、碎裂岩,下盘具牵引向斜褶皱,切割地层 $C_{1-2}y$		逆断层	燕山期
F_{16}	铁鲁断裂	3	200	40°∠65°	NWW 310°	向东、西两端被第四系覆盖,发育角砾岩,角砾具旋转定向,断裂两侧节理变形,显示左旋特征,沿断裂有石英脉充填。切割地层 E_2p		左旋平移	喜山期
F_{17}	扎卡拉南—嘎给勒断裂	23		330°∠60°	NEE75°	向西被第四系覆盖,发育角砾岩、碎裂岩化,通过处多为冲沟、丫脖及河流拐点等,切割地层 E_2p、$C_{1-2}y$,控制 E_3r 边界		不明	喜山期
F_{18}	热布卓—加甲断裂	10			NW330°	向南、北两端被第四系覆盖,通过处多为冲沟和丫脖,可见断崖或陡坎,地层位移明显,切割地层 $C_{1-2}y$、C_2P_1l、P_1a、P_2x、K_1zl、E_2p		右旋平移	喜山期
F_{19}	共者错—结勒断裂	8			NEE70°	向东、西两端被第四系覆盖,发育碎裂岩及石英脉,切割地层 $C_{1-2}y$、C_2P_1l、K_1zl 及央雄勒岩体,地层错位明显,错断 F_3	硅化	右旋平移	喜山期
F_{20}	贡登嘎勒断裂	9		北西陡倾	NEE75°	向东没入孔错湖盆区,向西被第四系覆盖,发育碎裂岩、断层磨光面。具阶步、擦痕,在南盘(下盘)上表现为阶步坎面朝下,指示上盘下降,可见断层崖、方解石脉及牵引褶皱,发育次级小断裂(70°∠71°),与主断裂呈锐交角,指示右旋特征,切割地层 $C_{1-2}y$、P_2x、E_2p 及央雄勒岩体,错断 F_3,平行 F_9		正—平移断层	喜山期

续表 5-4

编号	名称	规模及产状				主要特征	矿化蚀变	性质	期次时代
		长度(km)	宽度(m)	倾向倾角	走向				
F_{27}	尼马弄庆断裂	7.5		175°∠75°	NWW 290°	向东、西两端被第四系覆盖，发育角砾岩、碎裂岩，控制 E_3r 边界，平行 F_{29}		正断层	喜山期
F_{28}	公穷—里东断裂	13		25°∠51°或175°∠50°	EW	向东、西两端被第四系覆盖，发育角砾岩、碎裂岩，控制陆相断陷盆地 E_3r 沉积的边界，并见 E_2p 压盖于 E_3r 之上		多期	喜山期
F_{30}	桑嘎不南断裂	2	10		EW	向西延出图幅，向东切穿公穷松多岩体，发育角砾岩、碎裂岩，切割地层 P_2x、E_2p	硅化	不明	喜山期
F_{31}	玛架日断裂	3		15°∠70°	NWW 285°	发育角砾岩、碎裂岩，具断层镜面、擦痕，擦痕在下盘上具有上粗下细的特征，指示上盘下降	褐铁矿化	正断层	燕山期
F_{32}	济达北断裂	4	5～10	3°∠70°	EW	向西延出图外，向东被 E_3r 覆盖。发育角砾岩、碎裂岩及次生裂隙，裂隙中充填方解石脉和石英脉，具断层镜面	褐铁矿化	正断层	燕山期
F_{33}	济达断裂	3.5			NW310°	向北西延出图外，向南东被第四系覆盖，发育角砾岩、碎裂岩		不明	燕山期
F_{34}	也桑弄巴断裂	6.5		200°∠50°	NWW 290°	向西延出图外，发育角砾岩、碎裂岩及节理(25°∠60°)，节理与断裂呈锐交角，指示上盘上升，使 P_2x 压盖于 E_3r 之上		逆断层	喜山期
F_{37}	厄穷—那曲断裂	10			NEE70°	向东、西两端被第四系覆盖，发育角砾岩、碎裂岩及方解石脉、陡坎等，切割地层 $C_{1-2}y$、P_1a、P_2x、E_3r，截切 F_{29}、F_{38}	大理岩化	不明	喜山期
F_{38}	多朗拉断裂	17	3		EW	发育角砾岩、碎裂岩，切割地层 $C_{1-2}y$、C_2P_1l，被 F_{37}、F_{41} 及 F_{38} 截切		不明	喜山期
F_{39}		2		南东倾	NEE70°	发育角砾岩、碎裂岩，切割地层 $C_{1-2}y$、C_2P_1l，截切 F_{38}、F_{40}		逆断层	喜山期
F_{40}	邦马拉北断裂	4			NWW 290°	发育角砾岩、碎裂岩及石英脉，切割地层 $C_{1-2}y$、C_2P_1l，被 F_{39}、F_{41} 截切		不明	喜山期
F_{41}	邦马拉—央弄断裂	15	10	172°∠70°	NEE70°	向东、西两端被第四系覆盖，沿线发育角砾岩、碎裂岩，切割地层 $C_{1-2}y$、C_2P_1l、E_2p 及邦马拉岩体($K_1\eta\gamma$)，截切 F_{39}、F_{40}、F_{49}、F_{51}	褐铁矿化	正断层	喜山期
F_{42}	丁堆断裂	5	10～30	东南陡倾	NEE80°	向东、西两端被第四系覆盖，发育角砾岩、碎裂岩，控制 N_2wy 边界		正断层	喜山期
F_{43}	岗在—曲果断裂	4	2		NWW 300°	向西切穿岗在岗体，向东被第四系覆盖，发育碎裂岩，切割地层 N_2wy，截切 F_{44}		不明	喜山期
F_{44}	曲果断裂	2.5	2		NE 50°	向北东被第四系覆盖，向南西被 F_{43} 截切，发育碎裂岩，切割地层 N_2wy		不明	喜山期
F_{45}	吐克普—日阿哥日断裂	40	15	南东倾∠53°	NEE 75°	发育角砾岩、碎裂岩及片理化岩石，具牵引褶皱，切割地层 $C_{1-2}y$、C_2P_1l、P_1a、P_2x、E_2p及朗拿岩体，被 N_2wy 覆盖，切断 F_{49}、F_{51}、F_{35}、F_{48}被 F_{46} 切断	褐铁矿化	逆断层	喜山期
F_{46}	差青—姐羊拉断裂	58	10～80	195°∠70° 200°∠60°	NWW 290°	向东、西两端被第四系覆盖，发育角砾岩、碎裂岩及碎粉岩，切割地层 $C_{1-2}y$、C_2P_1l、E_2p，错断 F_{45}，被 F_{58} 错断，平行 F_{48}、F_{49}	硅化褐铁矿化绿帘石化	逆断层	喜山期
F_{47}	扎弄断裂	3.5	50	190°∠70°	EW	发育角砾岩、碎裂岩，由一系列平行排列的多条断层组成一断裂带	硅化褐铁矿化绿帘石化	逆断层	喜山期

续表 5-4

编号	名称	规模及产状				主要特征	矿化蚀变	性质	期次时代
		长度(km)	宽度(m)	倾向倾角	走向				
F_{18}	扎弄拉断裂	26			NWW 290°	发育角砾岩、碎裂岩，通过之处多为冲沟、丫脖或陡崖绝壁。切割地层 $C_{1-2}y$、E_2p，被 F_{15}、F_{19} 截切。根据同 F_{46}、F_{49} 为同期平行断裂的特点推测其应为逆断层		逆断层	喜山期
F_{50}	多让断裂	3	3～5	270°∠70°	SN	发育碎斑岩、碎裂岩，碎斑具园化现象。切割地层 C_2P_1l，被 F_{49}、F_{51} 截切	硅化褐铁矿化	逆断层	燕山期
F_{51}	邦马拉—热多断裂	50	5	215°∠40° 230°∠60° 180°∠70°	NWW 290°	发育角砾岩、碎裂岩及石英脉、劈理，具牵引褶皱，切割地层 $C_{1-2}y$、C_2P_1l、P_1a、P_2x、N_2wy 及邦马拉、各门斤岩体，被 F_{41}、F_{60} 截切，切断 F_{50}、F_{59}、F_{61}，前期具逆冲作用，后期为正断层型	硅化褐铁矿化	多期	燕山期、喜山期
F_{52}		2.5	30	201°∠46°	NWW290°	发育角砾岩、碎裂岩，具陡崖，切割 P_2x		正断层	喜山期
F_{53}	吐克普—汤勒断裂	70	10～100	35°∠60°～70° 200°∠70°	NWW 290°	发育角砾岩、碎裂岩、碎粉岩，沿线多为冲沟、丫脖、河流拐点及陡崖、泉等，切割地层 $C_{1-2}y$、C_2P_1l、P_1a、P_2x、N_2wy 及各门斤岩体、那郎木布岩体，截切 F_{59}、F_{61}、F_{64}，并被 F_{68} 切断	褐铁矿化	正断层	喜山期
F_{54}	吉吉多勒断裂	3.5	50	160°∠83°	NE 50°	发育角砾岩、碎裂岩，多形成冲沟、陡崖绝壁及河流拐点等。切割地层 E_2p 及朗拿岩体，平行 F_{55}、F_{56}、F_{61}		不明	喜山期
F_{55}	批达玛断裂	2.5	100	SE∠69°	NE 50°	发育角砾岩、碎裂岩、糜棱岩及糜棱面理，早期在 $C_{1-2}y$ 中可能有韧性剪切，被 E_2p 覆盖及郎拿岩体破坏不清，后期为张性断层	石榴石透辉石绿帘石化大理岩	多期	燕山期—喜山期
F_{56}	吓鲁东断裂	3	20		NE 50°	发育碎裂岩，可形成陡崖，沿断层有潜火山岩脉侵入。切穿郎拿岩体	绿帘石化	不明	喜山期
F_{57}	朋姐断裂	3			NWW 290°	发育角砾岩，向东延出图外，切割地层 $C_{1-2}y$、E_2p		不明	喜山期
F_{58}	朵玛嘎布西断裂	6			NW350°	发育角砾岩，切割地层 $C_{1-2}y$、E_2p，错断 F_{16}，地层位移明显，位移达 50m 左右，向北被第四系覆盖	硅化	右旋平移	喜山期
F_{59}	普勒断裂	25		160°∠70°	NEE70°	发育角砾岩、碎裂岩，具陡崖，切割地层 $C_{1-2}y$、C_2P_1l、P_1a、P_2x 及桑那岩体，又被 N_2wy 覆盖，被 F_{49}、F_{51} 错断，截切 F_{62}	褐铁矿化	逆断层	喜山期
F_{60}	甲不弄西断裂	2	10	东倾陡—直立	SN	发育角砾岩、碎裂岩，形成负地形及陡崖，切割地层 $C_{1-2}y$、P_2x 和断裂 F_{51}	褐铁矿化	正断层	喜山期
F_{61}	啊耳马—查割勒断裂	31	10～15	320°∠70°	NE 50°	发育角砾岩、碎裂岩，切割地层 $C_{1-2}y$、C_2P_1l、P_1a、P_2x 及桑勒岩体，郎拿岩体，被 F_{62}、F_{63}、F_{51}、F_{53}、F_{35} 错断，截切 F_{67}	褐铁矿化及铜矿化	逆断层	燕山期
F_{62}	拉萨姐勒—打社断裂	23		350°∠70°	NWW 280°	发育角砾岩、碎裂岩，角砾以花岗岩、板岩、变砂岩为主，具陡崖和断层三角面，切割地层 $C_{1-2}y$、C_2P_1l、P_1a 及桑勒岩体，被 F_{59} 截切，错断 F_{61}，向东被 E_2p 覆盖		正断层	燕山期
F_{63}	德康断裂	12	5	180°∠70°	EW	发育角砾岩、碎裂岩，向西被 F_{51} 截切、向东切穿各门斤岩体，切割地层 $C_{1-2}y$、C_2P_1l、P_3d、P_2x，错断 F_{61}	褐铁矿化	逆断层	燕山期

续表 5-4

编号	名称	规模及产状				主要特征	矿化蚀变	性质	期次时代
		长度(km)	宽度(m)	倾向倾角	走向				
F_{61}	白约—扎武玛亚断裂	70	100	南倾,倾角为80°	NWW 290°	发育角砾岩、碎裂岩及节理、擦痕和牵引褶皱,下盘上擦痕上粗下细,指示上盘下降,切割地层 $C_{1-2}y$、C_2P_1l、P_1a、P_2x,向西被 F_{53} 截切,向东切穿那郎木布岩体,错断 F_{68}		正断层	喜山期
F_{65}	查弄南—切钟断裂	28	50~100	5°∠70°	NWW 280°	发育角砾岩、碎裂岩、碎粉岩,具断层三角面和陡崖,切割地层 $C_{1-2}y$、C_2P_1l、P_1a、P_2x,向西被 F_{67} 截切,向东被 F_{66} 截切,被 F_{68} 错断,控制 E_2p 边界		正断层	喜山期
F_{66}	结普—听居多断裂	46	30	190°∠85°	EW	发育角砾岩、碎裂岩及石英脉,具牵引褶皱和节理,节理与断裂呈锐交角,指示下盘下降,切割地层 $C_{1-2}y$、C_2P_1l、P_1a、P_2x、E_2p,向西切穿郎那岩体,向东被第四系覆盖,截切 F_{67},错断 F_{68}	褐铁矿化	正断层	喜山期
F_{67}	比弄—达马拉断裂	21	50	210°∠58°	NWW 290°	发育角砾岩、碎裂岩,具断层镜面和牵引褶皱,沿断裂有泉分布。切割地层 $C_{1-2}y$、C_2P_1l、P_1a、P_2x、E_2p,向西被 F_{61} 截切,向东被 F_{66} 截切,切断 F_{65}	褐铁矿化	正断层	喜山期
F_{68}	郎恶—勒宁断裂	48		倾向NW,倾角为75°	NEE70°	发育角砾岩、碎裂岩及石英脉,在下盘中发育牵引背斜,具断层三角面和断层崖。切割地层 $C_{1-2}y$、C_2P_1l、P_1a、P_2x、P_3d、N_2wy 及朗拿岩体,错断北西西向断裂		正断层	喜山期
F_{69}	尼马日断裂	11		倾向NW,倾角为71°	NE 35°	发育角砾岩、碎裂岩及牵引褶皱,东盘褶皱指示东盘南移,切割地层 E_2p、E_3r		右旋平移断层	喜山期
F_{71}	白瓦勒—玛弄断裂	12			NE 50°	沿断裂常形成冲沟、丫脖、陡崖及河流拐点等,向南被第四系覆盖,向北切穿白瓦勒岩体,切割地层 E_2p,截切 F_{72}、F_{73}、F_{74}		推测断层	喜山期
F_{72}	研达勒—他弄断裂	14			NW300°	向东西两端被第四系覆盖,切割地层 E_2p 及白瓦勒岩体,被 F_{71} 错断		推测断层	喜山期
F_{73}	觉央断裂	10			NW320°	断裂多沿沟谷、凹地等负地形延伸,可见陡崖,切割地层 E_2p,被 F_{71}、F_{74} 截切	铁矿化	推测断层	喜山期
F_{74}	阿央断裂	7		230°∠35°	NWW 280°	发育角砾岩、碎裂岩及石英脉体、方解石脉,沿断层形成陡崖及河流拐点。切割地层 $C_{1-2}y$、E_2p,向东被 N_2wy 覆盖	铁矿化	不明	喜山期
F_{80}	拉弄拉断裂	4.5	5~10	45°∠65°	NW315°	发育角砾岩、碎裂岩,切割地层 E_2p、E_1d 及英日岩体。地层错动明显		正断层	喜山期
F_{81}	荣热断裂	9		50°∠65°	NW320°	发育角砾岩、碎裂岩,多沿冲沟负地形延伸,可见断层三角面及断层陡坎	褐铁矿化	正断层	喜山期

该逆冲断层的上盘地层为二叠系下拉组灰岩,同时又被早白垩世后碰撞型朗那花岗岩体破坏,说明其发生的时代应在晚二叠—侏罗纪之间。结合区域上构造事件的发生情况推断,该逆冲断层应与图幅北侧班公湖—怒江带南向俯冲碰撞有关,大体发生在早侏罗世时期。

2. 纳玻拉断层(F_{14})

断裂位于纳玻拉附近,总体走向 NEE70°,西南端延入松木果岩体内,北东端被第四系覆盖,长约19km。其主断面西北倾,倾角50°左右。断裂破碎带宽10~50m,发育角砾岩、碎裂岩,并在断裂两侧发育两组张节理，一组东倾（90°）、倾角 35°，另一组东南倾（110°）、倾角 30°，沿两组节理充填石英脉，脉宽 1.5～2.5cm，石英脉有错断和变形弯曲的特征。根据节理与主断裂锐交角关系与石英脉错移及变形特征和地质体位移特征判断，该断层为一左旋平移断裂。

沿断裂具褐铁矿化、硅化。断裂切割地层 $C_{1-2}y$、C_2P_1l、P_1a、K_1zl 和松木果岩体，切割错断 F_3，平行 F_{13}，其时代为燕山期。

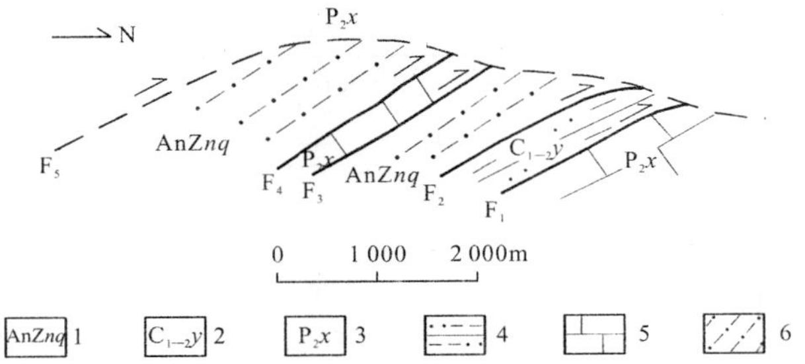

图 5-14　嘎架忍东南逆冲推覆构造剖面示意图

1. 前震旦系念青唐古拉岩群；2. 石炭系永珠组；3. 中二叠统下拉组；4. 粉砂质泥岩；5. 灰岩；6. 糜棱岩

3. 拨寨—公穷松多断裂（F_{29}）

位于拨寨—公穷松多一带，总体走向 NWW290°，向西延出图幅，向东被 F_{37} 所截，图幅内全长约 18km。主断面北倾（25°）、倾角 51°。卫星影像特征和地貌特征明显，通过地方多为丫脖或河流拐点，可见断层三角面及断崖（陡坎），线状影像特征明显。

该断裂沿线发育角砾岩、碎裂岩，角砾以火山岩角砾、花岗岩角砾及砂砾岩为主。具褐铁矿化。控制古近系日贡拉组碎屑岩的边界，为一边界正断层。

断裂南侧古近系林子宗群火山岩受断层影响而发生破碎，形成碎裂岩、角砾岩等，而北侧古近系日贡拉组碎屑岩则未受到断层破坏，其边界断裂特征说明该断裂为古近纪晚期同沉积断裂。与 F_{27}、F_{28} 属同期同性断裂。

4. 研达玛尔波断裂（F_{70}）

位于扎脚弄—研达玛尔波—其干垓嘎一带，长约 24km。总体走向近南北向，主断面向西陡倾（275°∠70°），卫星影像上呈一明显的线状特征，并具断层三角面。地貌上多为冲沟、垭口或河流的拐点，并见陡崖或陡坎。沿断裂发育 50m 宽的破碎带。破碎带多位于林子宗群火山岩中，以发育角砾岩、碎裂岩为特征。

该断裂总体为一正断层，控制古近系晚期日贡拉组碎屑岩的边界，且日贡拉组红色碎屑岩未受到断层影响，为陆相断陷盆地的边界断裂。

5. 也桑弄巴—扎贯拉断裂（F_{35}）

位于图幅南部朗那岩基的北侧，分布于也桑弄巴—门果—扎贯拉一线，向西延出图外，向东被 F_{67} 截切，长约 58km。总体走向 NWW290°，主断面北倾（15°～50°）、倾角（50°～80°）。卫星影像特征及地貌特征明显，通过地区多为冲沟、丫脖及河流拐点，并形成断层崖、绝壁等。线状构造明显。

该断裂破碎带宽 50～70m，发育角砾岩、碎裂岩，角砾以拉嘎组（C_2P_1l）砂岩、念青唐古拉群（AnZn）石英岩、斜长角闪岩、早白垩世花岗岩、下拉组（P_2x）灰岩、永珠组（$C_{1-2}y$）板岩等为主，并沿断裂有花岗岩脉侵入，可见上盘（北盘）下拉组灰岩向南逆冲压盖在朗那花岗岩体、下拉组、永珠组之上，为一逆断层。该断裂局部产状扭转向南倾（200°∠70°）。

该断裂被北东向断裂 F_{45} 错断，又错断 F_{61}，被 F_{67} 截切。断裂可能与 F_{49} 为同期断层，主体形成时代在古近纪晚期。

6. 巾布勒断层组（F_{75}、F_{76}、F_{77}、F_{78}）

位于图幅东南角巾布勒一带，在宽约 5km 的范围内有 4 条平行断层，组成一个断层组（带），断层走向近南北向，切割地层 E_3r、N_2wy，主断面向东陡倾（95°∠75°～80°），断层带内每条断层破碎带宽约 20～50m，破碎带内发育断层角砾岩、碎裂岩及少量的碎粉岩。发育近南北向的节理、板劈理，并可见板劈理具变形弯曲现象，顺断裂走向发育一系列串珠状温泉，断层具上盘下降、下盘上升的正断层效应，由东向西地层层位渐老、地势渐高，总体构成一阶梯状断裂体系（图 5-15）。

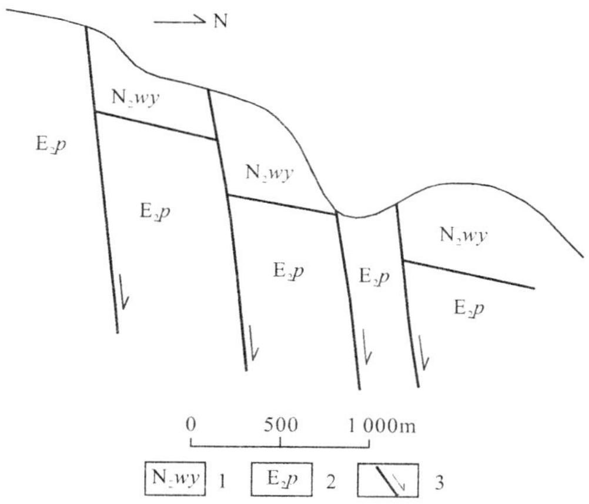

图 5-15　巾布勒阶梯状断层特征示意图
1. 乌郁群；2. 帕那组；断层及方向

该断裂带影响到的地层为古近系 E_3r、N_2wy，且沿断裂带发育温泉，为一活动断裂带，其形成时代为喜山期晚期，即新构造运动时期。

（三）断陷盆地

区内分布一套古近系陆相碎屑岩建造和新近系陆相碎屑岩—火山岩建造，它们均是断陷盆地成因，可明显划分出 3 个断陷盆地，由西向东、由北向南依次为公穷—麦多盆地（P_4）、切琼乡盆地（P_5）和巾布勒盆地（P_6）。

1. 公穷—麦多盆地

断续分布于尼弄庆—公穷—力措嘎—麦多—马丝—啊姑多勒—窝希岭一带，呈东西向带状分布，长约 140km，宽 2～25km，主要由日贡拉组（E_3r）和乌郁群（N_2wy）组成。日贡拉组为一套红色细碎屑岩沉积，主要岩性为细粒岩屑长石砂岩、粉砂岩、粉砂质泥岩等，局部地段砂岩中含泥砾及复成分砾石，横向上岩性基本稳定，厚 250～1 100m。其内沉积构造发育，多见小型交错层理、波状层理、单斜交错层理、浪成波痕及虫迹、泥裂和冲刷构造，岩屑多为近距离搬运的次棱角状，为典型的陆相盆地沉积，以角度不整合覆盖于古近系林子宗群火山岩之上。该套沉积位于念青唐古拉隆起带的北边缘，其边界由明显的北西西向—东西向的正断层控制，局部为南北向正断层控制，为陆相断陷盆地。

乌郁群以角度不整合覆盖于日贡拉组之上，其下部为一套砂砾岩、岩屑杂砂岩、粉砂质泥岩，上部为一套安山岩、英安岩、凝灰岩、角砾凝灰熔岩等中酸性火山岩，为典型的山间盆地沉积。

该盆地日贡拉组中具沉积砂岩型铜矿床，矿体多呈透镜状产出，品位为 0.5%～1.5%，最高达 2.08%，是在该类盆地中寻找沉积型砂岩铜矿床的重要标志。

2. 切琼乡盆地（P_5）

分布于切琼乡—卡日藏布一带，呈东西向—北东东向带状展布，长约 35km，宽 2.5～22km。主要由新近系乌郁群中酸性火山—杂色碎屑岩组成。以角度不整合覆盖于古生界石炭—二叠系、古近系林子宗群火山岩及早白垩世花岗岩岩体之上。该沉积盆地也位于念青唐古拉隆起带边缘，在其南、北两侧的南北向沟谷中有零星的乌郁群分布，可能也属断陷成因，但其边界断裂不清。

3. 巾布勒盆地（P_6）

分布于图幅东侧巾布勒—中中割布—研夺一带，呈南北向带状展布，长约 25km，宽 3.5～14km，向东延出图外。盆地沉积主要由新近纪乌郁群杂色碎屑岩和中酸性火山岩组成。以角度不整合覆盖于古近系林子宗群火山岩之上。在该盆地西侧发育一系列南北向阶梯状正断层，明显控制盆地的边界，为一断陷盆地。

（四）小结

区内以发育与主构造线相一致的北西西向—近东西向褶皱、断裂为基本面貌。褶皱构造主要形成于早侏罗世和古近纪—新近纪时期，前者发育在石炭—二叠系地层中，图内多位于隆起带上；后者以发育在古近系—新近系地层中为主，图内多位于沉降带内。断裂构造主要以北西西向—近东西向、北东向断裂为主，次为北西向及南北向断裂，南北向断裂多为活动断裂，部分为控制古近纪及新近纪陆相断陷盆地的边界断裂（如 F_{10} 及 F_{75}～F_{78}）。北西西向—近东西向断裂常集中发育组成一系列平行断裂，其表现形式有两种，其一为边界断裂，早期边界断裂（F_3）多具逆冲特点，具多期活动特征；晚期边界断裂集中（如 F_{49}、F_{27}、F_{29}）发育于古近纪晚期，控制古近系陆相断陷盆地的边界；其二为平行边界的次级断裂，集中发育于隆起带上或隆起带两侧，多具正断层特征，部分为逆断层特征，由北向南由老渐新，南部断裂多发育于古近纪—新近纪或新近纪之后。北东向断裂与北西西向—东西向断裂常伴生，为共轭断裂，二者相互切割，将地体切割成菱形块状，多与北西西向断裂同期，以平移为主，次为正断层和逆断层。

第三节　新构造运动

图幅内新构造运动表现明显，其基本表现形式为隆起、断陷和断裂，它们常集中分布组成带状展布的活动构造带。图幅内活动构造带主要有东西向和南北向两种。隆起带多为地垒式，部分表现为单斜式；断陷带以半地堑式和地堑式为主；断裂带主要为边界断裂，为正断层型。根据活动构造带的展布特征，组合样式划分为4个活动构造带，由北向南、由西向东依次为纳玻拉活动构造带、热布喀活动构造带、念青唐古拉活动构造带和格仁错—青都活动构造带(图5-16)。

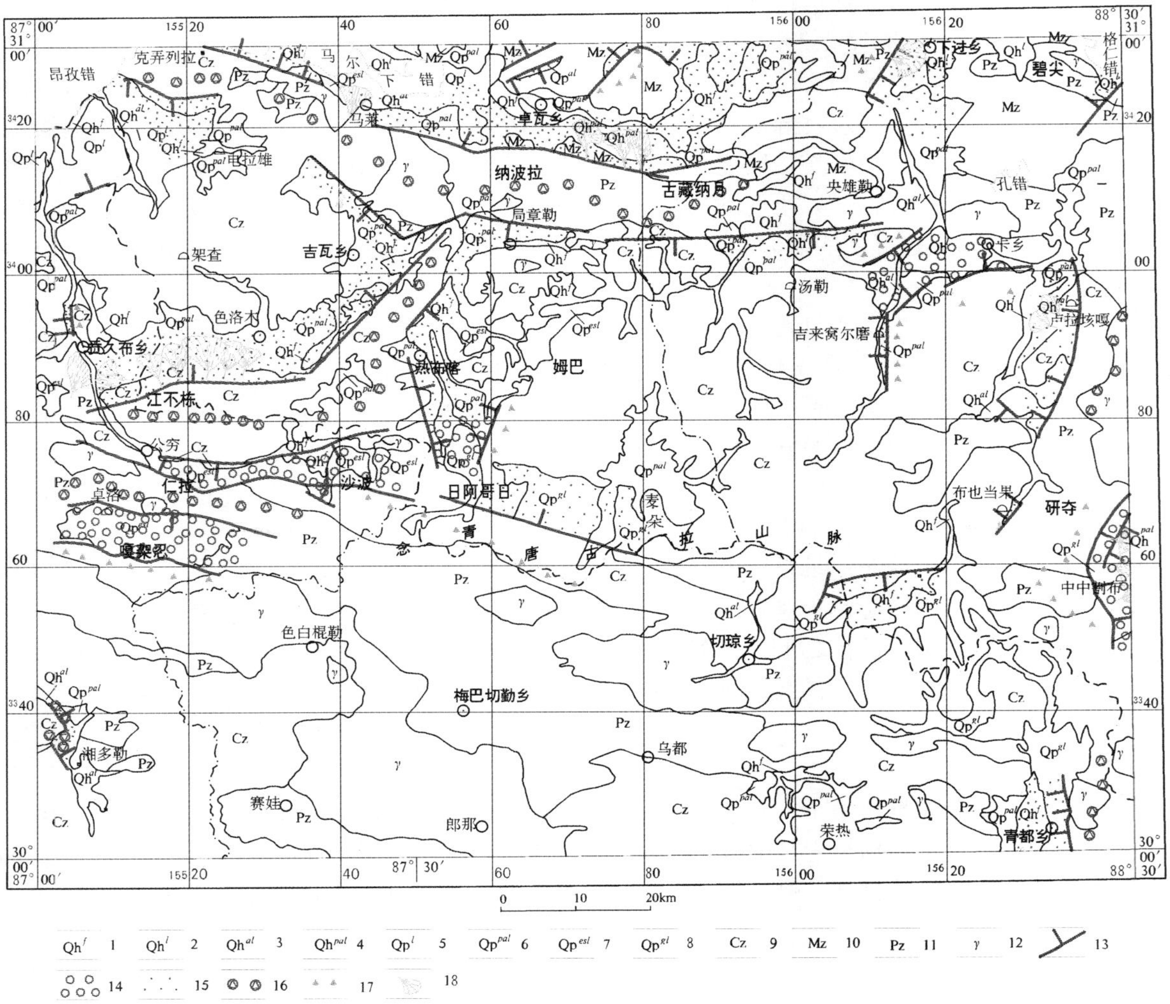

图5-16　热布喀活动断裂与第四系分布图

1.全新统沼泽沉积；2.全新统湖积层；3.全新统冲积层；4.全新统冲洪积层；5.更新统湖积层；6.更新统洪冲积层；7.更新统残坡积层；8.更新统冰碛层；9.新生界；10.中生界；11.古生界；12.侵入岩；13.正断层型活动断裂；14.地堑式断陷带；15.半地堑式断陷带；16.地垒式隆起带；17.单斜式隆起带；18.冲洪积扇

一、纳玻拉活动构造带

该活动构造带位于图幅北侧昂孜错—纳玻拉—拉弄一带，呈东西向带状延伸，向东交汇于南北向的格仁错—青都活动构造带。主要表现为明显的地垒式断块隆起，隆起带两侧断裂、断陷带发育。

（一）隆起带

总体走向北西西向—东西向，大致沿克弄列拉—纳玻拉—拉弄一线带状展布，长约 100km，宽约 10km。高原夷平面一般保存在 5 300～5 490m，构成地垒式断块隆起。隆起带的山脉呈带状，轮廓清晰，具明显的单一主干山脊分水岭，山脊走向较平直，并与隆起带走向基本一致，主脊线位于隆起带中间部位。隆起带上河流形态多呈直线状，且彼此近于平行分布，并与山脉主脊线近于直交和对称发育。平面上具“蜈蚣”状图形特征，河谷狭窄，支流甚少。河谷中第四系堆积物一般不多或受到强烈切割，阶地较为发育。隆起带上制高点附近有少量的冰雪覆盖。

（二）断陷带

活动构造中断陷带发育尚好，尤以隆起带北侧特别明显，形成一个长约 100km、宽几公里至 20km 的卓瓦乡半地堑式断陷带。南侧断陷带相对不发育，仅有几个小型的断陷盆地，由西向东依次为电拉雄断陷盆地、吉瓦乡断陷盆地和共者错断陷盆地。这几个断陷盆地呈串珠状展布。断陷带中发育较多的扇状水系和向心状水系。有现代湖泊及大片沼泽分布。第四系广泛发育，沉积物有更新统和全新统的冲洪积层、湖积层及少量的冲积层。

（三）断裂带

断裂带集中发育在隆起带两侧，构成两条较大的边界断裂。边界断裂呈北西西—东西向走向，多呈折线状弯曲，倾向断陷带中心，倾角较陡，在 60°以上，为正断层型断裂。边界断裂常为基岩与第四系堆积物的分界线，也是隆起带与断陷带的分界线，同时也是由直线状水系突变为扇状水系的分界点。北侧边界断裂表现明显，可见一系列断层三角面、陡崖，并在其前形成带状展布的冲积、洪积裙，局部见有蠕滑块体。根据断陷盆地最低海拔高度与隆起带保存的最高夷平面高度，推测这一带活动断裂最大落差可达 650～800m。

（四）活动构造带与矿产关系

在该活动构造带的断陷带内分布有砂金矿点、矿床，其南侧共者错断陷盆地中的崩纳藏布砂金矿床则是我国最大的砂金矿床；吉瓦断陷盆地中的砂金矿床也达中型矿床。其北侧卓瓦乡断陷带中也零星发现有砂金矿点（冬千矿点）。该活动构造带内隆起带的强烈隆升遭受风化剥蚀，是砂金矿的主要物源区，而断陷带则为砂金的富集提供了良好的场所。该活动构造带是寻找岩金和砂金的有利部位。

二、热布喀活动构造带

位于图幅中部热布喀一带，它北接纳玻拉活动构造带，南接念青唐古拉活动构造带。总体走向近南北向，在宽约 30km 的范围内发育两条相互平行的隆起带、断陷带和断裂带，由西向东依次为果陡断陷带、结列拉隆起带、热布喀断陷带及姆巴隆起带。

（一）果陡断陷带

位于结列拉隆起带西侧吉瓦乡—果陡一带，为半地堑式断陷带，总体走向北东向，长约 20km，宽约 3.5～8km，它北连东西向的吉瓦乡断陷带，南与鲁康断陷带相连。断陷带中发育有向心状水系及大片的沼泽，其中充填物多为更新统的冲洪积层及少量的全新统冲洪积层。断陷带中发育有中小型砂金矿床。

（二）结列拉隆起带

位于果陡断陷带与热布喀断陷带之间，南连江不栋隆起带，为地垒式隆起带。总体走向 NE40°，长约 25km，宽约 5km。高原夷平面多保存在 5 140～5 360m。构成地垒式隆起带的山脉呈带状、轮廓清晰，具明显的单一主干山脊分水岭，山脊走向较平直，并与隆起带走向基本一致。隆起带上河流形态多呈直线状平行分布，并与山脉主脊线近与直交和对称发育。

(三)热布喀断陷带

位于结列拉隆起带的北东，北连吉瓦乡断陷带、南连麦多断陷带，总体走向近南北，长约35km，宽约2～10km。其北端表现为半地堑式断陷带，南端表现为地堑式断陷带。断陷带内发育有向心状水系及网状水系，具大片沼泽，其中充填物以更新统的冲洪积和全新统的冲积为主，部分为残坡积和冰碛沉积。冰碛物主要集中分布在断陷带南端。

(四)姆巴隆起带

位于活动构造带的东侧，属单斜式隆起带。高原夷平面多保存在5 260～5 540m。构成单斜式隆起带的山脉呈单斜状向东倾斜，总体呈“单面山”的形态特征。山脉主脊线与构造带基本一致，但主脊线较弯曲，且偏西侧(断陷带一侧)。隆起带上水系发育不对称，大致以主脊线为界，在西侧——隆起强烈一侧，水系多发育近平行直线状为特征，而东侧——隆起缓慢一侧多为树枝状水系特点。

(五)断裂带

断裂带多集中发育在隆起带与断陷带之间，常构成隆起带与断陷带的边界断裂，也是第四系堆积物与基岩的分界线。断裂一般向断陷带中心倾斜，倾角较陡，为正断层性质。该活动构造带共发育有3条这样的断裂。沿断裂常形成一系列断层三角面和断层崖，并在其前发育一些冲、洪积扇，局部可见冰碛裙。根据断陷带最低海拔高度和隆起带最高夷平面高度推测，这一带活动断裂的最大落差在410～570m。

三、念青唐古拉山活动构造带

该活动构造带位于图幅中南部念青唐古拉山脉一带。隆起带、断陷带及断裂带分布连续。构造带西段发育有3条平行排列的隆起带和断陷带。具5条活动断裂带。其中北部的鲁康断陷带为半地堑式断陷带，中部的公穷断陷带和卓洛断陷带则为地堑式断陷带；南部的嘎架忍隆起带为单斜式隆起带，中部的仁拉隆起带、江不栋隆起带则为地垒式隆起带。构造带东段仅发育有麦多半地堑式断陷带、念青唐古拉山单斜式隆起带及二者之间的活动断裂。

(一)江不栋隆起带

位于鲁康断陷带与公穷断陷带之间的江不栋一带，为地垒式隆起带。总体走向东西向，长约45km，宽约10km，向东与结列拉隆起带相连，隆起带保存最高夷平面高度在5 878m±。构成的山脉呈带状，轮廓清晰，具明显的单一主干山脊分水岭，山脊走向较平直，呈东西向延伸，与活动构造带走向基本一致。隆起带上河流形态多呈直线状平行分布，并与山脉主脊线近直交和对称发育。在平面上构成“蜈蚣”状的特有图形。隆起带上的河流狭窄，其向源侵蚀及袭夺现象普遍，河流中第四系堆积物不发育或遭受强烈的冲刷切割，阶地发育。

(二)仁拉隆起带

位于江不栋隆起带南，二者平行排列，总体走向为东西向，为地垒式隆起带，向东渐变为单斜式隆起带，并与念青唐古拉山隆起带相连接，长约40km，宽3～6km，隆起带保存最高夷平面高度在5 778m±。隆起带山脉呈东西向带状展布，具明显的单一主山脊分水岭，山脊走向与构造带一致。隆起带上有少量的冰雪覆盖，发育有直线状平行水系，并与山脊线近直交和对称发育。

(三) 嘎架忍隆起带

位于活动构造带的最南侧，为单斜式隆起带，保存最高夷平面高度在5 850m左右。隆起带山脉走向与构造带相一致。山体顶面向南单斜倾斜，呈“单面山”形态。山脉上制高点附近有现代冰雪覆盖。其上发育不对称水系，隆起带北侧隆升强烈，以发育平行直线状水系为特征。隆起带南侧隆升稍弱，以发育树枝状水系为特点。

(四)念青唐古拉山隆起带

位于活动构造带东段念青唐古拉山一带,向西连接仁拉隆起带,为单斜式隆起带。总体走向近东西向—北西西向,长约45km,宽约10km±,保存最高夷平面高度在6 000m以上。构成山体顶面向南单斜倾斜的"单面山"形态。山脉主脊线偏居隆起带北侧,隆起带上多有现代冰雪覆盖,冰蚀地貌发育,具有冰谷、冰斗、角峰及鳍脊等冰川遗迹。可见冰碛物。隆起带北侧隆升强烈,以发育平行直线状水系为特征,南侧隆升稍慢,以发育树枝状水系为特点。

(五)鲁康断陷带

位于构造带北侧鲁康—色洛木—带,总体走向为东西向,向东与果陡断陷带连接,长约35km,宽约6~10km,为半地堑式断陷带。断陷带中以发育扇状水系为特征,其充填物多为更新统的冲洪积物,在靠近断裂带一侧发育一系列带状展布的冲洪积扇。局部有全新统冲积物及沼泽分布。

(六)公穷断陷带

位于构造带中部的公穷—沙波一带,夹持于江不栋隆起带和仁拉隆起带之间,为地堑式断陷盆地。总体走向东西向,与构造带基本一致。断陷带呈带状,边界呈折线状弯曲,轮廓明显突出。其内以发育向心状水系为特征,充填物多为更新统残坡积及少量全新统的冲积物,有大片的沼泽分布。

(七)卓洛断陷带

位于活动构造带南侧卓洛一带,居于仁拉隆起带与嘎架忍隆起带之间。总体走向东西向,长约25km,宽约6.5km,为地堑式断陷盆地。盆地内以发育向心状水系为特征。充填物多为更新统残坡积、冲洪积,发育多级阶地。可见全新统冲积层。在沉积盆地中心有现代东西向河流贯穿。

(八)麦多断陷带

位于活动构造带的东段麦多一带,总体走向北西西—近东西向,长约25km,宽约8~14km,为半地堑式断陷带,断陷带中以发育向心状水系为特征。其内充填物以更新统冰碛物为主,发育有冲洪积物。

(九)断裂带

断裂带集中发育在构造带西段,活动断裂一般倾向断陷带中心,倾向较陡。断裂带既是隆起带与断陷带的边界断裂,也是第四系堆积物与基岩的分界断裂,同时也是直线状水系突变为扇状水系的分界点。活动断裂均属正断层性质,沿断裂常形成一系列断层三角面及断层崖,有时发育有基底阶地。在断层面前发育有一系列带状展布的冲洪积、冰碛裙。依据断陷带最低海拔高度和隆起带最高夷平面高度推测,这一活动构造带内活动断裂的最大落差可达770~1 050m。

四、格仁错—青都活动构造带

该活动构造带位于图幅东部,属图幅外仅南北走向的谢通门—申扎活动构造带的范畴,形成近南北方向延伸的断陷带与隆起带交替出现。自南而北为青都乡活动构造带、中中割布活动构造带、卢拉垓嘎活动构造带、卡乡活动构造带及下过乡活动构造带。活动构造带至格仁错附近与北西西走向的格仁错活动构造带相接。

(一)青都乡活动构造带

位于图幅东南角青都乡一带,总体走向近南北向。东侧打弄杠日隆起带为地垒式隆起,向南延出图外,向北与研夺隆起带相连。隆起带最高海拔为5 943m以上。形成轮廓清晰的带状山脉,具明显的单一主干山脊分水岭、山脊走向较平直,并与构造带走向基本一致。隆起带上多有现代冰雪覆盖,发育冰蚀微地貌。其河流形态多呈直线状平行分布，并与山脉主脊线近直交和对称分布。隆起带西侧为青都半地堑式断陷带，长约 15km，宽约 6～15km，发育向心状水系和网状水系，并有大片的沼泽。第四系发育，多为更新统冰碛和冲洪积物，有少量的全新统冲积物。断裂带位于隆起带与断陷带之间，为正断层性质的边界断裂，断面向西陡倾，沿断层线为第四系堆积物与基岩的分界线，并在断面附近形成一系列断层三角面、断层崖等。可见连续分布的冲洪积、冰碛裙发育。根据断陷带最低海拔高度与隆起带最高夷平面高度推测，这一活动断裂最大落差可达 1 100m 左右。

（二）中中割布活动构造

活动构造东侧为中中割布地堑式断陷带，呈 SN 走向延伸，长约 20km，宽约 6km，向东与谢通门—申扎活动构造带的查藏错断陷带成为一体，以发育扇状水系为特征。第四系堆积物多为更新统冰碛沉积物和全新统冲洪积扇。断陷带西侧为研夺单斜式隆起带，向南与打弄杠日隆起带连接，向北与白瓦勒隆起带相连。隆升强烈，最高海拔可达 6 100m 以上。隆起带上有大面积的现代冰雪覆盖，发育冰蚀微地貌及直线状平行水系。断裂带集中发育在隆起带、断陷带之间，多为断面向东陡倾的正断层，可见不同时期的活动断层形成一系列呈明显排列的阶梯状断崖（图 5-15），断裂规模自边界断裂向断陷带中心逐渐变小，时代逐渐变新。沿断裂带发育一系列断层三角面和南北向排列的串珠状温（热）泉，并在断层三角面之前形成一系列带状展布的冲积、洪积裙。根据断陷带最低海拔高度和隆起带最高海拔高度推测，这一带活动断裂的最大落差可达 1 000m 以上。

（三）卢拉垓嘎活动构造带

位于图幅东侧卢拉垓嘎一带，向南连接中中割布活动构造带，向北连接卡乡活动构造带。构造带东侧为白瓦勒地垒式隆起带，向南连接研夺隆起带；长约 30km，宽约 7～10km。隆升强烈，最高夷平面可达 6 110m以上。隆起带上多有冰雪覆盖，冰蚀微地貌较为发育，冰斗、冰谷、角峰及鳍脊常见。隆起带上发育平行排列的直线状水系，并与山脉主脊线近直交和对称发育。

隆起带西侧为卢拉垓嘎半地堑式断陷带，总体走向近南北向，向北与卡乡地堑式断陷带相连；长约 50km，宽约 7.5km，其内发育扇状水系和大片沼泽。第四系沉积物以更新统、全新统的冲洪积、冲积为主，局部有冰碛沉积。

断裂带集中分布在隆起带与断陷带之间，为断面向西陡倾的正断层性质的边界断裂，可见不同时期的活动断裂形成的断崖呈明显阶梯状排列，且断裂规模有自边界断裂向断陷带中心逐渐变小、时代逐渐变新的趋势。沿断裂形成一系列断层三角面，并在其前形成带状展布的冲积、洪积裙。依据断陷带最低海拔高度和隆起带最高海拔高度推测，这一带活动断裂的最大落差可达 1 760m 以上。

（四）卡乡活动构造带

该构造带连接东西向的纳玻拉活动构造带，为格仁错—青都活动构造带的一部分。总体走向近南北向，在卡乡附近向东转折呈北东向延伸。典型的卡乡地堑式断陷带位于构造带中部，呈南北向—北东向展布，长约 30km，宽约 1～8km。向北东与卢拉垓嘎断陷带连为一体，向北与共者错断陷带、下过乡断陷带连为一体。断陷带内以发育扇状水系为主。第四系堆积物以冲洪积、冲积为主，分属更新统和全新统。

隆起带分布在断陷带两侧，东南侧北北西侧隆起强烈，其隆起带最高夷平面可达 5 740m 以上，属单斜式隆起。隆起带走向与构造带走向基本一致，以发育平行直线状水系为特征。未见有冰雪覆盖。

断裂带集中发育于断陷带东侧，西侧则相对较少，断裂向断陷带中心倾斜，倾角较陡，为正断层性质，断裂既是隆起带与断陷带的边界断裂，也是第四系堆积物和基岩的分界线，沿断裂形成断层三角面和断崖，并在其前形成少量的冲积、洪积扇。根据断陷带内最低海拔高度和隆起带最高海拔高度推测，这一带活动断裂的最大落差在西侧可达 520m，在东侧可达 950m±。

（五）下过活动构造带

位于图幅东北角下过乡一带。向南连接东西向的纳玻拉活动构造带，向北连接北西西向的格仁错活动构造带，隶属格仁错—青都活动构造带的一部分，呈近南北向展布，在下过乡附近略向东偏转呈北东向。其断陷带、断裂带与隆起带连续分布。

隆起带位于构造带西侧的乃弄江马一带，为单斜式隆起，最高夷平面保存在 5 470m 以上。构成隆起带的山脉，其山体顶面呈单斜状向西倾斜，总体形成"单面山"的形态特征。山脉主脊线与构造带基本一致，但主脊较弯曲，且偏居隆起带东侧（隆升强烈一侧）。隆起带上未见有冰雪覆盖，以发育平行排列的直线状水系为特征。水系多与山脉主脊线近直交。

断陷带位于构造带东侧的下过乡一带，呈近南北—北东向走向。向南与共者错断陷带和卡乡断陷带连为一体，向北延出图外，并与格仁错线状断陷带相连，长约 25km，宽约 8～12km。断陷带中以发育扇状水系为特征，有零星的星点状湖泊分布，断陷带中心有崩纳藏布横贯其中。第四系堆积物以更新统的冲洪积为主，发育有全新统的冲积层和湖积层。国内第一大型砂金矿崩纳藏布砂金矿位于该断陷带内。

断裂带集中分布在断陷带与隆起带之间，呈北东向—近南北向延伸，为正断层性质的边界断裂。断面向东陡倾，断裂带具明显的分界标志，既是隆起带与断陷带的边界断裂，也是第四系堆积物和基岩的分界线，同时也是由直线状水系突变为扇状水系的分界点。沿断裂形成一系列断崖和断层三角面，并在其前形成冲、洪积扇。根据断陷带最低海拔高度和隆起带最高海拔高度推测，这一带活动断裂的最大落差可达 790m 左右。

五、小结

综上所述，图幅内新构造运动有如下特点。

(1)发育两条大型的东西向展布的活动构造带和两条大型的南北向展布的活动构造带。南北向活动构造带可作为东西向活动构造带的转换断层。

(2)力学性质均以张性为主。显示出该区南北向的拉张作用和东西向的伸展作用。

(3)每条活动构造并不是单一的断陷和隆起，而是一系列平行排列的断陷带、隆起带相互交替出现。在构造带两侧多形成半地堑式断陷带或单斜式隆起带，而在构造带中部则常形成地垒式隆起带和地堑式断陷带。

(4)断裂带常集中发育于隆起带与断陷带之间，构成边界断裂。断裂均为断面倾向断陷带中心的正断层性质。

(5)表现强度有南强北弱、东强西弱的趋势，大面积的冰雪覆盖区位于图幅的东侧，其隆起带隆升强烈，海拔高度多达 6 000m 以上，以发育冰斗、冰谷、角峰、鳍脊等冰蚀微地貌为特征，并常见冰碛物。

(6)南北向的活动构造带常具有多期活动特征，尤以东侧南北向的格仁错—青都活动构造带为典型，可见不同时期的活动断裂常形成断崖，具明显的阶梯状排列特征。而且有由边界断裂向断陷带中心规模逐渐变小、时代逐渐变新的特点。

(7)图幅内地震断裂不发育，仅在东部格仁错—青都活动构造带东侧的谢通门—申扎区域性活动构造带内有明显的地震断裂和地震现象，其地震活动可能波及该区。

(8)格仁错—青都南北向的活动构造带也是测区主要的地热活动带，沿线常有一系列南北方向串珠状展布的热泉和温泉，水温可达 50°～60°以上，是较为理想的地热开发地带。

(9)图幅北侧东西向展布的纳玻拉活动构造带的断陷带内发育中—大型砂金矿床和砂金矿化点，是寻找砂金矿床的有利地带。同时也是寻找岩金的重要部位。

第四节　地质构造演化史

根据测区岩浆作用、沉积作用、变质变形作用、古生物资料和同位素测年数据等资料的综合分析，结合区域相关资料的研究，恢复测区地质发展演化历史如下（表 5－5，图 5－17）。

表 5－5　测区地质构造事件表

沉积建造	岩浆事件	变形事件	变质作用	同位素年龄（Ma）	构造旋回	
					时代	构造期
全新统冲积、冲洪积、残坡积、湖积、沼泽沉积，更新统冲洪积、湖积、残坡积及冰碛		1. 大规模的隆升和断陷； 2. EW 向、SN 向正断层的形成			Q	新构造运动期
乌郁群碎屑岩—火山岩	乌郁群中酸性火山岩的喷发喷溢及花岗细晶岩脉侵入	1. EW－NWW 向及 NE－NEE 向、SN 向正断层的形成； 2. 陆相断陷盆地形成； 3. 轴线 EW 向的平缓开阔褶皱形成	动力变质作用		N	喜山期
日贡拉组陆红色碎屑岩、林子宗群火山岩夹碎屑岩	1. 林子宗群火山岩喷发喷溢； 2. 展把纳布等俯冲型花岗岩体、控热等碰撞型花岗岩体、青都等后碰撞型花岗岩体侵入就位	1. 雅鲁藏布江带第二次北向俯冲碰撞； 2. 轴线近 EW 向的平缓开阔褶皱及轴面北倾的斜歪褶皱形成； 3. EW—NWW 向的正断层、逆断层形成； 4. NE－NEE 向正断层、逆断层、平移断层形成； 5. NW 向平移断层、逆断层形成； 6. 东西向陆相断陷盆地形成	1. 动力变质作用； 2. 热接触变质作用	K－Ar： 63.4 39 65.37 52.8	E | K_2	喜山期—燕山晚期
则弄群火山岩	1. 则弄群火山岩的喷溢喷发； 2. 色热巴、白瓦勒、公穷等俯冲型花岗岩侵入； 3. 麦多碰撞型花岗岩侵入； 4. 郎那等后碰撞型花岗岩侵入	1. 永珠—格仁错带南向俯冲碰撞； 2. 雅鲁藏布江带第一次北向俯冲碰撞； 3. NWW—EW 的逆冲断层形成；NE 向或 NW 脆性断层形成	1. 动力变质作用； 2. 热接触变质作用	K－Ar： 84.9 107 110 120 135	K	燕山期
		1. 班公湖—怒江带南向俯冲、碰撞； 2. 昂孜错—色热巴逆冲—走滑断层形成； 3. 嘎架忍逆冲推覆构造形成； 4. 区内马而下错—控错向斜、霞勇—青都复式向斜形成	区域低温动力变质作用、动力变质作用、热接触变质作用	K－Ar： 163 142 132	J	燕山期
		测区抬升剥蚀			T	印支期
P_3d 碎屑岩、P_2x 碳酸盐、$C_{1-2}y$—C_2P_1l—P_1a 碎屑岩—碳酸盐及冰水沉积		二叠纪末测区抬升剥蚀			P—C	华力西期
		抬升剥蚀			D—S	华力西期—加里东期
AnZnq 石英岩、大理岩、长英质糜棱岩、二云石英片岩等		震旦纪末全区抬升剥蚀	高绿片岩相		前震旦	晋宁运动期

一、前震旦纪

前震旦纪时期，测区属于冈瓦纳大陆北缘的一部分。陆壳结晶基底岩石为前震旦纪变质岩系。受晋宁运动的影响，在测区形成一些零星的岛状隆起，这些隆起在形成时有少量的基性火山喷发活动。在地质发展历程中，多位于水下，有时露出水面，造成角度不整合现象，后期的石炭—二叠系以角度不整合覆盖其上,表明是固结基底。测区仅在冈底斯地区的嘎架忍一带出露念青唐古拉岩群,以二云石英片岩、石英岩、大理岩、长英质糜棱岩、斜长角闪岩等为主,为一套低绿片岩相变质地层。震旦纪末期,测区处于隆升剥蚀状态。

二、古生代时期

从石炭纪至二叠纪,测区长期处于冈瓦纳大陆北缘的边缘海域,为稳定的滨浅海环境,测区南北沉积环境基本一致。早石炭世至晚石炭世早期,为一套灰黑色细碎屑岩($C_{1-2}y$)沉积,主要岩性为泥岩、泥板岩、粉砂质板岩夹中薄层细粒长石石英砂岩及薄层—中厚层泥灰岩、生物碎屑灰岩,发育小型楔状交错层理、透镜状层理、脉状层理,含海百合、苔藓虫、腕足、珊瑚等化石,其中珊瑚有 *Clavilarma* sp.,*Anplexus* sp.等,腕足有 *Eochoristites* sp.,*Echinoconchus subelegans*,*phricodothyris* sp.,*Ptchomaletochia* cf. *kinlingensis*,*Plicochonetes weiningensis* 等,总体为一套潮下沉积环境;晚石炭世至早二叠世早期,主体为一套冰水相沉积的青灰色块状含砾碎屑岩系(C_2P_1l),主要岩性为含砾粉砂岩、含砾砂质泥岩、含砾砂

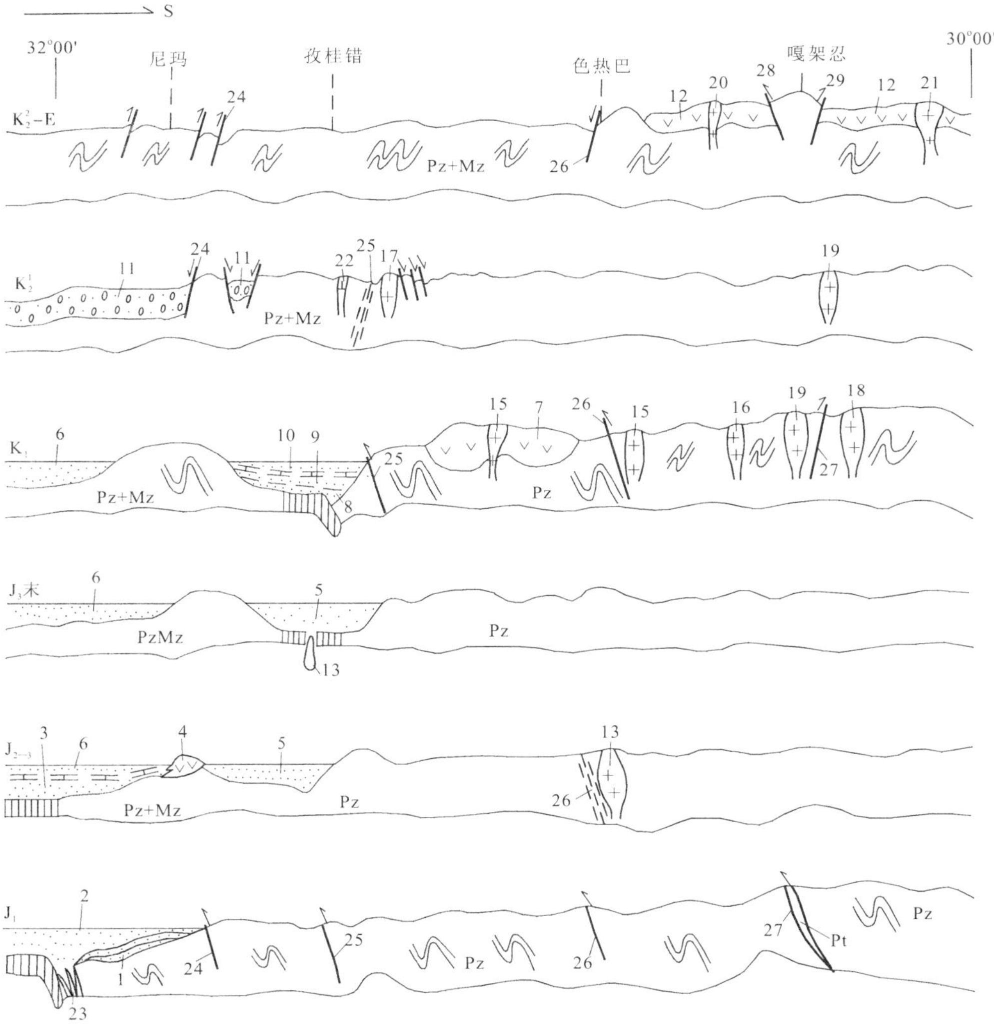

图 5-17　地质构造演化示意图

1. 确哈拉群($T_{2-3}qh$);2. 木嘎岗日群(J_1mg);3. 俄蒙勒组(J_2e);4. 去申拉组(J_2q);5. 接奴群($J_{2-3}j$,图内无);6. 沙木罗组(J_3K_1s);7. 则弄群(K_1zl);8. 俄杀而补组(K_1e);9. 多尼组(K_1d);10. 郎山组(K_1l);11. 竟柱山组(K_2j);12. 林子宗群($E_{1.2}ln$);Pt. 元古代;Pz. 古生代;Mz. 中生代;13. 班公湖—怒江带后碰撞型花岗岩;14. 板内型辉长岩;15. 格仁错带俯冲型花岗岩;16. 格仁错带—雅江带第一次碰撞型花岗岩;17. 格仁错带后碰撞型花岗岩;18. 雅江带第一次俯冲型花岗岩;19. 雅江带第一次后碰撞型花岗岩;20. 雅江带第二次俯冲型花岗岩;21. 雅江带第二次碰撞型—后碰撞型花岗岩;22. 闪长岩(脉);23. 构造岩片;24. 拉惹—康如断裂;25. 控错—理弄勒断裂;26. 昂孜错—色热巴断裂;27. 嘎架忍断裂;28. 江章—马弄拉断裂;29. 也桑—弄巴—拉贯拉断裂

岩、长石石英砂岩等，含冷暖水相珊瑚及腕足类，其中珊瑚有 *Amplexus* sp. 等，为滨浅海沉积环境；早二叠世中晚期为一套黑色细碎屑岩系(P_1a)，主体岩性为黑色页岩、泥岩、泥板岩、粉砂板岩夹细粒石英砂岩、砂质灰岩，含腕足类 *Neospirifer juebuiensis* 等，为浅海相沉积环境；中二叠世为一套厚度较大的碳酸盐岩沉积，以泥晶灰岩、生物屑泥晶灰岩、燧石团块、条带灰岩、泥晶砂屑灰岩为主，以生物丰富、燧石条带发育为特征，产珊瑚、䗴类、苔藓虫、腕足类、腹足类及海百合茎等化石，其中䗴类有 *Schwagerina* sp.，*Nankinella* sp.，*Chusenella* sp. 等，珊瑚有 *Wentzelella* sp.，*Psudoamplerus* sp.，*Wannerophyllum* sp.，*Neokuechowpora* aff *lhum zhunensis*，*Multithecoporanephitheca*，*Lophophyllidum gianggonsis*，*Verbeekiella australis* 等，为潮下—潮间环境；晚二叠世为灰黑色碎屑岩(P_3d)，主要岩性为岩屑长石砂岩、泥质粉砂岩、硅质岩夹砾岩，发育楔状交错层理、水平层理等，多不整合于中二叠统下拉组(P_2x)灰岩之上，呈零星分布，为海陆交互相沉积。石炭—二叠系的岩性及古生物面貌可以同喜山拉雅区对比，也可与我国华南、华北、北美东南部、亚洲南部对比，它们同处于环古特提斯区系。测区内石炭—二叠系反映了由海侵到海退的构造旋回，图幅内缺失大部分上二叠统、三叠系、侏罗系，白垩系—古近系不整合其上，说明在晚二叠世末，古特提斯海已闭合并进入造山阶段，区内开始抬升剥蚀，伴随出现大面积区域低温动力变质作用。

三、中生代时期

从三叠纪开始至白垩纪末，测区主体仍为隆起剥蚀区。

早三叠世，北侧(图外)产生一条大陆型裂谷带，逐渐发展成为“中特提斯海”；早侏罗世冈底斯陆块向北漂移，早侏罗世末，洋壳沿班公湖—怒江一带向南消减于冈底斯陆块之下，海槽关闭。受本次班公湖—怒江带南向俯冲、碰撞的影响，测区普遍遭受变质变形，形成与区域构造线相一致的、轴面略向南倾的斜歪开阔褶皱，规模较大的有马而下错—孔错向斜构造、纳玻拉—色热巴背斜构造、霞勇—青都复式向斜构造，同时在测区南部嘎架忍一带形成由南向北的逆冲推覆构造，在 2.5km 范围内可见 4 个次级推覆构造面，由南向北依次可见念青唐古拉岩群(AnZnq)压盖于下拉组(P_2x)之上、下拉组压盖于念青唐古拉岩群之上、念青唐古拉岩群压盖于永珠组($C_{1-2}y$)之上、永珠组压盖于下拉组(P_2x)之上。此推覆构造受早白垩世郎那岩体的侵入破坏，多不完整。

晚侏罗世时期，属班公湖—怒江带的后碰撞时期，此时在南北向挤压应力的作用下，测区褶皱形态渐趋紧闭，沿昂孜错—色热巴一带形成由南向北的逆冲断裂带，在逆冲断裂的上盘(南盘)形成紧闭的倒转褶皱(轴面南倾)，同时该断裂兼具东西向走滑剪切性质，早期以左旋走滑为主，晚期以右旋走滑为主，但走滑剪切作用并不强烈，既无明显的糜棱岩带，也无明显的地质体位移，仅在局部见一些小型的韧性剪切带和小型的剪切褶皱，可能为该逆冲断裂的晚期效应。受该断裂的影响，晚侏罗世班公湖—怒江带的后碰撞型白云母花岗岩沿此断裂呈东西向带状侵入就位，规模较大的有松木果岩体、央雄勒岩体。

晚侏罗世末期，测区北侧发生一次大陆型裂谷地带，稍后形成永珠—格仁错“洋”。与此同时或稍早，测区以南雅鲁藏布江一带开始北向俯冲并碰撞，在图幅北侧形成早白垩世则弄群岛弧火山岩，在测区南部念青唐古拉一带形成早白垩世侵入岩带，公穷松多、桑勒等俯冲型花岗岩体、麦弄等碰撞型花岗岩体、郎那、各门斤等后碰撞型花岗岩岩体相继侵入就位。受雅江带向北俯冲作用的诱导，永珠—格仁错“洋”在早白垩世时曾短期向南俯冲并碰撞，俯冲型色热巴、白瓦勒、碧尖勒岩体、后碰撞型夏噶日岩体(位于北邻尼玛幅)等就位。

四、新生代

晚白垩世末，南部的雅鲁藏布江带(图外)发生第二次北向俯冲作用，测区大部处于陆缘岩浆弧带。林子宗群火山岩强烈喷发形成大面积的火山岩建造，局部夹正常沉积碎屑岩，以喷发不整合覆盖于下伏基岩之上，同时，一些俯冲型花岗岩体(岗在岩体的 K-Ar 同位素年龄为 72.99Ma，局章勒岩体的 K-Ar 同位素年龄为 63.4Ma)侵入就位。古近纪中晚期，测区由于受到雅鲁藏布江带的冲击和强烈挤压作用，使其进一步发生冲断、褶皱和抬升，江章—马弄拉、也桑弄巴—拉贯拉等逆冲断裂形成，北西西向—东西向、北东—北东东向及南北向的脆性断裂等开始形成；一些碰撞型花岗岩体(控热岩体)、后碰撞型花岗岩体(青都岩体、那郎木布岩体等）侵入就位；测区普遍发生褶皱，形成一些轴面北倾的背向斜构造叠加在前期褶皱之上，同时，一些东西向断陷盆地开始形成，沉积了日贡拉组陆相断陷盆地红色碎屑岩建造。新近纪时期，南北向挤压和高原隆升持续到一定程度，出现东西向拉张效应，形成近南北走向的断陷盆地，沉积一套陆相碎屑岩—火山岩建造（乌郁群）。

第四纪，测区处于大规模的隆升造山阶段，新构造运动在测区表现明显，主要表现为隆起、断陷及一些正断层性质的边界断裂形成。测区主要有东西走向的纳玻拉活动构造带、念青唐古拉山活动构造带和南北走向的热布喀活动构造带、格仁错—青都活动构造带。这些活动构造表现为南强北弱、东强西弱的趋势。

第六章　结束语

第一节　取得的主要成果

一、地层方面

对测区地层进行了构造地层分区，系统建立了测区地层层序，查明了各地层单元的时空展布规律。对沉积地层进行了岩石地层、生物地层、层序地层为主的多重地层划分；对火山地层进行了岩石地层划分；对变质地层进行了构造—地层划分。重新厘定了测区的地层系统，划分出（岩）群级地层单位 4 个，组级正式岩石地层单位 9 个，其中新划分出地层单位 1 个。将古生代地层划分为一个不完整的超序，共 7 个Ⅲ级层序，为区域海平面变化和盆地演化研究丰富了资料。

在下拉灰岩之上新发现了一套深灰色细碎屑岩夹灰岩及硅质岩组合，划为上二叠统敌布错组。该组自下而上均含有丰富的孢子花粉，可建立 *Protohaploxypinus*-*Limitisporites* 组合，以华夏植物群孢子花粉为特征。另外，本次还采获有植物化石，? *Lepidostrobophyllum* sp.，*Lepidophylloides* sp.，*Paracalamites* sp.，*Pecopteris* sp.，? *Schizoneura* sp. 等，具华夏植物群特征，为完善冈底斯地区地层系统提供了新资料。

新发现前震旦系念青唐古拉岩群在测区存在，对认识该区古老基底特征有重要意义。

二、岩浆岩方面

在野外调查和室内研究的基础上除岩脉外共划分出侵入体 59 个。据地质岩石学特征的一致性、空间分布的关联性、基本同时性、形成机制的相似性，对其进行了系统的对比和侵入次的划分。据各次侵入岩在空间上的紧密伴生性、时间上的紧密相关性、岩石学、岩石地球化学的相似性和规律性演化而对其归并分期；同时，将岩浆活动纳入造山过程，把侵入活动与造山运动的各个阶段相联系，依据各时代构造岩浆组合特点划分为中—晚侏罗世松木果—央雄勒强过铝花岗岩带、白垩纪色热巴—夏噶日中酸性花岗岩带、晚侏罗世—晚白垩世公穷松多—郎那中酸性花岗岩带、晚白垩世—始新世岗在一青都中酸性花岗岩带，分别与班公湖—怒江结合带后碰撞、格仁错—永珠带早期拉张—向南俯冲、碰撞—后碰撞和雅鲁藏布江结合带两次向北俯冲有关。

在冈底斯山腹地新发现了一批花岗岩小岩株，普遍具矽卡岩型矿化，为在该区进一步找矿指明了方向。对冈底斯山地区的各花岗岩体进行了同位素测年，其年龄值明显可分为晚侏罗世—早白垩世和古新世—始新世两组。结合区域航磁测量结果认为，雅鲁藏布江结合带至少存在两次向北俯冲作用。

新发现松木果、央雄勒等地的白云母花岗岩，共同构成一个强过铝白云母花岗岩带，同位素年龄为132～163Ma，为晚侏罗世，是班公湖—怒江结合带向南俯冲碰撞的后碰撞花岗岩。这一发现对认识该区构造演化具有十分重要的意义。

发现了色热巴岩体为典型的岩浆混合成因，其形成的构造背景与永珠—格仁错带的向南俯冲有关，进一步证明永珠—格仁错构造带是一个板块结合带。

对各不同时期的火山岩进行了地层—岩性、岩相双重划分，由老到新划分为 3 个火山喷发旋回，对各组火山岩形成的大地构造背景进行了探讨；识别出各级火山机构 40 余个，对各组火山岩进行了 4 级火山构造划分。

三、构造方面

查明了测区构造格架和构造演化历史。经本次填图共识别出具一定规模的断裂55条，查明了各级褶皱的分布及规律。

研究了测区活动断裂与第四系和地震等灾害的分布，注意了高原隆升与古大湖的变迁。在阿央、昂孜错北岸等地发现了一套海拔高度超过5 000m，最高5 050m的高位湖积层，为灰白—灰红—灰黄色含砾粉砂层，有些地方有弱固结，产状水平，最藏北地区发现最高的湖相层。这一发现表明，该时期藏北地区可能存在一个范围更大的古大湖，其时代待同位素测定结果而定。

第二节 存在的主要问题

由于测区交通困难，露头不好，剖面选择困难，少数出露面积较小的地层单元如康托组没有实测剖面。

第四系剖面较少，测年资料较少，时代无法作进一步划分，仅分到更新统和全新统。

色热巴断裂带野外资料收集不够充分，沿带分布少量基性岩脉，航磁异常显示该断裂为一区域性大断裂，今后工作中应引起重视。

在松木果岩体中见到一些中酸性火山岩捕虏体，据松木果岩体同位素年龄为142Ma判断，这些捕虏体应该不是林子宗群火山岩，其时代和层位归属有待进一步研究。

参考文献

成都地质矿产研究所. 1∶150 万青藏高原及邻区地质图[M]. 北京:地质出版社,1988.

陈德潜,陈刚等. 实用稀土元素地球化学[M]. 北京:冶金地质出版社, 1990.

陈清华,王建平,宋金友. 青藏地区措勤盆地石油地质特征[M]. 北京:石油大学出版社,1999.

程裕淇. 变质岩的一些基本问题和工作方法[M]. 北京:中国工业出版社,1984.

地质矿产部区域地质矿产地质司. 火山岩地区区域地质调查方法指南[M]. 北京:地质出版社,1987.

地质矿产部直属单位管理局. 花岗岩类区 1∶5 万区域地质填图方法指南[M]. 北京:地质出版社,1991.

邓万明. 青藏高原北部新生代板内火山岩[M]. 北京:地质出版社, 1998.

丁蕴杰,夏国英,许寿水等. 中国石炭—二叠系界线[M]. 北京:地质出版社,1992,1～170.

董国臣,莫宣学,赵志丹等. 西藏林周盆地林子宗火山岩研究近况[J]. 地学前缘,2002,9(1):153.

国土资源部航空物探遥感中心. 青藏高原中西部航磁调查[M]. 北京:地质出版社, 2002.

贺同兴,卢良兆,李树勋等. 变质岩岩石学[M]. 北京:地质出版社,1988.

韩同村. 西藏活动构造[M]. 北京:地质出版社, 1987.

纪友亮,张世奇. 陆相断陷湖盆层序地层学[M]. 北京:石油工业出版社,1996.

李璞. 西藏东部地质矿产调查资料[M]. 北京:科学出版社,1959.

李璞. 西藏东部地质的初步认识[J]. 科学通报,1955,(7):62～65.

李兆鼐. 火山岩的分类命名和鉴定特征[J]. 中国地质科学院地质所所刊,1984,(8).

刘效良,王树碑. 西藏申扎地层区晚石炭世—早二叠世苔藓虫化石[A]//地层古生物论文集:第 18 集[C]. 北京:地质出版社,1987,1～31.

林宝玉. 西藏申扎地区古生代地层新认识[J]. 地质论评,1981,(27)4:353～354.

林宝玉. 西藏申扎地区古生代地层//李廷栋主编. 青藏高原地质文集(第 8 集)[C]. 北京:地质出版社,1983.

赖才根. 西藏古生代头足类新材料//李廷栋主编. 青藏高原地质文集(第 7 集)[C]. 北京:地质出版社, 1982,1～16.

廖卫华. 西藏中生代六射珊瑚. 西藏古生物[M]. 北京:科学出版社,1982,152～183.

孟祥化,葛铭等. 沉积盆地与建造层序[M]. 北京:地质出版社,1993.

邱洪荣. 西藏早古生代牙形石生物地层//中国地质科学院地层古生物文集编委会. 地层古生物论文集(第 19 集)[C]. 北京:地质出版社, 1988,185～208.

邱家骧,林景仟. 岩石化学[M]. 北京:地质出版社, 1991.

钱方等. 念青唐古拉山东南麓第四纪冰川地质//中国地质科学院. 青藏高原地质论文集(第 4 期)[C]. 北京:地质出版社, 1982.

尚玉珂. 黑龙江鸡西城子河组被子植物化石层的孢粉研究[J]. 微体古生物学报,1997,14(2):161～174.

唐纳 · W · 海因德曼. 火成岩与变质岩岩石学[M]. 武汉:中国地质大学出版社, 1989.

陶奎元. 火山岩地区工作方法与找矿思路[M]. 北京:地质出版社,1992.

王建平等. 西藏东部特提斯地质[M]. 北京:科学出版社,2003.

吴才来,周珣若. 安徽茅坦 A 型花岗岩研究[J]. 地质学报, 1998,72(3):238～248.

吴福元,林强等. 张广才岭新华屯岩体的形成时代与成因研究[J]. 矿物岩石学杂志, 1998,17(3):226～234.

吴珍汗,吴中海等. 中国大陆及邻区新生代构造——地貌演化过程及机理[M]. 北京:地质出版社,2001.

西藏自治区地质矿产局. 西藏自治区区域地质志[M]. 北京:地质出版社,1993.

西藏自治区地质矿产局. 西藏自治区岩石地层[M]. 武汉:中国地质大学出版社, 1997.

肖序常,等. 喜马拉雅岩石圈构造演化总论[M]. 北京:地质出版社,1988.

夏代祥. 藏北湖区申扎一带的古生代地层//李廷栋主编. 青藏高原地质文集(第2集)[C]. 北京:地质出版社, 1983,106~119.

夏国英,丁蕴杰,丁惠等. 中国石炭—二叠系界线层型研究[M]. 北京:地质出版社,1996,1~200.

杨式溥,范影年. 西藏申扎地区石炭系及生物群特征//李廷栋主编. 青藏高原地质文集(第10集)[C]. 北京:地质出版社, 1982,46~69.

中国地层典编委会. 中国地层典·二叠系[M]. 北京:地质出版社, 2000.

中国地层典编委会. 中国地层典·白垩系[M]. 北京:地质出版社,2000.

中国科学院西藏高原科学考察队. 西藏气候[M]. 北京:科学出版社, 1986.

中国地质调查局花岗岩地质研究室. 花岗岩研究思维与方法[M]. 北京:地质出版社, 2002.

张清波. 黑龙江鸡西盆地城子河组孢粉组合//中国地质科学院地层古生物文集编委会. 地层古生物论文集(第19集)[C]. 北京:地质出版社,1988,81~106.

张正贵,陈继荣,喻洪津. 西藏申扎早二叠世地层及生物群特征//李廷栋主编. 青藏高原地质文集(第16集)[C]. 北京:地质出版社, 1985,17~138.

周幼云,江元生,王明光. 西藏措勤—申扎地层分区二叠系敌布错组的建立及其特征[J]. 地质通报,2002,21(2):79~82.

IMA—CNMMN 角闪石专业委员会. 角闪石命名方法[M]. 1997. 王立本,译. 矿物岩石学杂志[J],2001,120(1):84~100.

Barbarin B. Genesis of the two main types of peraluminous granitoids[J]. Geol. ,1996,(24):295~298.

Barbarin B. A review of therelationships between granitoid types, their origrins and their geodynamic environments[J]. Lithos. ,1999,(46):605~626.

DeLa Rache H, et al. A classification of volcanic and plutonic rocks using $R_1 - R_2$ diagram and major-element analyses-its relationships with current nomenclature. Chem. Petro. ,1980,(29):183~210.

Irvine I N. A guide to the chemical classification of the common volcanic rocks. Can. ,J. Earth Sci. ,1971,(274):321~355.

Le Bas M J, et al. A chemical classification of volcanic rocks based on the total alkalisillica diagram[J]. J. Petro. ,1986,27(3):745~750.

Maniar P D, Piccoli P M. Tectonic discrimination of granitoids[J]. Geol. Soc. Am. Bull. ,1989,(101):635~643.

Miyashiro A. Volcanic rock series in island arcs and active continental margins[J]. Am. J. Sci. ,1974,(8):532~548.

Pearce J A, Harris B W, Tindle A G. Trace element discrimination diagrams for the tectonic interpretation of granitic rocks [J]. J. Petrol. ,1984,25(4):956~983.

Peceerillo A, et al. Geochemistry of Eocene calc-alkaline volcanic rocks from the Kastamenu area northeron Turky[J]. Contrib. Miner. Petro. ,1976 ,58(1):63~81.

Rittmann A. Volcanoes and their activities. Federal Republic of Germany, 1981:399.

Rittmann A. Note to contribution by V. Gottini on the "Serial character of the volcanic rocks of Pantelleria". Bull. Volcanol, 1970,(33):979~981.

Schmidt M W. Amphibole composition in tonalite as a function of pressure, an experimental calibrion of the Al-in-hornblende barometer[J]. Contrib. Mineral. Petrol. ,1992,(110):304~310.

Tuttle O F, Bowen N L. Origin of granite in the light of experiments studies in the system $NaAlSi_3O_8 - KAl\ Si_3O_8 - SiO_2 - H_2O$[J]. Geol. Soc. Amer. Mem. ,1958,(74):153.

Wright J B. A simple alkalinity ratio and its application to questions of non - orogenic granite genesis[J]. Geol. Mag. ,1969, 106(4):370~384.

图版说明及图版

图版Ⅰ

1,2. 中北顶柱珊瑚(亲近种)*Lophophyllidium* aff. *zhongbeiensis*

1. 横切面,×3,采集号:H3306/4－1;2. 纵切面,×3;采集号:H3306/4－2,昂仁县吐克普北,下二叠统昂杰组

3,4. 下垂顶柱珊瑚(相似种)*Lophophyllidium* cf. *pendulum* (Grabau)

3. 横切面,×4;4. 纵切面,×4;采集号:H3307/1－1,昂仁县吐克普北,中二叠统下拉组

5,6. 拟犬齿珊瑚(未定种)*Paracaninia* sp.

5. 横切面,×3;6. 纵切面,×3;采集号:H3313/1－2,尼玛县热布卓巴,中二叠统下拉组

7,8. 中间拟犬齿珊瑚(相似种)*Paracaninia* cf. *interedia*(Huang)

7. 横切面,×3;8. 纵切面,×3;采集号:H3213/1－2,尼玛县热布卓巴,中二叠统下拉组

图版Ⅱ

1,2. 窗格苔藓虫(未定种)*Fenestella* sp. indet.

1. 正切面,×10;2. 横切面,×20;采集号:H23141/5,谢通门县查荣,下二叠统昂杰组

3,4. 卷曲多孔苔藓虫(未定种)*Polypora voluminosa* Trizna et Klaucan,1961

3. 正切面,×10;4. 横切面,×20;采集号:H3213/15,尼玛县热布卓巴,中二叠统下拉组

5. 鱼鳞化石

鳞片,×3;采集号:H1107/20－1,昂仁县弄穷,上二叠统敌布错组

6. ? 鳞木叶(未定种)? *Lepidoptylloides* sp.

×1,采集号:H1107/19－7,昂仁县弄穷,上二叠统敌布错组

7. 鳞木叶(未定种)*Lepidoptylloides* sp.

×1,采集号:H1107/19－1,昂仁县弄穷,上二叠统敌布错组

8. 裂鞘叶(未定种)? *Schizoneura* sp.

×1,采集号:H1107/19－9,昂仁县弄穷,上二叠统敌布错组

图版Ⅲ

1～3. 窄管苔藓虫(未定种)*Stenopora* sp. indet.

1. 弦切面,×24;2. 纵切面,×8;3. 部分横切面,×8;采集号:H23141/6,谢通门县查荣,中二叠统下拉组

4. 瓮安海登贝(比较种)? *Haydenella* cf. *wenganensis* (Huang)

腹视,×3;采集号:H3307/4。昂仁县吐克普北,中二叠统下拉组

5～13. 瘤突二叠纹窗贝 *Permophricodothyris bullata* (Cooper et Grant)

5～8,13. 背、腹、侧、前,×2;微壳饰,×5;采集号:H3307/3;9～12. 侧、背、腹、前,×2;采集号:

H33－7/26－1，昂仁县吐克普北，中二叠统下拉组

14. 半秃贝（未定种）? *Hemileurus* sp.

前视，×1.5；采集号：H3213/545－1－5，尼玛县热布卓巴，中二叠统下拉组

15、16. 次美丽轮刺贝 *Echinoconchus subelegans* (Thomas)

15. 腹视（压扁），×2；采集号：H22062/南 1－(7)；16. 腹视（压扁），×2；采集号：H22062/南 1－(4)，尼玛县加亚补泥北，中二叠统昂杰组

17. 网线贝（未定种）*Chaoiella* sp.

不完整腹壳，×1，采集号 H3201/2－2，尼玛县穷达，中二叠统下拉组

18. 曲布新石燕 *Neospirifer kuebuiensis* Ting

不完整腹壳，×1，采集号 H3418/1－1，昂仁县雪古舍南，中二叠统下拉组

19. 后比特克拉克刺（相似种）*Clarina* cf. *postbitteri*(Mei et al.，1994)，采集号 C3307/3，昂仁县吐克普北，中二叠统下拉组

20. 克拉克刺（相似种）*Clarina* sp.，采集号 C3307/2，昂仁县吐克普北，中二叠统下拉组

图版Ⅳ

（全部放大 600 倍）

1. 细颗粒圆形粒面三缝孢 *Cyclogranisporites microganus* Bharadwaj，1955；采集号：Bf2014/5－1，昂仁县弄穷，上二叠统敌布错组

2. 细点点面单缝孢 *Punctatosporites punctatus*(Kosanke) Potonie and Kremp，1954；采集号：Bf1107/24－1，昂仁县弄穷，上二叠统敌布错组

3. 连囊粉（未定种）*Vestigisportites* sp.；采集号：Bf1107/24－1，昂仁县弄穷，上二叠统敌布错组

4. 多孔柯达缝 *Cordiatina spomgiosa*(Luber)，昂仁县弄穷，上二叠统敌布错组

5. 长圆折缝二囊粉 *Limitisporites oblongus* Gao，1984；采集号：Bf1107/27－2，昂仁县弄穷，上二叠统敌布错组

6. 微粒石松孢 *Lycospora microgranulata* Bharadwaj，1973；采集号：Bf1107/27－1，昂仁县弄穷，上二叠统敌布错组

7. 连囊粉（未定种）*Vestigisporites* sp.；采集号：Bf1107/24－4，昂仁县弄穷，上二叠统敌布错组

8. 隐单维束多肋粉 *Protohaploxypinus enignatus*(Maheshwei)Jardine，1974；采集号：Bf1107/12－1，昂仁县弄穷，上二叠统敌布错组

9. 小囊单束多肋粉 *Protohaploxypinus parviextensisaccus* (Samoilovich) Gao，1984；采集号：Bf1107/24－2，昂仁县弄穷，上二叠统敌布错组

10. 宽隐二囊粉 *Labiisporites manos* Gao，1984；采集号：Bf1107/10－4，昂仁县弄穷，上二叠统敌布错组

11. 折缝二囊粉（未定种）*Limitisporites* sp.；采集号：Bf1107/12－4，昂仁县弄穷，上二叠统敌布错组

12. 卵形侧囊粉 *Sulcatisporites vatus* (Balme and hennelly) Balme，1962；采集号：Bf1107/24－5，昂仁县弄穷，上二叠统敌布错组

13. 折缝二囊粉（未定种）*Limitisporites* sp.；采集号：Bf1107/10－4，昂仁县弄穷，上二叠统敌布错组

14. 薄原始粉 *Primuspollenites levicus* Tiwari，1964；采集号：Bf1107/2－1，昂仁县弄穷，上二叠统敌布错组

15. 记号开通粉 *Vitreisporites signatus* Leschik，1955；×1000；采集号：Bf1107/10－2，昂仁县弄穷，上

二叠统敌布错组

16. 直折缝二囊粉 *Limitisporites rectus* Leschik，1955；采集号：Bf1107/10－4，昂仁县弄穷，上二叠统敌布错组

17. 连囊粉(未定种)*Vestigisporites* sp.；采集号：Bf1107/12－4，昂仁县弄穷，上二叠统敌布错组

图版Ⅴ

1. 阿央湖滨阶地上的"U"型谷
2. 基屋日贡拉组(E_3r)含铜细砂岩(绿色)呈透镜状产出
3. 色热巴岩体小斑中细粒黑云石英二长岩中的闪长岩包体
4. 莫师当马永珠组($C_{1-2}y$)板理与层理的关系
5. 扎西仲东南拉嘎组(C_2P_1l)中的劈理
6. 厄容永珠组($C_{1-2}y$)中的塑性揉皱
7. 梅巴切勤东南永珠组($C_{1-2}y$)灰岩中的小褶皱
8. 下过乡东山梁上则弄群(K_1zl)中的北倾紧闭同斜褶皱

图版 I

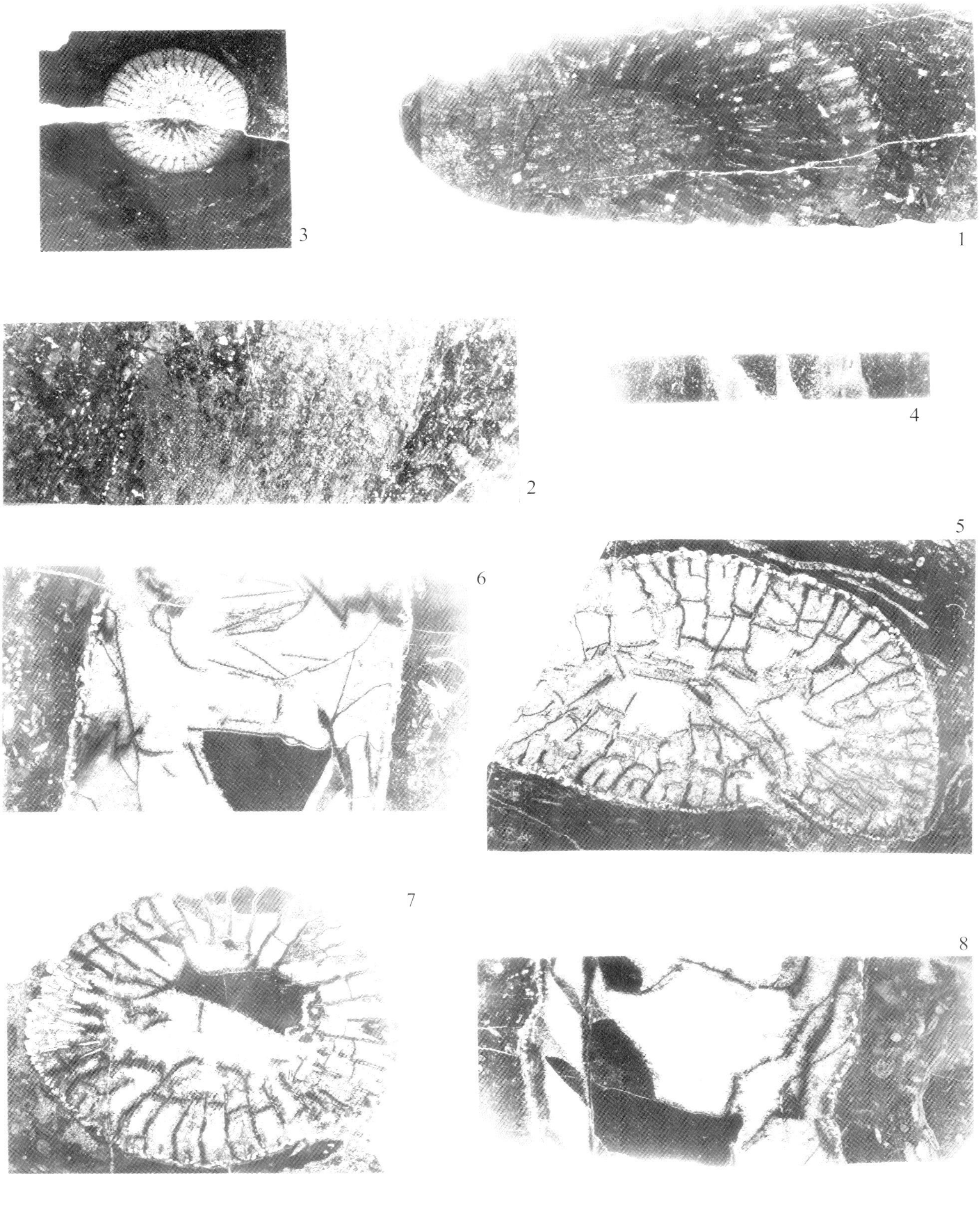

图版 II

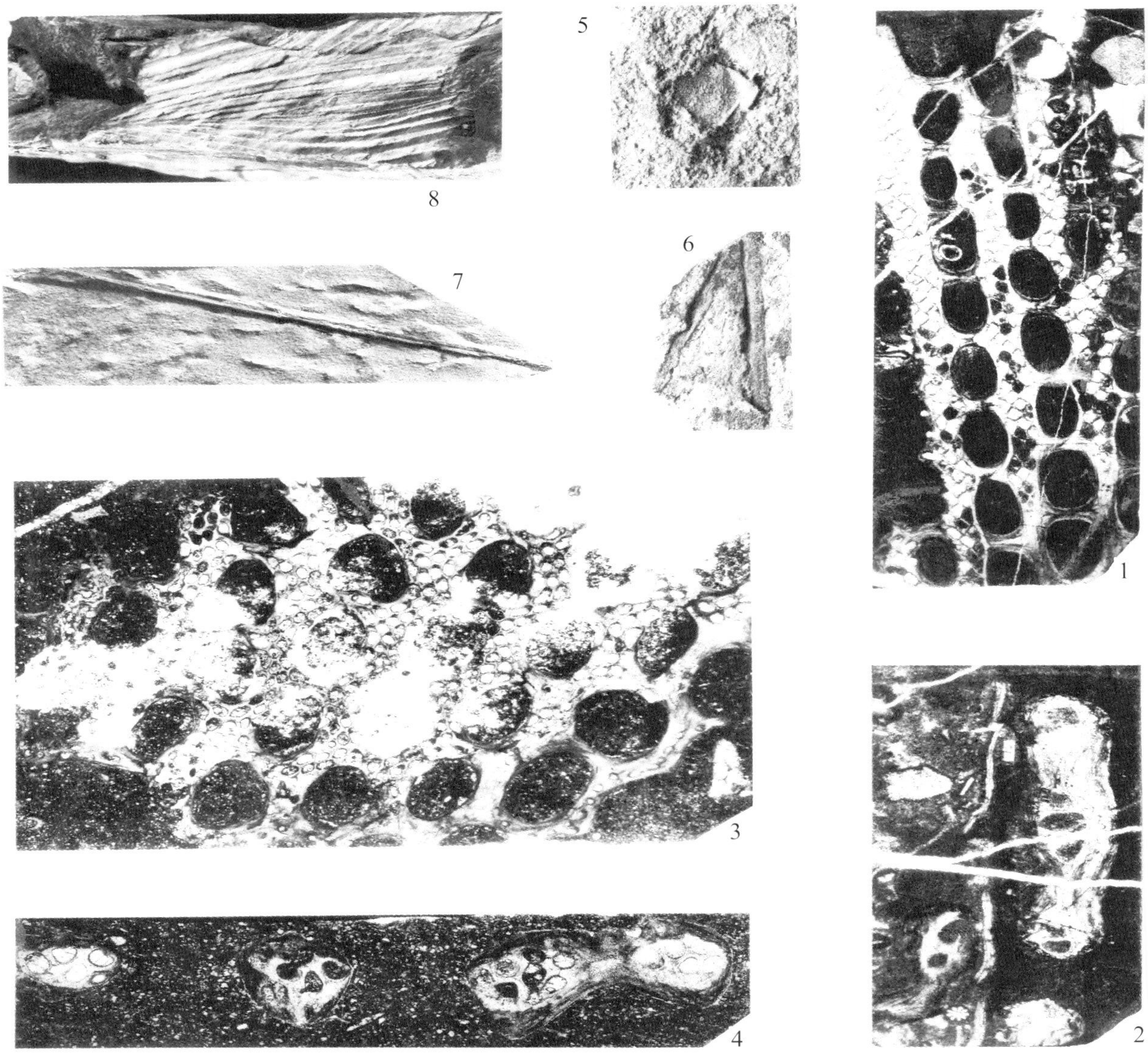

图版Ⅲ

图版 IV

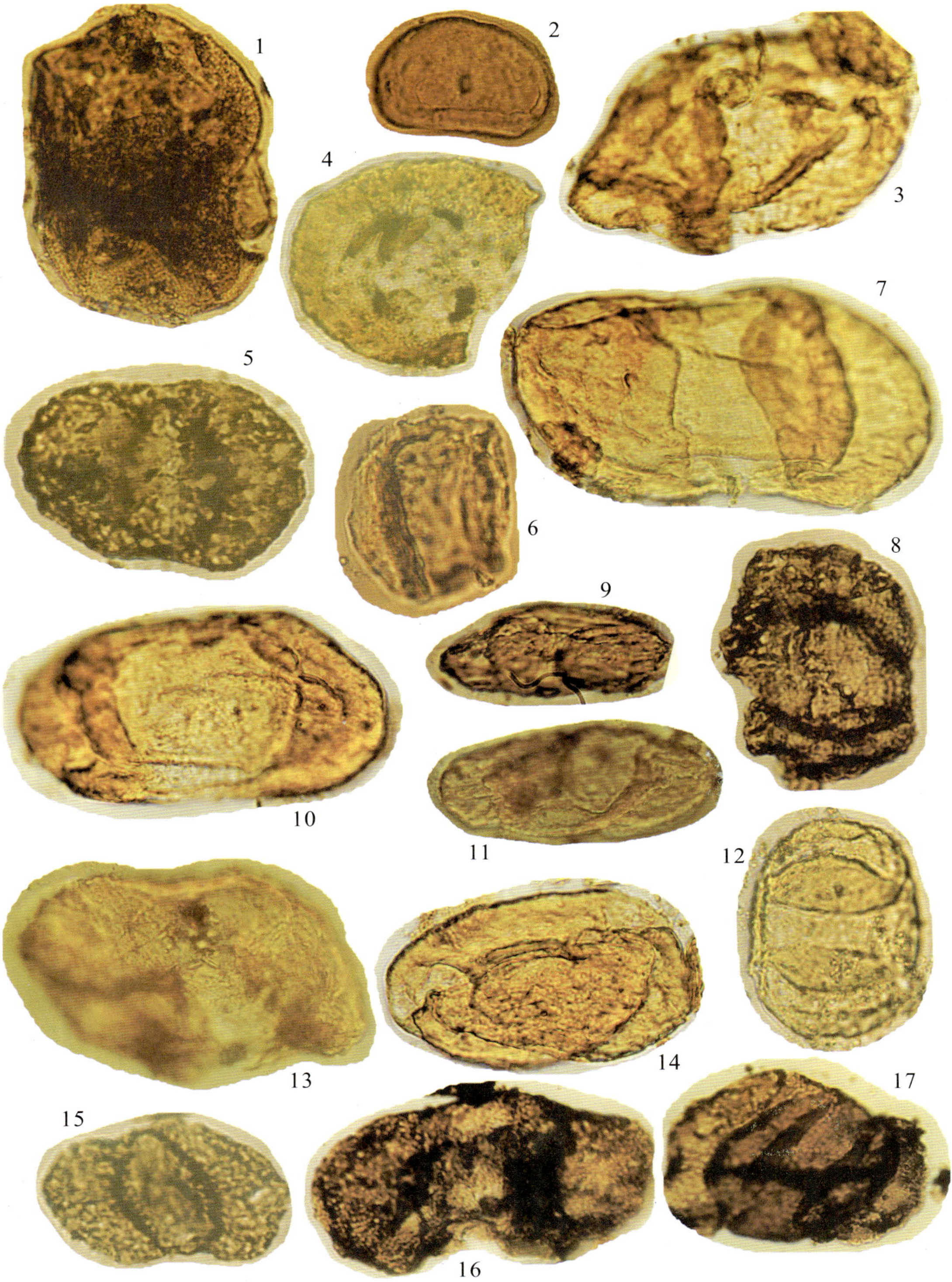

图版 V

1

2

3

4

5

6

7

8